Finanzmathematik

Dennis Heitmann · Thomas Skill · Christian Weiß

Finanzmathematik

Eine Einführung für Mathematik,
Wirtschaftswissenschaften und Praxis

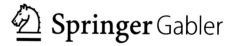

Springer Gabler

Dennis Heitmann
Hochschule Kaiserslautern
Kaiserslautern, Rheinland-Pfalz, Deutschland

Thomas Skill
Hochschule Bochum
Bochum, Nordrhein-Westfalen, Deutschland

Christian Weiß
Hochschule Ruhr West
Mülheim an der Ruhr, Nordrhein-Westfalen
Deutschland

ISBN 978-3-662-64651-9   ISBN 978-3-662-64652-6   (eBook)
https://doi.org/10.1007/978-3-662-64652-6

Die Deutsche Nationalbibliothek verzeichnet diese Publikation in der Deutschen Nationalbibliografie; detaillierte bibliografische Daten sind im Internet über http://dnb.d-nb.de abrufbar.

Planung/Lektorat: Annika Denkert
Springer Gabler ist ein Imprint der eingetragenen Gesellschaft Springer-Verlag GmbH, DE und ist ein Teil von Springer Nature.
Die Anschrift der Gesellschaft ist: Heidelberger Platz 3, 14197 Berlin, Germany

Vorwort

Der römische Kaiser Vespasian prägte vor etwa 2000 Jahren die Redewendung *pecunia non olet – Geld stinkt nicht.* Schon damals machten sich die Leute also Gedanken über den Sinn und Unsinn von Geld. In vielerlei Hinsicht hat sich die Welt seit dieser Zeit radikal verändert. So blicken wir heute auch mit ganz anderen Augen auf das Thema Geld als es die Römerinnen und Römer in der Vergangenheit taten. Obwohl das Interesse der Menschen an der Thematik Finanzen bestehen geblieben ist, ist die Betrachtungsweise hierauf eine ganz andere, nämlich viel analytischere, geworden. Verantwortlich für diese Entwicklung ist zu einem hohen Maße die Tatsache, dass Geld und Geldströme heutzutage meist mit finanzmathematischen Methoden untersucht werden. Aus diesem Grund sind Grundkenntnisse in der Finanzmathematik für viele Berufsgruppen, inner- aber auch außerhalb der Finanzwelt, mittlerweile unerlässlich geworden.

Dieses Buch will deshalb eine praxisorientierte Einführung in die Finanzmathematik geben ohne sich dabei ausschließlich im akademischen Elfenbeinturm zu bewegen. Daher wird insbesondere auf Beispiele Wert gelegt, um das theoretische Wissen in der Praxis anwenden zu können. Es eignet sich sowohl für Menschen mit einem Hintergrund in angewandter Mathematik als auch für solche, die sich eher für wirtschaftswissenschaftliche Aspekte interessieren oder sich beruflich mit der Thematik beschäftigen. Vorkenntnisse sind lediglich in dem Umfang nötig wie sie im Rahmen einer zweisemestrigen Einführung in die Mathematik an Universitäten oder Fachhochschulen vermittelt werden. Darüber hinaus sind grundlegende Kenntnisse der Stochastik oder Statistik von Vorteil. Weil vieles hiervon bekanntermaßen in Vergessenheit geraten kann und wir das Buch so in sich geschlossen wie möglich halten wollen, haben wir einen Anhang beigefügt, der zur Auffrischung dieser Themengebiete herangezogen werden kann. Außerdem werden dort auch einige Inhalte erklärt, die für das Verständnis des Buches nicht zwingend nötig, aber für ein tiefer gehendes Studium der Materie erforderlich sind.

Da wir an den Beginn jedes Kapitel eine ausführliche Einleitung gestellt haben, die keine technischen Details enthält und jeweils für sich selbst lesbar ist, möchten wir im Vorwort nur auf einige Besonderheiten dieses Buches eingehen. Das Buch besteht aus zwei Teilen: Im ersten Teil werden Finanzprodukte stets unter Sicherheit bewertet, das heißt die zukünftigen Zahlungen (Einnahmen und Ausgaben) sind vollständig bekannt. In Kap. 1 war es uns ein Anliegen neben den mathematischen Grundlagen der Zinsrechnung, den Zinsbegriff auch historisch einzuordnen und Erklärungsmodelle für die Existenz von Zinsen zu geben. Ferner erklären wir die Tageskonventionen für die Zinsberechnung, die in der Praxis eine große Rolle spielen, in der theoretischen Darstellung der Finanzmathematik jedoch oft etwas kurz kommen. Im Zuge der Behandlung des klassischen Äquivalenzprinzips in Kap. 2 gehen wir auf Herleitungsmöglichkeiten der Zinsstrukturkurve ein, die gelegentlich einfach als gegeben angenommen wird. Die elementaren Anlagestrategien, die wir in Kap. 3 thematisieren, beinhalten auch die Bewertung von variabel verzinslichen Wertpapieren und Zinsswaps und decken damit eine breitere Klasse von Finanzmarktinstrumenten als meist üblich ab.

Der zweite Teil des Buches beschäftigt sich mit dynamischen Anlagestrategien unter Risiko, also unter sehr realitätsnahen Bedingungen. Zunächst präsentieren wir hierbei in Kap. 4 die Theorie nach Markowitz und betrachten dabei auch komplexere Portfolios als den Standardfall von zwei Anlageklassen. In Kap. 5 leiten wir aus dem Prinzip der Arbitrage-Freiheit die klassische Bewertungstheorie für Optionen her und diskutieren ausführlich die verschiedenen Aspekte, die beim Hedging zu beachten sind. Schließlich haben wir uns in Kap. 6 darum bemüht, die Theorie der Optionsbewertung nach Black-Scholes einerseits möglichst allgemeinverständlich und andererseits möglichst mathematisch korrekt zu fassen. Bei diesem Spagat zwischen zwei sich in gewisser Maßen widerstrebenden Zielen haben wir uns im Zweifelsfall eher für Abstriche bei der Tiefe der mathematischen Darstellung entschieden und so zum Beispiel auf das Konzept der Itô-Integration sowie eine vollständige Diskussion des Martingal-Begriffs verzichtet. Wir denken, dass diese Entscheidung im Sinne unserer Zielgruppe ist.

Eine Besonderheit dieses Buches liegt außerdem darin, dass wir online als Zusatzmaterial ein Excel-Sheet zur Verfügung stellen, in dem wir die meisten Beispiele des Buches rechnerisch umgesetzt haben. Darüber hinaus werden dort vereinzelte weitergehende Aspekte der Kapitel behandelt. Der Hintergrund hierfür ist, dass ein rein theoretisches Verständnis der Finanzmathematik für die Praxis nicht ausreichend ist, sondern eine Umsetzung am Computer von zentraler Bedeutung ist. Für Excel haben wir uns nicht aufgrund einer besonderen Vorliebe der Autoren für diese Software entschieden, sondern wegen ihres hohen Verbreitungsgrads. Ferner soll dadurch deutlich werden, dass die in diesem Buch präsentierten Inhalte auf elementare Weise umgesetzt werden und so zum praktischen Einsatz kommen können. Das Excel Sheet ist mittels des QR-Codes direkt aufrufbar.

Wir sind uns bewusst, dass die von uns häufig verwendeten Zinssätze in Höhe 5 % heutzutage nicht am Markt erzielt werden können und deswegen als unrealistisch betrachtet werden könnten. Wir haben uns jedoch hierfür entschieden, um numerische Unterschiede in den Zahlen deutlich zu machen. Wenn beispielsweise ein Zinssatz von 0,01 % zugrunde gelegt werden würde, würden innerhalb von einer Zeitperiode aus 100 € genau 100,01 € werden. Solche minimalen Wertänderungen verstellen den Blick auf die eigentlichen Ergebnisse der Berechnung und sind deshalb aus didaktischen Gründen abzulehnen. Darüber hinaus stellen sich dadurch zusätzliche Rundungsprobleme ein, die wir mit den von uns beispielhaft angesetzten höheren Zinssätzen reduzieren. Außerdem verwenden wir in diesem Buch die Rundungskonvention, dass Endergebnisse in € oder anderen Währungen auf zwei Nachkommastellen gerundet werden, wobei alle Zwischenrechnungen mit den exakten Werten (im Rahmen der Computergenauigkeit) durchgeführt werden. Bei einheitslosen Lösungen wird das Ergebnis auf vier Nachkommastellen gerundet. Unter Berücksichtigung dieser Konvention verzichten wir auf das Zeichen $\approx$ und nutzen immer $=$.

Alle Abbildungen in diesem Buch wurden entweder direkt in LaTeX mithilfe des Packages *tikz* oder in der Software MATLAB erstellt.

Weil derzeit die Diskussion um gendergerechte Sprache sehr präsent ist, möchten wir abschließend noch darauf hinweisen, dass wir uns dafür entschieden haben, im Fließtext dieses Buches, wo nötig, die männliche grammatikalische Form zu verwenden. Wir bitten darum, dies nicht als politisches Statement der Autoren zu verstehen, sondern diese Entscheidung spiegelt lediglich den derzeitigen Konsens der drei Autoren zum Vorgehen für dieses Buch wider.

Ebenso wenig wie Rom an einem Tag erbaut wurde, entsteht ein solches Buch nicht ohne das fleißige Zutun vieler Personen. Bedanken möchten wir uns zuerst bei Annika Denkert, die dieses Buchprojekt seitens Springer stets kompetent und freundlich begleitete. Für die sehr gute Unterstützung bei allen technischen Fragen rund um die Publikation sind wir Bianca Alton sehr dankbar. Wertvolle Rückmeldungen zu ersten Entwürfen für dieses Buch erhielten wir von Muhammed Demircan, Adrian Hirn, Anne-Sophie Krah, Nathania Prasetyo, Stefan Reitz, Michael Römmich, Frank Schneider sowie von vielen Studierenden der Hochschulen Bochum und Kaiserslautern – an alle einen herzlichen Dank! Für möglicherweise verbliebene Fehler und Ungenauigkeiten sind ausschließlich die Autoren verantwortlich. Über entsprechende Hinweise per E-Mail freuen wir uns ausdrücklich.

Kaiserslautern   Dennis Heitmann
Bochum   Thomas Skill
Mülheim an der Ruhr   Christian Weiß
08/2022

Inhaltsverzeichnis

Abbildungsverzeichnis

Teil I
Finanzmärkte unter Sicherheit

Zinsen

1

Zinsen sind eine zentrale Triebfeder unseres ökonomischen Systems. Deswegen richten wir zu Beginn dieses Buches unseren Blick auf sie. Kurz zusammengefasst sind Zinsen das Entgelt, das ein Schuldner dem Gläubiger für die Leihe eines Geldbetrags zahlen muss. Gewissermaßen stellen sie somit den *Wert* des bereitgestellten Geldes dar, denn je höher der Zins ist, desto weniger attraktiv ist es, sich Geld zu leihen. Aufgrund ihrer enormen ökonomischen Bedeutung gibt es Zinsen bereits sehr lange und sie haben eine sehr bewegte Geschichte hinter sich.

Schon vor mehr als 4000 Jahren wurden bei den Sumerern nachweislich Zinsen erhoben. Auch die berühmte babylonische Sammlung von Rechtssprüchen, der Codex Hammurapi, erwähnt explizit Zinsen. In den großen Weltreligion Judentum und Islam wurde später ein Zinsverbot ausgesprochen. Auch im Christentum galt lange Zeit ein Zinsverbot. In Deutschland gab es im Zeitraum von 1937 bis 1967 eine staatliche Zinsreglementierung, die unter anderem Höchst- und Mindestzinsen vorschrieb. Seitdem konnten sich Zinsen hierzulande der Marktentwicklung anpassen.

Ein für unsere Wirtschaft zentraler Wert ist der Zins beziehungsweise die Rendite der 10-jährigen Bundesanleihe, siehe Abb. 1.1 (Quelle [DB20]). Hierbei fällt auf, dass diese im Jahr 2015 erstmals negativ wurden und seit Mitte 2018 durchgehend unter 0 % lagen. Das Phänomen negativer Zinsen hielt man ökonomisch eigentlich für ausgeschlossen – bis man von der Realität überholt wurde. Heutzutage stellt dieses Niedrigzinsumfeld eine große Herausforderung für Banken und Versicherungen dar, deren Geschäftsmodell im Wesentlichen auf dem Vorhandensein von Zinsen fußt. Beispielsweise ist er für

---

Ergänzende Information Die elektronische Version dieses Kapitels enthält Zusatzmaterial, auf das über folgenden Link zugegriffen werden kann https://doi.org/10.1007/978-3-662-64652-6_1.

© Der/die Autor(en), exklusiv lizenziert durch Springer-Verlag GmbH, DE, ein Teil von Springer Nature 2022
D. Heitmann et al., *Finanzmathematik*, https://doi.org/10.1007/978-3-662-64652-6_1

Versicherungen momentan schwierig, den in den 90er Jahren häufig versprochenen Garantiezins von 4 % für Rentenversicherungen zu erwirtschaften.

Zu Beginn dieses Kapitels nähern wir uns seinem zentralen Begriff, dem Zins. In Abschn. 1.1 werfen wir zunächst einen Blick auf die Wortherkunft sowie verschiedene Erklärungsmodelle, weshalb es Zinsen überhaupt gibt. Außerdem wird der Begriff *Zins* (englisch *interest*) von der *Rendite* (englisch *yield*) abgegrenzt. Daraufhin erläutern wir in Abschn. 1.2 die verschiedenen Arten der Zinsberechnung. Ein besonderes Detail bei der Berechnung von Zinsen stellen die Tageskonventionen dar, die wir in Abschn. 1.3 genauer untersuchen. Der elementaren Finanzmathematik liegt ein Finanzmarktmodell mit sicheren Zahlungen zugrunde. Deswegen verzichten wir in diesem Kapitel darauf, Ausfälle von Zahlungen zu betrachten, gehen jedoch in Abschn. 1.4 darauf ein, wie eine Abgrenzung von risikofreiem zu risikobehaftetem Zins erfolgt. Schließlich erklären wir in Abschn. 1.5, wie es zu der Tatsache kommt, dass die Höhe von Zinsen von der Laufzeit der Verzinsung abhängt. Man spricht hierbei von der Zinsstrukturkurve. Eines der Hauptanwendungsgebiete von Zinsen ist die finanzmathematische Bewertung von Zahlungsströmen, das heißt von auf verschiedene Zeitpunkte verteilte Zahlungen. Deshalb führen wir den Begriff des Zahlungsstroms im abschließenden Abschn. 1.6 ein. Aus dem täglichen Leben sind uns Darlehen und Renten als Beispiele von Zahlungsströmen bekannt. Wir werden sehen, dass es weitere sehr typische Zahlungsströme gibt, die an den Finanzmärkten eine große Rolle spielen.

Abb. 1.1 Rendite der 10-jährigen Bundesanleihe zwischen 2001 und 2020

In Kap. 1 lernen Sie:

- Ökonomische Erkärungsmodelle für Zinsen
- Abgrenzung der Begriffe Zins und Rendite
- Verschiedene Verzinsungsmethoden (linear, diskret exponentiell, stetig) sowie deren Anwendung
- Umformung der Formeln der Verzinsungsmethoden nach allen Variablen
- Anwendung von Tageskonventionen
- Abgrenzung von risikofreiem und risikobehaftetem Zins
- Aufstellen und Erklärung eines Zahlungsstrom

1.1   Zins und Rendite

Das Wort *Zins* kommt vom lateinischen Wort *census* und bedeutet dort Vermögen oder Besitz. Bereits im Mittellateinischen gab es eine Bedeutungsverschiebung hin zum Begriff Abgabe. Heutzutage kennen wir das Wort *Zensus* noch in der schon früher ebenso möglichen Bedeutung als Volkszählung. Mittlerweile verstehen wir Zins als den Preis für die in der Regel zeitlich befristete Überlassung eines Vermögensgegenstands. Dieser Preis tritt in verschiedenen Formen auf und wird als Nominalzins, Effektivzins oder Realzins angegeben. Die drei Begriffe werden im weiteren Verlauf dieses Buches eine zentrale Rolle einnehmen. Wir wollen deshalb schon zu Beginn eine erste Erklärung geben, bevor wir uns später zahlreiche Details hierzu erarbeiten werden.

Beim **Nominalzins** handelt es sich um eine annualisierte Preisangabe. Sie ist als Prozentsatz auf den Nennwert von Wertpapieren oder Krediten bezogen. Bei festverzinslichen Wertpapieren nennt man diese Angabe auch **Coupon**. Wir verwenden in diesem Buch die französische Schreibweise anstelle der eingedeutschten Variante *Kupon*. Die Wortherkunft von **Rendite** wiederum geht auf das italienische Wort *rendita* zurück, mit der Bedeutung Einkünfte oder Gewinn. Es wurde vom Lateinischen *reddere* gebildet, welches als *zurückgeben* übersetzt wird. Heutzutage versteht man Rendite allgemein als Ertrag der eingesetzten Mittel in Prozent zum Mitteleinsatz. Weil der Nominalzins nicht konstant sein muss, kann sich hierbei eine Differenz ergeben.

Beispiel 1.1 (Nominalzins, durchschnittliche Rendite) Wenn ein Betrag von 100 € im ersten Jahr mit einem Nominalzins von 10 % und im zweiten Jahr mit einem Nominalzins von 5 % verzinst wird, so beträgt der Endbetrag nach 2 Jahren 115,50 €. Dieselbe Summe könnte nach zwei Jahren bei einer konstanten Verzinsung von 7,47 % erreicht werden. Dies entspricht der (durchschnittlichen) jährlichen Rendite. Sie berechnet sich mit dem geometrischen Mittel als

$$\sqrt{1,1 \cdot 1,05} - 1 = 0,0747.$$

Hierzu wurden zunächst die Zinssätze in Wachstumsfaktoren umgerechnet. $\square$

Um die Nominalzinsen von *Renditen* abzugrenzen, wird deshalb der Begriff **Effektivzins** eingeführt. Dieser beschreibt das Verhältnis zwischen aktuellem Wert inklusive Zinsertrag und Anschaffungswert (Kaufpreis oder Kurswert) eines Wertpapiers. Auch diese Angabe ist ein annualisierter Prozentsatz. Somit stimmen die Begriffe Effektivzins und Rendite überein, sind also Synonyme, sofern wir uns bei unserem Verständnis von Ertrag und Mitteleinsatz auf geldäquivalente Instrumente einschränken. Auf eine allgemeine Berechnungsmethode für den Effektivzins gehen wir erst in Abschn. 3.1 ein. Der **Realzins** ist schließlich ein um die Inflationsrate, das heißt die allgemein beobachtete Teuerungsrate, bereinigter Zinssatz.

Im Wesentlichen verwenden wir Zins und Rendite auch im Alltag in den skizzierten Bedeutungen. Von Zins wird eher dann gesprochen, wenn eine Betonung auf die Beziehung zwischen Gläubiger und Schuldner gelegt wird. Das Verhältnis zwischen Gläubiger und Schuldner impliziert eine gewisse Abhängigkeit, weil der Schuldner die Pflicht hat, seine Schuld zurückzuzahlen. Hingegen wird Rendite in einem Käufer-Verkäufer-Zusammenhang verwendet, bei dem beide auf Augenhöhe handeln, oder wenn die Sichtweise eines Investors eingenommen wird, der aus seinem Vermögen einen Ertrag erzielen möchte.

Doch warum gibt es überhaupt Zinsen? Natürlich versuchen Ökonomen seit langem, eine Antwort auf diese schwierige Frage zu finden. Es entwickelten sich Ansätze, die zunächst vom ursprünglichen Zins ausgingen. Unter diesem wird der Reinertrag verstanden, den ein Unternehmen durch das im Produktionsprozess eingesetzte Kapital erzielt, also eine reine *güterwirtschaftliche Zinstheorie*. Ein Beispiel hierfür wäre, dass sich ein Investor für einen Geldbetrag eine Maschine kaufen könnte, die er zu Produktionszwecken einsetzen könnte. Daraus würde er einen Gewinn erzielen. Dies ist der Zins aus der Investition in die Maschine. Wenn der Investor anstelle dessen den Geldbetrag an einen Schuldner leiht, muss er für den ausgefallenen Gewinn, den er durch den Kauf der Maschine erreicht hätte, kompensiert werden. Der tatsächlich bezahlte Zins entspricht folglich dieser Kompensationszahlung.

Im Gegensatz zu dieser Erklärung steht die *Abstinenztheore* nach Nassau William Senior (1790–1864) beziehungsweise die *Wartetheorie* nach Gustav Cassel (1866–1945). In diesen Ansätzen wird Zins als Anreiz betrachtet, auf den gegenwärtigen Konsum zu verzichten, weil mit dem Zins als dem erwarteten Ertrag künftig ein höherer Konsum realisiert werden kann. Auf diesen Gedanken basierend setzte Eugen Böhm von Bawerk (1851–1914) seine *Agiotheorie* auf, in der die Kreditanbieter für diesen zeitweiligen Konsumverzicht (beziehungsweise den entgangenen Grenznutzen) einen Geldbetrag als Ausgleich erhalten. Zur Vertiefung seien unter der reichhaltigen Literatur [And07], [GHM19] und [Iss11] empfohlen.

1.2   Arten der Zinsberechnung

Erforderlich für ein Zinsgeschäft ist ein Vertrag über ein Finanzinstrument, wie eine Geldanlage oder Geldaufnahme **(Kredit),** in dem spezifiziert ist, welcher Betrag **(Nominal)**
wann angelegt oder aufgenommen wird und welche Verpflichtungen wann zu erfüllen sind.
Zu den Verpflichtungen gehören die Rückzahlung zu einem genau festgelegten Zeitpunkt
(Fälligkeit) beziehungsweise mehrere Teilrückzahlungen zu mehreren genau festgelegten
Zeitpunkten. Daneben müssen auch die Zinszahlungen (zu ebenso genau spezifizierten Ter-
minen) erfolgen. Die Zinszahlungstermine sind meist periodisch mit gleicher Periodendauer.
Beispielsweise könnte auf einen Kredit ein jährlicher Zins von 1 % gezahlt werden.
   Ein zentrales Ziel aller Zinsberechnungsmethoden ist es, den gesamten Zins des Vertrags
und die daraus resultierende Vermögensänderung zum Fälligkeitszeitpunkt zu berechnen.
Grundlegend unterscheiden sich die Methoden darin, ob ein für eine Zinsperiode fälliger Zins
wieder angelegt wird oder nicht. Bei den Methoden mit **Wiederanlageprämisse** variiert die
genaue Berechnungsvorschrift mit der Periodizität der Anlage.

> **Definition 1.2: Kapitalwertfunktion**
> Eine **Kapitalwertfunktion** K ist eine reellwertige Funktion mit mindestens einer
> (unabhängigen) Variablen. Sie beschreibt die Entwicklung des Werts einer Anlage in
> Abhängigkeit von einer oder mehreren ökonomischen Größen, die als unabhängige
> Variablen betrachtet werden.

Beispielsweise kann die Kapitalwertfunktion als unabhängige Variablen die Anfangsein-
oder -auszahlung, jährliche Ein- und Auszahlungen, die Dauer, den Restwert oder die Zinssätze berücksichtigen. Sie gibt an, wie hoch der Wert einer Anlage ist, wenn (mindestens)
eine Variable unterschiedliche Werte annimmt, wobei alle nicht explizit erwähnten Ein-
flussgrößen als konstant angesehen werden. Wir betrachten nun zunächst solche Funktionen
genauer, bei denen die Zeit t die unabhängige Variable ist. Während wir hier vorerst eine
sehr allgemeine Sichtweise anlegen, wird diese anschließend anhand von Zahlenbeispielen
konkretisiert.

Beispiel 1.3   (Kapitalwertfunktionen unterschiedlicher Grundtypen) Hier konzentrieren wir
uns auf die drei Typen von Kapitalwertfunktionen, die sich im weiteren Verlauf als die
wichtigsten Grundformen herausstellen werden. Die unabhängige Variable ist dabei immer
die Anlagedauer t.

• *Lineare Kapitalwertfunktion:*

$$K(t) = \underbrace{K(0)}_{b} + \underbrace{K(0) \cdot i}_{m} \cdot t = K_0 \cdot (1 + i \cdot t)$$

Die Funktionsgleichung entspricht einer affin-linearen Funktion, das heißt, sie hat die Form $K(t) = b + m \cdot t$ wobei m der Geradensteigung und b dem Achsenabschnitt entspricht. Der Wert der Anlage nimmt also linear mit der Zeit zu. Wenn die Funktion zum Beispiel $K(t) = 100 + 3t$ lautet, können wir den Kapitalwert nach Anlagedauer $t = 2$ als $K(2) = 100 + 3 \cdot 2 = 106$ bestimmen, das heißt der Wert beträgt zum Zeitpunkt $t = 2$ genau 106 (Euro).

• *Exponentielle Kapitalwertfunktion:*

$$K(t) = \underbrace{K(0)}_{b} \cdot \underbrace{(1 + i)}_{a}{}^{t}$$

Die Funktionsgleichung ist in diesem Fall also durch eine Exponentialfunktion gegeben, denn der Kapitalwert ist von der Form $K(t) = b \cdot a^t$. Als Beispiel ergibt sich mit einem Zinssatz von $i = 0,1$ für $K(t) = 100 \cdot 1,1^t$ zum Zeitpunkt $t = 2$ der Kapitalwert $K(2) = 100 \cdot 1,1^2 = 121$. Diese und die folgende Methode unterstellen die Wiederanlage des Zinses zu den vereinbarten Konditionen, also in unserem Fall zum Zinssatz $i = 0,1$.

• *Stetige Kapitalwertfunktion:*

$$K(t) = K(0) \cdot e^{i \cdot t}$$

Die Funktionsgleichung entspricht einer mit $K(0)$ multiplizierten Exponentialfunktion zur Basis $e \approx 2,7182\ldots$, der sogenannten **Eulerschen Zahl.** Somit ergibt sich im Fall $K(t) = 100 \cdot e^{0,1 \cdot t}$ für $t = 2$ der Kapitalwert $K(2) = 100 \cdot e^{0,1 \cdot 2} = 122,14$. Durch Bildung der Ableitung sieht man, dass die Gleichung $K(t) = K(0) \cdot e^{i \cdot t}$ die Eigenschaft $K'(t) = i \cdot K(t)$ erfüllt. Diese besagt, dass das Kapitalwachstum proportional zum Kapital ist. Andersherum sind auch alle Lösungen der *Differentialgleichung* $K'(t) = i \cdot K(t)$ gegeben durch Ausdrücke der Form $K(t) = K(0) \cdot e^{i \cdot t}$, siehe zum Beispiel [HW17]. $\square$

Der Ausdruck $K(t)$ ist der *Kapitalwert zum Zeitpunkt t.* Ist der Zeitpunkt t der Fälligkeitszeitpunkt T, dann heißt $K(T)$ **Endwert.** Für den Zeitpunkt 0 heißt $K(0)$ **Anfangswert.** Ökonomisch betrachtet unterstellt die Kapitalwertfunktion, dass das Anfangsvermögen zum Zeitpunkt t tatsächlich verfügbar ist. Diese Bedingung muss in der Realität nicht immer erfüllt sein. Beispielsweise kann ein Bausparvertrag erst nach einer Sperrfrist, die mehrere Jahre beträgt, ausbezahlt werden. Im Folgenden sehen wir uns nun die Zinsmethoden im Detail an. Dabei konzentrieren wir uns auf festverzinsliche Wertpapiere. Damit ist eine Geldanlage gemeint, die dem Geldgeber ein Zinsversprechen gibt, welches an bestimmten, im Normalfall äquidistanten Zeitpunkten fällig wird. Man spricht hier von einem Nominalzins pro Zeiteinheit, also zum Beispiel pro Jahr. Diese Anlageform heißt **Zinsanleihe** oder **Coupon-Bond.**

Lineare Verzinsung

Als Erstes betrachten wir den Fall, dass wir den Zinsertrag nicht zu demselben Zinsversprechen wieder anlegen können, sondern dieser auf einem Konto gutgeschrieben wird und dort bis zur Rückzahlung verbleibt. Am Rückzahlungszeitpunkt ergibt sich damit der Ertrag als das Produkt aus dem Zins und der Anzahl der Zinsperioden. Formulieren wir diese Erkenntnisse aus Sicht des Endvermögens, so gilt folgender Satz.

Satz 1.4: Endkapital bei linearer Verzinsung

Das Endkapital bei linearer (oder einfacher) Verzinsung mit ganzzahligen Zinsperioden und einer Laufzeit von n Perioden erhält man als

$$K_n = K_0 + K_0 \cdot i \cdot n = K_0 \cdot (1 + i \cdot n).$$

Beispiel 1.5 (Berechnung Endkapital) Ein Betrag von 100 € wird bei einer linearen/einfachen Verzinsung von 2 % genau drei Jahre lang ausgeliehen. Wie groß ist die am Ende der Laufzeit angesammelte Summe aus Kapital und Zinsen? Aus der Angabe lesen wir die Parameter

$$n = 3; \ K_0 = 100\,€; \ i = 0{,}02$$

ab. Einsetzen in Satz 1.4 liefert dann

$$K_3 = 100\,€ + 100\,€ \cdot 0{,}02 \cdot 3 = 106\,€$$

beziehungsweise

$$K_3 = 100\,€ \cdot (1 + 0{,}02 \cdot 3) = 100\,€ \cdot (1 + 0{,}06) = 100\,€ \cdot 1{,}06 = 106\,€.$$

Beispiel 1.6 (Ermittlung Anfangskapital) Eine Mutter verspricht ihrer Tochter, ihr nach Ende des Studiums, das heißt in drei Jahren, 5000 € zu zahlen. Wie viel Geld muss sie heute anlegen, um in drei Jahren über diesen Betrag verfügen zu können, wenn eine lineare/einfache Verzinsung von 4 % vorliegt? Die Antwort erhalten wir wiederum mithilfe von Satz 1.4 nach Umstellen als

$$K_0 = \frac{K_n}{1 + i \cdot n} = \frac{5.000\,€}{1 + 0{,}04 \cdot 3} = \frac{5.000\,€}{1{,}12} = 4.464{,}29\,€.$$

Damit kommen wir jetzt zu dem Fall, dass der Periodenzinssatz i für einen bestimmten Zeitraum fixiert ist, aber die erste oder letzte Periode nicht vollständig beendet wird. Dann werden die Zinsen proportional zur Zeit gezahlt. Die Gesamtlänge einer Periode wird auch als

Referenzperiode oder **Basis** B bezeichnet. Im Falle jährlicher Verzinsung ist im Geldmarkt des Euroraums die Konvention $B = 360$ Tage üblich. Ferner steht $\#t$ für die tatsächliche Dauer der Verzinsung, die auch **Verrechnungsperiode** genannt wird. Bei einer Verzinsung über ein Viertel Jahr wäre beispielsweise $\#t = 90$. Im Falle jährlicher Verzinsung ist somit $B = 360$ Tage und $\#t$ die Anzahl der Tage in dem angebrochenen Jahr. Liegt eine Verzinsung mit Jahreszinssatz i vor, dann gilt für das Kapital K_t nach der abgebrochenen Periode mit $t = \frac{\#t}{B}$ die Formel

$$K_t = K_0 + K_0 \cdot i \cdot t = K_0 \cdot (1 + i \cdot t).$$

Beispiel 1.7 (Unterjährliche Verzinsung) Wie hoch ist bei linearer Verzinsung das Kapital nach 90 Tagen, wenn ein periodischer Jahreszinssatz $i = 2\,\%$ vorliegt und das Anfangskapital $K_0 = 100\,€$ beträgt? Wir erhalten

$$K_{\frac{90}{360}} = 100\,€ \cdot \left(1 + 0{,}02 \cdot \frac{90}{360}\right) = 100{,}50\,€.$$

Man spricht auch von einer **unterjährlichen Verzinsung.** Zum Abschluss fassen wir die Zusammenhänge zwischen den einzelnen Variablen in einem Satz zusammen.

Satz 1.8: Ermittlung der Größen in linearen Zinsrechnung

Es bezeichne K_0 das Anfangskapital, t die Laufzeit, i den Periodenzinssatz, K_t das Endkapital und Z_t die angefallenen Zinsen. Dann lassen sich die Größen bei linearer Verzinsung wie folgt ineinander umrechnen:

	(nachschüssige) lineare Zinsberechnung
Zinsen	$Z_t = K_0 \cdot t \cdot i$
Endkapital	$K_t = K_0 \cdot (1 + t \cdot i)$
Anfangskapital	$K_0 = \frac{K_t}{1 + t \cdot i}$
Laufzeit	$t = \frac{K_t - K_0}{K_0 \cdot i}$
Zinssatz	$i = \frac{K_t - K_0}{K_0 \cdot t}$

Beispiel 1.9 (Fortsetzung von Beispiel 1.7) Wir können mittels Satz 1.8 direkt die Höhe der Zinsen als

$$Z_{\frac{90}{360}} = K_0 \cdot t \cdot i = 100\,€ \cdot \frac{90}{360} \cdot 0{,}02 = 0{,}50\,€$$

ausrechnen. Sind umgekehrt die Laufzeit von 90 Tagen, das Anfangskapital $K_0 = 100\,€$ sowie das Endkapital in Höhe von $100,50\,€$ bekannt, so ergibt sich ein Zinssatz von

$$i = \frac{K_{\frac{90}{360}} - K_0}{K_0 \cdot t} = \frac{100,50\,€ - 100\,€}{100\,€ \cdot \frac{90}{360}} = 0,02 = 2\,\%.$$

Diskrete exponentielle Verzinsung

Die diskrete exponentielle Verzinsung wird auch **Zinseszinsrechnung** genannt. Es erfolgen während der (bezüglich der Zinsverrechnung) mehrperiodischen Laufzeit einer Kapitalanlage jeweils am Ende einer Periode Zinsverrechnungen. Ab dem Zeitpunkt der Verrechnung werden auch die Zinsen mitverzinst. Man spricht deswegen von einer **Zinskapitalisierung.** Diese Wiederanlageprämisse ist bei der linearen Verzinsung nicht erfüllt. Faktisch erfolgt also keine unmittelbare Auszahlung der Zinsen, das heißt, es liegt nur jeweils eine Ein- und eine Auszahlung vor. Der Zinssatz bleibt von der Ein- bis zur Auszahlung bestehen. Dort wird der versprochene Zins für die darauf folgende Zinsperiode nicht wieder angelegt, sondern auf einem Konto bis zur Rückzahlung gutgeschrieben.

Ein passendes und am Markt verfügbares Finanzinstrument, um eine diskrete exponentielle Verzinsung zu realisieren, heißt **Nullcouponanleihe** oder **Zero-Coupon-Bond.** Wir kaufen ein Wertpapier mit einem Zinsversprechen zu einem festgelegten Preis, der unter dem Nennwert liegt, und erhalten zum Schluss unsere Einzahlung und sämtliche Zinszahlungen auf einmal zurück. Eine Sonderform ist der **Zinssammler,** bei dem der Kaufpreis dem Nominal entspricht und die Tilgung dann über diesem liegt.

Beispiel 1.10 (Kapitalstände einer Nullcouponanleihe) Wir kaufen eine Nullcouponanleihe für $71,97\,€$, die pro Jahr $6,8\,\%$ Zinsen verspricht, die zum Ende jeder Periode kapitalisiert werden. Daraus ergeben sich in den ersten fünf Jahren die Kapitalstände

$$
\begin{aligned}
K_1 &= 71,97\,€ + 71,97\,€ \cdot 0,068 = 71,97\,€ \cdot (1 + 0,068) = 76,86\,€, \\
K_2 &= 76,86\,€ + 76,86\,€ \cdot 0,068 = 76,86\,€ \cdot (1 + 0,068) = 82,09\,€, \\
K_3 &= 82,09\,€ + 82,09\,€ \cdot 0,068 = 82,09\,€ \cdot (1 + 0,068) = 87,67\,€, \\
K_4 &= 87,67\,€ + 87,67\,€ \cdot 0,068 = 87,67\,€ \cdot (1 + 0,068) = 93,63\,€, \\
K_5 &= 93,63\,€ + 93,63\,€ \cdot 0,068 = 93,63\,€ \cdot (1 + 0,068) = 100,00\,€.
\end{aligned}
$$

Wir sprechen von **Kursnotiz,** wenn ein Preis in Prozent des Nominals gehandelt wird: Kaufen wir eine Nullcouponanleihe mit einem Nominal von $100\,€$ und einem Periodenzinssatz von $0,068$ für 5 Jahre, dann zahlt dieses Wertpapier $100\,\%$ des Nominals zurück, also $100\,€$. Dafür zahlen wir heute $71,97\,€$ beziehungsweise in Kursnotiz $71,97\,\%$.   □

In allgemeiner Form lässt sich das Rechenschema aus Beispiel 1.10 folgendermaßen auffassen.

$$
\begin{aligned}
K_1 &= & K_0 + K_0 \cdot i &= K_0 \cdot (1+i) &= K_0 \cdot (1+i)^1 \\
K_2 &= & K_1 + K_1 \cdot i &= K_1 \cdot (1+i) &= K_0 \cdot (1+i)^2 \\
K_3 &= & K_2 + K_2 \cdot i &= K_2 \cdot (1+i) &= K_0 \cdot (1+i)^3 \\
K_4 &= & K_3 + K_3 \cdot i &= K_3 \cdot (1+i) &= K_0 \cdot (1+i)^4 \\
&\vdots & \vdots \qquad\qquad & \quad \vdots \qquad\quad & \quad \vdots \\
K_n &= & K_{n-1} + K_{n-1} \cdot i &= K_{n-1} \cdot (1+i) &= K_0 \cdot (1+i)^n
\end{aligned}
$$

Dabei erfolgt die Verzinsung immer erst zum Ende einer Periode, weshalb man auch von einer **nachschüssigen** Verzinsung spricht. Erfolgt die Verzinsung hingegen zum Beginn der Periode, dann handelt es sich um eine **vorschüssige** Verzinsung. Damit haben wir eine Formel für das Endkapital bei diskreter exponentieller Verzinsung hergeleitet.

Satz 1.11: Endkapital bei exponentieller Verzinsung

Das Endkapital nach n Jahren bei nachschüssiger exponentieller Verzinsung und ganzjähriger Laufzeit erhält man als

$$
K_n = K_0 \cdot (1+i)^n = K_0 \cdot q^n.
$$

Hier haben wir den **Zinsfaktor** $q := 1+i$ eingeführt. Diese Formel üben wir anhand zweier weiterer Beispiele.

Beispiel 1.12 (Endwert bei exponentieller Verzinsung) Ein Geldbetrag von 100 € wird für vier Jahre als Einlage angelegt und mit 6 % verzinst. Welche Höhe hat das Kapital bei exponentieller Verzinsung nach vier Jahren? Aus der Aufgabenstellung lesen wir die Parameter

$$
n = 4; \ K_0 = 100\,€; \ i = 0{,}06; \ q = 1+0{,}06 = 1{,}06
$$

heraus. Durch Einsetzen in Satz 1.11 bekommen wir

$$
K_n = K_0 \cdot q^n, \text{ also } K_4 = 100\,€ \cdot 1{,}06^4 = 126{,}25\,€
$$

Laut Satz 1.4 würde bei einfacher Verzinsung der Kapitalwert

$$
K_4 = K_0 \cdot (1 + 4 \cdot i) = 100\,€ \cdot (1 + 4 \cdot 0{,}06) = 100\,€ \cdot (1 + 0{,}24) = 124{,}00\,€
$$

betragen. Bei einfacher Verzinsung ist die Kapitalsumme am Ende des mehrjährigen Anlagezeitraums folglich spürbar kleiner als bei der Zinseszinsrechnung. □

Beispiel 1.13 (Vergleich exponentieller und linearer Verzinsung) Ein bei der Gründung der Stadt Bochum angelegter Cent ($= 0{,}01$ €) soll 2000 Jahre später wieder abgehoben werden. Wie lautet der auszuzahlende Betrag, wenn der vereinbarte Zinssatz 1 % beziehungsweise 4 % beträgt und das Geld mit linearer beziehungsweise mit exponentieller Verzinsung angelegt wurde? Bei einfacher linearer Verzinsung erhalten wir für $i = 0{,}01$ und $i = 0{,}04$ die bescheidenen Summen von

$$K_{2.000} = 0{,}01 \text{ €} \cdot (1 + 0{,}01 \cdot 2.000) = 0{,}21 \text{ €}$$

beziehungsweise

$$K_{2.000} = 0{,}01 \text{ €} \cdot (1 + 0{,}04 \cdot 2.000) = 0{,}81 \text{ €}.$$

Wurde hingegen eine exponentielle Verzinsung vereinbart, so liegt der auszuzahlende Betrag bei

$$K_{2.000} = 0{,}01 \text{ €} \cdot (1 + 0{,}01)^{2.000} = 4.392.862{,}05 \text{ €}$$

beziehungsweise sogar bei

$$K_{2.000} = 0{,}01 \text{ €} \cdot (1 + 0{,}04)^{2.000} \approx 1{,}17 \cdot 10^{32} \text{ €},$$

was eine 32-stellige Zahl ist und alle Geldmittel der Welt bei weitem überschreitet. □

Ebenso wie bei der linearen Verzinsung wollen wir uns jetzt auch hier damit beschäftigen, was bei einer Verzinsungsdauer von unter einem Jahr passiert. Hierbei bezeichnen wir mit m die Anzahl der Zinsperioden je Jahr. Das bedeutet, wenn die Zinsperiode

- 1 Tag dauert, dann ist $m = 360$,
- 1 Monat dauert, dann ist $m = 12$,
- 1 Halbjahr dauert, dann ist $m = 2$.

Hierfür ergibt sich ebenfalls eine kompakte Berechnungsformel.

Satz 1.14: Endkapital unterjährlicher Zinsperioden bei exponentieller Verzinsung
Das Endkapital bei nachschüssiger exponentieller Verzinsung und unterjährlicher Verzinsung mit m Perioden nach n Jahren erhält man als

$$K_n = K_0 \cdot \left(1 + \frac{i}{m}\right)^{n \cdot m}.$$

Hierbei wird also berücksichtigt, dass der Zins mehrfach pro Jahr verrechnet wird.

Beispiel 1.15 (Unterjährliche Verzinsung) Es seien der annualisierte periodische Jahreszinssatz $i = 0,02$ mit halbjährlicher Verzinsung ($m = 2$) und eine Laufzeit von 3 Jahren gegeben. Dann ergibt sich für ein Anfangskapital von 1.000 € nach Satz 1.14 ein Endkapital von

$$K_3 = 1.000\,\text{€} \cdot \left(1 + \frac{0,02}{2}\right)^{3 \cdot 2} = 1.061,52\,\text{€}.$$

Läge hingegen nur eine einmalige Verzinsung pro Jahr vor ($m = 1$), so betrüge das Endkapital

$$K_3 = 1.000\,\text{€} \cdot \left(1 + \frac{0,02}{1}\right)^{3 \cdot 1} = 1.061,21\,\text{€},$$

also ein niedrigerer Wert.

Damit kommen wir jetzt wieder zur Situation, wenn ein Zinssatz i fixiert ist, aber die Periode nicht vollständig beendet wird. Dann werden die Zinsen exponentiell zeitproportional gezahlt. Wenn die Periode wiederum die Basis B hat und $\#t$ die tatsächliche Dauer der verzinsten Tage bezeichnet, dann gilt für das Kapital K_t nach der abgebrochenen Periode mit $t = \frac{\#t}{B}$ die übliche Formel

$$K_t = K_0 \cdot (1 + i)^t.$$

Analog zu Satz 1.8 können wir damit die Zusammenhänge zwischen den einzelnen betrachteten Größen zusammenfassen.

Satz 1.16: Berechnung der Größen bei exponentieller Verzinsung
Es bezeichne K_0 das Anfangskapital, t die Laufzeit, i den Periodenzinssatz, K_t das Endkapital und Z_t die angefallenen Zinsen. Dann lassen sich die Größen bei exponentieller nachschüssiger Verzinsung wie folgt ineinander umrechnen

	Nachschüssige exponentielle Zinsberechnung
Zinsen	$Z_t = K_0 \cdot ((1 + i)^t - 1)$
Endkapital	$K_t = K_0 \cdot (1 + i)^t$
Anfangskapital	$K_0 = \frac{K_t}{(1+i)^t}$
Laufzeit	$t = \frac{\ln\left(\frac{K_t}{K_0}\right)}{\ln(1+i)}$
Zinssatz	$i = \sqrt[t]{\frac{K_t}{K_0}} - 1$

Die einzelnen Formeln sind dabei nur durch Umformen der *Zinseszinsformel*

$$K_t = K_0 \cdot (1+i)^t = K_0 \cdot q^t$$

entstanden. Wenn man beide Seiten der Formel durch $(1+i)^t$ teilt, bekommt man beispielsweise die Formel für das Anfangskapital

$$K_0 = \frac{K_t}{(1+i)^t}.$$

Um den Zinssatz i zu erhalten, werden beide Seiten durch K_0 geteilt, was zum Ausdruck

$$(1+i)^t = \frac{K_t}{K_0}$$

führt. Danach wird auf beiden Seiten die t-te Wurzel gezogen, also

$$1+i = \sqrt[t]{\frac{K_t}{K_0}}.$$

Durch Abziehen von 1 auf beiden Seiten ergibt sich schließlich

$$i = \sqrt[t]{\frac{K_t}{K_0}} - 1.$$

Für Fragestellungen der Form *Welche Laufzeit muss festgelegt werden damit sich das Kapital nach n Jahren vervielfacht (also zum Beispiel K_t nach 8 Jahren doppelt so groß sein soll wie K_0)?* muss die Formel wiederum nach t aufgelöst werden. Dazu muss der Ausdruck $(1+i)^t = \frac{K_t}{K_0}$ logarithmiert werden. Mit den Rechenregeln für den Logarithmus erhält man

$$\ln\left((1+i)^t\right) = \ln\left(\frac{K_t}{K_0}\right) \quad \Leftrightarrow \quad t \cdot \ln(1+i) = \ln K_t - \ln K_0.$$

Daraus folgt

$$t = \frac{\ln\left(\frac{K_t}{K_0}\right)}{\ln(1+i)} = \frac{\ln K_t - \ln K_0}{\ln(1+i)}.$$

Achtung! Die Lösung t ist hierbei in der Regel nicht mehr ganzzahlig, sodass man entsprechend auf- oder abrunden muss.

Beispiel 1.17 (Vervielfachung von Anlagebeträgen) Wie lange dauert es, bis sich ein mit 5 % angelegter Betrag verdreifacht? Es ist $i = 0{,}05$. Durch Einsetzen in Satz 1.16 und Verwendung der Rechenregeln für den Logarithmus, erhalten wir

$$n = \frac{\ln 3K_0 - \ln K_0}{\ln 1{,}05} = \frac{\ln 3 + \ln K_0 - \ln K_0}{\ln 1{,}05} = \frac{\ln 3}{\ln 1{,}05} = 22{,}5171 \text{ Jahre,}$$

das heißt bei nachschüssiger, jährlicher Verzinsung lautet die Antwort 23 Jahre.   □

Stetige Verzinsung
Bei der gerade behandelten Methode haben wir stets diskrete Zinsperioden wie Jahre, Halb-
jahre, Monate oder Tage angenommen. Nun wollen wir eine beliebig kleine Verzinsungsperiode betrachten, also unterstellen wir die Wiederanlage des Ertrags zu jeder noch so kleinen
Zeiteinheit. Mit anderen Worten betrachten wir den Ausdruck

$$K_n = K_0 \cdot \left(1 + \frac{i}{m}\right)^{n \cdot m}$$

aus Satz 1.14 für beliebig große m. Ersetzen wir nun $h = \frac{m}{i}$, dann erhalten wir

$$K_n = K_0 \cdot \left(1 + \frac{1}{h}\right)^{h \cdot i \cdot n} = K_0 \cdot \left(\left(1 + \frac{1}{h}\right)^h\right)^{i \cdot n}.$$

Bilden wir nun für $h \to \infty$ den Grenzwert, dann ist bekannt, dass

$$\lim_{h \to \infty} \left(1 + \frac{1}{h}\right)^h = e^1$$

ist (siehe [HW17, S. 85]). Dieses Vorgehen wird **stetige Verzinsung** genannt. Hierfür erhalten wir folglich das Ergebnis.

> **Satz 1.18: Endkapital bei stetiger Verzinsung**
> Das Endkapital K_n bei stetiger Verzinsung mit dem ganzzahligen Periodenzinssatz i
> und Laufzeit n ist
> $$K_n = K_0 \cdot e^{i \cdot n}.$$

Beispiel 1.19 (Berechnung des Endkapitals bei stetiger Verzinsung) Als Periodenzinssatz
ist der annualisierte Jahreszinssatz $i = 0{,}03$ mit vier Jahren Laufzeit gegeben. Wir erhalten
bei stetiger Verzinsung aus dem Anfangskapital von 250 € das Endkapital

$$K_4 = 250\,€ \cdot e^{0{,}03 \cdot 4} = 281{,}87\,€.$$

1.3 Tageskonventionen

Auch wenn man einen Kredit bei einer Bank nur für ein halbes Jahr aufnimmt, ist es üblich, dass die Bank einen annualisierten Zinssatz angibt, also einen Zins, der auf die Laufzeit von einem Jahr umgerechnet wurde. Wird der Zins pro Jahr angegeben, so schreibt man auch p. a., was eine Abkürzung des lateinischen Begriffs **per annum**, zu deutsch **pro Jahr**, ist. Der Gedanke dahinter ist, dass für den Kunden eine Vergleichbarkeit zwischen verschiedenen Angeboten sichergestellt werden soll. Für die Kalkulation des annualisierten Zinssatzes ist es natürlich relevant, auf welche Weise die Zinstage gezählt werden. Hierbei kann man verschiedene Ansätze wählen, die alle ähnlich plausibel sind. Man spricht hier von sogenannten **Tageskonventionen**. Die unterschiedlichen Möglichkeiten sind der Inhalt dieses Abschnitts.

In der Praxis sind drei unterschiedliche Grundtypen von Zählweisen vertreten:

- **ACT:** Die Tage des Jahres werden exakt gezählt. Es gibt also entweder 365 oder 366 Tage. Liegen beispielsweise zwei Perioden in einem Jahr mit 365 Tagen vor, dann umfasst eine Periode 182 und die andere 183 Tage.
- **365:** Gleichgültig ob ein Schaltjahr vorliegt, wird das Jahr mit 365 Tagen gemessen. Die Aufteilung bei mehreren Zinsperioden pro Jahr erfolgt wie oben.
- **360:** Jedes Jahr hat 360 Tage. Bei m Zinsperioden, $m = 1, 2, 3, 4, 6, 12$, pro Jahr ist die Dauer einer Zinsperiode einfach $\frac{360}{m}$.

Wenn wir uns die unterjährliche Verzinsung in Erinnerung rufen, wird klar, dass hierdurch zwar die Basis B (Referenzperiode) bestimmt wird, aber nicht die Anzahl der tatsächlichen Zinstage $\#t$ (Verrechnungsperiode). Bei allen Zählmethoden benötigen wir für die finale Zinsermittlung jedoch den Quotienten

$$t_{A,E} := \frac{\text{Verrechnungsperiode}}{\text{Referenzperiode}}.$$

Die Grundtypen beziehen sich dabei lediglich auf die Referenzperiode. Um zusätzlich die Verrechnungsperiode zu bestimmen, muss auch noch die Anzahl der Tage eines Monats berücksichtigt werden. In unserer Darstellung beschränken wir uns hierbei auf die wesentlichen marktüblichen Usancen.

- **30E/360:** Die Anzahl der Zinstage hängt nicht von der tatsächlichen Anzahl der Tage im Monat ab. Jeder Monat hat 30 Tage. Für zwei Daten $t_1 = (T_1, M_1, J_1)$ und $t_2 = (T_2, M_2, J_2)$, wobei T_1, T_2 die Tage des Monats, M_1, M_2 die Monate im Jahr und J_1, J_2 die Jahre bezeichnet, wird gemäß der Formel

$$t_{A,E} = \frac{(J_2 - J_1) \cdot 360 + (M_2 - M_1) \cdot 30 + \min(T_2, 30) - \min(T_1, 30)}{360}$$

gerechnet.

Beispiel 1.20 (30E/360 ohne 31. Tag eines Monats) Für den Zeitraum 20. Juli 2012 bis 18. September 2013 ergibt sich

$$t_{A,E} = \frac{(2013 - 2012) \cdot 360 + (9 - 7) \cdot 30 + \min(18; 30) - \min(20; 30)}{360}$$

$$= \frac{360 + 60 + 18 - 20}{360} = \frac{418}{360}.$$

Beispiel 1.21 (30E/360 mit 31. Tag eines Monats) Für den Zeitraum 15. Januar 2013 bis 31. März 2013 erhalten wir

$$t_{A,E} = \frac{(2013 - 2013) \cdot 360 + (3 - 1) \cdot 30 + \min(31; 30) - \min(15; 30)}{360}$$

$$= \frac{60 + 30 - 15}{360} = \frac{75}{360}.$$

Gemäß der Regel 251 der International Capital Markets Association (ICMA)[1] wird diese Methode für die Stückzinsberechnung bei \$-Festzinsanleihen verwendet. **Stückzinsen** entstehen, sobald ein Wertpapier zwischen zwei Zinsauszahlungsterminen verkauft wird und dadurch sowohl Käufer als auch Verkäufer Anspruch auf einen *Teil der Zinsen* haben. In Deutschland ist sie für Termin-, Sicht- und Spareinlagen üblich und wird daher auch **Deutsche Zinsmethode** genannt.

- **30/360:** Diese Methode ist der Deutschen Zinsmethode sehr ähnlich. Nur falls der Endtag der 31. ist, wird anders gerechnet. Wir setzen $T_2^* = 30$, falls $T_2 = 31$ **und** (entweder $T_1 = 30$ oder $T_1 = 31$), ansonsten ist $T_2^* = T_2$. Dann gilt

$$t_{A,E} = \frac{(J_2 - J_1) \cdot 360 + (M_2 - M_1) \cdot 30 + T_2^* - \min(T_1; 30)}{360}.$$

Beispiel 1.22 (30/360 ohne 31. Tag eines Monats) In der 30/360 Konvention erhalten wir für den Zeitraum 20. Juli 2012 bis 18. September 2013

$$t_{A,E} = \frac{(2013 - 2012) \cdot 360 + (9 - 7) \cdot 30 + 18 - \min(20; 30)}{360}$$

$$= \frac{360 + 60 + 18 - 20}{360} = \frac{418}{360}.$$

---

[1] Der Verband ICMA umfasst Mitglieder aus der Banken- und Finanzdienstleistungsbranche in Europa und hat seinen Sitz in Zürich. Er ist 2005 aus dem Zusammenschluss von International Primary Market Association und International Securities Market Association (ISMA, die vorher Association of International Bond Dealers, AIBD, hieß), entstanden.

Beispiel 1.23 (30/360 mit 31. Tag eines Monats) Für den Zeitraum 15. Januar 2013 bis 31. März 2013 ist

$$t_{A,E} = \frac{(2013 - 2013) \cdot 360 + (3 - 1) \cdot 30 + 31 - \min(15; 30)}{360}$$

$$= \frac{60 + 31 - 15}{360} = \frac{76}{360}$$

und es besteht also ein Unterschied zur 30E/360-Methode. ☐

- **ACT/360:** Bei der ACT/360-Methode wird die tatsächliche (englisch *actual*), exakte, kalendertag-genaue Anzahl der Zinstage in den Zähler genommen und grundsätzlich durch die Jahreslänge von 360 Tagen im Nenner geteilt.

Beispiel 1.24 (ACT/360) Für den Zeitraum 15. Januar 2013 bis 31. März 2013 müssen im Zähler die genauen Tage jedes Monats berücksichtigt werden

$$t_{A,E} = \frac{16 + 28 + 31}{360} = \frac{75}{360}.$$

Diese Methode ist insbesondere am Geldmarkt üblich und wird für die Berechnung der Referenzzinssätze **LIBOR** (London Interbank Offered Rate) und **EURIBOR** (European Interbank Offered Rate) benutzt.[2] Die Verwendung am Geldmarkt ist in den kurzen Laufzeiten der Produkte wie Tages- oder Wochengeld begründet, bei denen die genaue Tageszählung wichtig ist. So würden bei der 30/360-Methode für einen Tag vom 28. Februar 2019 bis zum 01. März 2019 drei Tage gezählt werden und hingegen für den einen Tag vom 30. März 2019 zum 31. März 2019 null Tage. Aus Vereinfachungsgründen wird der Nenner bei 360 belassen. Dies führt dazu, dass bei einem 12-Monatsgeld der Zinssatz mit einem Faktor $\frac{365}{360} = 1{,}0139$ multipliziert wird.

- **ACT/365:** Bis auf die Jahreslänge von 365 Tagen ist diese Methode mit ACT/360 identisch. Sie wird auch **Englische Methode** genannt und wird in einigen europäischen Geldmärkten verwendet.
- **ACT/ACT nach ICMA:** Die Zinstage und die Jahreslänge werden mit den kalendertag-genauen Anzahlen berücksichtigt. Anwendung findet die Methode bei regelmäßigen Zinszahlungen mit 1, 2, 3, 4, 6 oder 12 Zinszahlungen pro Jahr.

$$t_{A,E} = \frac{\#\text{Kalendertage}}{(\text{Anzahl Couponzahlungen p. a.}) \cdot (\text{Tagesanzahl der Couponperiode})}$$

---

[2] Bei LIBOR und EURIBOR handelt es sich um Referenzzinssätze, die für die Berechnung von Kreditzinsen herangezogen werden. Sie beruhen auf den Zinsen, zu denen sich Banken gegenseitig Geld leihen.

Diese sehr einfach wirkende ACT-Methode birgt Schwierigkeiten im Detail. Betrachtet man die Zinsperionde vom 1. Oktober 2020 bis zum 31. Dezember 2020, so stellt sich die Frage, ob ein Schaltjahr zugrunde gelegt wird. Denn einerseits ist 2020 ein Schaltjahr, aber andererseits liegt in der Zinsperiode kein Schalttag. Eine ähnlich gelagerte Frage tritt bei einer Zinsperiode vom 1. Oktober 2020 bis zum 1. Februar 2021 oder bis zum 1. März 2021 auf, denn 2020 ist ein Schaltjahr, aber 2021 ist keines. Hierauf gibt es keine eindeutige *richtige* Antwort, sodass sich in der Praxis eine Reihe von Unterkonventionen herausgebildet haben.

Die ICMA-Methode wird, wie bereits erwähnt, bei der Stückzinsberechnung verwendet. Die tatsächliche Anzahl der Tage der Stückzinsperiode steht im Zähler. Im Nenner steht das Produkt aus der Tagesanzahl der vollständigen Zinsperiode und der Anzahl vollständiger Zinsperioden pro Jahr. Damit ist sichergestellt, dass bei mehr als einer Zinszahlung pro Jahr die Höhe der Zinszahlung zu jedem der Zahlungstermine identisch ist (in den USA sind vierteljährliche Zahlungen üblich).

Beispiel 1.25 (Berechnung von Stückzinsen) Wir betrachten ein Wertpapier mit einer Laufzeit vom 15. Februar 2014 bis 15. Februar 2015 und Zinszahlungen am 15. August 2014 sowie am 15. Februar 2015. Es sollen Stückzinsen zum 15. Mai 2014 berechnet werden. Die vollständige Zinsperiode vom 15. Februar bis 15. August hat $13 + 31 + 30 + 31 + 30 + 31 + 15 = 181$ Tage. Die Länge der Stückzinsperiode ergibt sich als $13 + 31 + 30 + 15 = 89$ Tage. Also ist $t_{A,E} = \frac{89}{181 \cdot 2} = 0{,}2459$. Bei nur einer Zinsperiode wäre $t_{A,E} = \frac{89}{365} = 0{,}2438$. Auf den ersten Blick sieht dies nach einer geringen Differenz aus. Diese summiert sich aber bei einem Anleiheanteil von 10.000 € bereits auf 20,21 € auf. $\qquad\square$

- **ACT/ACT (kalenderjährlich)** Diese Methode wird bei nur einer Zinszahlung pro Jahr verwendet und berücksichtigt im Gegensatz zu ACT/ACT nach ICMA, dass das Anfangsjahr J_1 und das Endjahr J_2 wegen der Schalttage eine unterschiedliche Anzahl an Tagen haben können. Es ist dann

$$t_{A,E} = \frac{\#\text{Kalendertage}(t_1; 31.12.J_1)}{\#\text{Kalendertage } J_1} + J_2 - J_1 + \frac{\#\text{Kalendertage}(01.01.J_2; t_2)}{\#\text{Kalendertage } J_2},$$

  wobei $\#\text{Kalendertage}(\cdot; \cdot)$ die Anzahl der Kalendertage zwischen zwei Zeitpunkten bezeichnet.

Verschieberegeln

Damit wissen wir, wie wir Zinsen proportional zur Zeit berechnen. Aber was geschieht, wenn ein regelmäßiger Zinszahlungstermin auf einen Feiertag oder das Wochenende fällt, sodass das Geld nicht zur Verfügung steht? In der Praxis wird zunächst einmal unterschieden, ob sich mit der Zahlungsverschiebung auch die nächste Zinsperiode verändert. Folglich gibt es zwei Fälle:

- Die Zinsperioden bleiben erhalten (**unadjusted**), das heißt, die Verschiebung der Zinszahlung wirkt sich nicht auf den zu zahlenden Zins aus, aber die Zinszahlung verschiebt sich in die nächste Zinsperiode. Dies ist der Regelfall bei festverzinslichen Wertpapieren.
- Die Länge der Zinsperiode wird nach einer Geschäftstagekonvention verschoben (**adjusted**). Je nach Verabredung wird vor oder nach dem regelmäßigen Zinstermin ausgezahlt und die Anzahl der Tage ändert sich entsprechend.

Die wichtigsten Geschäftstagekonventionen sind:

- Nächster Tag (**following**, Abkürzung: f): Die Zinszahlung wird auf den nächsten Bankarbeitstag/Zahlungstag verschoben.
- Modifizierter nächster Tag (**modified following,** Abkürzung: mf): Auch hier wird auf den nächsten Bankarbeitstag/Zahlungstag verschoben, sofern dieser innerhalb des gleichen Kalendermonats liegt. Ansonsten wird der vorhergehende Bankarbeitstag/Zahlungstag genommen.
- Vorhergehender Tag (**preceeding**, Abkürzung: p): Es wird auf den vorhergehenden Bankarbeitstag/Zahlungstag verschoben.
- Modifizierter vohergehender Tag (**modified preceeding,** Abkürzung: mp): Es wird auf den vorhergehenden Bankarbeitstag/Zahlungstag verschoben, sofern dieser innerhalb des gleichen Kalendermonats liegt. Ansonsten wird auf den nächsten Bankarbeitstag/Zahlungstag verschoben.

Bei festverzinslichen Wertpapieren gilt in der Regel **unadjusted following,** also wird die Zahlung ohne Anpassung der Verzinsungsperiode auf den nächsten Bankarbeitstag/Zahlungstag verschoben. Häufig werden mit Abschluss eines Vertrags geeignete Zinszahlungstage (die Zinszahlungstermine sind also auch Bank-/Zahlungstage) vereinbart. Bei mehrjährigen Verträgen kann es dennoch zu Zahlungstagverschiebungen kommen, sodass eine entsprechende Regelung den Umgang vereinfacht und denkbare spätere juristische Auseinandersetzungen vermeidet.

Bei variabel verzinslichen Finanzinstrumenten (mehr Details hierzu in Abschn. 3.2) wird periodenweise ein festgelegter Referenzzinssatz neu zugrundegelegt. Die Festlegung kann vor Beginn der Zinsperiode (englisch *in advance*) oder vor Ende der Zinsperiode (englisch *in arrears*) erfolgen. Sie geschieht in der Regel zwei Tage vor dem Zinsanpassungstermin, dem sogenannten **Zinsfeststellungstermin.** Man legt sich hierbei auf einen Geldmarktzinssatz wie EURIBOR (European Interbank Offered Rate) fest, der in der Tageskonvention ACT/360 als annualisierter Zinssatz angegeben wird. Die Zinsperioden des EURIBOR werden angepasst (adjusted), der Zahltag wird nach der Methode following verschoben.

Beispiel 1.26 (Variabel verzinsliches Zinsinstrument) Wir betrachten ein variabel verzinsliches Zinsinstrument mit einem Nominalvolumen von 10 Mio. € und einer Laufzeit von 2 Jahren, das am 16. März 2020 abgeschlossen wird. Die Zinsvereinbarung lautet

6M-EURIBOR plus 0,50 %, wobei die Bezeichnung 6M für sechs Monate steht. Die Zinszahlungstermine sind folglich der 16. September 2020, der 16. März 2021, der 16. September 2021 und der 16. März 2022. Wir nehmen an, dass der 6M-EURIBOR an den Zinsfeststellungsterminen folgendermaßen festgestellt wird.[3]

Zinsfeststellung zum	16.03.2020	16.09.2020	16.03.2021	16.09.2021
6M-EURIBOR p. a. ACT/360	0,40 %	0,60 %	1,10 %	1,30 %

Die Zinsen am Ende der ersten Zinsperiode am 16.09.2020 werden ermittelt, indem der Aufschlag von 0,50 % zum 6M-EURIBOR vom 16.03.2020 addiert wird, also 0,40 % + 0,50 % = 0,90 %. Nach der ACT/360 ergeben sich 184 Zinstage. Für den Zinsbetrag erhalten wir somit

$$10.000.000 \, € \cdot 0,90 \, \% \cdot \frac{184}{360} = 46.000 \, €.$$

Die zweite Zinsperiode hat 181 zu verzinsende Tage, sodass mit dem anzuwendenden Zinssatz von 1,10 % p.a. der Zins

$$10.000.000 \, € \cdot 1,10 \, \% \cdot \frac{181}{360} = 55.305,56 \, €.$$

beträgt. Die Berechnungen der letzten beiden Zinszahlungen werden in Übungsaufgabe 1.9 ausgeführt, die Ergebnisse sollen hier jedoch festgehalten werden.

Zinsanpassung am	16.03.2020	16.09.2020	16.03.2021	16.09.2021	
6M-EURIBOR	0,40 %	0,60 %	1,10 %	1,30 %	
Zinssatz	0,90 %	1,10 %	1,60 %	1,80 %	
Zinszahlung am		16.09.2020	16.03.2021	16.09.2021	16.03.2022
Zinsbetrag		46.000,00 €	55.305,56 €	81.777,78 €	90.500,00 €

□

1.4   Risikofreier Zinssatz

Bisher haben wir immer von einem Zinssatz gesprochen, der als Rendite aus dem Preis eines Bonds für eine bestimmte Laufzeit ermittelt wird – dem Kassazinssatz, den wir in Abschn. 2.2 ausführlicher besprechen. Bei der Betrachtung von tatsächlichen Anleihekursen stellt sich jedoch heraus, dass bei bezüglich Laufzeit und Kaufpreis identischen Bonds zweier verschiedener Emittenten oft unterschiedliche Zinssätze vorliegen. Woran liegt das?

---

[3] In der Praxis zwei Geschäftstage vor den Zinsanpassungsterminen.

Die Ursache dafür ist im Wesentlichen die Unterschiedlichkeit der Bonität des Emittenten. Die nominelle Renditedifferenz einer risikobehafteten Anleihe zu einem risikofreien Zinssatz wird als **Credit Spread** bezeichnet. Der risikofreie Zinssatz ist dabei ein theoretisches Konstrukt, denn er existiert nur mittelbar aus risikofreien Finanzinstrumenten. Voraussetzungen für die Existenz eines risikofreien Finanzinstruments sind:

- Es besteht kein Ausfallrisiko, das heißt, die Zahlungen erfolgen in vereinbarter Höhe und termingerecht.
- Die betrachtete Laufzeit wird tatsächlich gehandelt und
- der Markt ist liquide, das heißt ausreichend groß.

In der Realität sind Beispiele derartiger Finanzinstrumente festverzinsliche Staatsanleihen mit einem Rating AAA (oder vergleichbarer Klasse anderer Agenturen, siehe hierzu auch Abschn. 4.1). Ein solches Rating von allen drei großen Rating-Agenturen (Fitch, Moody's und Standard & Poors) haben zur Zeit der Erstellung dieses Buches (Juli 2021) die Staatsanleihen der Länder Australien, Dänemark, Deutschland, Luxemburg, Niederlande, Norwegen, Schweden, Schweiz und Singapur. Im Interbankenmarkt wird die Swap-Kurve, siehe Abschn. 3.3, als risikofreie Kurve verwendet.[4] Jede am Markt beobachtete Anleiherendite i kann dann als Summe des risikofreien Zinssatzes r_{rf} und des Credit Spreads CS, also

$$i = r_{\text{rf}} + \text{CS},$$

aufgefasst werden.

Für die Bewertung von Finanzinstrumenten mit Ausfallrisiko hat der risikofreie Zinssatz eine immense Bedeutung. Bei Zahlungsströmen mit Ausfallrisiko benötigen wir ihn, um nachzuvollziehen, ob der Credit Spread *fair* ist. Dies bedeutet, dass dieser das Ausfallrisiko einer Zahlung realistisch abbildet. Betrachtet man etwa Anleihen mit einem niedrigeren Rating als AAA, so kann pro Rating-Klasse ein risikobehafteter Zinssatz ermittelt werden. Es könnte beispielsweise sein, dass ein Rating der Klasse A gegenüber dem als risikofrei betrachteten AAA Rating eine Zinsdifferenz von 1 % rechtfertigt. Die Risikoadjustierung erfolgt dabei durch Ermittlung des Effektivzinses (siehe Abschn. 2.3) einer Anleihe mit gleichem Fälligkeitszeitpunkt und vergleichbarer Vertragsausgestaltung (ausgenommen ist der Zins) aus der entsprechenden Ratingklasse. Dieser Effektivzinssatz ist dann der *risikoadjustierte* Kassazinssatz. Man meint damit also den Zinssatz, mit dem das Ausfallrisiko ausgeglichen wird.

---

[4] Zukünftig wird die risikofreie Zinsstrukturkurve durch die Euro Short-Term Rate bestimmt werden. Daher werden EURIBOR und LIBOR-Sätze zur Bestimmung der risikofreien Zinssätze überflüssig.

1.5   Zinsstrukturkurve

Bei den in Abschn. 1.1 beschriebenen Zinstheorien sind wir stets von einem einzigen Zinssatz über alle Laufzeiten in einer Volkswirtschaft ausgegangen. Dies entspricht in keinster Weise der ökonomischen Realität, denn es werden erheblich unterschiedliche Zinsen, die stark von den Laufzeiten der Anleihen abhängen, auf den Finanzmärkten beobachtet. Als Beispiel können wir die Zinskurve der europäischen Versicherungsaufsicht EIOPA (European Insurance and Occupational Pensions Authority) vom 31.12.2020 aus Abb. 1.2 heranziehen, wo wir sehen, dass längere Laufzeiten tendenziell mit höheren Zinsen einhergehen.[5] Natürlich gibt es verschiedene ökonomische Erklärungen und Ansätze dafür, weshalb dies der Fall ist. Einige besonders weit verbreitete wollen wir hier darstellen.

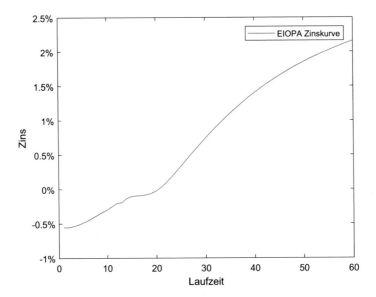

Abb. 1.2 Zinsstrukturkurve der EIOPA zum 31.12.2020

---

[5] Quelle: https://www.eiopa.europa.eu/tools-and-data/risk-free-interest-rate-term-structures_en.

Die älteste Zinsstrukturtheorie geht auf Irving Fisher (1867–1947) zurück, die sogenannte **reine Erwartunghypothese** (englisch *pure expectation hypothesis*), siehe [Fis30]. Sie setzt bei der *Rendite auf Verfall* (englisch *return of maturity*) an, nach der die Zinsstrukturkurve durch die Erwartungen der Wirtschaftsbeteiligten über die zukünftigen **kurzfristigen** Zinssätze bestimmt ist. An einem einfachen Beispiel lässt sich der Gedankengang dahinter verdeutlichen: Kaufen wir eine einjährige Anleihe zu 9 % und investieren nach deren Fälligkeit das Nominal inklusive des gezahlten Zinses wieder in eine einjährige Anleihe zu 11 %, dann muss diese Strategie dieselbe Rendite erbringen wie der Kauf einer zweijährigen Anleihe. Daher muss der Zinssatz der zweijährigen Anleihe

$$i_{t_{0,2}} = \sqrt{1{,}09 \cdot 1{,}11} - 1 = 0{,}09995$$

betragen. Allgemein kann dieses Prinzip für den Zins über n Perioden durch die Formel

$$i_{t_{0,n}} = \sqrt[n]{(1 + i_{t_{0,1}}) \cdot (1 + i_{t_{1,2}}) \cdot (1 + i_{t_{2,3}}) \cdot \ldots \cdot (1 + i_{t_{n-1,n}})} - 1$$

ausgedrückt werden, wobei $i_{t_{i,i+1}}$ jeweils für den einjährigen Zins zum Zeitpunkt i steht. An dieser kann abgelesen werden, dass der mehrjährige Zinssatz von der Erwartung an die zukünftigen einjährigen Zinsen bestimmt wird.

John Richard Hicks (1904–1989) versuchte mit der **Liquiditätsprämientheorie** den **normalen** Verlauf einer Zinsstrukturkurve zu erklären, [Hic39], indem er die Erwartungstheorie mit der Wirtschaftstheorie von John Maynard Keynes (1883–1946) zusammenbringt. Dabei wird unter dem Begriff normal verstanden, dass für längere Laufzeiten höhere Zinsen vorliegen. Dieses Verhalten beobachten wir mit Ausnahme des kleinen sowie des etwas größeren Knicks zwischen 10 und 20 Jahren in Abb. 1.2. Im Gegensatz dazu liegt eine **inverse** ZInsstrukturkurve vor, wenn die Zinssätze mit steigender Laufzeit fallen. Die wichtigste Annahme im Modell nach Hicks ist, dass Anleihen mit verschiedenen Fälligkeiten substituierbar sind. Damit beeinflussen sich die erwarteten Renditen von Anleihen mit unterschiedlichen Laufzeiten gegenseitig. Ein Investor, der Risiko vermeiden möchte, bevorzugt zum Beispiel kurzlaufende Anleihen, weil dann das Risiko, dass sich der Marktzins während der Laufzeit verändert, geringer ist. Daher muss ihm für langlaufende Anleihen eine positive **Liquiditätsprämie** gezahlt werden. In anderen Worten: Es muss für eine n-periodische Anleihe zusätzlich zu den erwarteten Zinsen ein Prozentsatz des Nominals $l_{t_{0,n}}$ gezahlt werden, der für alle Laufzeiten positiv und monoton wachsend in n ist. Dadurch ergibt sich für eine Anleihe mit n-jähriger Laufzeit der Gesamtzins

$$i_{t_{0,n}} + l_{t_{0,n}}.$$

Nach John Mathew Culbertson (1921–2001), siehe [Cul57], müssen die Märkte hingegen für Zinstitel in mehrere Märkte segmentiert werden (**Marktsegmentierungstheorie**), nämlich in

- den Geld- und kurzfristigen Kapitalmarkt, die von den Banken beherrscht werden und die Liquiditätsbedürfnisse ihrer Kunden befriedigen, und
- den langfristigen Kapitalmarkt, der durch Versicherungen und Pensionskassen dominiert wird, um ihre langfristigen Rentenverpflichtungen zu erfüllen.

Durch Angebot und Nachfrage in den einzelnen Segmenten kommen Preise zustande. Ein normaler Verlauf der Zinsstrukturkurve entsteht in der Regel aufgrund der gewöhnlichen Liquiditätspräferenz der Anleger mit einem größeren Angebot an kurzfristigen Mitteln. Außerdem verzögern sich Anpassungen zwischen den Segmenten, weil sich die Finanztitel nur begrenzt substituieren lassen. Insgesamt gilt diese Theorie als überholt, weil durch die Entwicklung der Marktvolumina und die entstandenen Termin- und Optionsmärkte die gesamte Zinsstrukturkurve geglättet wurde, vergleiche dazu auch Abschn. 2.2 und Abschn. 5.3.

Frank Modigliani (1918–2003) und Richard Sutch (1942–2019) führten in [MS66] Elemente der Erwartungs-, Liquiditätspräferenz- und Marktsegmentationstheorie mit weiteren Ergänzungen zur sogenannten **Preferred Habitat Theory** zusammen. Den Grund hierfür beschreibt der Ökonom Otmar Issing (*1936), indem er über die drei zuvor genannten Theorien sagt, dass „die partialanalytischen Theorien im Grunde eher komplementäre als rivalisierende Erklärungen der Zinsstruktur darstellen", [Iss11, S. 135]

Aktuell werden dynamische Zinsstrukturtheorien viel diskutiert, bei denen einzelne Einflussfaktoren auf die Zinsstrukturkurve analysiert werden, in Mode. In parametrischen Modellen werden dann die Zinsstrukturkurven berechnet. Zu nennen sind hier insbesondere das **Nelson-Siegel-Verfahren** und das **Svensson-Verfahren**. Diesen wahrscheinlichkeitstheoretischen Modellen liegt die Theorie von Marktgleichgewichten zugrunde.

1.6   Zahlungsstrom

In vielen wirtschaftlichen Fragen müssen verschiedene Zahlungsverläufe verglichen werden. Beispielsweise kann ein Unternehmen vor der Entscheidung stehen, ob es ein produziertes Gut sofort zum Preis von 100 € verkaufen möchte oder erst nächstes Jahr zum Preis von 110 €. Ein anderes Beispiel ist, dass Sie irgendwann vielleicht den Auszahlungsbeginn Ihrer privaten Altersvorsorge festlegen müssen und die Höhe der Rente entscheidend davon abhängt, ob Sie diese ab dem Alter von 65 oder 70 bekommen. In beiden Fällen müssen also unterschiedliche Zahlungen zu unterschiedlichen Zeitpunkten verglichen werden. Daher ist es wichtig, eine Bewertungsmethode für Zahlungen zur Hand zu haben, um damit den Wert von Zahlungen zu verschiedenen Zeitpunkten zu ermitteln. Diese Bewertungsmethode basiert auf dem Konzept Zins und ist der Hauptinhalt des folgenden Kap. 2.

Um dieses Themengebiet angehen zu können, müssen wir uns als Erstes mit einigen Begrifflichkeiten beschäftigen. Zunächst legen wir fest, dass ein **Zahlungsstrom** z_t (englisch *Cashflow*) eine endliche Abfolge von Zahlungen zu festgelegten Zeitpunkten in der Zukunft (**prospektiver** Zahlungsstrom) oder in der Vergangenheit (**retrospektiver** Zahlungsstrom) ist. In unseren Betrachtungen gehen wir meistens von einem prospektiven Zahlungsstrom zu Zeitpunkten mit gleichem Abstand aus. Dabei ist z_0 die Anfangszahlung und z_T die Schlusszahlung/Zahlung am Fälligkeitstag. Das Vorzeichen der Zahlung ist aus Sicht eines Investors positiv, wenn es sich um eine Einzahlung handelt, und negativ, wenn die Zahlung aus Investorensicht eine Auszahlung ist. Betrachten wir hierzu zwei Beispiele.

Beispiel 1.27 (Allgemeiner prospektiver Zahlungsstrom) Wir haben zu den Zeitpunkten $t = 0, 1, 2$ Jahre den Zahlungsstrom

$$z_0 = -500 \, €, \ z_1 = 1.000 \, €, \ z_2 = 250 \, €.$$

Das heißt, am Anfang (heute) zahlt der Investor 500 € aus, zum nächsten Zeitpunkt erhält er 1.000 € und zum Zeitpunkt 2 noch einmal 250 €.   □

Beispiel 1.28 (Kontoauszug als retrospektiver Zahlungsstrom) Ein Studierender ruft am 05.04. seinen Online-Banking Account auf. Folgende Buchungen seines Kontos liegen vor:

01.04. : Eingang BaFöG $+ 600 \, €$

03.04. : Zahlung Miete $- 300 \, €$

04.04. : Abhebung Geldautomat $- 40 \, €$

Zu den Zeitpunkten $t = 0, 1, 2, 3$ lagen also die Zahlungen

$$z_0 = 600 \, €, \ z_1 = 0 \, €, \ z_2 = -300 \, €, \ z_3 = -40 \, €$$

vor.   □

Damit kommen wir zu einigen weiteren typischen Zahlungsstromverläufen. Diese haben alle eine besondere ökonomische Bedeutung, auf die wir in diesem Zuge eingehen.

- $z_0 < 0, z_1 = z_2 = \ldots = z_{T-1} = 0, z_T > 0$

  Das dazugehörige Finanzprodukt ist eine Nullcouponanleihe, die ein Investor kauft. Dafür zahlt er einen Kaufpreis PV im Zeitpunkt z_0 und erhält zum Fälligkeitszeitpunkt den Rückzahlungswert $N = z_T$, aber zu allen anderen Zahlungszeitpunkten erhält er keine Geldbeträge.[6]

---

[6] Die auf den ersten Blick etwas eigentümliche Bezeichnung für den Kaufpreis erschließt sich aus Abschn. 2.1.

- $z_0 > 0, z_1 = z_2 = \ldots = z_{T-1} = 0, z_T < 0$

  Hier sind die Vorzeichen an Anfang und Ende genau umgedreht im Vergleich zur Null-couponanleihe. Also handelt es sich für einen Investor um einen aufgenommenen **Kredit,** bei dem er als Kreditnehmer zu Beginn den Betrag z_0 erhält und erst zum Schluss Zinsen und Tilgung z_T zahlt.

- $z_0 < 0, c := z_1 = z_2 = \ldots = z_{T-1} > 0, z_T > 0$

  Hier kauft ein Anleger etwas und bekommt im Zeitverlauf sowie zum Schluss etwas zurück. Anders als bisher erfolgen nun zu – so haben wir es angenommen – äquidistan-ten Zahlungszeitpunkten Auszahlungen von jeweils gleich hohen Geldbeträgen. Eine **festverzinsliche Anleihe** (oder auch Standardbond) mit einem Zinssatz für alle Zins-perioden entspricht diesem Zahlungsstrom. Man zahlt einen Kaufpreis als Anfangszahlung, während der Laufzeit erhält man die Zinszahlungen $c = z_1 = z_2 = \ldots = z_{T-1}$, die Cou-pons, und zur Schlusszahlung bekommt man den Nennwert N und den letzten Coupon (das heißt $z_T = N + c$). Dabei fällt auf, dass die Schlusszahlung nicht mit den anderen positiven Zahlungen übereinstimmt, falls $N > 0$ ist.

  Ein weiteres Finanzprodukt, das zu diesem Zahlungsstrom passt, ist eine verrentete Ein-zahlung, falls $z_T = c$ gilt. Hierbei wird also ein Einmalbetrag gezahlt und über einen vereinbarten Zeitraum eine (Renten-)Rate ausbezahlt.

- $z_0 > 0, z_1 = z_2 = \ldots = z_{T-1} < 0, z_T < 0$

  Die Vorzeichen an den Zahlungszeitpunkten sind im Vergleich zum Standardbond genau umgekehrt. Es könnte hier wieder ein Kredit vorliegen, bei dem zu festen Zeitpunkten eine konstante Zahlung und zum Schluss noch eine Zahlung an den Kreditgeber erfolgen. Sind sämtliche Zahlungen identisch, spricht man von einem **Annuitätendarlehen,** das heißt, der Kreditnehmer erhält den Betrag in z_0 und zahlt zu vereinbarten äquidistanten Zahlungsterminen die **Annuitäten.** Eine Annuität ist die periodenweise Zahlung von Tilgung und Zins bei der Amortisation eines Kredits (von lateinisch *annus* = Jahr).

- $z_0 < 0, z_1, z_2, \ldots, z_{T-1}, z_T > 0$

  Nach einer anfänglichen Investition, liegen hier potentiell verschiedene (aber nicht not-wendigerweise paarweise verschiedene) positive Zahlungen vor. Ein Beispiel für ein solches Finanzprodukt wäre der Kauf einer **festverzinslichen Anleihe mit mindestens zwei unterschiedlichen Zinssätzen** für mindestens zwei Zinsperioden. Beispielsweise könnte der Zins im Zeitverlauf von 1 % auf 2 % steigen. Dafür zahlt man einen Kaufpreis PV als Anfangszahlung, in der Zwischenzeit erhält man die verschiedenen Zinszahlun-gen und als Schlusszahlung erhält man den Nennwert und den letzten Zins.

- $z_0 > 0, z_1, z_2, \ldots, z_{T-1}, z_T < 0$

  Dies ist aus Investorensicht das gegenteilige Finanzinstrument zum vorherigen, also ein Kredit mit unterschiedlichen Rückzahlungsraten (Tilgung und Zins).

Natürlich ist unsere Liste nicht vollständig, sondern es könnten auch unterschiedliche Vor-zeichen in der Zahlungsreihe auftreten, wie bei einer Geldanlage mit Teilrückzahlungster-minen oder einem Kredit mit Kreditaufstockungsmöglichkeiten. Darüber hinaus möchten wir explizit darauf hinweisen, dass wir hier unterstellt haben, dass die einzelnen Zahlungen auch tatsächlich in der vereinbarten Höhe und zu den definierten Terminen erfolgen. Man spricht in diesem Fall von einem **sicheren** Zahlungsstrom, vergleiche Abschn. 1.4. Es ist wichtig, diesen Fall vollständig zu durchdringen, bevor wir uns zu einem späteren Punkt auch mit *unsicheren* Zahlungsströmen beschäftigen. Unter unsicheren Zahlungsströmen verstehen wir dabei, dass wir zu einem Zahlungszeitpunkt mindestens zwei alternative Zahlungsbeträge *(hohe Zahlung* und *niedrige Zahlung)* haben. Darum wird sich der zweite Teil dieses Buches (Kap. 4–6) drehen, wo wir uns mit verschiedenen Aspekten von unsicheren Zahlungen (Risiko) beschäftigen.

Nachdem Sie Kap. 1 bearbeitet haben, sollten Sie folgende Fragen beantworten können:

- Aus welchen Gründen treten Zinsen auf?
- Welche Verzinsungsmethoden gibt es?
- Wann verzinst man linear, wann exponentiell?
- Welche Einflussfaktoren gibt es bei der Zinsberechnung?
- Was ist ein risikofreier Zins?
- Wie kann ein Risiko im Zinssatz abgebildet werden?
- Was ist eine Zinsstrukturkurve?
- Welche ökonomische Erklärung gibt es für eine Zinsstruktur?
- Was ist ein Zahlungsstrom?
- Welche Beispiele für Zahlungsströme kennen Sie?

1.7 Aufgaben

Aufgabe 1.1 (Durchschnittliche Verzinsung) Bei einem Banksparplan werden einem Kunden bei diskreter exponentieller Verzinsung im ersten Jahr 1 % Zinsen angeboten, im zweiten Jahr 2 %, im dritten Jahr 3 %, im vierten Jahr 4 % und im fünften Jahr 5 %. Welcher durchschnittlichen Verzinsung über fünf Jahr entspricht dies? □

Aufgabe 1.2 (Lineare Verzinsung, stetige Verzinsung) Eine Bankkundin möchte 10.000 € anlegen. Sie benötigt den Betrag erst wieder, wenn sie in 20 Jahren in Rente geht. Ihr Berater bietet ihr dafür zwei verschiedene Anlagemöglichkeiten an.

a) Lineare Verzinsung mit einem Zinssatz von $i = 0,05$,
b) Stetige Verzinsung mit einem Zinssatz von $i = 0,01$.

Für welches der beiden Angebote entscheidet sich die Kundin und warum? □

Aufgabe 1.3 (Laufzeit) Leiten Sie für die diskrete exponentielle Verzinsung die sogenannte
69-er Regel[7] her: Die Zeit t in Jahren bis sich ein Investment bei einem Zinssatz i gegeben
in Prozentpunkten verdoppelt, berechnet sich näherungsweise gemäß der Formel

$$t \approx \frac{69}{p}.$$

Hinweis: Verwenden Sie Satz 1.16, berechnen Sie $\ln(2)$ *mit Ihrem Taschenrechner und benutzen Sie die Approximation* $\ln(1 + x) \approx x$, *die sich aus der Taylor-Entwicklung (Satz 7.31)
ergibt.*   □

Aufgabe 1.4 (Laufzeit) Wie lange dauert es bis sich eine Anlage mit diskreter exponentieller
Verzinsung von $i = 0,03$ verdoppelt? Berechnen Sie das Ergebnis auf die schnelle Art und
Weise mit der 69er-Regel sowie exakt mit Satz 1.16.   □

Aufgabe 1.5 (Effektivzins) Bei einem Sparplan wird ein monatlicher, nachschüssiger nomi-
neller Zins von 2 % bei diskreter exponentieller Verzinsung vereinbart. Welchem jährlichen
Zins entspricht dies (es handelt sich hierbei um Effektivzins)?   □

Aufgabe 1.6 (Stetige Verzinsung) Leiten Sie für die stetige Verzinsung ein Analogon zu
Satz 1.16 her, das heißt, lösen Sie die Formel aus Satz 1.18 nach Zinsen, Anfangskapital,
Laufzeit und Zinssatz auf.   □

Aufgabe 1.7 (Tageskonventionen) Sie investieren einen Betrag für den Zeitraum vom 10.
April eines Jahres bis zum 31. August des darauffolgenden Jahres. Berechnen Sie die Verzinsungsdauer $t_{A,E}$ nach

a) nach der Methode 30E/360,
b) nach der Methode 30/360,
c) nach der Methode ACT/360.

Sie brauchen eventuelle Schaltjahre nicht berücksichtigen.   □

Aufgabe 1.8 (Tageskonventionen) (Entnommen aus [WB19]) Am 13. März geht die Wasch-
maschine von Herrn Schneider kaputt. Für einen Neukauf müsste er sein Konto um 300 €
zu einem Zins von 12,75 % p. a. überziehen. Alternativ wartet er mit der Reparatur bis auf
seinen Gehaltseingang am 1. April und nutzt in der Zwischenzeit den Waschsalon, der ihn
23 € teurer kommt als seine übliche häusliche Waschmaschinennutzung.

---

[7] Der erste Beleg für eine solche Regel stammt von Luca Pacioli (1445–1514) in [Pac94] aus dem
Jahr 1494. Sie findet sich dort als 72-er Regel auf Folioblatt 181, Nr. 4. Er zeigte allerdings nicht, wie
er die Regel begründete. Anzumerken ist, dass ihm der Logarithmus damals noch nicht zur Verfügung
stand.

a) Für welche Alternative sollte er sich aus finanziellen Gründen entscheiden?

b) Wie viele Tage kann er maximal sein Konto um 300 € überziehen, bis sich der Zinsbetrag auf 23 € beläuft? Wir nehmen vereinfachend an, dass keinerlei Zahlungseingänge oder -ausgänge auf dem Konto stattfinden.

Hinweis: Dispozinsen auf dem Konto werden innerhalb eines Quartals tagesweise berechnet (lineare Verzinsung nach 30E/360 ohne Verwendung des 31. eines Monats) und jeweils zum Quartalsende verrechnet (diskrete exponentielle Verzinsung). □

Aufgabe 1.9 (Zins-Floater) Berechnen Sie die beiden fehlenden Zinszahlungen in Beispiel 1.26. □

Aufgabe 1.10 (Verschieberegeln) Der regelmäßige jährliche Zinszahlungstermin eines Finanzprodukts ist der 1. Juni bei einem Zinssatz von 5 %. Ein Investor erwirbt dieses zu einem Nominal von 100.000 €. Zufälligerweise ist der 1. Juni in diesem Jahr ein Feiertag. Nehmen Sie ferner an, dass der 2. Juni ein Bankarbeitstag ist. Welcher Zinstag und welche Zinszahlung ergibt sich,

a) wenn die Verschieberegel unadjusted following beziehungsweise,

b) wenn die Verschieberegel adjusted modified following

und die Tageskonention 30E/360 verwendet wird? □

Das Äquivalenzprinzip

2

Nachdem wir ein genaues Verständnis von Zinsen, ihren Eigenschaften und Berechnungsmethoden erworben haben, können wir uns jetzt der Frage nähern, welchen Preis wir für
ein gegebenes Finanzprodukt erwarten. Aus der Perspektive des Marktes würde man darauf
antworten, dass sich der Preis als Gleichgewicht zwischen Angebot und Nachfrage ergibt.
Doch trägt der Marktpreis darüber hinaus eine Bedeutung? Es könnte ja sein, dass dieser
ausschließlich das Ergebnis eines mehr oder weniger zufälligen Prozesses ist, was nicht
unplausibel erscheint, wenn man sich ansieht, wie stark beispielsweise Aktienkurse innerhalb eines einzigen Tages schwanken. Dieser mehr oder weniger agnostischen Sichtweise
möchten wir in diesem Kapitel eine systematische Erklärung entgegenstellen.

Hierfür hat die klassische Finanzmathematik ein wichtiges Werkzeug entwickelt, das
im Mittelpunkt dieses Kapitels steht: Das Äquivalenzprinzip. Es ermöglicht den Vergleich
von Zahlungsströmen unterschiedlicher Höhe und zu unterschiedlichen Zeitpunkten in der
Zukunft und findet für diese einen Preis. Wenn man sich zum Beispiel eine Aktie als einen
Zahlungsstrom von zukünftigen Dividenden vorstellt, erhält man somit einen Preis für diese.
Zunächst konzentrieren wir uns hierbei auf das bekannte Setting sicherer Zahlungen, das
heißt solche, deren Zahlungen in der vereinbarten Höhe immer erfolgen, unabhängig von
einem möglichen Ausfallrisiko (was für eine Aktie natürlich nicht der Fall ist).

Als Erstes werden wir uns in diesem Kapitel damit beschäftigen, dass ein Vergleich
verschiedener Zahlungsströme erst durch eine spezielle Bewertungsmethode – man spricht
mathematisch von einem *Bewertungsfunktional* – möglich ist. Sie fußt auf den Überlegungen
zu Zinsen, die wir in Kap. 1 angestellt haben. Wir nutzen diese Methode dazu, um Bar-, End-

Ergänzende Information   Die elektronische Version dieses Kapitels enthält Zusatzmaterial, auf
das über folgenden Link zugegriffen werden kann
https://doi.org/10.1007/978-3-662-64652-6_2.

und Kapitalwert zu definieren. Diese Größen werden zunächst für eine flache (Abschn. 2.1) und anschließend allgemeiner für nichtflache Zinsstrukturkurven beschrieben (Abschn. 2.2).

Bei einer nichtflachen Zinsstrukturkurve treten sogenannte implizite Terminzinssätze auf. Dabei handelt es sich um Zinsen, die nicht explizit Teil der Zinsstrukturkurve sind, sondern sich daraus mathematisch zwingend ableiten. Ein Beispiel für einen impliziten Terminzins ist die Verzinsung, die sich aus der Zinsstrukturkurve für den Zeitraum vom nächsten auf das übernächste Jahr rechnerisch ergibt. Ein Vorteil dieses Ansatzes ist es, dass die Endwertberechnung direkt erfolgen kann, das heißt, ohne zuerst den Barwert berechnen zu müssen, sofern von einer Wiederanlageprämisse ausgegangen wird.

Der Effektivzinssatz ist eine weitere Möglichkeit um Zahlungsströme zu vergleichen. Diesen lernen wir in Abschn. 2.3 kennen. Er ist definiert als der (nachschüssige) Zinssatz, bei dem der Nettobarwert einer Anlage deren Kaufpreis entspricht. Man spricht deshalb auch davon, dass der Effektivzinssatz die Barwertgleichung Null werden lässt. Es handelt sich somit um das Ergebnis einer Nullstellenbestimmung. Außerdem lässt der Effektivzinssatz eines Zahlungsstroms bei nichtflacher Zinsstruktur die Interpretation zu, dass dieser als äquivalenter konstanter Zins (einer flachen Zinsstrukturkurve) aufgefasst werden kann.

In Abschn. 2.4 wenden wir uns nochmals der Zinsstrukturkurve zu und werden sehen, dass diese gewisse Eigenschaften erfüllen muss: Andernfalls wäre es nämlich möglich, zukünftig Gewinne zu machen ohne heute auch nur einen einzigen Euro zu investieren, was natürlich eine absurde Situation wäre. Falls dies nicht möglich ist, ist der Markt arbitragefrei. Abschießend wird in Abschn. 2.5 die Renten- und Tilgungsrechnung als Anwendung der Bar- beziehungsweise Endwertmethode bei flacher Zinsstrukturkurve behandelt.

Lernziele 2

In Kap. 2 lernen Sie:

- Berechnung von Bar-, Kapital- und Endwerten, inklusive deren ökonomischer Erklärung
- Formulierung und Anwendung des Äquivalenzprinzips für flache und nichtflache Zinsstrukturkurven
- Berechnung des impliziten Terminzinssatzes
- Relevanz des Kassazinssatzes bei der Berechnung des Kapitalwerts von Zahlungsströmen
- Zusammenhang von implizitem Terminzinssatz und Äquivalenzprinzip
- Ermittlung des Effektivzinssatzes
- Definition der Begriffe der Vollständigkeit und Arbitrage-Freiheit von Finanzmärkten
- Herleitung der Zinsstrukturkuve samt Konsequenzen
- Anwendung des Äquivalenzprinzips in der Renten- und Tilgungsrechnung

◄

2.1 Bewertung mit flacher Zinsstrukturkurve und Äquivalenzpzinzip

In Abschn. 1.5 haben wir ausführlich diskutiert, was Zahlungsströme sind, und Beispiele kennengelernt, wo diese in der Realität auftreten. Jetzt widmen wir uns der Fragestellung, wie unterschiedliche Zahlungsströme miteinander vergleichbar gemacht werden können. Wir motivieren dies wiederum anhand eines Beispiels.

Beispiel 2.1 (Zwei Zahlungsströme) Wir haben zu den Zeitpunkten $t = 0, 1, 2$ Jahre folgende Zahlungsströme:

- $z_0 = 0\,€$, $z_1 = 1.000\,€$ und
- $z_0' = 0\,€$, $z_1' = 0\,€$, $z_2' = 1.000\,€$.

Zunächst können wir festhalten, dass wir nominell denselben Betrag haben, der *nur* zu unterschiedlichen Zeitpunkten gezahlt wird. Doch wie kann entschieden werden, welcher der beiden Zahlungsströme *besser* ist? Wie kann überhaupt ein Vergleich zwischen den beiden Zahlungsströmen angestellt werden? □

Als Lösung drängt es sich auf, einen **Zeitwert** des Zahlungsstroms zu ermitteln. In den Wirtschaftstheorien wird nämlich meistens davon ausgegangen, dass Konsum heute einen höheren Wert als zukünftiger Konsum hat. Sofern die Zinsen positiv sind, steht diese Denkweise im Einklang mit der Zinsrechnung, wie sie in Kap. 1 diskutiert wurde: Je ferner eine Zahlung in der Zukunft liegt, desto weniger muss man heute investieren, um diese Zahlung zu erlangen. Es bietet sich also an, die Zinsrechnung zu verwenden, um den heutigen Wert einer beliebigen zukünftigen Zahlung zu bestimmen.

Der Zeitpunkt, zu dem ein gegebener Zahlungsstrom bewertet werden soll, wird – wenig überraschend – auch **Bewertungszeitpunkt** genannt. Häufig ist der Bewertungszeitpunkt die Gegenwart. In diesem Fall wird vom **Barwert** (englisch *present value*) eines Zahlungsstroms gesprochen. Wird hingegen der Endzeitpunkt des Zahlungsstroms gewählt, dann spricht man vom **Endwert** (englisch *terminal value*). Der Barwert (PV) einer sicheren Zahlung z_1 zum Zeitpunkt $t = 1$ wird durch die Abzinsung mit dem gegebenen Zinssatz i berechnet, also

$$PV = \frac{z_1}{1+i}.$$

Dies ist der Wert von z_1 zum Zeitpunkt $t = 0$. Allgemeiner wird der Barwert einer Zahlung z_t zum Zeitpunkt t bei einem Zinssatz i mittels

$$PV = \frac{z_t}{(i+1)^t}$$

bestimmt.

Zinsen wir den Barwert PV auf, dann erhalten wir den Endwert $TV = PV \cdot (1 + i)^T$, das heißt denjenigen Wert, den der Zahlungsstrom zum letzten Zeitpunkt T haben wird.

Beispiel 2.2 (Fortsetzung von Beispiel 2.1) Wir bringen die beiden Zahlungsströme durch Auf- oder Abzinsung auf einen festen Bewertungszeitpunkt. Kommen wir also zum ersten Zahlungsstrom des Beispiels. Nehmen wir an, dass wir 7 % Zinsen erhalten, so ergibt sich der Barwert

$$PV_1 = \frac{1.000 \, \text{€}}{1 + 0{,}07} = 934{,}58 \, \text{€}.$$

Für den zweiten Zahlungsstrom des Beispiels erhalten wir unter der Annahme des konstanten Zinses in Höhe von 7 % (für die Laufzeit bis $t = 1$ und auch von $t = 1$ bis $t = 2$) den Barwert

$$PV_2 = \frac{1.000 \, \text{€}}{(1 + 0{,}07)^2} = 873{,}44 \, \text{€}.$$

Folglich können wir sagen, dass der erste Zahlungsstrom im Vergleich besser ist, weil wir damit heute einen höheren Konsum befriedigen könnten. Auf dasselbe Ergebnis kommen wir, wenn wir den Endwert zum Zeitpunkt $t = 2$ betrachten. Es sind nämlich

$$TV_1 = 1.000 \, \text{€} \cdot (1 + 0{,}07) = 1.070 \, \text{€}$$

und

$$TV_2 = 1.000 \, \text{€} \cdot 1 = 1.000 \, \text{€}.$$

Wir unterstellen in diesem Abschnitt, dass die Zinssätze für die Zeiträume bis zu den jeweiligen einzelnen Zahlungen gleich sind. Dies sind die sogenannten **Zinsbindungsdauern.** Mit anderen Worten unterstellen wir, dass ein konstanter Zinssatz für alle Zinsbindungsdauern vorliegt oder äquivalent hierzu, dass der Zinssatz für alle Laufzeiten identisch ist. Eine Zinsstrukturkurve (siehe Abschn. 1.5) heißt **flach,** wenn es nur einen Zinssatz gibt, der für alle Zinsbindungsdauern gilt.

Diesen Grundgedanken verallgemeinern wir nun, indem wir den Barwert und Endwert für *beliebige* Zahlungsströme definieren. Hierzu führen wir vorab eine allgemeine Schreibweise für die Länge bestimmter Zeiträume ein, die sich vor allem im weiteren Verlauf als sehr nützlich erweisen wird. Für $j, k = 0, \ldots, T$ setzen wir

$$t_{j,k} := \frac{\text{Anzahl Tage von } t_j \text{ bis } t_k}{\text{Jahreslänge in Tagen}}. \tag{2.1}$$

Beispielsweise beschreibt $t_{0,2}$ den Anteil an vollen Jahren, der zwischen den Zeitpunkten t_0 und t_2 vergangen ist.

Definition 2.3: Bar-, End- und Kapitalwert

Gegeben sei ein Zahlungsstrom z_k mit $k = 0, 1, \ldots, T$, wobei z_k jeweils die Zahlung zum Zeitpunkt k darstellt. Ferner sei ein annualisierter Zinssatz i gegeben, der für alle Zinsbindungsdauern konstant ist und für alle Bindungsdauern gilt. Es gelte die exponentielle Zinsmethode.

Dann ergibt sich der **Barwert** des Zahlungsstroms durch **Diskontierung (Abzinsung)** aller zukünftigen Zahlungen auf den Bewertungszeitpunkt $t = 0$ als

$$
\begin{aligned}
PV_{(z_k)_{k=0,1,\ldots,T}}(i) :&= \frac{z_0}{(1+i)^{t_{0,0}}} + \frac{z_1}{(1+i)^{t_{0,1}}} + \ldots + \frac{z_T}{(1+i)^{t_{0,T}}} \\
&= z_0 \cdot (1+i)^{-t_{0,0}} + z_1 \cdot (1+i)^{-t_{0,1}} + \ldots + z_T \cdot (1+i)^{-t_{0,T}} \\
&= \sum_{t=0}^{T} z_t \cdot (1+i)^{-t_{0,t}}.
\end{aligned}
$$

Der **Endwert** eines Zahlungsstroms ergibt sich durch **Aufzinsung** aller zukünftigen Zahlungen (einschließlich der aktuellen) auf den Fälligkeitszeitpunkt T:

$$
\begin{aligned}
TV_{(z_k)_{k=0,1,\ldots,T}}(i) :&= z_0 \cdot (1+i)^{t_{0,T}} + z_1 \cdot (1+i)^{t_{1,T}} + \ldots + z_T \cdot (1+i)^{t_{T,T}} \\
&= \sum_{k=0}^{T} z_k \cdot (1+i)^{t_{k,T}} = PV_{(z_k)_{k=0,1,\ldots,T}}(i) \cdot (1+i)^{t_{0,T}}.
\end{aligned}
$$

Der **Kapitalwert** (englisch *capital value*) eines Zahlungsstroms CV_{t_k} zu einem beliebigen Zeitpunkt $t_k \in [0, T]$ wird durch

$$
CV_{t_k;(z_k)_{k=0,1,\ldots,T}}(i) := PV_{(z_k)_{k=0,1,\ldots,T}}(i) \cdot (1+i)^{t_{0,k}}
$$

berechnet.

Wir wollen nun diese Definition anhand eines weiteren Beispiels besser verstehen.

Beispiel 2.4 (Kapitalwert) Wir betrachten den Zahlungsstrom z_t für die äquidistanten Zeitpunkte t_0, t_1 und t_2 im Abstand von jeweils einem vollen Jahr mit einem Zinssatz von $i = 0{,}1$ sowie

$$
z_0 = 100\,€, z_1 = 110\,€, z_2 = 121\,€
$$

und suchen den Kapitalwert zu t_1. Mit der exponentiellen Zinsmethode ergibt sich als Erstes der Barwert

$$PV_{(z_k)_{k=0,1,2}}(0, 1) = \frac{100 \, €}{1,1^0} + \frac{110 \, €}{1,1^1} + \frac{121 \, €}{1,1^2}$$
$$= 100 \, € + 100 \, € + 100 \, € = 300 \, €.$$

Daraus erhalten wir dann

$$CV_{t_1;(z_k)_{k=0,1,2}}(0, 1) = 300 \, € \cdot 1,1^1 = 330 \, €.$$

Wir können auch die Zahlung z_0 aufzinsen und z_2 abzinsen (jeweils auf t_1). Damit ist das Ergebnis

$$100 \, € \cdot 1,1^1 + 110 \, € + \frac{121 \, €}{1,1^1} = 110 \, € + 110 \, € + 110 \, € = 330 \, €.$$

Ferner wollen wir eine Reihe wichtiger allgemeiner Beobachtungen zur Definition 2.3 festhalten.

- Die Zeitpunkte t_k müssen nicht äquidistant mit Abstand eines vollen Jahres verteilt sein. Falls sie dies sind, dann vereinfachen sich die Ausdrücke, wie beispielhaft für den Barwert zu

$$PV_{(z_k)_{k=0,1,\dots,T}}(i) = \sum_{k=0}^{T} z_k \cdot (1 + i)^{-k}.$$

- Die Berechnung des Endwerts TV beziehungsweise des Kapitalwerts CV_{t_k} über den Barwert ist nur deswegen möglich, weil der Zinssatz i *für alle Laufzeiten identisch* ist. Sie beruht implizit auf der Annahme, dass die künftigen Zahlungen sofort wieder bis zum Fälligkeitszeitpunkt T angelegt werden können. Ist die Zinsstrukturkurve nicht flach, so ist die Situation komplizierter, wie wir in Abschn. 2.2 sehen werden.
- Der Barwert ist der Kapitalwert zum Zeitpunkt t_0, der Endwert ist der Kapitalwert zum Fälligkeitszeitpunkt t_T.
- Die Begriffe *vorschüssige* und *nachschüssige* Zahlung, siehe Abschn. 1.2, sind in diesem Kontext irrelevant, weil auf Zahlungen in den Zahlungszeitpunkten abgestellt wurde.
- Der Zusammenhang zur Kapitalwertfunktion aus Definition 1.2 ist der folgende: Diese entspricht in der hier verwendeten Notation $CV_{(z_k)_{k=0,1,\dots,T}}(i)$ mit $z_0 = K(0)$.
- Oft wird in der Literatur zwischen dem Barwert und dem sogenannten **Nettobarwert** unterschieden. Dann fehlt beim Barwert die Zahlung zum Zeitpunkt 0, die beim Nettobarwert berücksichtigt wird. Also ist der oben definierte Barwert genau genommen der Nettobarwert (englisch *net present value*).

Diese Überlegungen führen zum **Äquivalenzprinzip der Finanzmathematik**, welches einen zentralen Begriff der Finanzmathematik darstellt. Es liefert einen Ansatz, um verschiedene Zahlungsströme miteinander zu vergleichen.

Definition 2.5: Äquivalenzprinzip der Finanzmathematik
Zwei Zahlungsströme z_k mit $k = 0, 1, \ldots, T$ und (z'_l) mit $l = 0, 1, \ldots, T'$, wobei T und T' nicht gleich sein müssen, heißen **äquivalent** bezüglich des konstanten Zinssatzes i bei exponentieller Zinsmethode, wenn ihre Barwerte gleich sind, das heißt

$$\sum_{k=0}^{T} z_k \cdot (1+i)^{-t_{0,k}} = \sum_{l=0}^{T'} z'_l \cdot (1+i)^{-t_{0,l}}.$$

Die Äquivalenz zweier Zahlungsströme kann sich bei exponentieller Verzinsung und flacher Zinsstrukturkurve aufgrund des Zusammenhangs $CV_{t_k} = PV \cdot (1+i)^k$ auf jeden beliebigen Bewertungszeitpunkt beziehen. Dabei wird die Wiederanlage der Zahlung zu dem Zahlungszeitpunkt vorausgesetzt. Es können unterschiedlich viele Zahlungszeitpunkte vorliegen. Die *Lücken* werden dann bis zum höheren Fälligkeitszeitpunkt gegebenenfalls mit dem Wert 0 gefüllt. Wir haben das Äquivalenzprinzip der Finanzmathematik hier in seiner üblichen Form für die diskrete exponentielle Verzinsung formuliert. Es gibt darüber hinaus Versionen mit linearer und zeitstetiger Verzinsung, die Inhalt von Aufgabe 2.6 sind.

Beispiel 2.6 (Äquivalenzprinzip zweier Zahlungsströme) Es gelte der Zinssatz $i = 0,1$. Wir betrachten zwei Zahlungsströme

$$z_0 = 200 \, € \text{ und } z'_0 = 0 \, €, z'_1 = 110 \, €, z'_2 = 121 \, €.$$

Der Barwert des Zahlungsstroms z_k ist offensichtlich 200 €. Der Barwert des zweiten Zahlungsstroms z'_k ist

$$\frac{0 \, €}{1,1^0} + \frac{110 \, €}{1,1^1} + \frac{121 \, €}{1,1^2} = 0 \, € + 100 \, € + 100 \, € = 200 \, €.$$

Das heißt, dass die beiden Zahlungsströme denselben Barwert haben. Also sind diese äquivalent. □

Zu guter Letzt betrachten wir noch noch den Zusammenhang zwischen dem Zinssatz und der Barwertfunktion. Sind alle Zahlungen $z_1, z_2, \ldots, z_T$ positiv, so gilt für die Ableitung des Barwertes nach dem Zinssatz

$$\frac{\mathrm{d}}{\mathrm{d}i} PV_{(z_k)_{k=0,1,\ldots,T}}(i) = \sum_{k=0}^{T} -t_{0,k} \cdot z_k \cdot (1+i)^{-t_{0,k}-1} < 0,$$

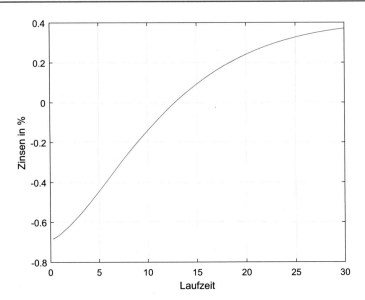

Abb. 2.1 EZB-Zinsstrukturkurve vom 31.12.2019. (Beruhend auf AAA-Bonds)

das heißt, die Barwertfunktion ist im Allgemeinen eine fallende Funktion in i. Dieser Ausdruck wird uns in Kap. 3 im Zuge der Diskussion von Durationen wiederbegegnen. Im Übrigen erklärt genau diese Beobachtung, weshalb eine Zinssenkung der Europäischen Zentralbank, EZB, regelmäßig ein Kursfeuerwerk an den Börsen auslöst: In Anbetracht der abgesenkten Zinsen sind beispielsweise Aktien unterbewertet, denn durch den gesunkenen Abzinsungsfaktor sind unter anderem zukünftige Dividendenzahlungen heute mehr wert. Die Kurse steigen.

2.2   Bewertung mit nichtflacher Zinsstrukturkurve und allgemeines Äquivalenzprinzip

Bisher hatten wir die Annahme getroffen, dass der Zins für alle Laufzeiten identisch sei. Wenn diese Annahme einem Realitätscheck unterzogen wird, hält sie diesem kaum stand, wie wir schon in Abb. 1.2 gesehen haben. In Abb. 2.1 ist die Zinsstrukturkurve der EZB zum Jahresende 2019 dargestellt.[1] Wiederum sehen wir, dass die Zinsen stark von der Laufzeit abhängen.

    Deshalb gehen wir auf ein allgemeines Zinsmodell über, welches für verschiedene Laufzeiten unterschiedliche Zinssätze berücksichtigt. Meistens werden diese als Nominalzins-

---

[1] Quelle: https://www.ecb.europa.eu/stats/financial_markets_and_interest_rates/euro_area_yield_curves/html/index.en.html.

sätze verwendet, also als Jahreszinssätze. Diese Zinssätze sind in der Regel umso höher, je länger das Geld angelegt/aufgenommen wird, vergleiche nochmals Abb. 2.1 sowie die Überlegungen zur Zinsstrukturkurve in Abschn. 1.5.

Die hier betrachteten jeweiligen Einperiodenzinssätze, das heißt ohne unterperiodische Auszahlungen, werden **Kassazinssätze** (englisch *spot rates*) genannt. Die Bezeichnung **Nullcoupon-** oder **Zero-(Coupon)sätze**, vergleiche Beispiel 1.10, sind ebenso verbreitet, beziehen sich aber streng genommen darauf, dass die Schlusszahlung der Nennwert ist, das heißt, die Zinsverrechnungen vorschüssig sind. Hingegen erhält man bei Kassazinssätzen den Nennwert und die Zinsen als Schlusszahlung.

Beispiel 2.7 (Vor- und Nachschüssigkeit) Wir haben einen Nullcouponanleihe mit Nennwert 100 €, die in zwei Jahren fällig wird, und wir haben einen Nullcouponzinssatz von $i = 0,1$. Dann hat diese Anleihe einen Barwert von 82,64 €. Also wurde die Verzinsung vorschüssig berücksichtigt, weil wir nicht den Nennwert zahlen mussten. Untereinem Kassazinssatz versteht man, dass wir heute 100 € anlegen und in zwei Jahren 121 € bekommen. Damit erhalten wir die Zinsen nachschüssig.   □

Definition 2.8: Kassazinssatz

Gegeben seien Zeitpunkte t_k für $k = 0, \ldots, T$. Der annualisierte Zinssatz für die Zinsbindung von t_0 bis t_k, bei dem keine Zahlung unterperiodisch erfolgt, wird **Kassazinssatz** oder **Spot Rate** genannt und mit i_{t_0, t_k} bezeichnet.

Wir schreiben für den zukünftigen Zeitpunkt den Index k und für die entsprechende Laufzeit oder Zinsbindungsdauer $t_{0,k}$ (analog zu (2.1)). Also bedeutet i_{t_0,t_3}, dass es sich um einen Zinssatz von heute bis zum dritten Laufzeitpunkt handelt. Hingegen zeigt i_{t_2,t_3} einen Zinssatz vom zweiten Zeitpunkt bis zum dritten Zeitpunkt an. Dieser wäre aber kein Kassazinssatz, sondern der sogenannte implizite Terminzinssatz, siehe Definition 2.15. Bei einem Kassazinssatz ist der Zeitpunkt t_0 fixiert.

Beispiel 2.9 (Kassazinssätze) Betrachten wir folgende gegebene Kassazinssätze i_{t_0,t_k} mit äquidistant verteilten Zeitpunkten (jeweils Jahresabstände)

t_k	1	2	3	4	5	6
i_{t_0,t_k}	2,90 %	3,55 %	4,00 %	4,25 %	4,50 %	4,75 %

Damit gilt

- für Anlagen von heute bis zum Ende des 1. Jahres $i_{t_0,t_1} = 2{,}90\,\%$,
- für Anlagen von heute bis zum Ende des 2. Jahres $i_{t_0,t_2} = 3{,}55\,\%$,
- für Anlagen von heute bis zum Ende des 3. Jahres $i_{t_0,t_3} = 4{,}00\,\%$,
- und so weiter.

Ein Zahlungsstrom von 1400 € in einem Jahr und 3000 € in drei Jahren hat bei exponentieller Verzinsung (mit 30E/360-Konvention) heute einen Wert von

$$PV = \frac{1.400\,\text{€}}{(1+i_{t_0,t_1})^1} + \frac{0\,\text{€}}{(1+i_{t_0,t_2})^2} + \frac{3.000\,\text{€}}{(1+i_{t_0,t_3})^3} = \frac{1.400\,\text{€}}{1{,}029} + \frac{3.000\,\text{€}}{1{,}04^3}$$

$$= 1.360{,}54\,\text{€} + 2.666{,}99\,\text{€} = 4.027{,}53\text{€}.$$

Mit anderen Worten bedeutet dies: Wenn man heute 1.360,54 € für ein Jahr und 2.666,99 € für drei Jahre anlegt, dann erhält man in einem Jahr 1.400 € und in drei Jahren 3.000 €. □

Das nächste Ziel ist es jetzt, das Konzept des Barwerts aus Definition 2.3 auf die Situation einer nichtflachen Zinsstrukturkurve zu verallgemeinern. In der Praxis werden solche Berechnungen nicht direkt mit den Zinssätzen durchgeführt, sondern mit ihren jeweils dazugehörigen Diskontierungsfaktoren. Deswegen führen wir als Erstes diese ein.

> **Definition 2.10: Diskontfaktor**
> Der **Diskontfaktor** d_{t_0,t_k} ist diejenige Zahl, mit der ein zur Zeit $t_k \geq t_0$ gezahlter Kapitalbetrag multipliziert wird, um den Wert des Betrags zum früheren Zeitpunkt t_0 zu erhalten
>
> $$K_{t_0} =: K_{t_k} \cdot d_{t_0,t_k}.$$

Die abstrakte Definition wird nun anhand eines Beispiels verdeutlicht.

Beispiel 2.11 (Kassazinssätze und Diskontfaktoren) Gegeben seien die Kassazinssätze aus Beispiel 2.9. Daraus lassen sich die Diskontfaktoren errechnen.

t_k	1	2	3	4	5	6
i_{t_0,t_k}	2,90 %	3,55 %	4,00 %	4,25 %	4,50 %	4,75 %
d_{t_0,t_k}	$\frac{1}{1+0{,}029}$	$\frac{1}{(1+0{,}0355)^2}$	$\frac{1}{(1+0{,}04)^3}$	$\frac{1}{(1+0{,}0425)^4}$	$\frac{1}{(1+0{,}045)^5}$	$\frac{1}{(1+0{,}0475)^6}$
	=0,9718	=0,9326	=0,8890	=0,8466	=0,8025	=0,7570

□

Definition 2.12: Barwert mit nichtflacher Zinsstrukturkurve

Gegeben sei ein Zahlungsstrom z_k mit $k = 0, 1, \ldots, T$, wobei z_k jeweils die Zahlung zum Zeitpunkt k darstellt. Ferner seien Kassazinssätze i_{t_0,t_k} gegeben, wobei $i_{t_0,t_0} = 0$ ist. Es gelte die exponentielle Zinsmethode.

Dann ergibt sich der **Barwert** des Zahlungsstroms durch **Diskontierung (Abzinsung)** aller zukünftigen Zahlungen auf den Bewertungszeitpunkt 0 als

$$
PV_{(z_k)}(i_{t_0,t_k})_{k=0,\ldots,T} := \frac{z_0}{(1+i_{t_0,t_0})^{t_{0,0}}} + \frac{z_1}{(1+i_{t_0,t_1})^{t_{0,1}}} + \ldots + \frac{z_T}{(1+i_{t_0,t_T})^{t_{0,T}}}
$$

$$
= z_0 \cdot (1+i_{t_0,t_0})^{-t_{0,0}} + z_1 \cdot (1+i_{t_0,t_1})^{-t_{0,1}} + \ldots + z_T \cdot (1+i_{t_0,t_T})^{-t_{0,T}}
$$

$$
= \sum_{k=0}^{T} z_k \cdot (1+i_{t_0,t_k})^{-t_{0,k}}.
$$

Ein Beispiel für die Berechnung eines Barwertes haben wir bereits in Beispiel 2.9 gesehen. Wir haben schon darauf hingewiesen, dass der Barwert auch als Summe mit Diskontfaktoren geschrieben werden kann. Wenn wir Diskontfaktoren verwenden, können wir die Barwertberechnung folgendermaßen formulieren.

$$
PV_{(z_k)}(i_{t_0,t_k})_{k=0,\ldots,T} = z_0 \cdot d_{t_0,t_0} + z_1 \cdot d_{t_0,t_1} + \ldots + z_T \cdot d_{t_0,t_T}
$$

$$
= \sum_{k=0}^{T} z_k \cdot d_{t_0,t_k}.
$$

Das genaue Ergebnis hängt jedoch vom verwendeten Zinsmodell (stetig, exponentiell, einfach) ab, weshalb wir für alle drei Typen von Zinsmodellen zusätzlich festhalten, wie der Barwert unter Verwendung von Diskontfaktoren genau berechnet wird.

Satz 2.13: Barwert bei nichtflacher Zinsstrukturkurve nach Verzinsungsmethode

Gegeben sei ein Zahlungsstrom z_k mit $k = 0, 1, \ldots, T$. Dann ist der Barwert PV zum Zeitpunkt t_0 die Summe der diskontierten Zahlungen:

$$
PV_{(z_k)}(i_{t_0,t_{1,k}})_{k=0,\ldots,T} = \sum_{k=0}^{T} z_k \cdot d_{t_0,t_k} \text{ mit den Diskontierungsfaktoren}
$$

$$
d_{t_0,t_k} = \begin{cases} e^{-i_{t_0,t_k}\cdot t_{0,k}} & \text{bei zeitstetiger Verzinsung,} \\ (1+i_{t_0,t_k})^{-t_{0,k}} & \text{bei exponentieller Verzinsung,} \\ \dfrac{1}{1+i_{t_0,t_k}\cdot t_{0,k}} & \text{bei linearer Verzinsung.} \end{cases}
$$

wobei $t_{j,k}$ wie in (2.1) für die Dauer der jeweiligen Laufzeit steht.

Beispiel 2.14 (Barwertberechnung nach Verzinsungsmethode) Zur Berechnung des Barwertes einer Zahlung $z_2 = 100\,€$ nehmen wir als Zinssatz $i_{t_0,t_2} = 0,03$ für einen Zeitraum von 2 Jahren nach der ACT/ACT-Methode beziehungsweise der ACT/360-Methode an. Für den Zeitraum unterstellen wir, dass es sich um schaltjahrfreie Zeiträume handelt und erhalten so folgende Diskontfaktoren:

- bei zeitstetiger Verzinsung

$$
d_{t_0,t_2} = e^{-0,03\cdot\frac{2\cdot365}{365}} = 0,9418 \text{ und } PV_{z_2}(i_{t_0,t_2}) = 94,18\,€,
$$

$$
d_{t_0,t_2} = e^{-0,03\cdot\frac{2\cdot365}{360}} = 0,9410 \text{ und } PV_{z_2}(i_{t_0,t_2}) = 94,10\,€,
$$

- bei exponentieller Verzinsung

$$
d_{t_0,t_2} = (1+0,03)^{-\frac{2\cdot365}{365}} = 0,9426 \text{ und } PV_{z_2}(i_{t_0,t_2}) = 94,26\,€,
$$

$$
d_{t_0,t_2} = (1+0,03)^{-\frac{2\cdot365}{360}} = 0,9418 \text{ und } PV_{z_2}(i_{t_0,t_2}) = 94,18\,€,
$$

- bei linearer Verzinsung

$$
d_{t_0,t_2} = \frac{1}{1+0,03\cdot\frac{2\cdot365}{365}} = 0,9434 \text{ und } PV_{z_2}(i_{t_0,t_2}) = 94,34\,€,
$$

$$
d_{t_0,t_2} = \frac{1}{1+0,03\cdot\frac{2\cdot365}{360}} = 0,9427 \text{ und } PV_{z_2}(i_{t_0,t_2}) = 94,27\,€.
$$

Eine nichtflache Zinsstrukturkurve enthält nicht nur die explizite Information über den Kassazinssatz, sondern lässt auch Rückschlüsse auf zukünftige Zinssätze zu, die konsistent mit den Kassazinssätzen sind. Wenn wir beispielsweise wissen, was der einjährige und der zweijährige Zinssatz heute sind, ergibt sich daraus auch implizit der einjährige Zinssatz, der in einem Jahr für ein Jahr gilt. Dieser Gedanke wird mithilfe der impliziten Terminzinssätze formalisiert. Die impliziten Terminzinssätze werden jedoch ausschließlich aus den heutigen (Kassa-)Zinssätzen ermittelt und *sind keine Prognose für zukünftige Zinssätze*.

Definition 2.15: Impliziter Terminzinssatz

Es seien t_0 der heutige Zeitpunkt und t_k, t_l zwei zukünftige Zeitpunkte mit $t_0 \leq t_k \leq t_l$ für $k, l = 0, 1, \ldots, T$. Der **implizite Terminzinssatz** (englisch *forward rate*) ist der Zinssatz i_{t_k, t_l} für eine Anlage oder einen Kredit (p. a.) in der Zeit von t_k bis t_l, also eine Zahlung genau vom Zeitpunkt t_k bis zum Zeitpunkt t_l, der sich aus der Zinsstrukturkurve und der Zinsmethode notwendigerweise ergibt.

Um die etwas komplizierte Notation verständlicher zu machen, weisen wir auf zwei Spezialfälle hin:

- Da $k = 0$ möglich ist, ist der implizite Terminzinssatz i_{t_k, t_l} für $k = 0$ identisch mit dem Kassazinssatz i_{t_0, t_l}, weil dann ein Zins zwischen Zeitperiode t_0 und t_l betrachtet wird. Die Notation für den Terminzinssatz verallgemeinert also diejenige für den Kassazinssatz.
- Es ist $i_{t_k, t_k} = 0$ für alle $k = 0, 1, \ldots, T$, weil die beiden betrachteten Zeitpunkte identisch sind und deswegen kein zeitlicher Zwischenraum vorhanden ist, in dem Zinsen erwirtschaftet werden.

Bevor wir zu einem konkreten Beispiel kommen, leiten wir als Erstes eine Formel zur Berechnung der impliziten Terminzinssätze her.

Satz 2.16: Berechnung impliziter Terminzinssatz

Aus einer gegebenen Zinsstruktur aus Kassazinssätzen kann für $t_0 \leq t_k \leq t_l$ der implizite Terminzinssatz

- bei **linearer Verzinsung** mittels

$$i_{t_k, t_l} = \left(\frac{1 + i_{t_0, t_l} \cdot t_{0,l}}{1 + i_{t_0, t_k} \cdot t_{0,k}} - 1 \right) \cdot \frac{1}{t_{k,l}}$$

- bei **exponentieller Verzinsung** mittels

$$i_{t_k, t_l} = \left(\frac{(1 + i_{t_0, t_l})^{t_{0,l}}}{(1 + i_{t_0, t_k})^{t_{0,k}}} \right)^{\frac{1}{t_{k,l}}} - 1$$

berechnet werden, wobei i_{t_0, t_k} beziehungsweise i_{t_0, t_l} der entsprechende Kassazinssatz ist und $t_{j,k}$ wie in (2.1) definiert ist.

Beweis Unterteilen wir den Zeitraum von t_0 bis t_l zum Zeitpunkt t_k in zwei Abschnitte, dann erhalten wir bei linearer Verzinsung

$$K_0 \cdot (1 + i_{t_0,t_l} \cdot t_{0,l})$$
$$= K_0 \cdot \left(1 + i_{t_0,t_k} \cdot t_{0,k}\right) \cdot \left(1 + i_{t_k,t_l} \cdot t_{k,l}\right).$$

Also dividieren wir die Gleichung durch den ersten Faktor der rechten Seite und erhalten

$$\frac{1 + i_{t_0,t_l} \cdot t_{0,l}}{1 + i_{t_0,t_k} \cdot t_{0,k}} = 1 + i_{t_k,t_l} \cdot t_{k,l}.$$

Subtrahieren wir auf beiden Seiten 1 und dividieren wir anschließend durch die Tagerechnung der rechten Seite, dann ergibt sich das Gewünschte. Für die exponentielle Verzinsung sieht man das Ergebnis analog aus der Gleichung

$$K_0 \cdot (1 + i_{t_0,t_l})^{t_{0,l}} = K_0 \cdot (1 + i_{t_0,t_k})^{t_{0,k}} \cdot (1 + i_{t_k,t_l})^{t_{k,l}}.$$

Die Ausarbeitung der Details stellen wir als Übungsaufgabe 2.4. $\qquad\square$

Betrachten wir jetzt erneut die Kassazinssätze aus Beispiel 2.9 und ergänzen nun die Terminzinssätze. Des Weiteren nehmen wir an, dass der Abstand zweier Zeitpunkte jeweils ein ganzes Jahr ist. Diese Annahme vereinfacht es, bei unterschiedlichen Kassazinssätzen mit ganzjährigen Bindungsdauern den Endwert zu berechnen, welcher im bekannten Zusammenhang zum Barwert steht, vergleiche Definition 2.3.

Beispiel 2.17 (Terminzinssätze, Fortsetzung von Beispiel 2.9) Es liegt der Zahlungsstrom

$$z_0 = 150\,\text{€}, \; z_1 = 200\,\text{€}, \; z_2 = 175\,\text{€}, \; z_3 = 0\,\text{€}, \; z_4 = 0\,\text{€}, \; z_5 = -400\,\text{€}$$

vor. Außerdem kennen wir die Kassazinssätze

t_k	1	2	3	4	5	6
i_{t_0,t_k}	2,90 %	3,55 %	4,00 %	4,25 %	4,50 %	4,75 %

Das Ziel ist es, den Endwert des Zahlungsstroms zu bestimmen, wobei wir analog zu Definition 2.3 vorgehen wollen. Es wäre wünschenswert, dass beide dort festgehaltenen Berechnungsmethoden auch im Falle einer nichtflachen Zinsstrukturkurve funktionieren. Dazu berechnen wir als Erstes den Barwert

$$PV = 150\,\text{€} + \frac{200\,\text{€}}{1{,}029} + \frac{175\,\text{€}}{1{,}0355^2} - \frac{400\,\text{€}}{1{,}045^5} = 186{,}59\,\text{€}.$$

Laut Satz 2.16 sind die benötigten (impliziten) Terminzinssätze für das Endkapital

$$i_{t_1,t_5} = \left(\frac{(1+i_{t_0,t_5})^{t_{0,5}}}{(1+i_{t_0,t_1})^{t_{0,1}}}\right)^{\frac{1}{t_{1,5}}} - 1 = \left(\frac{1,045^5}{1,029}\right)^{\frac{1}{4}} - 1 = 0,0490$$

und

$$i_{t_2,t_5} = \left(\frac{(1+i_{t_0,t_5})^{t_{0,5}}}{(1+i_{t_0,t_2})^{t_{0,2}}}\right)^{\frac{1}{t_{2,5}}} - 1 = \left(\frac{1,045^5}{1,0355^2}\right)^{\frac{1}{3}} - 1 = 0,0514.$$

Damit berechnen wir den Endwert, wobei wir die Summe auf zwei Stellen runden

$$TV = 150\,€ \cdot 1,045^5 + 200\,€ \cdot \left(\left(\frac{1,045^5}{1,029}\right)^{\frac{1}{4}}\right)^4 + 175\,€ \cdot \left(\left(\frac{1,045^5}{1,0355^2}\right)^{\frac{1}{3}}\right)^3 - 400\,€ = 232,52\,€.$$

Berechnen wir nun den Endwert aus dem Barwert, also

$$TV = 186,59\,€ \cdot 1,045^5 = 232,52\,€.$$

Wir erkennen, dass mit den Terminzinssätzen sichergestellt ist, dass beide Berechnungsmethoden für den Endwert übereinstimmen. Wir möchten für das Nachrechnen der Werte nochmals explizit darauf hinweisen, dass wir hier exakte Zwischenergebnisse (16 Nachkommastellen) verwendet haben. Andernfalls hätte es zu Rundungsdifferenzen kommen können. □

Beispiel 2.18 (Berechnung impliziter Terminzinssätze mit Tageskonvention) Nun betrachten wir ein ausführliches Beispiel, in dem wir auf die Ausführungen zu Referenzinssätzen und Tageskonvention aus Abschn. 1.3 zurückgreifen. Dabei legen wir die folgenden (fiktiven) Fixierungen des EURIBOR am 4. Januar 2022 zugrunde.[2]

6M-EURIBOR	1,00 %
12M-EURIBOR	1,48 %

□

Der 6M-EURIBOR gilt bis zum 4. Juli 2022 mit 181 Zinstagen, der 12M-EURIBOR gilt bis 04. Januar 2023 mit 365 Zinstagen. Der Prozentfuß des 6M-EURIBOR ist ein annualisierter Wert. Des Weiteren gilt die Tageskonvention ACT/360. Ferner soll noch der 2-Jahres-Kassazinssatz bei 2,00 % p. a., ACT/ACT, liegen.

---

[2] Dabei gehen wir vereinfachend davon aus, dass Zinsanpassungstermin und Zinstermin am selben Tag sind.

Wir wollen nun die impliziten Terminzinssätze des 6 M-EURIBORs ermitteln. Zunächst brauchen wir zur Berechnung des 12×18 und 18×24-EURIBOR-Satzes,[3] das heißt des (annualisierten) 6-monatigen EURIBOR-Satzes in 12 beziehungsweise 18 Monaten, den 18 M-EURIBOR- und den 24 M-EURIBOR-Satz. Letzeren erhalten wir, indem wir den annualisierten 2-Jahres-Kassazinssatz von der ACT/ACT Konvention in die Konvention ACT/360 umrechnen. Also multiplizieren wir ihn mit $\frac{360}{365}$ und erhalten in der gewünschten Konvention

$$2{,}00\,\% \cdot \frac{360}{365} = 1{,}9726\,\%.$$

Mit diesem Satz und den publizierten 12 M-EURIBOR-Satz ermitteln wir wegen der linearen Verzinsung beim EURIBOR (vergleiche Beispiel 1.26) durch Interpolation den annualisierten 18 M-EURIBOR-Satz als

$$\frac{1{,}9726\,\% \cdot (730 - 546) + 1{,}48\,\% \cdot (546 - 365)}{730 - 365} = 1{,}7283\,\%.$$

Bei Forward-EURIBOR-Sätzen berücksichtigen wir die lineare Verzinsung und erhalten für den 6×12-Satz mit 184-tägiger Zinsperiode (von 4. Juli 2022 bis 4. Januar 2023)

$$\left(\frac{(1 + 1{,}48\,\%)^{\frac{365}{360}}}{1 + 1{,}00\,\% \cdot \frac{181}{360}} - 1 \right) \cdot \frac{360}{184} = 1{,}9427\,\%.$$

In der darauffolgenden Periode von 181 Tagen (4. Januar 2023 bis 4. Juli 2023) ergibt sich für den 12×18-EURIBOR Satz, bei dem wir den interpolierten Satz 1,7283 % verwenden,

$$\left(\frac{(1 + 1{,}7283\,\%)^{\frac{546}{360}}}{(1 + 1{,}48\,\%)^{\frac{365}{360}}} - 1 \right) \cdot \frac{360}{181} = 2{,}2187\,\%.$$

Der dann noch benötigte 18×24-Satz für die Zinsperiode 4. Juli 2023 bis 04. Januar 2024 ist somit

$$\left(\frac{(1 + 1{,}9726\,\%)^{\frac{730}{360}}}{(1 + 1{,}7283\,\%)^{\frac{546}{360}}} - 1 \right) \cdot \frac{360}{184} = 2{,}6833\,\%.$$

Die erste Berechnungsmethode für den Endwert aus Beispiel 2.17 wollen wir nun als allgemeine Definition des Endwerts festhalten.

---

[3] Diese Notation ist der eines Forward Rate Agreements angelehnt, bei der die erste Zahl die Vorlaufzeit und die zweite Zahl die Gesamtlaufzeit des Geschäfts bedeutet.

Definition 2.19: End- und Kapitalwert bei nichtflacher Zinsstrukturkurve

Gegeben sei ein Zahlungsstrom z_k mit $k = 0, 1, \ldots, T$, wobei z_k jeweils die Zahlung zum Zeitpunkt t_k darstellt. Ferner sei eine nichtflache Zinsstrukturkurve gegeben, das heißt, die Kassazinssätze der einzelnen Laufzeiten können unterschiedlich sein. Wir legen die exponentielle Verzinsung zugrunde. Der **Endwert** eines Zahlungsstroms mit unterschiedlichen Kassazinssätzen wird mit

$$TV_{(z_k)}(i_{t_k,t_T})_{k=0,\ldots,T} := z_0 \cdot (1 + i_{t_0,t_T})^{t_0,T} + z_1 \cdot (1 + i_{t_1,t_T})^{t_1,T} + \ldots$$
$$+ z_{T-1} \cdot (1 + i_{t_{T-1},t_T})^{t_{T-1},T} + z_T$$
$$= \sum_{k=0}^{T} z_k \cdot (1 + i_{t_k,t_T})^{t_k,T}$$

berechnet.

Für den **Kapitalwert** eines Zahlungsstroms zum Zeitpunkt t_j mit einer nichtflachen Zinsstrukturkurve gilt

$$CV_{t_j,(z_k)_{k=0,\ldots,T}}(i_{t_k,t_l})_{k,l=0,\ldots T} :=$$
$$z_0 \cdot (1 + i_{t_0,t_j})^{t_0,j} + z_1 \cdot (1 + i_{t_1,t_j})^{t_1,j} + \ldots + z_{j-1} \cdot (1 + i_{t_{j-1},t_j})^{t_{j-1},j}$$
$$+ z_j + \frac{z_{j+1}}{(1 + i_{t_j,t_{j+1}})^{t_j,j+1}} + \ldots + \frac{z_T}{(1 + i_{t_j,t_T})^{t_j,T}}$$
$$= \sum_{m=0}^{j-1} z_m \cdot (1 + i_{t_m,t_j})^{t_j,m} + z_j + \sum_{m=j+1}^{T} z_m \cdot (1 + i_{t_j,t_m})^{-t_j,m}.$$

Wie im Falle eines konstanten Zinssatzes setzt die Endwert- und die Kapitalwertberechnung voraus, dass die zukünftigen Zahlungen zum impliziten Zinssatz bis zum Fälligkeitszeitpunkt T wieder angelegt werden können. Da der implizite Terminzinssatz in diesem Rahmen kein Schätzwert für den künftigen Kassazinssatz ist, erkennen wir spätestens an dieser Stelle, dass der Endwert eher eine formale als eine ökonomische Bedeutung hat. Dem Barwert kommt besondere Bedeutung zu, weil er ohne die Wiederanlageprämisse auskommt, sondern nur mit den aktuell am Markt beobachteten Zinsen. Darüber hinaus erkennen wir die finanzmathematische Relevanz des impliziten Terminzinssatzes, denn wir können ihn als Preisprozess künftiger Vermögenswerte verstehen.

Die Bedeutung des impliziten Terminzinssatzes liegt nun darin, dass der Kapitalwert zum Zeitpunkt $t_k + 1$ aus dem Kapitalwert zum Zeitpunkt t_k berechnet werden kann, ohne auf den Zeitpunkt t_0 zurückgreifen zu müssen. Das bedeutet, wenn wir die impliziten Terminzinssätze zum Zeitpunkt t_k kennen, dürfen wir alle Informationen aus der Vergangenheit *vergessen*. Kennen wir nur die Kassazinssätze, dann muss stets zunächst der Barwert gebildet werden, das heißt der Kapitalwert zum Zeitpunkt 0, um durch Aufzinsen den Kapitalwert zum Zeitpunkt t_k zu ermitteln.

Mit dieser Vorarbeit ist es auch möglich, das Äquivalenzprinzip aus Definition 2.5 zu verallgemeinern.

Definition 2.20: Allgemeines Äquivalenzprinzip

Zwei Zahlungsströme z_k mit $k = 0, 1, \ldots, T$ und z'_l mit $l = 0, 1, \ldots, T'$, wobei T und T' nicht gleich sein müssen, heißen **äquivalent** bezüglich des Bewertungszeitpunkts t_j, wenn ihre Kapitalwerte an diesem gemeinsamen Bewertungszeitpunkt gleich sind, das heißt

$$\sum_{k=0}^{j-1} z_k \cdot (1 + i_{t_k, t_j})^{t_{k,j}} + z_j + \sum_{k=j+1}^{T} z_k \cdot (1 + i_{t_j, t_k})^{t_{j,k}}$$

$$= \sum_{l=0}^{j-1} z'_l \cdot (1 + i_{t_l, t_j})^{t_{l,j}} + z'_j + \sum_{l=j+1}^{T'} z'_l \cdot (1 + i_{t_j, t_l})^{t_{j,l}}$$

2.3   Ermittlung des Effektivzinssatzes

Jeder Investierende möchte wissen, inwiefern sich eine Investition oder Anlage lohnt. Diese Frage stellt sich vor der Investition oder während deren Laufzeit. Es geht also um die tatsächliche Verzinsung der Anlage. Man spricht von Effektivverzinsung. Dieser Zinssatz spielt in der Realität eine große Rolle, weil er beispielsweise von der Bank bei der Kreditvergabe angegeben werden muss. Der Ansatz, den wir in diesem Abschnitt vorstellen möchten, wird auch **Methode des internen Zinsfußes** genannt. Hierbei wird nur die Information des Zahlungsstroms benötigt, also unterstellt, dass keine weiteren exogenen Informationen vorliegen. Der Effektivzinssatz (interner Zinsfuß) r_{eff} ist dann derjenige nachschüssige annualisierte Zinssatz, bei dem der Kapitalwert des Zahlungsstroms Null ist. Unter Verwendung des Äquivalenzprinzips, Definition 2.20, können wir uns auf die Barwertvariante aus Definition 2.3 konzentrieren. Alle anderen Kapitalwerte sind dann ebenso gleich, weil diese mit den Barwerten und den passenden Kassazinssätzen berechnet werden.

Definition 2.21: Effektivzinssatz, Interner Zinssatz

Gegeben sei ein Zahlungsstrom z_k mit $k = 0, 1, \ldots, T$, wobei z_k jeweils die Zahlung zum Zeitpunkt t_k darstellt. Ferner sei eine beliebige Zinsstrukturkurve gegeben und es gelte die exponentielle Zinsmethode.

Der annualisierte Zinssatz r_{eff}, der für alle Perioden während der Laufzeit konstant ist, und

$$PV_{(z_k)_{k=0,1,\ldots,T}}(r_{\text{eff}}) = 0$$

erfüllt, wird als **Effektivzinssatz** bezeichnet. Er ergibt sich durch Abzinsung (Diskontierung) aller zukünftigen Zahlungen auf den Bewertungszeitpunkt t_0, also als Lösung der Gleichung

$$\sum_{k=0}^{T} z_k \cdot (1 + r_{\text{eff}})^{-t_{0,k}} = 0. \tag{2.2}$$

Mit Hilfe des Effektivzinssatzes können ökonomische Entscheidungen der Geldanlage oder Investition getroffen werden, indem der Investor sich für den höheren Effektivzinssatz entscheidet (bei Kreditaufnahmen ist es aus Sicht des Kreditnehmers der kleinere Effektivzinssatz). Mathematisch betrachtet, können wir dadurch von einer nichtflachen Zinsstrukturkurve auf eine flache kommen und somit eine Vereinfachung unter anderem bei Optionsberechnungen, siehe Abschn. 5.3, erreichen.

Beispiel 2.22 (Barwertfunktion in Abhängigkeit vom Zins) Wir haben zu den Zeitpunkten $t = 0, 1, 2$ Jahre die Zahlungen

$$z_0 = -1.000\,€, \ z_1 = 600\,€, \ z_2 = 700\,€.$$

Somit lautet die Barwertfunktion

$$PV_{-1.000,600,700}(i) = -1.000\,€ + \frac{600\,€}{1+i} + \frac{700\,€}{(1+i)^2}. \tag{2.3}$$

In Abb. 2.2 ist der Barwert aus (2.3) als Funktion von i dargestellt.

Um den Effektivzinssatz zu bestimmen, können wir in diesem Fall leicht mit der quadratischen Lösungsformel die folgende quadratische Gleichung in i lösen

$$PV_{-1.000,600,700}(i) = -1.000\,€ + \frac{600\,€}{1+i} + \frac{700\,€}{(1+i)^2} = 0.$$

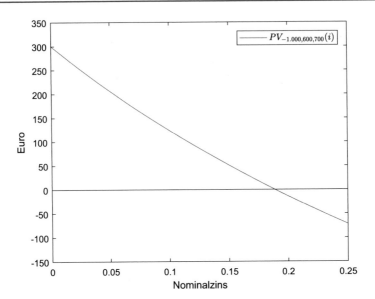

Abb. 2.2 $PV_{-1.000,600,700}(i)$ in Abhängigkeit vom Zinssatz i

Mit $q := 1 + i$ erhalten wir zwei Lösungen, nämlich

$$q_{1,2} = \frac{3}{10} \pm \sqrt{\frac{9}{100} + \frac{7}{10}},$$

wobei nur die positive Lösung für q relevant ist. Somit ist $q^* = 1,1888$ beziehungsweise $i^* = 18,88\%$, was auch in der Abb. 2.2 zu sehen ist (Schnittpunkt der Barwertkurve mit der Abszisse). Dieser Zinssatz ist der interne Zinsfuß oder auch Effektivzinssatz.   □

Für längere Zahlungsströme mit mehr als zwei Zeitpunkten sind numerische Näherungs-verfahren nötig, um r_{eff} in Definition 2.3 beziehungsweise Definition 2.12 zu bestimmen. Solche Verfahren liegen nicht im Fokus unseres Textes, sondern wir verweisen auf die Literatur, insbesondere [SB07]. Eine zu (2.2) äquivalente Gleichung ist, wenn die Zahlung z_0 auf der rechten Seite steht, das heißt

$$\sum_{k=1}^{T} z_k \cdot (1 + r_{\text{eff}})^{-k} = z_0.$$

Dies bedeutet, dass die Anlage zum Zeitpunkt t_0 dem Barwert der Rückflüsse bezogen auf den Effektivzinssatz entsprechen muss, also dem sogenannten **fairen** Wert des Zahlungs-stroms. Den Begriff der *Fairness* werden wir in Kap. 3 sowie in Abschn. 6.2 im Zuge der Martingaltheorie nochmals näher beleuchten.

2.4 Ermittlung der Zinsstrukturkurve

Nach der Übersicht über die verschiedenen Erklärungsansätze in Abschn. 1.5, warum Zinsen für unterschiedliche Laufzeiten voneinander abweichen, widmen wir uns jetzt der Herleitung von Zinsstrukturkurven. Dabei ist es einerseits unser Ziel, die Diskontfaktoren aus Definition 2.10 anhand der Preise von Bonds herzuleiten, und andererseits, Bedingungen an diese Diskontfaktoren unter der Voraussetzung aufzustellen, dass der betrachtete Finanzmarkt in einer noch genauer zu definierenden Weise *sinnvoll* ist. Eine erste solche zusätzliche Annahme an den Finanzmarkt wird nun getroffen.

> **Definition 2.23: Vollständiger Finanzmarkt**
> Ein Finanzmarkt unter Sicherheit ist **vollständig,** wenn es für jeden zukünftigen Zeitpunkt ein Wertpapier gibt, das in genau diesem Zeitpunkt genau eine Geldeinheit auszahlt (und sonst nichts auszahlt).

Es muss also beispielsweise ein Wertpapier geben, das genau in 5 Jahren einen Euro auszahlt und sonst keinerlei Auszahlungen hat. Der zugehörige Zahlungsstrom ist somit $z_5 = 1$ und $z_k = 0$ für $k \neq 5$. Allgemeiner betrachten wir einen Markt mit n zukünftigen Perioden. Die Zeitpunkte sind also heute sowie in $1, 2, 3, \ldots, n$ Zeiteinheiten, zum Beispiel Jahren. Ferner nehmen wir an, dass es auf dem Markt m Wertpapiere gibt, die jeweils einen zukünftigen Zahlungsstrom produzieren. Wir können alle diese Zahlungsströme in einer $(n + 1) \times m$-Matrix zusammenfassen.

Beispiel 2.24 (Matrixdarstellung von Zahlungsströmen) Wir betrachten einen Anlagehorizont von 4 Jahren und zwei Wertpapiere mit den Zahlungsströmen

$$z_1 = 1, z_2 = 2, z_3 = 3, z_4 = 4$$

sowie

$$z_1' = 5, z_2' = 6, z_3' = 7, z_4' = 8.$$

Dann werden die Zahlungsströme zur Matrix

$$\begin{pmatrix} 1 & 5 \\ 2 & 6 \\ 3 & 7 \\ 4 & 8 \end{pmatrix}$$

zusammengefasst. □

Zunächst stellt sich die Frage, ob $m < n + 1$ sinnvoll sein kann. Es gäbe dann weniger Wertpapiere als Zeitpunkte. In der Sprache der linearen Algebra bedeutet dies, dass die Zahlungen zu den verschiedenen Zeitpunkten zwangsläufig linear abhängig sind (siehe dazu zum Beispiel [SH16]). Weil die in der Definition der Vollständigkeit aufgeführten $n + 1$ Zahlungsströme offensichtlich linear unabhängig sind, ist $m < n + 1$ also nicht mit der Annahme der Vollständigkeit veträglich. Folglich ist es lediglich zulässig, dass es mehr Zahlungsströme als Perioden gibt ($m \geq n + 1$). Falls $m > n + 1$ ist, bedeutet dies wiederum, dass die Zahlungsströme linear abhängig sind, also können Zahlungsströme durch andere dargestellt werden.

Mit anderen Worten können wir die Definition alternativ folgendermaßen formulieren: Ein Finanzmarkt ist genau dann vollständig, wenn es mindestens so viele Finanzinstrumente mit linear unabhängigen Zahlungsströmen wie vorhandene Zeitpunkte gibt.

Dies schafft die Basis für ein grundlegendes Prinzip zur Bewertung von Finanzkontrakten, das **Duplikationsprinzip:** Das zu bewertende Finanzprodukt wird durch bekannte Zahlungsströme aus Finanzprodukten des vollständigen Markts dargestellt. Häufig wird der Begriff **Replikationsprinzip** annähernd synonym verwendet. Allerdings ist ein entscheidender Unterschied, dass beim Replikationsprinzip ein zukünftiger identischer Preis zweier Finanzprodukten vorausgesetzt wird und aus diesem mit dem Gesetz des einen Preises der heutige identische Preis der Finanzprodukte geschlossen wird. Wir erklären diese Schlussweise ausführlich im Zuge der Diskussion von Satz 5.5. Insgesamt scheint deswegen die Bezeichnung **Duplikationsprinzip** für einen Finanzmarkt unter Sicherheit jedoch geeigneter als in einem mit Unsicherheit.

Liegt ein vollständiger Finanzmarkt vor, dann können wir einfach einen Zahlungsstrom eines neuen Finanzinstruments duplizieren. Dazu bezeichne z_i den Zahlungsstrom aus Definition 2.23, der zum Zeitpunkt i die Auszahlung 1 hat und sonst die Auszahlung 0. Der Zahlungsstrom eines *beliebigen* Finanzinstruments z_{neu} ist somit die Linearkombination von h_1 Anteilen des Zahlungsstroms z_1, von h_2 Anteilen des Zahlungsstroms z_2 bis hin zu h_{n+1} Anteilen des Zahlungsstroms z_{n+1}. Formal schreiben wir

$$z_{\text{neu}} = \sum_{i=1}^{n+1} h_i \cdot z_i,$$

wobei es erlaubt ist, dass manche der $h_i = 0$ sind.

Beispiel 2.25 (Duplikation von Zahlungsströmen) Den Zahlungsstrom

$$z_{\text{neu},0} = -110, \ z_{\text{neu},1} = 5, \ z_{\text{neu},2} = 0{,}5 \text{ und } z_{\text{neu},3} = 105$$

schreiben wir kurz als $z_{neu} = (-110; \ 5; \ 0,5; \ 105)^{\mathsf{T}}$. Mit $z_1 = (1; \ 0; \ 0; \ 0)^{\mathsf{T}}$, $z_2 = (0; \ 1; \ 0; \ 0)^{\mathsf{T}}$, $z_3 = (0; \ 0; \ 1; \ 0)^{\mathsf{T}}$ und $z_4 = (0; \ 0; \ 0; \ 1)^{\mathsf{T}}$, wobei T den transponierten Vektor bezeichnet, kann z_{neu} folglich als

$$z_{\text{neu}} = -110z_1 + 5z_2 + 0,5z_3 + 105z_4$$

dargestellt werden.   □

Bevor wir zur Herleitung der Zinsstrukturkurve kommen, benötigen wir noch zwei weitere grundlegende Begriffe. Zunächst beleuchten wir den Begriff **Arbitrage.** Dieser besagt, dass durch Kurs-, Zins- oder Preisunterschiede ohne Investition ein sicherer Gewinn erzielt werden kann. Eine Möglichkeit zur Arbitrage besteht genau dann, wenn

- durch Finanztransaktionen ein sofortiger Gewinn ohne zukünftigen Verlust möglich ist oder
- durch Finanztransaktionen das Anfangsvermögen sich nicht ändert, aber ein zukünftiger Gewinn entsteht.

Wir überlegen jetzt, wann so eine Arbitragemöglichkeit eintreten könnte: Nehmen wir an, wir besitzen eine einjährige Nullcouponanleihe, die heute einen Kurs von $94,34 €$ hat, und eine zweijährige Nullcouponanleihe mit einem Kurs von $87,34 €$. Gleichzeitig beobachten wir, dass ein sogenanntes Termingeschäft für eine einjährige Nullcouponleihe in einem Jahr den Kurs $92,51 €$ haben wird. Den Wert dieses Termingeschäfts diskontieren wir mit dem Kassa-zinssatz i_{t_0,t_1} und erhalten $87,27 €$. Also verkaufen wir die zweijährige Nullcouponanleihe und kaufen heute das Termingeschäft zu $87,27 €$, sodass wir einen risikolosen Gewinn von $0,07 €$ erzielen , ohne dass wir dadurch zu einem zukünftigen Zeitpunkt schlechter gestellt sind.

Um derartige Anlagestrategien zu vermeiden, setzen wir einen arbitragefreien Finanz-markt voraus. In unserem Beispiel ist der risikolose Gewinn entstanden, weil der Termin-zinssatz von $i_{t_0,t_1} = 0,06$ nicht dem impliziten Terminzinssatz entspricht, der aus der ein-jährigen und der zweijährigen Nullcouponanleihe berechnet werden kann. Also wollen wir unterstellen, dass in unserem Finanzmarkt die Zinsstrukturkurve keine Möglichkeit bietet, solche Transaktionen durchzuführen.

In Beispiel 2.25 hatte sich eine weitere Annahme eingeschlichen, über die wir still-schweigend hinweg gegangen waren – vielleicht ohne, dass es aufgefallen ist. Wir haben nämlich die beliebige Teilbarkeit eines Gutes, im Beispiel der Anteil 0,5 von z_3, vorausge-setzt. Wenn wir daneben noch ergänzen, dass Soll- und Habenzinssätze identisch sind, keine Transaktionskosten vorliegen und die einzelnen Marktteilnehmer keinen Einfluss aufeinan-der haben, sprechen wir von einem **vollkommenen Finanzmarkt.** Diese Eigenschaft wird bei der Untersuchung von Arbitragemöglichkeiten durch Kreditaufnahme von Bedeutung sein. Die Definition von vollkommenen Finanzmärkten werden wir in Abschn. 5.1 nochmals aus einem anderen Blickwinkel, nämlich unter Risiko, beleuchten.

Eine Folgerung aus diesen Bedingungen ist es, dass ein vollkommener und vollständiger Finanzmarkt im Gleichgewicht (also wenn angebotene und nachgefragte Zahlungsströme durch *eine geeignet angepasste* Diskontstruktur den Barwert Null haben) keine Möglichkeit der Arbitrage bietet – er ist **arbitragefrei.** Übertragen auf Zahlungsströme heißt dies nichts anderes, als dass es keine Zahlungsströme gibt, sodass durch eine geschickte (Linear-) kombination der Zahlungsströme ein Barwert größer als Null herauskommt. Dies impliziert unter anderem, dass mit einer positiven Zahlung in der Zukunft immer eine negative Zahlung heute (oder in der Zukunft) einhergeht. Formal können wir Folgendes definieren.

Definition 2.26: Arbitrage-Freiheit unter Sicherheit

Ein vollständiger und vollkommener Finanzmarkt unter Sicherheit heißt **arbitragefrei,** wenn der Barwert jeder Kombination von Zahlungsströmen gleich Null ist. Sind d_{t_0, t_k} für $0 \leq k \leq n$ die Diskontfaktoren, dann bedeutet dies

$$\underbrace{(d_{t_0,t_0}, d_{t_0,t_1}, \ldots, d_{t_0,t_n})}_{(1 \times (n+1))\text{-Matrix}} \cdot \underbrace{\left(h_1 \cdot \begin{pmatrix} z_{1,0} \\ \vdots \\ z_{1,n} \end{pmatrix} + \ldots + h_n \cdot \begin{pmatrix} z_{n,0} \\ \vdots \\ z_{n,n} \end{pmatrix} \right)}_{\text{Summe von } ((n+1) \times 1)\text{-Matrizen}} = 0$$

für alle Anteile $h = (h_1, \ldots, h_n) \in \mathbb{R}^n$, wobei $z_{i,k}$ für $k = 0, \ldots, n$ die Zahlung für den i-ten Zahlungsstrom zum Zeitpunkt k bezeichnet.

Des Weiteren lässt sich an der Diskontstruktur direkt ablesen, ob die zugrunde liegende Zinsstruktur arbitragefrei sein kann denn eine arbitragefreie Diskontstruktur ist monoton fallend. Dies wollen wir uns klar machen, indem wir die entgegengesetzte Aussage zum Widerspruch führen. Nehmen wir also an, dass $d_{t_0, t_j} > d_{t_0, t_i}$ für $i < j$ ist. Dann ist die folgende Anlagestrategie möglich:

- Kaufe eine Nullcouponanleihe mit Fälligkeit t_i zum Preis von d_{t_0, t_i}
- Verkaufe eine Nullcouponanleihe mit Fälligkeit t_j zum Preis von d_{t_0, t_j}
- In t_i erhalte die Rückzahlung 1 aus der ersten Anleihe.
- In t_j zahle 1 an den Käufer der zweiten Anleihe. Diese Zahlung kann aus der in t_i erhaltenen Rückzahlung finanziert werden.

Da sich zu keinem Zeitpunkt ein negativer Kontostand ergibt, aber in $t = 0$ der Gewinn $d_{t_0, t_j} - d_{t_0, t_i} > 0$ realisiert wird, liegt ein Arbitragegeschäft vor. Dieses entsteht durch die Annahme, dass ein Diskontfaktor größer als der vorhergehende ist. Diese Erkenntnis halten wir in einem Satz fest.

> **Satz 2.27: Eigenschaft eines Finanzmarktes**
> Für einen vollständigen, vollkommenen und arbitragefreien Finanzmarkt gilt stets $d_{t_0,t_i} \geq d_{t_0,t_j}$ für $i \geq j$.

Um die Kassazinssätze für die Zinsstrukturkurve zu erhalten, ist es eine Möglichkeit, die Preise von Couponanleihen, die in der Realität am Markt beobachtet werden können, zu verwenden. Aus diesen können durch Vorwärtssubstitution die Diskontfaktoren und somit indirekt auch die Zinssätze der Kurve berechnet werden. Dieses Verfahren, das unter dem Namen **Bootstrapping** bekannt ist, stellen wir nun vor.[4]

> **Satz 2.28: Bootstrapping mit Couponanleihen**
> Zum Zeitpunkt t_0 seien die Preise $P_0^1, \ldots, P_0^n$ von Couponanleihen mit zugehörigen Coupons $c_1, \ldots, c_n$ und Nominal $N = 100$ gegeben, wobei der obere Index den Auszahlungszeitpunkt anzeigt. Ferner seien die Zinskonvention und die Tageskonvention einheitlich festgelegt. Dann gilt für $i = 1, \ldots, n$ die Gleichheit
>
> $$d_{t_0,t_i} = \frac{P_0^i - \sum_{k=1}^{i-1} c_i \cdot d_{t_0,t_k}}{100 + c_i}.$$

Für den Fall, dass alle Couponbonds zu $P_0^k = 1$ notieren und das Nominal den Wert 1 hat, vereinfacht sich die Gleichung zu

$$d_{t_0,t_i} = \frac{1 - \frac{c_i}{100} \sum_{k=1}^{i-1} c_i \cdot d_{t_0,t_k}}{1 + \frac{c_i}{100}}.$$

Beispiel 2.29 (Berechnung Diskontfaktoren mit Bootstrapping) Wir betrachten folgende Preise von Couponbonds

---

[4] Das Verfahren hat nichts mit dem Begriff Bootstrapping aus der Statistik zu tun. Es bewahrheitet sich damit das Sprichwort, dass Mathematik die Kunst sei, unterschiedlichen Dingen gleiche Namen zu geben.

$$
\begin{array}{ccc}
\text{Restlaufzeit} & \text{Kurs} & \text{Coupon} \\
1 \text{ Jahr} & \left(104\,€ & 5\,€ \right. \\
2 \text{ Jahre} & 102{,}50\,€ & 4{,}50\,€ \\
3 \text{ Jahre} & 102\,€ & 4{,}75\,€ \\
4 \text{ Jahre} & \left. 101\,€ & 5{,}50\,€ \right)
\end{array}.
$$

Mithilfe von Satz 2.28 ergibt sich daraus der erste Diskontfaktor als

$$
d_{t_0,t_1} = \frac{104\,€}{100\,€ + 5\,€} = 0{,}9905
$$

und somit der Kassazinssatz $i_{t_0,t_1} = \frac{1}{0{,}9905} - 1 = 0{,}0096$. Mit dieser Information kann der Diskontfaktor

$$
d_{t_0,t_2} = \frac{102{,}50\,€ - 4{,}50\,€ \cdot 0{,}9905}{104{,}50\,€} = 0{,}9382
$$

mit dem Kassazinssatz $i_{t_0,2} = \left(\frac{1}{0{,}9382} \right)^{0,5} - 1 = 0{,}0324$ bestimmt werden. Für

$$
d_{t_0,t_3} = \frac{102\,€ - 4{,}75\,€ \cdot (0{,}9905 + 0{,}9382)}{104{,}75\,€} = 0{,}8863
$$

erhalten wir $i_{t_0,3} = \left(\frac{1}{0{,}8863} \right)^{\frac{1}{3}} - 1 = 0{,}0411$ und schließlich

$$
d_{t_0,t_4} = \frac{101\,€ - 5{,}50\,€ \cdot (0{,}9905 + 0{,}9382 + 8863)}{105{,}50\,€} = 0{,}8106
$$

mit $i_{t_0,4} = \left(\frac{1}{0{,}8106} \right)^{0,25} - 1 = 0{,}0539.$ $\square$

Ein weiterer Ansatz zur Berechnung der Zinsstrukturkurve anhand der Diskontfaktoren besteht in einem expliziten Ansatz zur Berechnung, der in [GO98] vorgestellt wird. Diesen wollen wir nun auch noch erläutern. Dazu führen wir die folgende Matrix Z ein. Sie stellt die Zahlungen von n festverzinslichen Wertpapieren mit konstanten Zinszahlungen an den Zahlungszeitpunkten t_j und unterschiedlicher Laufzeit dar

$$
\begin{array}{c}
\phantom{\text{Anleihe 1}} \quad t_1 \quad\; t_2 \quad \cdots \quad t_n \\
\begin{array}{l}
\text{Anleihe 1} \\
\text{Anleihe 2} \\
\vdots \\
\text{Anleihe n}
\end{array}
\left(
\begin{array}{cccc}
1+c_1 & 0 & 0 & 0 \\
c_2 & 1+c_2 & 0 & 0 \\
\vdots & & \ddots & 0 \\
c_n & c_n & \cdots & 1+c_n
\end{array}
\right) = \mathbf{Z}.
\end{array}
$$

Um die Diskontfaktoren (und daraus die Kassazinssätze) zu ermitteln, muss das lineare Gleichungssystem

$$P_0 = Z \cdot d$$

gelöst werden werden, wobei $d = (d_{t_0,t_1}, \ldots, d_{t_0,t_n})^\mathsf{T}$ der Spaltenvektor bestehend aus den Diskontsätzen und P_0 der Preisvektor der Wertpapiere sind. Folglich können die Diskontfaktoren bestimmt werden, indem der Vektor der Kurse mit der inversen Zahlungsstrommatrix multipliziert wird

$$d = Z^{-1} \cdot P_0. \tag{2.4}$$

Aufgrund der Wahl von Z als untere Dreiecksmatrix hat die inverse Matrix Z^{-1} ebenfalls eine sehr einfache Struktur, nämlich

$$Z^{-1} = \begin{pmatrix} \frac{1}{1+c_1} & 0 & 0 & \cdots & 0 & 0 \\ -\frac{c_2}{(1+c_1)\cdot(1+c_2)} & \frac{1}{1+c_2} & 0 & \cdots & 0 & 0 \\ -\frac{c_3}{(1+c_1)\cdot(1+c_2)\cdot(1+c_3)} & -\frac{c_3}{(1+c_2)\cdot(1+c_3)} & \frac{1}{1+c_3} & 0 & & 0 \\ \vdots & & & \ddots & & \\ -\frac{c_n}{(1+c_1)\cdot\ldots\cdot(1+c_n)} & -\frac{c_n}{(1+c_2)\cdot\ldots\cdot(1+c_n)} & \cdots & -\frac{c_n}{(1+c_{n-1})\cdot(1+c_n)} & \frac{1}{1+c_n} \end{pmatrix}.$$

Damit kann die Lösung von (2.4) einfach bestimmt werden. Der Rechenausdruck für jeden Diskontfaktor d_{t_0,t_i} wird im folgenden Satz explizit angegeben.[5]

> **Satz 2.30: Explizite Diskontfaktorenberechnung**
> Zum Zeitpunkt t_0 seien die Preise $P_0^1, \ldots, P_0^n$ von Couponanleihen mit zugehörigen Coupons $c_1, \ldots, c_n$ und Nominal 1 gegeben, wobei der obere Index den Auszahlungszeitpunkt anzeigt. Dann gilt für die Diskontfaktoren
>
> $$d_{t_0,t_i} = \frac{1}{1+c_i} \cdot \left(P_0^i - c_i \cdot \sum_{k=1}^{i-1} \frac{P_0^k}{\prod_{l=k}^{i-1}(1+c_l)} \right),$$
>
> wobei $P_0^0 := 0$ und $c_0 := 0$ gesetzt ist.

Der Beweis ist eine Übungsaufgabe.

Beispiel 2.31 (Berechnung Diskontfaktoren) Wir greifen die Daten aus Beispiel 2.29 auf und müssen alle dortigen Werte durch 100 teilen, um auf ein Nominal von 1 zu kommen. Anschließend berechnen wir beispielhaft den Diskontfaktor

---

[5] In den Preisen der Bonds seien die Zinsansprüche des Inhabers enthalten (Dirty Price-Kurs).

$$d_{t_0,t_3} = \frac{1{,}02}{1{,}0475} - \frac{0{,}0475}{1{,}0475} \cdot \left(\frac{1{,}04}{(1 + 0{,}05)(1 + 0{,}045)} + \frac{1{,}025}{(1 + 0{,}045)} \right)$$

$$= 0{,}8863.$$

2.5   Renten- und Tilgungsrechnung

Als konkrete Anwendung des erlernten Wissens behandeln wir in diesem Abschnitt die Renten- und Tilgungsrechnung. Zunächst beschränken wir uns auf Zahlungsströme mit einer konstanten Zahlung über mehrere Perioden. Dabei unterstellen wir eine flache Zinsstrukturkurve, das heißt, wir haben für alle Laufzeiten denselben Zinssatz. In diesem Fall lässt sich für den Endwert eine besonders einfache Formel entwickeln.

> **Definition 2.32: Rente, Rentenrate**
>
> Unter einer **Rente** versteht man einen Zahlungsstrom, der
>
> - in gleichen Abständen wiederkehrt und
> - dessen Zahlungen gleich hoch sind.
>
> Die Gesamtheit der Zahlungen heißt also Rente, die einzelne Zahlung heißt **Rentenrate**.

Wenden wir nun die Definition des Endwerts 2.3 an, dann ergeben sich zwei Varianten. Zum einen für $z_0 = 0$ und $z_1 = \ldots = z_T := a_0$ erhalten wir (bei periodischen Zahlungen) den Endwert

$$TV_{(z_k)_{k=1,\ldots,T}}(i) = a_0 \cdot (1 + i)^{T-1} + \ldots a_0 \cdot (1 + i)^0$$

beziehungsweise für $z_0 = \ldots z_{T-1} = a_0$ und $z_T = 0$ den Endwert

$$TV_{(z_k)_{k=0,1,\ldots,T-1}}(i) = a_0 \cdot (1 + i)^T + \ldots a_0 \cdot (1 + i).$$

Die Terme auf der rechten Seite sind sogenannte **geometrische Summen,** also Summen, in denen sich lediglich der Exponent verändert, siehe zum Beispiel [HW18]. Wie in Beispiel 2.22 wird hierbei oft $q := 1 + i$ gesetzt. Der erste Fall ist eine nachschüssige Rente (siehe Abschn. 2.1) – hier startet die Zahlung nach der ersten Periode des Abschlusses zum Zeitpunkt t_0. Der zweite Fall ist eine vorschüssige Rente, das heißt, die Zahlung beginnt bereits mit dem Abschluss zum Zeitpunkt t_0.

Um zu verstehen, wie man davon auf eine einfache Berechnungsformel für den Endwert kommt, schauen wir uns zunächst den Trick von Gauß an. Hiermit hat Carl-Friedrich Gauß (1777–1855) eine Formel für die Addition der Zahlen von 1 bis n, also

$$1 + 2 + \ldots + n$$

aufgestellt. Im Wesentlichen besteht der Trick darin, die Summe zweimal aufzuschreiben,

$$1 + 2 + \ldots + n + 1 + 2 + \ldots + n.$$

Diese Summe kann wegen der Kommutativität (Vertauschbarkeit der Reihenfolge) der Addition folgendermaßen umsortiert werden

$$1 + 2 + \ldots + n + 1 + 2 + \ldots + n = \begin{cases} 1 & +2 & + \ldots + n - 1 + n \\ n & + n - 1 + \ldots + 2 & +1 \end{cases}$$

$$= n + 1 + n + 1 + \ldots + n + 1 + n + 1.$$

Auf der linken Seite können wir $(1 + 2 + \ldots + n)$ ausklammern und rechts die übereinanderstehenden Zahlen addieren

$$2(1 + 2 + \ldots + n) = (n + 1) + (n + 1) + \ldots + (n + 1).$$

Auf der rechten Seite haben wir n Summanden, was zu

$$2(1 + 2 + \ldots + n) = n \cdot (n + 1)$$

führt. Abschließend teilen wir durch 2 und erhalten somit die Formel

$$1 + 2 + \ldots + n = \frac{n \cdot (n + 1)}{2}.$$

Wir übertragen nun den Gaußschen Trick auf die geometrische Summe. Dazu schreiben wir diese als Erstes zwei Mal, aber wir ziehen eine Summe von deren q-fachen ab, das heißt,

$$q \cdot (1 + q + \ldots + q^n) - (1 + q + \ldots + q^n) = \begin{cases} q \cdot (1 + q + \ldots + q^n) \\ -(1 + q + \ldots + q^n). \end{cases}$$

Auf der rechten Seite multiplizieren wir die Summe oben mit q aus und lösen unten die Klammer auf, was zu

$$\begin{cases} q & +q^2 + \ldots + q^n + q^{n+1} \\ -1 & -q & -q^2 - \ldots - q^n \end{cases}$$

führt. Auf der linken Seite klammern wir $(1 + q + \ldots + q^n)$ aus

$$(q - 1)(1 + q + \ldots + q^n) = q^{n+1} - 1$$

und teilen (für $q \neq 1$) durch $(q - 1)$, also

$$1 + q + \ldots + q^n = \frac{q^{n+1} - 1}{q - 1}. \tag{2.5}$$

Mit dieser Vorarbeit können wir jetzt relativ schnell eine allgemeingültige Formel für den Endwert einer Rente herleiten. Setzen wir $q = 1 + i$, dann ergibt sich beispielsweise für die nachschüssige Rente

$$TV_{(z_k)_{k=1,\ldots,T}}(i) = a_0 \cdot (1+i)^0 + \ldots + a_0 \cdot (1+i)^{T-1} = a_0 \cdot q^0 + \ldots + a_0 \cdot q^{T-1} = \sum_{k=0}^{T-1} a_0 \cdot q^k.$$

Ist $q \neq 1$, so erhalten wir aus (2.5) schließlich den Ausdruck für den nachschüssigen Rentenendwert

$$\sum_{k=0}^{T-1} a_0 \cdot q^k = a_0 \frac{q^T - 1}{q - 1}.$$

> **Definition 2.33: Rentenendwertfaktor**
> Wir bezeichnen mit **Rentendwertfaktor** $REF_{i,T}$ den Quotienten $\frac{q^T - 1}{q - 1}$, wobei $q = 1 + i$ ist.

Beispiel 2.34 (Berechnung Rentenendwert) Der Zinssatz betrage $i = 0,05$, also $q = 1,05$. Eine jährlich nachschüssig ausgezahlte Rente in Höhe 1000 € für die nächsten 10 Jahre hat damit den Rentenendwertfaktor

$$REF_{0,05,10} = \frac{1,05^{10} - 1}{1,05 - 1} = 12,57789$$

und den Rentenendwert

$$TV(0,05) = 1.000 \, € \cdot 12,57789 = 12.577,89 \, €.$$

Den vorschüssigen Rentenendwert erhalten wir durch die einfache Überlegung, dass jede Zahlung von $t = 0$ bis $t = T - 1$ noch einmal mit dem Aufzinsungsfaktor q multipliziert werden muss. Also entsteht für den Endwert der vorschüssigen Rente die Formel

$$TV_{(z_k)_{k=0,\ldots,T-1}}(i) = a_0 \cdot q \frac{q^T - 1}{q - 1} = a_0 \cdot q \cdot REF_{i,T}.$$

Jetzt folgen unmittelbar die Rentenbarwerte, weil nur die Rentenendwerte auf den Zeitpunkt $t = 0$ diskontiert werden müssen. Für den nachschüssigen Rentenbarwert ergibt sich

$$PV(z_k)_{k=1,\ldots,T}(i) = a_0 \frac{q^T - 1}{q^T \cdot (q-1)}$$

und für den vorschüssigen Rentenbarwert

$$PV_{(z_k)_{k=0,\ldots,T-1}}(i) = a_0 \frac{q^T - 1}{q^{T-1} \cdot (q-1)}.$$

Beispiel 2.35 (Fortsetzung von Beispiel 2.34) Der Barwert der betrachteten (nachschüssigen) Rente ist

$$PV(0,05) = \frac{TV(0,05)}{1,05^{10}} = \frac{12.577,89\,\text{€}}{1,05^{10}} = 7.721,73\,\text{€}.$$

Würde die Rente vorschüssig ausbezahlt werden, ergäben sich

$$TV(0,05) = 1,05 \cdot 12.577,89\,\text{€} = 13.206,79\,\text{€}$$

und

$$PV(0,05) = 1,05 \cdot 7.721,73\,\text{€} = 8.107,82\,\text{€}.$$

Im engen mathematischen Zusammenhang zur Rentenrechnung steht die Annuitätentilgung, das heißt die Ratenzahlung eines Kredits.

Definition 2.36: Annuität

Eine **Annuität** ist die Zahlung von Tilgungs- und Zinsanteil eines Kredits an den Gläubiger.

Ist diese Annuität A bis zur Tilgung gleich hoch, dann muss der Schuldbetrag S_0 dem nachschüssigen[6] Rentenbarwert der Annuitäten entsprechen, das heißt

$$S_0 = A \frac{q^T - 1}{q^T \cdot (q-1)}.$$

Ein alternativer Ansatz ist über den Endwert zu argumentieren, also dass der bis zur Fälligkeit aufgezinste Kreditbetrag dem Rentenendwert der Annuitäten entspricht, das heißt

$$S_0 \cdot q^T = A \frac{q^T - 1}{q-1}.$$

---

[6] Die Eigenschaft nachschüssig zu sein, entsteht durch die erste Leistung der Annuität nach einer Periode nach der Kreditaufnahme. Vorschüssigkeit würde nur einen reduzierten Anfangsschuldbetrag bedeuten.

Um nun herauszufinden, wie hoch die Annuität A ist, muss in beiden Fällen lediglich nach A umgestellt werden. Es ergibt sich jeweils

$$A = S_0 \frac{q^T \cdot (q-1)}{q^T - 1}.$$

Beispiel 2.37 *(Berechnung Tilgungsplan)* Für einen Kredit in Höhe von 100.000 € bei einem Zinssatz von 4 % und einer Annuität von 12.000 € ergibt sich in den ersten vier Perioden der folgende Tilgungsplan

Zeitpunkt	Periode	Schuld	Zinsanteil	Tilgungsanteil
t_0	0	100.000 €	–	–
t_1	1	92.000 €	4.000 €	8.000 €
t_2	2	83.680 €	3.680 €	8.320 €
t_3	3	75.027,20 €	3.347,20 €	8.652,80 €
t_4	4	66.028,29 €	3.001,09 €	8.998,91 €

□

Die interessanteste Frage bei einem Annuitätendarlehen ist sicherlich diejenige nach der Laufzeit, also wann die Restschuld bei einem Annuitätendarlehen mit gegebener Annuität Null ist. Dazu machen wir uns klar, dass zu einem beliebigen Zeitpunkt t die Restschuld die Differenz aus der verzinsten Anfangsschuld minus geleisteten Annuitäten ist, das heißt

$$S_t = S_0 \cdot q^t - A \frac{q^T - 1}{q - 1}.$$

Die Gesamtlaufzeit T des Darlehens kann jetzt berechnet werden, indem wir die Verschuldung S_T Null setzen und nach T auflösen

$$0 = S_T = S_0 \cdot q^T - A \frac{q^T - 1}{q - 1}. \tag{2.6}$$

Einige algebraische Umformungen (Aufgabe 2.9) führen zu

$$T = \frac{\ln\left(\frac{-A}{S_0 \cdot (q-1) - A}\right)}{\ln(q)}. \tag{2.7}$$

Beispiel 2.38 *(Fortsetzung von Beispiel 2.37)* Setzen wir die Werte $A = 12.000\,€, q = 1{,}04$ und $K_0 = 100.000\,€$ in (2.7) ein, dann erhalten wir

$$T = \frac{\ln\left(\frac{-12.000\,€}{0,04\cdot100.000\,€-12.000\,€}\right)}{\ln(1,04)}$$

$$= \frac{\ln\left(\frac{3}{2}\right)}{\ln(1,04)} = 10,34.$$

Das Darlehen hat also eine Laufzeit von 11 Jahren. □

Nachdem Sie Kap. 2 bearbeitet haben, sollten Sie folgende Fragen beantworten können:

- Welche Bedeutung haben Bar-, Kapital- und Enwdwert?
- Welchen Einfluss hat die nichtflache Zinsstruktur auf die Berechnung von Bar-, Kapital- und Endwert?
- Welche ökonomische Bedeutung hat der implizite Terminzinssatz?
- Wie wird der implizite Terminzinssatz hergeleitet?
- Was besagt das Äquivalenzprinzip?
- Welchen Einfluss hat eine nichtflache Zinsstruktur auf das Äquivalenzprinzip?
- Was sagt der Effektivzinssatz aus?
- Wie wird der Effektivzinssatz ermittelt?
- Welche Methoden gibt es, um die Diskontfaktoren zu bestimmen?
- Welchen Nachteil hat das Bootstrapping-Verfahren?
- Welche ökonomische Erklärung gibt es für eine Zinsstruktur?

2.6 Aufgaben

Aufgabe 2.1 (Barwert) Sie kaufen eine festverzinsliche Anleihe mit Laufzeit von drei Jahren, einem Nominal von 1000 € und einer jährlichen Verzinsung von 2 %. Der (flache) annualisierte Zins der Zentralbank beträgt 1 %. Stellen Sie als Erstes den Zahlungsstrom auf und berechnen Sie mit diesen Annahmen anschließend den Preis des Bonds. □

Aufgabe 2.2 (Barwert) Formulieren Sie den Barwert für lineare und zeitstetige Verzinsung bei flacher Zinsstrukturkurve. □

Aufgabe 2.3 (Impliziter Terminzinssatz, Diskontfaktoren) Es seien die folgenden Kassazinssätze i_{t_0,t_k} mit äquidistant verteilten Zeitpunkten (jeweils Jahresabstände) gegeben

t_k	1	2	3	4
i_{t_0,t_k}	1,00 %	2,00 %	2,50 %	3,00 %

a) Berechnen Sie die Diskontfaktoren d_{t_0,t_k} für $k = 1, 2, 3, 4$.

b) Berechnen Sie die impliziten Terminzinssätze i_{t_1,t_2}, i_{t_1,t_4}, i_{t_2,t_4} und i_{t_3,t_4} bei exponentieller Verzinsung.

c) Bewerten Sie den Zahlungsstrom $z_0 = 100\,€$, $z_1 = 200\,€$, $z_2 = 0\,€$, $z_3 = 300\,€$, $z_4 = -600\,€$ gemäß der gegebenen Zinsstrukturkurve.   □

Aufgabe 2.4 (Impliziter Terminzinssatz) Leiten Sie Satz 2.16 für die exponentielle Verzinsung her.   □

Aufgabe 2.5 (Äquivalenzprinzip) Gegeben sei ein flacher Zinssatz $i = 0{,}02$ sowie zwei Zahlungsströme

$$z_0 = 100\,€,\, z_1 = 200\,€,\, z_2 = 300\,€,$$
$$z'_0 = 50\,€,\, z'_2 = 250\,€,\, z'_3 = x\,€.$$

Wie muss x gewählt werden, damit die beiden Zahlungsströme finanzmathematisch äquivalent sind?   □

Aufgabe 2.6 (Äquivalenzprinzip) Formulieren Sie das Äquivalenzprinzip für lineare und zeitstetige Verzinsung. Bei welcher Art der Verzinsung benötigt man die Wiederanlageprämisse?   □

Aufgabe 2.7 (Äquivalenzprinzip) Jemand behauptet, dass das Äquivalenzprinzip bedeutet, dass zu jedem beliebigen Zeitpunkt die Summe der Leistungen des Kunden gleich groß sein muss wie die Summe der Gegenleistungen der Bank.

a) Erklären Sie, warum diese Formulierung falsch ist.

b) Korrigieren Sie die Formulierung.   □

Aufgabe 2.8 (Effektivzins)

a) Eine Investition hat den Zahlungsstrom

$$z_0 = -1.000,\, z_1 = 500,\, z_2 = 600.$$

Berechnen Sie den Effektivzins!

b) Finden Sie eine allgemeine Lösung für den Zahlungsstrom

$$z_0 = -A,\, z_1 = B,\, z_2 = C$$

mit $A, B, C > 0$ und überprüfen Sie Ihr Ergebnis anhand von Aufgabenteil a).

c) Begründen Sie, weshalb $B + C > A$ immer einen positiven Effektivzins nach sich zieht.   □

Aufgabe 2.9 (Barwert, Interner Zinsfuß) Gegeben seien die beiden Investitionen

- $z_0 = -30.000 \,€$, $z_1 = 18.000 \,€$, $z_2 = 20.000 \,€$,
- $z_0' = -20.000 \,€$, $z_1' = 12.000 \,€$, $z_2' = 12.000 \,€$.

a) Bestimmen Sie denjenigen Kalkulationszinssatz, für den beide Investitionen den gleichen Barwert haben.
b) Wie hoch müsste bei der Investition $-30.000 \,€$, $18.000 \,€$, z_2^* die letzte Zahlung z_2^* sein, damit der interne Zinssatz $i_{int} = 0,04$ ist.
c) Fertigen Sie eine Skizze an und zeigen den Verlauf einer Kapitalwertfunktion in Abhängigkeit vom Zinssatz i. Erklären Sie den Verlauf ökonomisch. Sie müssen hier nicht rechnen!   □

Aufgabe 2.10 (Berechnung Diskontfaktoren) Beweisen Sie Satz 2.30.   □

Aufgabe 2.11 (Annuitätendarlehen) Leiten Sie die Formel (2.7) für die Laufzeit eines Annuitätendarlehens mit Annuität A, Schuld S_0 und Zinssatz i her.   □

Aufgabe 2.12 (Annuitätendarlehen) (Angelehnt an [WB19]) Familie Müller will sich einen Neuwagen für 29.500 € kaufen. Der Autohändler bietet ihr eine Finanzierung mit monatlichen Raten zu einem effektiven Jahreszins von 3,53 %. Die Familie kann maximal 400 € monatlich als Rate bezahlen.

a) Wie lange dauert es, bis der Neuwagen abbezahlt ist? Wie hoch ist die Gesamtzahlung?
b) Ein Neuwagen ist nach 3 Jahren nur noch die Hälfte wert. Wie viel Prozent des Kaufpreises hat die Familie nach 3 Jahren abbezahlt?
c) Die Familie könnte eine Anzahlung beim Kauf leisten. Wie hoch muss diese sein, damit das Auto nach 3 Jahren zu 50 % getilgt ist?   □

Aufgabe 2.13 (Rente) (Angelehnt an [WB19]) Laut dem Artikel [WW17] der Zeitung *Wirtschaftswoche* werden die jährlichen Kosten für die Ewigkeitslasten des Bergbaus im Ruhrgebiet auf 220 Mio. € veranschlagt. Unter einer ewigen Rente versteht man eine sich periodisch (hier: jährlich) wiederholende Auszahlung derselben Höhe.

a) Wie hoch muss das Volumen einer Stiftung sein, um die Kosten für die ewige Rente zu bezahlen, wenn eine Inflationsrate von $g = 0,02$ mit der die Rate wächst und ein Zinssatz von $i = 0,045$ unterstellt wird?

b) Wie verändert sich Ihre Rechnung, wenn $i^* = 0{,}0229$ angesetzt wird?

Die hier angesetzten Werte entsprechen in guter Näherung den Annahmen zweier Gutachten der Wirtschaftsprüfungsgesellschaft KPMG aus den Jahren 2006 und 2016.   ☐

Elementare Anlagestrategien

3

Was sollte der faire Preis eines festverzinslichen Wertpapiers sein? Was bedeutet überhaupt, dass ein Preis *fair* ist? Auf diese durchaus sehr schwierige Frage haben die unterschiedlichen Wissenschaften verschiedene Antworten gefunden. Hier wollen wir zum Thema dieses Buches passend die Antwort vorstellen, zu der die Finanzmathematik gemeinhin gelangt ist und die wir in Abschn. 2.3 bereits kurz angeschnitten hatten. Zusammengefasst versteht man in diesem Kontext unter dem Begriff *fair,* dass der Preis dem Barwert entspricht, der sich anhand der Zinskurve ergibt. Es wird also die in Abschn. 1.6 eingeführte Barwertfunktion genutzt, um die Preise von verzinslichen Wertpapieren zu bestimmen. Konkret wird hierbei die Zinsstrukturkurve, siehe Abschn. 1.5 und 2.4, herangezogen. Genau genommen müsste noch zusätzlich das Risiko des Wertpapiers[1] korrekt berücksichtigt werden, wobei wir auf diese Erweiterung des Modells erst zu einem späteren Zeitpunkt eingehen werden (Kap. 5).

Die reine Preisfindung für festverzinsliche Wertpapiere bildet die Grundlage für weitergehende Überlegungen zu Anlagestrategien. Vor allem ist es zum Beispiel, wenn eigene Zahlungsverpflichtungen durch eine Anlage gedeckt werden sollen, wichtig, sich gegen mögliche Marktveränderungen abzusichern. Deswegen möchten wir in diesem Kapitel verstehen, wie solche fairen Preise auf Zinsänderungen beziehungsweise auf eine Verschiebung der Zinsstrukturkurve reagieren. Dazu untersuchen wir, welche Folgen es hat, wenn die Zinsstrukturkurve unmittelbar nach dem Kauf einer Anleihe minimal steigt oder fällt.

Ergänzende Information   Die elektronische Version dieses Kapitels enthält Zusatzmaterial, auf das über folgenden Link zugegriffen werden kann
https://doi.org/10.1007/978-3-662-64652-6_3.

[1] In diesem Buch betrachten wir als Risiko vornehmlich das Kursrisiko. In der Praxis werden zahlreiche verschiedene Risiken von Wertpapieren berücksichtigt, insbesondere auch das Ausfallrisiko von Wertpapieren. Auf weitere Details gehen wir in Abschn. 4.1 ein.

D. Heitmann et al., *Finanzmathematik,* https://doi.org/10.1007/978-3-662-64652-6_3

Den zentralen Begriff zur Beantwortung derartiger Fragestellungen bildet die *Duration,* die wir mit verschiedenen Schwerpunktsetzungen kennenlernen werden.

In Abschn. 3.1 wird das grundlegende Prinzip zur Bewertung festverzinslicher Anleihen erklärt. Auf sehr ähnliche Weise können auch die Preise variabel verzinster Wertpapiere bestimmt werden, Abschn. 3.2, sowie Zinsswaps behandelt werden, Abschn. 3.3. Anschließend beschäftigen wir uns mit den verschiedenen Begriffen von Durationen, nämlich der absoluten Duration, in Abschn. 3.4, sowie der modifizierten und Macaulay Duration, in Abschn. 3.5. Diese messen die Preisveränderung eines Wertpapiers in Abhängigkeit von minimalen Veränderungen des Zinssatzes bei flacher Zinsstrukturkurve. Sie stellen jedoch nur eine (gute) Näherung der exakten Lösung dar, weshalb wir uns in Abschn. 3.6 darüber Gedanken machen wollen, wie diese Näherung verbessert werden kann. Welche Bedeutung die Duration aus der Sicht des Portfoliomanagements hat, lernen wir in Abschn. 3.7. Mit einem weiteren, allgemeineren Fall beschäftigen wir uns in Abschn. 3.8, wo die nichtparallele Verschiebung von Zinskurven im Mittelpunkt steht.

Lernziele 3

In Kap. 3 lernen Sie:

- Beschreibung der Funktionsweise von fest und variabel verzinslichen Wertpapieren
- Funktion und Anwendung eines einfachen Zinsswaps
- Bewertung von fest und variabel verzinslichen Wertpapieren sowie einfachen Zinsswaps
- Berechnung und Interpretation von verschiedenen Durationen (absolute Duration, modifizierte Duration, Macaulay Duration)
- Strategische Steuerung mithilfe der Portfolioduration
- Notwendige Anpassung aufgrund von Konvexität
- Quantifizierung eines Zinsänderungsrisikos

3.1 Bewertung festverzinslicher Wertpapiere

Einige der wichtigsten Finanzinstrumente sind Wertpapiere. Dabei handelt es sich allgemein um ein Vermögensrecht, das der Eigentümer des Wertpapiers (Investor) beispielsweise gegenüber einem Unternehmer (allgemein gegenüber einem Schuldner) geltend machen kann. Wir betrachten in diesem Abschnitt **gesamtfällige** festverzinsliche Wertpapiere wie Anleihen (Bonds), Schuldscheindarlehen oder Pfandbriefe. Gesamtfällig bedeutet, dass zu einem vorab festgelegten Zeitpunkt einmalig eine bestimmte Summe an den Gläubiger vom Schuldner ausbezahlt wird. Zusätzlich werden gegebenenfalls Zinsen gezahlt. Es handelt sich dabei also in Sinne von Abschn. 1.6 um bestimmte Zahlungsströme.

Anleihen zeichnen sich von der Emission (Erstausgabe) bis zur Fälligkeit durch die folgenden vertraglich fixierten Leistungen aus, wobei wir einige Begrifflichkeiten aus

Abschn. 1.2 wiederholen und Schreibweisen festlegen: Der **Emissionskurs** P_0 in Prozent vom **Nennwert** oder **Nominalwert** N eines Stücks des Wertpapiers wird vom Investoren gezahlt. Wir gehen in diesem Buch oft vereinfachend von einem Nennwert von $100 \, €$ aus, sodass sich der Preis des Wertpapiers durch $P_0 \cdot N$ besonders einfach berechnen lässt. Dafür zahlt der Emittent dem Investor später Zinsen und zur Fälligkeit den Nennwert und möglicherweise einen **Aufschlag** α zurück. Die Zinsen werden auch **Couponzahlungen** genannt und mit dem nominellen Jahreszinssatz auf den Nennwert r_k periodenweise zum Zinszahlungstermin der Zinsperiode k gezahlt. Ihre Höhe zur Zinsperiode k beträgt somit $r_k \cdot N$.

Wir weichen hier von der bisherigen Notation i_{t_0,t_k} für den Zins ab, weil wir diese Schreibweise für die Zinsstrukturkurve reserviert haben und hier die Rendite des Wertpapiers in den Vordergrund rückt. In der Regel dauert eine Periode ein Jahr. Dabei wird die Tagekonvention 30/360 oder ACT/ACT verwendet (vergleiche Abschn. 1.3), die Zinsperiode wird nicht angepasst und der Zahlungstag wird gegebenenfalls auf den nächsten Zahlungstag verschoben (siehe ebenfalls Abschn. 12). Der Händler legt einen **Ausgabekurs** für den Verkauf fest. Außerdem bestimmt er den sogenannten **Rücknahmekurs,** zu dem er bereit ist, die Anleihe zurückzukaufen. In der Regel ist der Rücknahmekurs geringer als der Ausgabekurs. Während der Laufzeit kann eine Anleihe gehandelt werden. Durch Anwendung des Barwertprinzips aus Abschn. 1.6 erhalten wir das folgende Ergebnis.

Satz 3.1: Barwert einer festverzinslichen Anleihe

Für eine festverzinsliche Anleihe mit den Zeitpunkten $t_1 < t_2 < \ldots < t_T$ für die Couponzahlungen und Endfälligkeit t_T wird zum Zeitpunkt t_0 deren Barwert durch

$$PV\left(i_{t_0,t_1}, \cdots, i_{t_0,t_T}\right) = \sum_{k=1}^{T} \frac{c_k}{(1 + i_{t_0,t_k})^k} + \frac{(1+\alpha) \cdot N}{(1 + i_{t_0,t_T})^T} \tag{3.1}$$

ermittelt, wobei $i_{t_0,t_1}, \cdots, i_{t_0,t_T}$ die Kassazinssätze und $c_k = r_k \cdot N$ die Coupons für $k = 1, \ldots, T$ mit Nominalzinsen r_k sind und $\alpha \geq 0$ ein Aufschlag auf die Endzahlung ist.

Beweis Dies gilt nach Definition 2.3 mit $z_k = r_k \cdot N$ und $z_T = r_T \cdot N + (1 + \alpha) \cdot N$. $\quad \square$

Man beachte, dass es sich in (3.1) nicht um den Nettobarwert (siehe Abschn. 2.1), sondern um den Barwert handelt, da die Zahlung in $t = 0$ nicht berücksichtigt wird. Der Barwert $PV\left(i_{t_0,t_1}, \cdots, i_{t_0,t_T}\right)$, den der Investor am Markt für diesen Bond zahlen muss, würde in der Nettobarwertbetrachtung eine negative Zahlung $z_0 = -PV\left(i_{t_0,t_1}, \cdots, i_{t_0,t_T}\right)$ werden.

Damit ist uns das zentrale Instrument zur Bewertung von festverzinslichen Wertpapieren bekannt. Es wäre folglich naheliegend, dass der tatsächliche Preis am Markt gerade dem Barwert entspricht. Falls dies der Fall ist, sprechen wir von einem fairen Preis.

Definition 3.2: Marktpreis einer Anleihe

Der Marktpreis einer festverzinslichen Anleihe heißt **fair,** wenn er dem Barwert entspricht, der mit der angemessenen risikoadjustierten Zinsstrukturkurve ermittelt wurde.

Beispiel 3.3 (Barwert eines Standardbonds) Gegeben sei ein Standardbond mit Nennwert $N = 1.000\,€$, Restlaufzeit $T = 4$ und Nominalzinssatz $r = 0,06$, das heißt mit jährlichem Coupon $c = 60\,€$. Die Zinsstrukturkurve sei flach und gegeben durch $i = 2\,\%$. Somit gilt hier $i_{t_0,t_1} = i_{t_0,t_2}, \cdots, = i_{t_0,t_T} = i$. Der faire Marktpreis dieser Anleihe berechnet sich darum durch

$$PV\,(i = 2\,\%) = \frac{60\,€}{1,02} + \frac{60\,€}{1,02^2} + \frac{60\,€}{1,02^3} + \frac{1.060\,€}{1,02^4} = 1.152,31\,€. \tag{3.2}$$

Der Unterschied zwischen Kurs- und Barwert eines Wertpapiers ist die Verbindung zum Finanzmarkt als Preisfindungsort. Der Kurs als Preis entsteht dort direkt. Der Barwert hingegen ist, wie wir in Abschn. 1.6 gelernt haben, eine anhand theoretischer Überlegungen berechnete Größe und enthält den nicht direkt gehandelten Marktpreisfaktor Zins implizit.

Definition 3.4: Prozent- und Kursnotiz

(i) Die **Prozentnotiz** einer Anleihe ist das Verhältnis ihres Bar- oder Kurswerts zu ihrem Nominalwert.

(ii) Der **Kurs** einer Anleihe ist ihr Preis in Prozentnotiz.

Der Kurswert einer Anleihe ist folglich das Produkt aus ihrem Nominalwert und ihrem Kurs.

Beispiel 3.5 (Prozent- und Kursnotiz) Eine Anleihe mit dem Kurswert $105\,€$ und dem Nominalwert $N = 100\,€$ hat die Prozentnotiz $105\,\%$. Dieser Wert entspricht auch ihrem Kurs. Daraus können wir wiederum den Kurswert berechnen durch $N \cdot 1,05 = 105\,€$. □

Beispiel 3.6 (Bewertung festverzinslicher Anleihe) Wir betrachten einen fünfjährigen Bond mit Laufzeitbeginn am 5. Mai 2020, mit den Konventionen ACT/ACT, modified following unadjusted sowohl für die nominellen Jahreszinsfüße als auch die Spot Rates (für Details zu den Konventionen siehe Abschn. 1.3).

Zinstermine t_k	05.05.2021	05.05.2022	05.05.2023	05.05.2024	05.05.2025
Nominalzinssatz	1,80 %	1,80 %	2,20 %	2,20 %	3,50 %
Spot Rate i_{t_0,t_k}	2,00 %	2,30 %	2,60 %	3,00 %	3,20 %

Daraus ergeben sich Zahlungen auf 100 € Nominal in Höhe der zweiten Zeile (Nominal-zinssatz), wobei wir beachten müssen, dass der Coupon der vierten Periode erst einen Tag später gezahlt wird, weil der 05.05.2024 ein Sonntag ist. Diese Verschiebung des Zahltags ist durch die Konvention modified following abgedeckt. Durch die Regelung „unadjusted" wird die Zinsperiode nicht angepasst, obgleich sich der Zahltag verschiebt. Zudem liegt in dieser Zinsperiode der Schalttag 29.02.2024, so dass 366 Tage verzinst werden. Hingegen ergibt sich daraus keine Konsequenz auf die Zahlungshöhe, da die Länge der Zinsperiode wegen der Regelung unadjusted gleich bleibt. Die Zahlungen sind folglich.

Zinstermine	05.05.2021	05.05.2022	05.05.2023	06.05.2024	05.05.2025
Zahlungen	1,80 €	1,80 €	2,20 €	2,20 €	103,50 €

Somit erhalten wir als Barwert

$$\frac{1,80\,\text{€}}{1,02^{\frac{365}{365}}} + \frac{1,80\,\text{€}}{1,023^{2 \cdot \frac{365}{365}}} + \frac{2,20\text{€}}{1,026^{3 \cdot \frac{365}{365}}} + \frac{2,20\,\text{€}}{1,03^{3 \cdot \frac{365}{365} + \frac{366}{366}}} + \frac{103,50\,\text{€}}{1,032^{4 \cdot \frac{365}{365} + \frac{366}{366}}} = 95,89\,\text{€}.$$

Alternativ können wir auch von 95,89% in Prozentnotiz sprechen. Die künftigen Zahlungen aus der Anleihe haben einen Wert unter 100%, weil der Kassazinssatz (spot rate) über dem Nominalzins liegt. Betrachten wir Couponzahlungen über der Spot Rate, dann ergibt sich beispielsweise für die Tabelle

Zinstermine	05.05.2021	05.05.2022	05.05.2023	06.05.2024	05.05.2025
Nominalzinssatz	4,00 %	4,00 %	4,00 %	4,0%0	4,00 %
Spot Rate i_{t_0,t_k}	2,00 %	2,30 %	2,60 %	3,00 %	3,20 %

ein Kurs von 103,85 %, denn wir zahlen heute für die über dem aktuellen Marktzins liegenden nominellen Zinsen, also Couponzahlungen. Die numerischen Details dieser zweiten Rechnung überlassen wir als eine kleine Übung offen. □

In Abschn. 1.1 wurde die Rendite als eine zentrale ökonomische Größe herausgearbeitet und diese durch den Effektivzins charakterisiert. Dabei ist der Effektivzins derjenige *konstante* Zins, der zum selben Barwert führt wie die tatsächliche Auszahlungsstruktur, denn mit Definition 2.21 wissen wir, dass der Nettobarwert für den Effektivzins Null ergeben muss. Die Unterscheidung zwischen den Zinsen der Anleihe und dem Effektivzins ist notwendig, weil in unserer Darstellung zugelassen ist, dass die Nominalzinsen r_k keine flache Zinskurve bilden, das heißt, vom Auszahlungszeitpunkt abhängen. Es ergibt sich folgendes Resultat.

Satz 3.7: Effektivzinssatz, Yield-to-Maturity
Der Effektivzinssatz r_{eff} einer festverzinslichen Anleihe (englisch **Yield to Maturity, YTM**) ergibt sich als Ergebnis der Nullstellenermittlung der Gleichung

$$PV(r_{t_0, t_0}) - \sum_{k=1}^{T} \frac{c_k}{(1 + r_{\text{eff}})^k} + \frac{(1 + \alpha) \cdot N}{(1 + r_{\text{eff}})^T} = 0. \tag{3.3}$$

Diese Kalkulation des Effektivzinssatzes nach ICMA geht auch bei zwischenperiodischen Zinsberechnungen von der Exponentialverzinsung aus. Dadurch wird auch eine Wiederanlagemöglichkeit unterstellt. Für Verbraucherdarlehen gilt diese Art der Effektivzinsberechnung nach §6 und Anlage zu §6 der Preisangabenverordnung (PAngV). Der konstante nachschüssige Zinssatz bezieht sich auf die Laufzeit. Zusätzlich wird in der Praxis noch die Risikoklasse des Wertpapiers berücksichtigt, vergleiche Abschn. 1.4.

Beispiel 3.8 (Fortsetzung von Beispiel 3.6) Für die Couponzahlungen

Zinstermine	05.05.2021	05.05.2022	05.05.2023	06.05.2024	05.05.2025
Nominalzinssatz	4,00 %	4,00 %	4,00 %	4,00 %	4,00 %
Spot Rate i_{t_0, t_k}	2,00 %	2,30 %	2,60 %	3,00 %	3,20 %

ergab sich ein Kurs von 103,85 %. Nach (3.3) wäre also die Gleichung

$$103{,}85 \, € - \sum_{k=1}^{5} \frac{4 \, €}{(1 + r_{\text{eff}})^k} - \frac{100 \, €}{(1 + r_{\text{eff}})^5} = 0$$

zu lösen. Diese Gleichung kann algebraisch nicht gelöst werden. Numerisch ergibt sich jedoch $r_{\text{eff}} \approx 3{,}1563\,\%$.[2]   □

3.2   Bewertung variabel verzinslicher Wertpapiere

Im Gegensatz zu festverzinslichen Wertpapieren liegt einem variabel verzinslichen Wertpapier (englisch **Floating Rate Note**, kurz: **Floater** oder **FRN**) ein periodenweise neu festgelegter Referenzzinssatz zugrunde. Wir gehen dabei von solchen Floatern aus, deren variable Verzinsung vor Beginn der Zinsperiode festgelegt wird. Dies geschieht in der Regel zwei Tage vor Beginn der Zinsperiode. Beim Kauf ist der Zinssatz der ersten Periode bekannt, aber die Zinssätze der darauf folgenden Perioden sind noch unbekannt. In der Regel ist

---

[2] Weil die Rechnung nicht exakt durchführbar ist, verwenden wir hier ausnahmsweise bewusst $\approx$ anstelle von $=$.

dies ein Geldmarktzinssatz wie EURIBOR. Der EURIBOR wird in der Tageskonvention ACT/360 als annualisierter Zinssatz angegeben, vergleiche Abschn. 1.3. Die Zinsperioden der Anleihe werden nicht angepasst, allerdings wird der Zahltag nach der Methode modified following, verschoben.

Jetzt beschäftigen wir uns mit der Bewertung von Floatern. Dabei gehen wir zunächst von solchen Floatern aus, die keinen Auf- beziehungsweise Abschlag haben und die wir mit FRN^0 bezeichnen. Außerdem unterstellen wir, dass der Referenzzinssatz als annualisierter Zinssatz dem Kassazinssatz unter Berücksichtigung der Tageskonvention entspricht.

Gelegentlich wird die Argumentation geführt, dass beim letzten Zinsfeststellungstermin zum Zeitpunkt t_{T-1}, an dem die Zinszahlung zum letzten Zinszahlungstermin t_T zu marktgerechten Konditionen ermittelt wird, die Zinsen genau dem jeweiligen auf die Länge der ZInsperiode angepassten EURIBOR-Satz entsprächen. Der (risikofreie) Kassazinssatz $i_{t_{T-1},T}$ wiederum stimme mit dem EURIBOR-Satz überein, wenn die Dauer und die Tageskonvention berücksichtigt würden. Wenn also die letzte Zahlung aus Nominalwert zuzüglich Zinsen diskontiert werde, dann entspräche der Wert des Floaters zum Zeitpunkt t_{T-1} dem Nominalwert, $PV(FRN^0(t_{T-1})) = N$.

Eine analoge Überlegung lässt sich für jeden beliebigen Zeitpunkt t_k durchführen und führt zu dem Ergebnis, dass lediglich die aktuelle Zinsperiode für die Bewertung betrachtet werden müsse. Der Kern dieser Argumentation liegt darin, dass eine flache (risikofreie) Zinsstruktur vorliege, was allerdings im Allgemeinen nicht der Fall ist. Daher muss, abweichend von der obigen Argumentation, bei der Bewertung eines Floaters der Zinszahlungsstrom mit impliziten variablen Terminzinssätzen bestimmt werden. Dies geschieht im folgenden Satz. Darin gilt für die unterjährige Dauer lineare Verzinsung und für die überjährige Dauer exponentielle Verzinsung mit der Tageskonvention ACT/360. Der Barwert eines Floaters ohne Aufschlag zu einem Zeitpunkt t_0 ist die Summe der diskontierten Zinszahlungsströme, die mit den variablen Zinssätzen beziehungsweise impliziten Terminzinssätzen zuzüglich dem diskontierten Rückzahlungsbetrag mit den jeweiligen Kassazinssätzen ermittelt wurden, wobei die künftigen Zinsperioden implizite variable Terminzinssätze sind.

Satz 3.9: Barwert eines Floaters

Für einen n-periodischen unterjährigen und einen m-periodischen überjährigen Floater ergibt die Barwertformel

$$PV_0 = \sum_{k=0}^{n-1} \frac{r_{t_k,t_{k+1}} \cdot N}{1 + i_{t_0,t_{k+1}} \cdot t_{k+1}} + \sum_{k=n}^{m-1} \frac{r_{t_k,t_{k+1}} \cdot N}{(1 + i_{t_0,t_{k+1}})^{t_{k+1}}} + \frac{N}{(1 + i_{t_0,t_m})^{t_m}}.$$

Hierbei ist $r_{t_k,t_{k+1}}$ einperiodische variable Terminzinssatz, $i_{t_0,t_{k+1}}$ der Kassazinssatz und N der Nominalbetrag.

Wir erinnern daran, dass der implize Terminzinssatz r_{t_0,t_1} mit dem Kassazinssatz i_{t_0,t_1} übereinstimmt. Beim Barwert eines Floaters mit Auf- oder Abschlag s (englisch **spread**) zu einem Zeitpunkt t wird der für die jeweilige gültige Zinsperiode festgelegte Spread mit der entsprechenden Tageskonvention auf den variablen Zinssatz beziehungsweise Terminzinssatz für die Berechnung des Zinszahlungsstroms hinzugenommen

$$PV_{FRN^s} = PV_{\text{FRN}^0} + PV_{\text{spread}}$$
$$= PV_{\text{FRN}^0} + PV_{\text{Bond mit Nominalzins s}} - PV_{\text{Nullcouponanleihe mit Nominal und Fälligkeit des FRN}}.$$

In der letzten Zeile muss beachtet werden, dass in den ersten beiden Summanden das Nominal jeweils in der Barwertberechnung berücksichtigt wurde. Daher ziehen wir den Barwert der Nullcopuponanleihe ab.

Beispiel 3.10 (Variabel verzinsliche Anleihe, Floater ohne Aufschlag) Zunächst berechnen wir einen Floater ohne Spread und legen die fiktive Fixierungen des EURIBOR am 4. Januar 2022 aus Beispiel 2.18 zugrunde.[3] Zur Bewertung eines Floaters sind nun die impliziten Terminzinssätze für den EURIBOR, die Forward-EURIBOR-Sätze in 6 Monaten für 6 Monate, in 12 Monaten für 6 Monate und in 18 Monaten für 6 Monate zu berechnen. Diese haben wir ebenfalls in Beispiel 2.18 ermittelt.

Damit haben wir alle benötigten Größen zusammen, um einen Floater mit Nominalwert von 1.000.000 € zu bewerten. In der zweiten Spalte von Tab. 3.1 sind die Zinszahlungen festgehalten, wobei in der zweiten Zeile mit dem aktuellen EURIBOR-Satz gerechnet wurde, und in allen weiteren Zeilen mit den Forward-EURIBOR-Sätzen. Dabei sind die entsprechenden Dauern der Zinsperioden berücksichtigt. In der dritten Spalte sind die mit den jeweiligen Nullcouponsätzen, das sind der 6M- und 12M-EURIBOR-Satz sowie dem 18M- und 24M-Kassazinssatz, diskontierten Zahlungen festgehalten. Diese wurden wie folgt berechnet: Die erste Zinszahlung zinsen wir linear mit demselben Satz als Kassazinssatz interpretiert ab, weil die Zinsphase unterjährig ist. Also ergibt sich daraus

$$5.027,78\,€ \cdot \left(1 + 0,01 \cdot \frac{181}{360}\right)^{-1} = 5.002,63\,€.$$

Betrachten wir noch die Diskontierung in der dritten Zeile. Hier kommen wir nun in die überjährige Phase des Floaters und müssen nun die exponentielle Verzinsung berücksichtigen. Das bedeutet mit dem Kassazinssatz für 18 Monate in der ACT/360-Konvention

$$11.155,16\,€ \cdot (1 + 0,017283)^{-\frac{365+181}{360}} = 10.868,98\,€.$$

Alternativ ergäbe sich mit dem entsprechenden Kassazinssatz in der ACT/ACT-Konventionen was jedoch ein methodisch falsch ermitteltes Ergebnis ist

$$11.155,16\,€ \cdot (1 + 0,017523)^{-\frac{365+181}{365}} = 10.869,02\,€.$$

---

[3] Dabei gehen wir vereinfachend davon aus, dass Zinsanpassungstermin und Zinstermin am selben Tag sind.

Tab. 3.1 (Diskontierte) Zinszahlungen eines Floaters

Zeitpunkt	Zinszahlung	Diskontierte Zinszahlung
6M	$1.000.000 € \cdot 0{,}01 \cdot \frac{181}{360} =$ 5027,78,€	5.002,63 €
12M	$1.000.000 € \cdot 0{,}019427 \cdot \frac{184}{360} =$ 9929,39,€	9.782,58 €
18M	$1.000.000 € \cdot 0{,}022187 \cdot \frac{181}{360} =$ 11.155,16,€	10.868,98 €
24M	$1.000.000 € \cdot 0{,}026827 \cdot \frac{184}{360} =$ 13.714,49,€	13.182,16€

Die beiden übrigen Rechnungen sind dem Leser überlassen. Die Lösungen finden sich in Tab. 3.1. Wir erinnern daran, dass unsere Rechnungen mit exakten Werten, insbesondere für die Zinsen aus Beispiel 2.18, durchgeführt wurden.

Zum Schluss muss noch der Nominalbetrag mit dem 24M-Satz von 1,9723 % diskontiert werden. Hier erhält man 961.163,55 €. Summieren wir sämtliche diskontierten Beträge, dann ergibt sich 1.000.000,00 €, also ein Kurs von 100 %. □

Bemerkung 3.11 Man beachte hier, dass der mit dem Kassazinssatz diskontierte Nominalbetrag genau dem Kurs einer Nullcouponanleihe entspricht, die zum Fälligkeitszeitpunkt zum Kurs 100 % zurückgezahlt wird. □

Im folgenden Beispiel betrachten wir einen Floater mit Aufschlag.

Beispiel 3.12 (Floater mit Aufschlag) Greifen wir nochmals Beispiel 3.10 auf und unterstellen einen Aufschlag von 50 Basispunkten, also 0,5 %. Daraus ergeben sich die Zinszahlungen:

Zeitpunkt	Berechnung	diskontiert
6M	$1.000.000 € \cdot (1{,}00\,\% + 0{,}5\,\%) \cdot \frac{181}{360} = 7.541{,}67 €$	7.503,94 €
12M	$1.000.000 € \cdot (1{,}9427\,\% + 0{,}5\,\%) \cdot \frac{184}{360} = 12.484{,}95 €$	12.300,36 €
18M	$1.000.000 € \cdot (2{,}2183\,\% + 0{,}5\,\%) \cdot \frac{181}{360} = 13.669{,}05 €$	13.318,38 €
24M	$1.000.000 € \cdot (2{,}6827\,\% + 0{,}5\,\%) \cdot \frac{184}{360} = 16.270{,}35 €$	15.638,47 €

Addieren wir die diskontierten Zinszahlungen zum diskontierten Nominalbetrag aus Beispiel 3.10 in Höhe von 961.163,65 €, erhalten wir einen auf zwei Nachkommastellen gerundeten Kurs von 100,99 %. □

3.3   Einfacher Zinsswap

Ein (einfacher) Zinsswap (englisch **(plain vanilla) interest rate swap**) gehört zu den
derivativen Finanzinstrumenten. Ein solches Geschäft wird durch einen standardisierten
Finanzkontrakt auf Grundlage von Mustern der ISDA (International Swaps and Derivative
Association) verbrieft. Das englische Wort **swap** heißt übersetzt tauschen und bedeutet in
diesem Zusammenhang, dass fixe und variable Zinszahlungen zwischen den Vertragspart-
nern getauscht werden. Dabei heißt der Partner, der den festen Zins zahlt, **Festzinszahler** und
der, der den festen Zins empfängt, **Festzinsempfänger.** Bei einem sogenannten **Receiver-
Swap** ist man Festzinsempfänger und bei einem **Payer-Swap** Festzinszahler.

   Die Leistung des Festzinszahlers ist es, über die Laufzeit des Vertrags periodisch einen
Zinsbetrag zu zahlen, der durch einen festen Zinssatz (nicht notwendigerweise für alle
Perioden identisch) auf ein Nominalvolumen bezogen wird. Die Gegenleistung des Fest-
zinsempfängers ist es, dem Festzinszahler über die Laufzeit des Zinsswaps periodisch einen
variablen Zinssatz zu zahlen, der an einen Referenzzinssatz wie den EURIBOR gekoppelt
ist. Wir halten der Klarheit wegen fest, dass der Nominalbetrag von keiner Seite gezahlt
beziehungsweise empfangen wird.

Beispiel 3.13 (Ausgestaltung eines Zinsswaps) Ein Unternehmen vereinbart mit seiner Bank
einen Zinsswap mit den folgenden Rahmenbedingungen: Der Festzinszahler zahlt für die
nächsten drei Jahre einen konstanten Zins von 1 % an den Festzinsempfänger. Der Starttag
ist am 3. Januar 2021. Als Gegenleistung dafür zahlt der Festzinsempfänger jeweils zum
3. Januar und 4. Juli jeden Jahres einen variablen Zinssatz in Höhe des dann fixierten 6M-
EURIBOR an den Festzinszahler. In diesem Beispiel liegt der Zinsfeststellungstag und der
Zinstermin auf demselben Tag. Der Nominalwert des Zinstausches beträgt 1.000 €. Es ergibt
sich dann beispielsweise (ex post, weil die Zinssätze erst in der Nachbetrachtung bekannt
sind!)

Datum	03.01.2021	04.07.2021	03.01.2022	04.07.2022	03.01.2023	04.07.2023
6M-EURIBOR	0,8 %	0,9 %	0,85 %	0,95 %	0,9 %	1,0 %
Festzins	1,0 %		1,0 %		1,0 %	

Am 04.07.2021 zahlt der Festzinsempfänger $1.000\,€ \cdot 0,8\,\% \cdot \frac{182}{360} = 4,04\,€$ und am
03.01.2022 einen Betrag von $1.000\,€ \cdot 0,9\,\% \cdot \frac{183}{360} = 4,58\,€$ an den Festzinszahler und
dieser gibt im Gegenzug am 03.01.2022 einen Betrag in Höhe von 10 € an den Festzinsempfänger. Für die anderen Auszahlungszeitpunkte sind die Cash Flows in der folgenden
Tabelle festgehalten.

Zahlungstermine	04.07.2021	03.01.2022	04.07.2022	03.01.2023	04.07.2023	03.01.2024
Variable Zahlung	4,04 €	4,58 €	4,30 €	4,83 €	4,55 €	5,08 €
Festzinszahlung		10,00 €		10,00 €		10,00 €

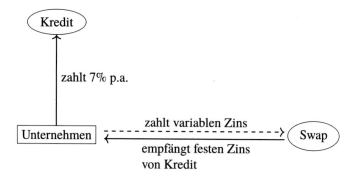

Abb. 3.1 Funktionsweise Swap

☐

Aus Sicht des Festzinszahlers kann dieses Swapgeschäft durch den Verkauf einer Festzinsanleihe und einem Kauf einer variabel verzinslichen Anleihe repliziert werden. Wird die Situation umgekehrt vom Festzinsempfänger aus gesehen, dann kauft er eine Festzinsanleihe und verkauft eine variabel verzinsliche Anleihe.

Den ökonomischen Einsatz skizzieren wir in einem einfachen Beispiel: Eine Unternehmerin investiert in ein Projekt und nimmt dafür einen Kredit mit einem festen Zins von 7 % auf. Sie glaubt aber, dass der kurzfristige Zins, wie der 6M-EURIBOR, fällt. Also schließt sie einen (Receiver-)Swap ab, in dem sie den festen Zins des aufgenommenen Kredits erhält und den 6M-EURIBOR zahlt. Den festen Zins reicht sie an den Kreditgeber weiter. Sollte sich ihre Markteinschätzung des fallenden 6M-EURIBOR bewahrheiten, reduziert sie damit den Zinsaufwand für das Projekt. Die Situation ist in Abb. 3.1 graphisch dargestellt.

Nun gehen wir auf die Bewertung ausführlich im nächsten Beispiel ein.

Beispiel 3.14 (Bewertung eines Zinsswaps) Wir betrachten einen Zinsswap mit derselben Laufzeit wie in Beispiel 3.13. Das Ziel in diesem Beispiel ist es, den Barwert des Payer- und des Receiver-Swaps zum Zeitpunkt der Ausgabe zu berechnen. Hierzu benötigen wir zusätzlich die festgestellten EURIBOR-Sätze und rechnen diese in Tab. 3.2 gleich in einen ACT/ACT-Satz um, vergleiche Abschn. 1.3.

Nun müssen die künftigen jeweiligen 6M-Forward-EURIBOR-Sätze bestimmt werden. Als erstes rechnen wir den 6M-EURIBOR-Forwardsatz (6 × 12) vom 4. Juli 2021 bis 3. Januar 2022 aus, die Zinsperiode hat 183 Tage

$$\left(\frac{(1 + 0{,}0085)^{\frac{365}{360}}}{1 + 0{,}0075 \cdot \frac{182}{360}} - 1 \right) \cdot \frac{360}{183} = 0{,}9460\,\%.$$

Nun benötigen wir noch den 6M-EURIBOR-Forwardsatz (24 × 30) vom 3. Januar 2023 bis 4. Juli 2023 mit 182 Zinstagen, wobei wir 730 Zinstage vom Starttermin 3. Januar 2021 bis zum 3. Januar 2023 und 912 Zinstage vom Starttermin 3. Januar 2021 bis zum 4. Juli 2023 haben. Wir erhalten

$$\left(\frac{(1+0,0128)^{\frac{912}{360}}}{(1+0,0118)^{\frac{730}{360}}} - 1 \right) \cdot \frac{360}{182} = 1,6752\,\%.$$

In der folgenden Übersicht finden wir alle übrigen EURIBOR-Forwardsätze (ACT/360). Die Details der Rechnung überlassen wir dem Leser als Übung.

So können wir nun die Zahlungsströme von Festzinsseite und variabler Seite wie in Beispiel 3.13 aufstellen. Für die erste variable Zinszahlung bis zum 04.07.2021 rechnen wir den fixierten 6M-EURIBOR-Satz (ACT/360) von 0,75 % p. a. die Zahlung aus

$$1.000\,\text{€} \cdot 0,0075 \cdot \frac{182}{360} = 3,79\,\text{€}.$$

Ab dem nächsten Wert verwenden wir die Tab. 3.3. Die zweite variable Zinszahlung bis 03.01.2022 ergibt sich aus

$$1.000\,\text{€} \cdot 0,009460 \cdot \frac{365-182}{360} = 4,81\,\text{€}.$$

Dies setzt sich auf der variablen Zahlungsseite nun fort. Zur Verdeutlichung betrachten wir die Festzinszahlung für die Zinsphase 04.01.2022 bis 03.01.2023, die wir mit

$$1.000\,\text{€} \cdot 0,01 \cdot \frac{730-365}{365} = 10,00\text{€}$$

ermitteln.

Tab. 3.2 Zinsstrukturkurve/Spot Rates in den Tageskonventionen

	ACT/360 (%)	ACT/ACT (%)
6M-EURIBOR	0,75	0,7604
12M-EURIBOR	0,85	0,8618
18M-Zinssatz	1,02	1,0342
24M-Zinssatz	1,18	1,1964
30M-Zinssatz	1,28	1,2978
36M-Zinssatz	1, 38	1,3992

Tab. 3.3 Forward-Kurve des 6M-EURIBOR

6 × 12	12 × 18	18 × 24	24 × 30	30 × 36
0,9460 %	1,3572 %	1,6530 %	1,6752 %	1,8712 %

Tab. 3.4 Zahlungsstrom des Zinsswaps

Datum	04.07.2021	03.01.2022	04.07.2022	03.01.2023	04.07.2023	03.01.2024
Laufzeit in Tagen	182	365	547	730	912	1.095
Variable Zahlung	3,79 €	4,81 €	6,86 €	8,40 €	8,47 €	1.009,51 €
Festzinszahlung		10,00 €		10,00 €		1.010,00 €

Für die anschließenden Berechnungsschritte benötigen wir neben Tab. 3.4 auch Tab. 3.2. Die diskontierten Zinszahlungsströme werden ermittelt, indem bei den Festzinsbeträgen die ACT/ACT-Konvention und bei den variablen Zahlungen die ACT/360-Basis mit den entsprechenden Tagen verwendet werden. Außerdem wird bis zu einem Jahr linear und darüber exponentiell verzinst, das heißt auf der variablen Seite vom 05.07.2021 bis 03.01.2022 rechnen wir

$$4{,}81 \,€ \cdot \left(1 + 0{,}0085 \cdot \frac{183}{360}\right)^{-1} = 4{,}79 \,€,$$

aber

$$6{,}86 \,€ \cdot (1 + 0{,}0102)^{-\frac{547}{360}} = 6{,}76 \,€.$$

Die weiteren diskontierten Zinszahlungen sind in Tab. 3.5 zusammengefasst. Die hier nicht explizit berechneten Einträge lassen wir wiederum zur Übung offen. Die Festzinsseite lässt sich einfacher im ersten relevanten Zeitpunkt ermitteln als

$$10 \,€ \cdot (1 + 0{,}0086)^{-\frac{365}{365}} = 9{,}91 \,€.$$

Die weiteren Festzinszahlungen sind

$$10 \,€ \cdot (1 + 0{,}0120)^{-\frac{730}{365}} = 9{,}76 \,€$$

und

$$1.010 \,€ \cdot (1 + 0{,}0140)^{-\frac{1095}{365}} = 968{,}76 \,€.$$

Die jeweiligen Zeilensummen setzen wir ein, um den Barwert des Receiver-Swaps

$$PV_{\text{Receiver Swap}} = 988{,}44 \,€ - 1.000{,}04 \,€ = -11{,}60 \,€$$

und des Payer-Swaps

Tab. 3.5 (Diskontierte) Zinszahlungen eines Zinsswaps

Datum	04.07.2021	03.01.2022	04.07.2022	03.01.2023	04.07.2023	03.01.2024
Diskontierte variable Zahlung	3,78 €	4,79 €	6,76 €	8,21 €	8,20 €	968,30 €
Diskontierte Festzinszahlung		9,91 €		9,76 €		968,76 €

$$PV_{\text{Payer Swap}} = 1.000,04 \, € - 988,44 \, € = 11,60 \, €.$$

zu erhalten. Wir sehen hieran auch, dass die jeweiligen Nominalwerte sich gegenseitig aufheben. □

Diese Erkenntnis halten wir über das Beispiel hinaus allgemein in einem Satz fest.

Satz 3.15: Barwert eines Swaps

Der Barwert eines Receiver-Swaps mit Festzinssatz s beträgt

$$PV_{\text{Receiver Swap}} = PV_{\text{Bond}} - PV_{\text{FRN}^s}$$

und derjenige eines entsprechenden Payer-Swaps ist

$$PV_{\text{Payer Swap}} = PV_{\text{FRN}^s} - PV_{\text{Bond}}.$$

Offensichtlich leitet sich daraus der Zusammenhang

$$PV_{\text{Receiver Swap}} = -PV_{\text{Payer Swap}}$$

ab. Wir können auch festhalten, dass wir die Nominalzahlungen zur Fälligkeit auf beiden Seiten außer acht lassen können, weil diese sich gerade eliminieren. In Beispiel 3.14 haben wir gesehen, dass mit dem vereinbarten Festzinssatz der Inhaber des Receiver Swaps am Bewertungszeitpunkt mehr an variablen Zinsen zahlen muss. Durch eine sogenannte Upfront-Payment kann diese Differenz ausgeglichen werden, so dass aus Sicht des Bewertungszeitpunkts diese Vereinbarung einen Gesamtwert von 0 € hat. Oft wird nämlich angestrebt, dass durch den Festzinssatz der Barwert der Festzinsseite genau dem Barwert der variablen Seite entspricht.

Beispiel 3.16 (Zinsswap, Upfront-Payment) Wir berechnen den Barwert des Swaps mit einem Zinssatz auf der Festzinsseite in Höhe von 1,395 %. Zur Diskontierung verwenden wir die EURIBOR-Sätze aus Beispiel 3.14. Dann erhalten wir ohne den Austausch der Nominale

Datum	04.07.2021	03.01.2022	04.07.2022	03.01.2023	04.07.2023	03.01.2024
Floater (diskontiert)	3,78 €	4,79 €	6,76 €	8,21 €	8,20 €	9,12 €
Festzinszahlung		13,95 €		13,95 €		13,95 €
Festzins (diskontiert)		13,83 €		13,62 €		13,38 €

Die Summe der beiden diskontierten Zahlungsströme ist für den variablen Teil 40,85 € und
für den festen Anteil 40,83 €. Der Unterschied ist hier Rundungen geschuldet. Die Differenz
muss also nicht durch ein Upfront-Payment ausgeglichen werden. □

> **Definition 3.17: Swap Rate**
> Den für alle Perioden konstanten festen Zinssatz in einem Plain Vanilla Zinsswap, für
> den der Barwert dieses Swaps den Wert Null hat, nennt man **Swap Rate.**

Ein festverzinsliches Wertpapier mit einer Swap Rate als Coupon wird mit der Zinsstrukturkurve am Bewertungstag zu einem Kurs von 100 % emittiert. Man spricht davon, dass
dieses **zu pari** ausgegeben wird. In Beispiel 3.16 betrug die Swap Rate genau 1,395 %.

3.4   Absolute Duration

Bisher haben wir uns in diesem Kapitel damit beschäftigt, wie bei gegebenen *fixen* Marktbedingungen mittels des Barwertprinzips der marktkonsistente Preis verschiedener Wertpapiere gefunden wird. Jetzt wollen wir uns von dieser statischen Sicht lösen und gehen der
Frage nach, wie Preise auf veränderte Rahmenbedingungen des Marktes reagieren. Zunächst
betrachten wir die absolute Duration, die die absolute Preisänderung eines Bonds bei einer
marginalen Veränderung des Marktzinsniveaus quantifiziert. Bei unseren weiteren Überlegungen gehen wir von folgenden Modellannahmen aus, die wir der Vollständigkeit halber
erwähnen:

- Es liegt eine flache Zinsstruktur (siehe Abschn. 2.1) vor, beziehungsweise es wird der
  nach (3.3) ermittelte Effektivzinssatz als Marktzinssatz betrachtet.
- Das Marktzinsniveau verschiebt sich unmittelbar nach Erwerb des (festverzinslichen)
  Wertpapiers parallel, das heißt die Zinsstruktur bleibt flach.
- Die Couponzahlungen werden wieder zum (neuen) Marktzins angelegt (Wiederanlage-
  prämisse, siehe Abschn. 1.2).
- Der Finanzmarkt ist vollkommen (siehe Abschn. 2.4), das heißt, es bestehen insbesondere
  keine Transaktionskosten und es liegt beliebige Teilbarkeit aller Wertpapiere vor.
- Steuern bleiben unberücksichtigt.

In Abschn. 3.1 haben wir uns die Bewertung von Bonds angesehen. Nun überlegen wir uns was geschieht, wenn sich die flache Zinsstrukturkurve parallel oder – dem gleichwertig – der Effektivzinssatz verschiebt. Weil für den Effektivzins die Sichtweise der Rendite im Vordergrund stand, hatten wir die Notation r_{eff} benutzt. Deswegen schreiben wir auch hier r anstelle von i für die Zinsen. Aus Satz 3.1 ergibt sich damit unmittelbar.

Satz 3.18: Barwert und Effektivzinssatz

Nach Satz 3.1 gilt für den Barwert nach Veränderung des Effektivzinses mit $r_{alt} > r_{neu}$

$$PV\left(r_{alt}\right) = \sum_{t=1}^{T} \frac{c_t}{(1+r_{alt})^t} + \frac{(1+\alpha)\cdot N}{(1+r_{alt})^T} \tag{3.4}$$

$$< \sum_{t=1}^{T} \frac{c_t}{(1+r_{neu})^t} + \frac{(1+\alpha)\cdot N}{(1+r_{neu})^T} = PV\left(r_{neu}\right)$$

und für $r_{alt} < r_{neu}$

$$PV\left(r_{alt}\right) = \sum_{t=1}^{T} \frac{c_t}{(1+r_{alt})^t} + \frac{(1+\alpha)\cdot N}{(1+r_{alt})^T} \tag{3.5}$$

$$> \sum_{t=1}^{T} \frac{c_t}{(1+r_{neu})^t} + \frac{(1+\alpha)\cdot N}{(1+r_{neu})^T} = PV\left(r_{neu}\right).$$

Beweis Wir betrachten hier nur den Fall $r_{neu} > r_{alt}$, das heißt einen Zinsanstieg. Aufgrund der Vergrößerung des Nenners jedes Summanden durch r_{neu} im Vergleich zu r_{alt} wird jeder Summand insgesamt kleiner, so dass sich (3.5) ergibt. □

Wir halten fest, dass die Barwerte beziehungsweise Preise eines solchen Wertpapieres steigen, wenn die Zinssätze fallen, und die Barwerte beziehungsweise Preise fallen, wenn die Zinssätze größer werden. Es liegt also eine negative Abhängigkeit des Preises vom Zins vor. Dieser Effekt wird als **Marktpreisrisiko** bezeichnet, da der Kassazins bei festverzinslichen Wertpapieren der bestimmende Markteinfluss ist. Die gelegentlich verwendeten Bezeichnungen **Barwertrisiko** beziehungsweise **Kurswertrisiko** fallen mit dem Marktpreisrisiko zusammen, weil für den Bar- beziehungsweise Kurswert der Faktor Marktzins ebenfalls das bestimmende Einflusselement ist.

Beispiel 3.19 (Marktpreisrisiko, Fortsetzung von Beispiel 3.3) Nehmen wir an, dass sich die flache Zinskurve von $r_{alt} = 2\%$ um einen Prozentpunkt nach oben verschiebt auf $r_{neu} = 3\%$ und berechnen den Preis

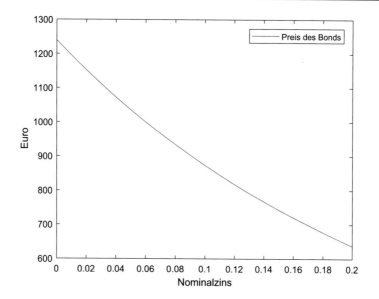

Abb. 3.2 Preis des Bonds aus Beispiel 3.19 in Abhängigkeit von Nominalzins r

$$PV\,(r_{neu} = 3\,\%) = \frac{60\,\text{€}}{1,03} + \frac{60\,\text{€}}{1,03^2} + \frac{60\,\text{€}}{1,03^3} + \frac{1.060\,\text{€}}{1,03^4} = 1.111,51\,\text{€}. \qquad (3.6)$$

Wenn wir die beiden fairen Preise in (3.2) und (3.6) vergleichen, sehen wir

$$PV\,(r_{neu} = 3\,\%) - PV\,(r_{alt} = 2\,\%) = -40,80\,\text{€}.$$

Somit ist der Preis um $40,80\,\text{€}$ aufgrund des Anstiegs des Zinsniveaus von $r_{alt} = 2\,\%$ auf $r_{neu} = 3\,\%$ gefallen. Die allgemeine Abhängigkeit des Marktpreises des Bonds vom Nominalzins r ist in Abb. 3.2 zu sehen.

Im Folgenden ist es äußerst hilfreich, die allgemeine Formel für den Barwert, nämlich

$$PV\,(r) = \sum_{t=1}^{T-1} \frac{c_t}{(1+r)^t} + \frac{(1+\alpha)\cdot N + c_T}{(1+r)^T},$$

dadurch zu vereinfachen, dass wir $z_t := c_t$ für $1 \leq t \leq T-1$ und $z_T := (1+\alpha)\cdot N + c_T$ definieren. Somit erhalten wir die wesentlich kompaktere Darstellung des Barwerts als

$$PV\,(r) = \sum_{t=1}^{T} \frac{z_t}{(1+r)^t}.$$

Wenn alle Zahlungen $c_t \geq 0$ sind, ist der Preis des Bonds in Form der Barwertfunktion eine streng monoton fallende und konvexe Funktion in Abhängigkeit des Zinssatzes, da folgende Eigenschaften leicht geprüft werden können:

$$\frac{\mathrm{d}}{\mathrm{d}r} PV(r) = PV'(r) = -\frac{1}{1+r} \sum_{t=1}^{T} \frac{t \cdot z_t}{(1+r)^t} < 0,$$

$$\frac{\mathrm{d}^2}{\mathrm{d}r^2} PV(r) = PV''(r) = \frac{1}{(1+r)^2} \sum_{t=1}^{T} \frac{t \cdot (t+1) \cdot z_t}{(1+r)^t} > 0.$$

Kehren wir also zum eingangs dieses Abschnitts formulierten Ziel zurück und machen uns Gedanken zu der Preisänderung des Bonds, wenn sich unmittelbar nach dem Kauf die flache Zinskurve beziehungsweise der Effektivzinssatz r minimal ändert. Wenn wir diese minimale Änderung als Δr bezeichnen, so sind wir an der Preisänderung ΔPV interessiert, die aus diesem geringen Zinsanstieg resultiert,

$$\Delta PV := PV(r + \Delta r) - PV(r). \tag{3.7}$$

Dieser Ausdruck wird mithilfe der sogenannten absoluten Duration näherungsweise berechnet.

Definition 3.20: Absolute Duration
Die **absolute Duration** ist die erste Ableitung der Barwertfunktion mit negativen Vorzeichen

$$D_A(r) := -PV'(r) = \frac{1}{1+r} \sum_{t=1}^{T} \frac{t \cdot z_t}{(1+r)^t}. \tag{3.8}$$

Mit Hilfe der Definition (3.8) und des Satzes von Taylor, Satz 7.31, können wir ΔPV in (3.7) anhand der Näherung

$$\Delta PV(r) \approx -D_A(r) \cdot \Delta r \tag{3.9}$$

bestimmen. Somit approximieren wir die Preisänderung linear durch die entsprechende Änderung des Funktionswertes der Tangente an die Barwertfunktion beziehungsweise Preisfunktion. Wenn die Veränderung des Zinses ein Prozent beträgt, wird sie auch als **Dollar Duration** bezeichnet und mit DV01 (englisch *Dollar value per 01*, wobei 01 hier für 1 % steht) referenziert.

Beispiel 3.21 (Approximation durch absolute Duration) Die ZInsstrukturkurve sei wiederum gegeben durch $r_{alt} = 2\,\%$. Jetzt steigt diese flache Zinskurve wie in Beispiel 3.19 auf $r_{neu} = 3\,\%$. Die absolute Duration ist dann

$$D_A\,(2\,\%) := -PV'\,(2\,\%) = \frac{1}{1,02}\left(\sum_{t=1}^{3}\frac{t\cdot 60\,€}{(1,02)^t} + \frac{4\cdot 1.060\,€}{(1,02)^4}\right) = 4.177,34\,€. \quad (3.10)$$

Nehmen wir nun an, dass sich die flache Zinskurve um einen Prozentpunkt nach oben auf $r_{neu} = 3\,\%$ verschiebt, so berechnet sich die Preisdifferenz mittels (3.9) als

$$\Delta PV\,(2\,\%) \approx -D_A\,(2\,\%)\cdot 1\,\% = -4.177,34\,€\;\cdot 1\,\% = -41,77\,€. \quad (3.11)$$

Im Vergleich zu (3.11) betrug die exakte Differenz, die in Beispiel 3.19 berechnet wurde

$$PV\,(r_{neu} = 3\,\%) - PV\,(r_{alt} = 2\,\%) = -40,80\,€.$$

Somit liegt hier durch die lineare Approximation eine Ungenauigkeit von $0,97\,€$ vor. Wechseln wir von $1\,\%$ auf einen Basispunkt $(0,01\,\%)$ erhalten wir

$$\Delta PV\,(2\,\%) \approx -D_A\,(2\,\%)\cdot 0,01\,\% = -4.177,34\,€\;\cdot 0,01\,\% = -0,4177\,€.$$

Also wird laut dem Ansatz über die Duration ein um $0,4177\,€$ niedrigerer Kurs erwartet (wir arbeiten hier ausnahmsweise mit 4 Nachkommastellen, damit der Unterschied nicht aufgrund der Rundung verschwindet). Die tatsächliche Differenz beträgt

$$PV\,(r_{neu} = 2,01\,\%) - PV\,(r_{alt} = 2,00\,\%) = 1.151,89\,€ - 1.152,31\,€ = -0,42\,€,$$

also liegt ein Unterschied von 0,023 Cent vor. $\qquad\square$

Man beachte, dass die Einheit der absoluten Duration immer in einer Währung, hier in €, angegeben ist.

3.5 Modifizierte und Macaulay Duration

Im vorangehenden Abschn. 3.4 haben wir die absolute Preisänderung in € aufgrund einer marginalen Marktzinsänderung mithilfe der absoluten Duration bestimmt. In diesem Abschnitt sind wir an einer relativen Preisänderung interessiert, denn diese ist ökonomisch oft aussagekräftiger. Beispielsweise ist nämlich eine Preisveränderung von $1\,€$ für ein Auto irrelevant während sie bei einer Tüte Milch riesig ist. Wir möchten also eine Approximation für den Ausdruck

$$\frac{\Delta PV\,(r)}{PV\,(r)} \quad (3.12)$$

finden. Man beachte, dass der Quotient in (3.12) einheitslos ist, da sowohl im Zähler als auch im Nenner die Einheit € steht, die somit herausgekürzt wird. Unter Verwendung von (3.9) können wir (3.12) approximieren durch

$$\frac{\Delta PV(r)}{PV(r)} \approx -\frac{D_A(r)}{PV(r)} \Delta r.$$

Der Quotient $\frac{D_A(r)}{PV(r)}$ wird in der Finanzmathematik mit einer eigenen Kennzahl gewürdigt.

Definition 3.22: Modifizierte Duration

Die **modifizierte Duration** ist der Quotient aus der absoluten Duration und dem Preis

$$D_M(r) := \frac{D_A(r)}{PV(r)} = \frac{-PV'(r)}{PV(r)} = \frac{\frac{1}{1+r} \sum_{t=1}^{T} \frac{t \cdot z_t}{(1+r)^t}}{PV(r)}. \tag{3.13}$$

Somit kann die relative Preisänderung durch

$$\frac{\Delta PV(r)}{PV(r)} \approx -D_M(r) \cdot \Delta r \tag{3.14}$$

näherungsweise berechnet werden. Betrachten wir erneut die beiden Beispiele 3.19 und 3.21 und approximieren die relative Preisänderung.

Beispiel 3.23 (Approximation durch modifizierte Duration) Gegeben seien wieder die Annahmen aus Beispiel 3.19. Wie zuvor steigt die flache Zinskurve von $r_{alt} = 2\%$ auf $r_{neu} = 3\%$. Berechnen wir zunächst die modifizierte Duration

$$D_M(2\%) = \frac{D_A(2\%)}{PV(2\%)} = \frac{4.177,34 \,\text{\euro}}{1.152,31 \,\text{\euro}} = 3,6252.$$

Anschließend wenden wir (3.14) an und approximieren die relative Kursänderung

$$\frac{\Delta PV(2\%)}{PV(2\%)} \approx -D_M(2\%) \cdot 1\% = -0,036252 = -3,6252\%.$$

Durch einen Zinsanstieg von 2% auf 3% fällt der (relative) Kurs laut unserer Näherung um 3,6252 %. $\qquad\square$

Damit kommen wir zur **Macaulay Duration,** die von Frederick Macaulay (1882–1970) in [Mac38] eingeführt wurde. Ökonomisch liegt dieser die folgende Überlegung zugrunde: Betrachten wir die Kapitalwertfunktionen zum Zeitpunkt t für einen Zahlungsstrom mit zwei unterschiedlichen Zinssätzen, dann können wir den Schnittpunkt berechnen durch

$$CV_t(r_1) = CV_t(r_2).$$

Der Kapitalwert zum Zeitpunkt t steht mit dem Barwert durch

$$CV_t(r_1) = (1 + r_1)^t \cdot PV(r_1)$$

in Beziehung, vergleiche Definition 2.3. Diese Gleichung gilt analog für jeden anderen Zinssatz. Es ist also ein t gesucht, sodass

$$(1 + r_1)^t \cdot PV(r_1) = (1 + r_2)^t \cdot PV(r_2).$$

Dies ist äquivalent zu

$$\left(\frac{1 + r_1}{1 + r_2} \right)^t = \frac{PV(r_2)}{PV(r_1)}.$$

Mit den Logarithmusregeln erhalten wir

$$t = \frac{\ln PV(r_2) - \ln PV(r_1)}{\ln(1 + r_1) - \ln(1 + r_2)}. \tag{3.15}$$

Dieser Zeitpunkt heißt **Kompensationszeitpunkt,** die Zeitspanne bis dorthin wird **Kompensationsdauer** genannt. Bei einem Zahlungsstrom wirkt sich eine sofortige Zinsänderung von r_1 auf r_2 genau zum Zeitpunkt t nicht auf den Barwert aus.

Nun kann der Kompensationszeitpunkt für beliebig kleine Marktzinsänderungen berechnet werden. Dazu wählen wir $r_1 = r$ und $r_2 = r + \varepsilon$ für ein kleines $\varepsilon > 0$. Dann ist der Kompensationszeitpunkt für den Grenzwert $\varepsilon \to 0$ nach (3.15) gegeben durch

$$t = \lim_{\varepsilon \to 0} \frac{\ln PV(r + \varepsilon) - \ln PV(r)}{\ln(1 + r) - \ln(1 + r + \varepsilon)}.$$

Wir wenden die Regel von de l'Hôpital an und erhalten

$$t = \lim_{\varepsilon \to 0} \frac{\frac{d}{d\varepsilon}(\ln PV(r + \varepsilon) - \ln PV(r))}{\frac{d}{d\varepsilon}(\ln(1 + r) - \ln(1 + r + \varepsilon))}.$$

Zähler und Nennen berechnen wir mit der Kettenregel 7.29, was zu

$$t = \lim_{\varepsilon \to 0} \frac{\frac{PV'(r+\varepsilon)}{PV(r+\varepsilon)}}{-\frac{1}{1+r+\varepsilon}} = -(1 + r) \frac{PV'(r)}{PV(r)}$$

führt. Dieser Ausdruck definiert die Kompensationsdauer zum Zeitpunkt $t = 0$ für eine sofortige marginal kleine Zinsänderung.

Definition 3.24: Macaulay Duration
Die **Macaulay Duration** ist definiert als

$$D\left(r\right) := -(1+r)\frac{PV'(r)}{PV(r)} = \frac{\sum_{t=1}^{T}\frac{t\cdot z_t}{(1+r)^t}}{PV\left(r\right)}. \tag{3.16}$$

Es kann gezeigt werden, dass der Kapitalwert $CV_s\left(r\right) = \sum_{t=1}^{T} z_t \left(1+r\right)^{s-t}$ zum Zeitpunkt $s = D(r)$ sein globales Minimum annimmt. Der Nachweis dieser Tatsache wird in Aufgabe 3.8 als Übung gestellt. Ferner ergibt sich die Macaulay Duration als die zeitgewichtete Summe aller diskontierten Zahlungsströme, dividiert durch den Preis des Bonds. Wir schreiben daher

$$D\left(r\right) = \sum_{t=1}^{T} t \cdot w_t \tag{3.17}$$

mit

$$w_t = \frac{z_t \cdot \left(1+r\right)^{-t}}{PV\left(r\right)}. \tag{3.18}$$

Mithilfe von (3.17) können wir die Macaulay Duration als gewichtetes Mittel der Fälligkeitszeitpunkte der einzelnen Zahlungen mit Gewicht w_t interpretieren. Die Einheit der Macaulay Duration ist Jahre. Zu diesem Zeitpunkt ist der Investor gegen Zinsänderungen in Bezug auf Endwertschwankungen immun. Eine Schwäche des Ansatzes ist es, dass eine flache Zinsstrukturkurve unterstellt wird. Hilfreich ist es deswegen, den Effektivzinssatz als Zinssatz zu wählen.

Bevor wir zu einem Beispiel kommen, möchten wir noch den Zusammenhang zwischen der modifizierten Duration und der Macaulay Duration herausarbeiten.

Satz 3.25: Zusammenhang modifizierte Duration und Macaulay Duration
Zwischen der modifizierten Duration und der Macaulay Duration besteht der Zusammenhang

$$D\left(r\right) = \left(1+r\right) \cdot D_M\left(r\right).$$

Somit kann die relative Preisänderung mithilfe der Macaulay Duration berechnet werden als

$$\frac{\Delta PV(r)}{PV(r)} \approx -\underbrace{\frac{1}{1+r}}_{D_M} D(r) \cdot \Delta r. \tag{3.19}$$

Beispiel 3.26 (Approximation durch Macaulay Duration) Gegeben sei wieder die flache Zinsstrukturkurve mit $r_{alt} = 2\%$ und der Bond aus Beispiel 3.19. Wie zuvor steigt diese flache Zinskurve auf $r_{neu} = 3\%$. Zunächst kann die Macaulay Duration mithilfe der modifizierten Duration berechnet werden als

$$D(2\%) = 1{,}02 \cdot 3{,}6252 = 3{,}6977.$$

Um ein besseres Verständnis zu bekommen, berechnen wir die Duration auch noch mithilfe der Darstellung durch Gewichte wie in (3.17). Dazu betrachten wir folgende Tabelle: □

Zeit t	Zahlung	Diskontierter Cashflow	Gewicht w_t	$t \cdot w_t$
1	60 €	58,82 € = 60 · 1,02^{-1} €	0,0510	0,0510
2	60 €	57,67 € = 60 · 1,02^{-2} €	0,0500	0,1004
3	60€	56,54 € = 60 · 1,02^{-3} €	0,0491	0,1472
4	1.060 €	979,28 € = 1.060 · 1,02^{-4} €	0,8498	3,3994
	Summe	1.152,31 €	1	3,6977

Damit ergibt sich in der letzten Spalte als Summe 3,6977, was dem obigen Ergebnis entspricht. Wenden wir nun (3.19) an und approximieren die relative Kursänderung, so kommen wir auf

$$\frac{\Delta PV(2\%)}{PV(2\%)} \approx \frac{1}{1{,}02} D(2\%) \cdot 1\% \approx \frac{3{,}6977}{1{,}02} \cdot 1\% \approx -3{,}6252\%. \tag{3.20}$$

Wir möchten nun noch einen wichtigen ökonomischen Zusammenhang im Kontext der Duration herstellen. Im weiteren Verlauf analysieren wir die relative Kursänderung bei einem relativen Zinsanstieg und bedienen uns hier bei dem aus der Mikroökonomik beziehungsweise Wirtschaftsmathematik bekannten Konzept der Elastizitäten. Wir interessieren uns daher für die prozentuale Veränderung des fairen Preises des Bonds, die aus einer geringen prozentualen Änderung des Zinsniveaus resultiert und betrachten die **Zinselastizität,** das heißt den Quotienten

$$\frac{\text{prozentuale Änderung des Bondpreises}}{\text{prozentuale Änderung des Zinses}}.$$

Mit diesem Quotient kann näherungsweise die relative Veränderung des Preises aufgrund einer marginalen prozentualen Veränderung des Zinssatzes gemessen werden. Formal schreiben wir

$$E_{PV(r),r,\Delta} = \frac{\frac{\Delta PV}{PV}}{\frac{\Delta r}{r}}.$$

Man beachte, dass $E_{PV(r),r,\Delta} < 0$ gilt, da eine Erhöhung von r um Δr zu einer Verminderung des Preises führt. Dabei repräsentieren $\Delta r = r+\varepsilon-r$ und $\Delta PV = PV(r+\varepsilon)-PV(r)$ mit einem $\varepsilon > 0$ jeweils eine kleine Änderung des Zinses beziehungsweise die damit einhergehende Veränderung des Barwerts. Bilden wir nun den Grenzwert $\varepsilon \to 0$, das heißt die Differentiale, so ergibt sich

$$E_{PV(r),r} = \frac{dPV}{dr} \cdot \frac{r}{PV} = PV'(r) \cdot \frac{r}{PV(r)}.$$

In (3.13) haben wir den Zusammenhang

$$D_M(r) = \frac{-PV'(r)}{PV(r)}$$

eingesehen. Deshalb können wir zwischen der modifizierten Duration und der Zinselastizität den Zusammenhang

$$E_{PV(r),r} = -r \cdot D_M(r)$$

feststellen. Wir sehen nun, dass die Zinselastizität und die modifizierte Duration unter den oben genannten Voraussetzungen sich nur um einen Faktor unterscheiden. Unter Verwendung von Satz 3.25 kann dies auch geschrieben werden als

$$E_{PV(r),r} = -r \cdot D_M(r) = -\frac{r}{1+r}D(r). \tag{3.21}$$

Beispiel 3.27 (Macaulay Duration einer Nullcouponanleihe) Betrachten wir nun einen Bond, der nur am Ende der Restlaufzeit den Nominalwert N und einen Coupon c zurückzahlt und ansonsten keine Couponzahlungen aufweist. Die Zahlungen lautet somit $z_1 = z_2 = \ldots = z_{T-1} = 0$, $z_T = c + N$. Es handelt sich folglich um einen Nullcouponanleihe, vergleiche Abschn. 6. Der Preis vereinfacht sich daher zu

$$PV(r) = (c+N) \cdot (1+r)^{-T}. \tag{3.22}$$

Mit $PV'(r) = -T \cdot (c+N) \cdot (1+r)^{-T-1}$ folgt

$$D(r) = -(1+r)\frac{PV'(r)}{PV(r)} = T. \tag{3.23}$$

Dieses Resultat lässt sich dadurch erklären, dass während der Laufzeit keine Couponzahlungen erfolgen und somit auch keine Gewichtung vorzunehmen ist. Deswegen muss die Duration der Restlaufzeit entsprechen, da nur am Ende der Laufzeit eine Zahlung erfolgt. Formal ausgedrückt, sieht man, dass für die Gewichte aus (3.18) gilt

$$w_T = T, \quad w_t = 0 \quad \text{für alle} \quad 0 < t < T.$$

In der Literatur wird in der Regel von der Duration gesprochen, wenn die Macaulay Duration gemeint ist. Im folgenden werden wir diese Konvention übernehmen. Man kann zeigen, dass für einen Bond mit jährlichem Coupon $c = i \cdot N$ die Gleichheit

$$D(r) = \frac{1+r}{r} - \frac{(1+r) + T \cdot (i-r)}{i \cdot \left((1+r)^T - 1\right) + r}. \tag{3.24}$$

gilt, wobei i der Nominalzinssatz ist. Wir verzichten hier auf die Herleitung, sondern stellen diese als Übungsaufgabe 3.4 Man beachte in (3.24), dass die Duration unabhängig vom Nominalwert N ist. Abschließend lässt sich aufgrund (3.24) festhalten, dass ceteris paribus die Macaulay Duration zunimmt, je geringer der Coupon und je länger die Restlaufzeit ist. Man kann darüber hinaus zeigen, dass für alle Bonds gilt $D'(r) < 0$ für $T > 1$. Die Duration ist somit eine monoton fallende Funktion in r. Folgende Tabelle zeigt die Abhängigkeit der Macaulay Duration vom Nominalzins i für verschiedene Restlaufzeiten und Couponzahlungen bei gegebener flacher Zinskurve mit $r = 2\,\%$.

Nominalzins i	Restlaufzeit T									
	2	4	6	8	10	12	14	16	18	20
0 %	2,00	4,00	6,00	8,00	10,00	12,00	14,00	16,00	18,00	20,00
2 %	1,98	3,88	5,71	7,47	9,16	10,79	12,35	13,85	15,29	16,68
4 %	1,96	3,78	5,48	7,08	8,58	10,00	11,34	12,62	13,83	14,99
6 %	1,95	3,70	5,30	6,77	8,15	9,44	10,66	11,82	12,92	13,98
8 %	1,93	3,62	5,14	6,53	7,82	9,03	10,17	11,26	12,30	13,29
10 %	1,92	3,55	5,01	6,34	7,56	8,71	9,80	10,85	11,84	12,80
12 %	1,90	3,50	4,90	6,17	7,35	8,46	9,52	10,53	11,50	12,44
14 %	1,89	3,44	4,80	6,03	7,18	8,26	9,29	10,27	11,23	12,15
16 %	1,88	3,39	4,72	5,91	7,03	8,09	9,10	10,07	11,01	11,92
18 %	1,87	3,35	4,64	5,81	6,91	7,94	8,94	9,90	10,83	11,73
20 %	1,85	3,31	4,57	5,72	6,80	7,82	8,80	9,76	10,68	11,58

3.6 Konvexität

In Abschn. 3.4 haben wir die Preisänderung bei einer marginalen Zinsänderung durch die erste Ableitung der Barwertfunktion approximiert. In Gl. (3.9) haben wir diese lokale lineare Änderungsrate genutzt, um $\Delta PV(r)$ zu bestimmen. Die Näherung ist jedoch umso ungenauer, je gekrümmter die Barwertfunktion ist. Diesen Fehler werden wir nun verkleinern, indem wir anstatt lediglich der ersten Ableitung der Barwertfunktion auch deren zweite Ableitung verwenden. Wir erhalten

$$\Delta PV(r) \approx PV'(r) \cdot \Delta r + \frac{1}{2} PV''(r) \cdot (\Delta r)^2,$$

was im Sinne des Satzes von Taylor 7.31 eine Verbesserung liefert. Formal handelt es sich hierbei um das zweite Taylor-Polynom. Für Details hierzu sei auf den Anhang 7.4 verwiesen. Die (negative) erste Ableitung der Barwertfunktion hatten wir bereits als absolute Duration definiert. Die zweite Ableitung wird auch **absolute Konvexität** $C_A(r)$ genannt,

$$\Delta PV(r) \approx -D_A(r) \cdot \Delta r + \frac{1}{2} C_A(r) \cdot (\Delta r)^2.$$

Also sind absolute Duration und absolute Konvexität bis auf konstante Faktoren die ersten beiden Koeffizienten des Taylor-Polynoms der Barwertfunktion. Dadurch können wir bei einer geringen Zinsveränderung besser als durch ausschließliche Verwendung der Duration abschätzen, wie sich der Barwert des Zahlungsstroms in Abhängigkeit vom Zinsniveau verändert. Als Konsequenz können wir auch die relative Preisänderung aus (3.14) präzisieren und erhalten

$$\frac{\Delta PV(r)}{PV(r)} \approx -D_M(r) \cdot \Delta r + \frac{1}{2} C(r) \cdot (\Delta r)^2, \tag{3.25}$$

mit $C(r) = \frac{C_A(r)}{PV(r)}$. Der Ausdruck $C(r)$ wird als **Konvexität** bezeichnet. Schauen wir uns jetzt erneut das Beispiel 3.23 an und bestimmen dafür die relative Preisänderung.

Beispiel 3.28 (Approximation durch modifizierte Duration und Konvexität) Gegeben seien wieder die Annahmen aus Beispiel 3.19 und 3.23. Die flache Zinskurve steigt folglich von $r_{alt} = 2\%$ auf $r_{neu} = 3\%$. Berechnen wir zunächst die Konvexität

$$
\begin{aligned}
C(2\%) &= \frac{1}{(1+r)^2} \frac{1}{PV(r)} \sum_{t=1}^{T} \frac{t \cdot (t+1) \cdot z_t}{(1+r)^t} \\
&= \frac{1}{1{,}02^2} \cdot \frac{1}{1.152{,}31\,€} \left(\frac{1 \cdot 2 \cdot 60\,€}{1{,}02} + \frac{2 \cdot 3 \cdot 60\,€}{1{,}02^2} + \frac{3 \cdot 4 \cdot 60\,€}{1{,}02^3} + \frac{4 \cdot 5 \cdot 1.060\,€}{1{,}02^4} \right) \\
&= 17{,}2894.
\end{aligned}
$$

Wir erhalten nun unter Verwendung der Konvexität das Resultat

$$\frac{\Delta PV(2\%)}{PV(2\%)} \approx -D_M(2\%) \cdot 1\% + \frac{1}{2} C(2\%) \cdot (1\%)^2 = -0{,}0363 + 0{,}0009 = -0{,}0354.$$

Durch einen Zinsanstieg von 2 % auf 3 % fällt folglich der Kurs relativ um 3,54 %. Dies stellt ein genaueres Ergebnis dar als der Wert 3,6252 %, der sich mittels des linearen Ansatzes ergeben hatte. □

3.7 Portfolioduration

Nachdem das Konzept der Duration für einzelne Bonds ausführlich vorgestellt wurde, möchten wir jetzt eine strategische Maßnahme vorstellen, wie Portfoliomanager eine gewünschte Zielduration nicht nur mittels eines Wertpapiers, sondern eines ganzen Portfolios erreichen können. Diese aktive Steuerung funktioniert, indem indem die Gewichtungen der einzelnen Titel im Portfolio variiert werden. Wie bereits in Abschn. 3.5 erwähnt, ist im Folgenden die Macaulay Duration gemeint, wenn von Duration gesprochen wird.

Betrachten wir zunächst zwei Bonds mit explizit gegeben Couponzahlungen und fragen uns, wie die Gewichtung der beiden Anleihen zu wählen ist, um eine gewünschte Zielduration zu gewährleisten. Der Zahlungsstrom der ersten Anleihe mit Restlaufzeit T sei gegeben durch $Y = \{y_0, y_1, \ldots, y_T\}$. Der Zahlungsstrom der zweiten Anleihe sei $Z = \{z_0, z_1, \ldots, z_T\}$. Die zugehörigen Preise seien P_Y beziehungsweise P_Z und die Durationen seien D_Y beziehungsweise D_Z. Für die Duration D_W der neuen Zahlungsstroms

$$W = x_1 \cdot Y + x_2 \cdot Z$$

mit $x_1, x_2 \geq 0$ gilt dann

$$D_W = \frac{x_1 \cdot P_Y \cdot D_Y + x_2 \cdot P_Z \cdot D_Z}{x_1 \cdot P_Y + x_2 \cdot P_Z}. \tag{3.26}$$

Die Herleitung von (3.26) wird in Übungsaufgabe 3.11 behandelt.

Beispiel 3.29 Eine Investorin möchte eine Anlagestrategie wählen, sodass ihr Vermögen nach fünf Jahren gegen mögliche Zinsänderungen immun ist. Dabei wird angenommen, dass die Zinsstrukturkurve flach ist ($r = 3\%$) und sich die Zinsänderung unmittelbar nach der Anlage des Kapitals $K_0 = 100.000\,€$ realisieren. Dazu stehen ihr zwei Einheits-Zerobonds ($N = 1$) mit Durationen von $D_Y = 1$ und $D_Z = 9$ zur Verfügung.

Die Zielduration in (3.26) ist somit $D_W = 5$ und es gilt die Restriktion

$$K_0 = x_1 \cdot P_Y + x_2 \cdot P_Z$$

mit Preisen $P_Y = 1,03^{-1}\,€$ und $P_Z = 1,03^{-9}\,€$. Dies Gleichung formen wir um zu

$$x_2 \cdot P_Z = K_0 - x_1 \cdot P_Y. \tag{3.27}$$

Außerdem kann (3.26) geschrieben werden als

$$D_W \cdot (x_1 \cdot P_Y + x_2 \cdot P_Z) = x_1 \cdot P_Y \cdot D_Y + x_2 \cdot P_Z \cdot D_Z,$$

woraus wir

$$5K_0 = x_1 \cdot P_Y \cdot D_Y + x_2 \cdot P_Z \cdot D_Z$$

bekommen. Substituieren wir hier (3.27) und lösen nach $x_1 P_y$ auf, so erhalten wir schließlich

$$x_1 \cdot P_Y = K_0 \frac{D_Z - 5}{D_Z - D_Y} = 100.000 \text{€} \frac{9 - 5}{9 - 1} = 100.000 \text{€} \frac{4}{8} = 50.000 \text{€}.$$

Wir sehen, dass somit eine hälftige Aufteilung des Kapitals K_0 in die beiden Zerobonds erfolgt. Aus $x_1 P_Y = 50.000$ € und $P_Y = 1{,}03^{-1}$ € können wir dann die absolute Stückzahl an Bonds Y berechnen als

$$x_1 = \frac{50.000 \text{€}}{1{,}03^{-1} \text{€}} = 50.000 \cdot 1{,}03 = 51.500.$$

Schließlich ergibt sich aus (3.27) für die absolute Stückzahl an Bonds Z der Wert

$$x_2 \frac{50.000 \text{€}}{1{,}03^{-9} \text{€}} = 50.000 \cdot 1{,}03^9 = 65.238{,}66$$

Die Aussage aus (3.26) wird nun auf eine allgemeine Anzahl von n Bonds ausgedehnt, gegeben dass die einzelnen Durationen bereits berechnet wurden.

Satz 3.30: Portfolioduration bei n Bonds
Es seien n Bonds mit Durationen $D_1, D_2, \ldots, D_n$ gegeben. Dann ist die Portfoliodu-ration

$$D_P = \sum_{i=1}^{n} x_i \cdot D_i,$$

wobei $x_i = \frac{PV_i(r)}{PV(r)}$, der Ausdruck $PV_i(r)$ der Preis des i-ten Bonds und $PV(r)$ der Marktwert des gesamten Portfolios sind. Man berechnet die Portfolioduration somit als gewichtete Summe der einzelnen Durationen der Assets im Portfolio.

Für Praktiker ist die Aussage aus Satz 3.30 von großer Bedeutung, weil dadurch eine aktive Durationssteuerung ermöglicht wird und eine angestrebte Zielduration eines Portfolios erreicht werden kann. Dies ist beispielsweise für Versicherungen wichtig, die Zahlungs-verpflichtungen zu einem gegebenen Zeitpunkt erfüllen müssen (Auszahlung einer Lebens-versicherung) und dabei möglichst wenig von der Zinsentwicklung am Markt abhängig sein wollen.

Beispiel 3.31 (Portfolioduration bei 2 Titeln) Betrachten wir ein Portfolio bestehend aus einem Zerobond mit Restlaufzeit von $T = 5$ Jahren und dem Standardbond aus Beispiel 3.26 mit Duration $D = 3,6977$. Die Aufteilung in diesem Portfolio sei so gewählt, dass sich daraus die Gewichte $x_1 = 30\,\%$ des Zerobonds und $x_2 = 70\,\%$ des Standardbonds ergeben. Für die Portfolioduration erhalten wir dann gemäß Satz 3.30 die Gleichheit

$$D_P = 0,3 \cdot 5 + 0,7 \cdot 3,6977 = 4,0884.$$

Wir sehen, dass offensichtlich jede Portfolioduration zwischen $3,6977$ und 5 durch entsprechende Aufteilung dieser beiden Titel im Portfolio erreicht werden kann. $\qquad\square$

Als wir die (Macaulay) Duration in Abschn. 3.5 eingeführt haben, haben wir bereits gesehen, dass die Duration gerade der Kompensationszeitpunkt einer Marktzinsänderung oder auch der Minimierer der Kapitalwertfunktion $CV_t(r)$ ist. Die Aussage von Satz 3.30 ist nun wiederum, dass es immer möglich ist, ein Portfolio aus verschiedenen einzelnen Assets so zusammenzustellen, dass die Macaulay Duration mit einem vorgegebenen Absicherungshorizont T übereinstimmt. Damit kann sichergestellt werden, dass der Wert des Portfolios zu eben diesem Zeitpunkt eine untere Schranke nicht unterschreitet. Dazu genügt es, wie im vorherigen Beispiel 3.31 gesehen, einen Bond mit Duration $D > T$ und einen Bond mit Duration $D < T$ mit entsprechender Gewichtung zu versehen, um die gewünschte Zielduration $D_P = T$ zu erreichen. Somit haben wir dann zum Zeitpunkt T unsere Kapitalanlage gegen Zinsänderungen unter der Annahme abgesichert, dass die flache Zinsstrukturkurve sich unmittelbar nach dem Zeitpunkt $t = 0$ parallel verschiebt.

Nehmen wir nun an, dass zum Zeitpunkt T eine erwartete Zahlungsverpflichtung in Höhe von V_T bedient werden muss. Diese Verpflichtung kann beispielsweise eine Zahlung an einen Kunden oder Lieferanten sein und muss aus dem vorhandenen Portfolio aus Anleihen gezahlt werden. Daher muss

$$CV_T(r) = V_T$$

gelten, wobei durch r die in $t = 0$ vorliegende flache Zinsstrukturkurve repräsentiert wird. Somit darf das Portfolio aus Anleihen nicht den Wert V_T unterschreiten, was durch

$$T = D(r)$$

sichergestellt ist. In diesem Fall sprechen wir von der **Immunisierungsbedingung bei einfacher Verpflichtung.**

Beispiel 3.32 Eine Lebensversicherung wird heute abgeschlossen und soll in 30 Jahren als eine Einmalzahlung in Höhe von $50.000\,\text{€}$ ausgezahlt werden. Dann sollte die Versicherung in $t = 0$ verschiedene Bonds im Wert von $50.000\,\text{€}$ kaufen, sodass die Duration des gesamten Portfolios zum heutigen Zins r genau $D(r) = 30$ ist. $\qquad\square$

Wenn wir diese Überlegungen auf den allgemeinen Fall mehrerer Verpflichtungen zu unterschiedlichen Zeitpunkten ausweiten, müssen wir zu jedem Zeitpunkt innerhalb des Planungs-
horizonts T Verpflichtungen $V_1, \ldots, V_T$ betrachten. Man kann sich an dieser Stelle Kunden eines Erstversicherungsunternehmens vorstellen, die zu unterschiedlichen Zeitpunkten
ausgezahlt werden müssen, da eine Erlebensfallsumme oder Rentenzahlungen fällig werden. Dem gegenüber zahlen die Versicherungsnehmer aggregiert die Beiträge in Höhe von
$E_1, \ldots, E_T$ ein, die als Zahlungseingänge verbucht werden. Weitere Einnahmen sind die
Einzahlungen aus den Assets, wie die Couponzahlungen im Fall von Bonds. Allgemein müssen somit die verzinslich angelegten Einnahmen mindestens die Verpflichtungen decken. Das
Ziel besteht nun darin, dass unter der in $t = 0$ vorliegenden flachen Zinsstrukturkurve mit
Zinssatz r die diskontierten Einnahmen E_j ausreichen, um die Verpflichtungen V_i in einem
Planungshorizont von T Jahren bedienen zu können. Um dies erreichen zu können, sind die
Immunisierungsbedingungen aus dem folgenden Satz zu erfüllen.

> **Satz 3.33: Immunisierungsbedingungen für mehrfache Verpflichtungen**
> Liegen Verpflichtungen $V_1, \ldots, V_T$ zu Zeitpunkten $t = 1, \ldots, T$ vor und stehen dem
> Zahlungseingänge in Höhe von $E_1, \ldots, E_T$ entgegen, so liegt zu allen Zeitpunkten
> eine Immunisierung gegen Zinsänderung vor, falls die Bedingungen
>
> $$\text{Barwert der Einzahlungen} = \text{Barwert der Verpflichtungen} \qquad (3.28)$$
> $$\text{Duration der Assets} = \text{Duration Verpflichtungen} \qquad (3.29)$$
> $$\text{Konvexität Assets} > \text{Konvexität Vepflichtung} \qquad (3.30)$$
>
> erfüllt sind.

Beweis Sei

$$f(r) := PV_E(r) - PV_V(r) = \sum_{i=1}^{T} \frac{E_i}{(1+r)^i} - \sum_{i=1}^{T} \frac{V_i}{(1+r)^i}$$

der Überschuss in $t = 0$. Da unter der in $t = 0$ vorliegenden flachen Zinskurve mit Zinssatz r
die Einzahlungen die Finanzierung der Verpflichtungen sicherstellen müssen, gilt $f(r) = 0$
und somit $PV_E(r) = PV_V(r)$. Wenn sich nun die Zinskurve marginal von r auf $r + \varepsilon$
erhöht, dann ändert sich der Überschuss auf $f(r + \varepsilon)$. Wir leiten nun die Bedingungen her,
unter unter denen mindestens lokal ein Überschuss vorliegt. Somit ist zu prüfen, ob

$$f(r + \varepsilon) > f(r) = 0 \qquad (3.31)$$

gilt. Mit dem Taylor-Polynom zweiter Ordnung ist

$$f(r + \varepsilon) = f(r) + \varepsilon \cdot f'(r) + \frac{1}{2}\varepsilon^2 \cdot f''(r) \cdot (r + u), \qquad (3.32)$$

wobei $u \in (0, \varepsilon)$ ist. Nun ist (3.31) unter Berücksichtigung von (3.32) erfüllt, wenn die folgenden Bedingungen gelten

$$f'(r) = 0 \text{ und} \qquad (3.33)$$
$$f''(r) > 0. \qquad (3.34)$$

Man erkennt leicht, dass durch Ableiten der Barwertfunktion (3.33) als

$$f'(r) = -D_E(r) \cdot PV_E(r) + D_V(r) \cdot PV_V(r) = 0$$

geschrieben werden kann, $D_E(r)$ und $D_V(r)$ die Macaulay Durationen bezeichnen. Da weiter $PV_E(r) = PV_V(r)$ gilt, folgt

$$D_E(r) = D_V(r),$$

womit die zweite Gl. (3.29) des Satzes zutrifft. Weiter ist (3.34) äquivalent zu

$$f''(r) = C_E(r) \cdot PV_E(r) - C_V(r) \cdot PV_V(r) > 0.$$

Daraus folgt $C_E(r) > C_V(r)$ beziehungsweise (3.30). Für weitere Details sei auf [Red52] verwiesen. $\qquad\qquad\qquad\qquad\qquad\qquad\qquad\qquad\qquad\qquad\qquad\qquad\qquad\square$

Anhand dieses Resultats sehen wir, dass zwei Bilanzgrößen einer Marktwertbilanz von Bedeutung sind, nämlich Assets und Verpflichtungen (englisch **Liabilities**). Im Rahmen einer Marktwertbilanzierung wie beispielsweise unter Solvency II in der Versicherungsaufsicht, errechnen sich die Eigenmittel residual aus deren Differenz, wobei zusätzlich eine Risikosicht angelegt wird, die die faktische Berechnung deutlich komplexer macht. Vom Grundsatz her sind die Eigenmittel jedoch gegeben durch

$$EM(r) = PV_A(r) - PV_L(r),$$

wobei $PV_A(r)$ und $PV_L(r)$ die Marktwerte der Assets und Liabilities sind. Ein wichtiges Ziel, beispielsweise von Versicherungsunternehmen, ist es daher, die Eigenmittel durch Durationsmanagement gegen Zinsschwankungen abzusichern. Hierzu ist die sogenannte Durationslücke ein nützliches Hilfsmittel.

Definition 3.34: Durationslücke

Seien $D_A(r)$ und $D_L(r)$ die Durationen der Assets und Liabilities und deren Barwerte $PV_A(r)$ und $PV_L(r)$. Die **Durationslücke** (Englisch *duration gap*) wird definiert als

$$D_{Gap}(r) := D_A(r) - \frac{PV_L(r)}{PV_A(r)} D_L(r).$$

Somit kann im Fall einer kleinen Zinsänderung Δr die relative Änderung der Eigenmittel in Prozent der Assets errechnet werden und wir erhalten

$$\frac{\Delta EM}{PV_A(r)} = \frac{EM(r + \Delta r) - EM(r)}{PV_A(r)} \approx -D_{Gap}(r)\frac{\Delta r}{1+r}. \qquad (3.35)$$

Die Übungsaufgabe 3.13 veranschaulicht dieses Konzept.

In der Praxis haben Versicherungsunternehmen meist eine negative Durationslücke, da die Verpflichtungen durch langlaufende Verträge wie Lebens- oder Rentenversicherungen eine hohe Duration $D_L(r)$ aufweisen, die größer als die Duration der Assets ist. Im Bankensektor hingegen wird oft eine positive Durationslücke beobachtet, da die Vertragsstrukturen der Kunden hier eine kürzere Passivduration nach sich ziehen.

3.8   Nicht-flache Zinsstrukturkurve

Bisher sind wir von der restriktiven Annahme ausgegangen, dass eine flache Zinsstrukturkurve vorliegt und Preisänderungen von Anleihen aufgrund einer instantanen Parallelverschiebung auftreten. Betrachten wir nun den Fall einer nichtflachen zeitdiskreten Zinsstruktur zum Zeitpunkt t_0 gegeben durch $r = \left(r_{t_0, t_1}, \cdots, r_{t_0, t_T}\right)$. Mithilfe der Notation $r_i = r_{t_0, t_i}$ führen wir eine Definition ein, die die Zinsstruktur berücksichtigt.

Definition 3.35: Fisher-Weil Duration

Die **Fisher-Weil Duration** ist definiert als

$$D_{FW}(r) := -(1+r)\frac{PV'(r)}{PV(r)} = \frac{\sum_{i=1}^{n} \frac{t \cdot z_t}{(1+r_i)^{t_i}}}{PV(r)}.$$

In den vorherigen Abschnitten haben wir die Preisänderungen mit dem Durationskonzept abgeschätzt und mit Hilfe der Konvexität versucht, die Preisänderung möglichst gut zu approximieren. Trotz all dieses Aufwands wurden stets nur die Parallelverschiebung behandelt. In der Praxis betrachtet man allerdings weitere Fälle:

1. Es liegt eine nichtflache Zinsstruktur vor, die durch einen additiven Parallelshift verschoben wird.
2. Bei beliebiger Zinsstruktur wird ein partielles Durationsmaß betrachtet, sodass die Zinsstruktur nur in einem Punkt verschoben wird.

Beide Fragen können mit der Fisher-Weil Duration behandelt werden. Wir gehen an dieser Stelle nicht auf die weiteren Berechnungen ein, sondern verweisen auf [Alb16]. Insgesamt haben wir mit der Portfolioduration eine strategische Zielgröße kennengelernt, die durch ein aktiv gemanagtes Portfolio gesteuert werden kann. In Abschn. 4.2 lernen wir zwei weitere Zielgrößen kennen, die ein finanzrationaler Investor in die strategische Überlegung einbeziehen kann, nämlich den Erwartungswert der Rendite sowie deren Varianz.[4]

> Nachdem Sie Kap. 3 bearbeitet haben, sollten Sie folgende Fragen beantworten können:
> - Wie werden Bonds am Markt bewertet?
> - Was sind Floaoter und wie können sie ausgestaltet werden?
> - Was ist ein einfacher Zinsswap und wie funktioniert er?
> - Welchen Zusammenhang gibt es zwischen Zinsswaps, Bonds und Floatern?
> - Wie werden Zinsswaps am Markt bewertet?
> - Was ist die ökonomische Intuition der Duration?
> - In welcher Einheit wird die absolute Duration gemessen?
> - In welcher Einheit wird die Macaulay Duration gemessen?
> - Welcher Zusammenhang besteht zwischen der absoluten, modifizierten und Macaulay Duration?
> - Welche restriktiven Annahmen an die Zinskurve haben wir dabei angenommen?
> - Welcher Zusammenhang besteht zwischen der Zinselastizität und der Duration?
> - Wie kann die Duration durch das Mischungsverhältnis der Assets aktiv gesteuert werden?
> - Was versteht man unter Immunisierungsstrategien?
> - Was ist eine Durationslücke?

---

[4] Wir benutzen das Wort *rational* hier und im Folgenden als Synonym für die Eigenschaft einer profitmaximierenden Person, die *homo oeconomicus* genannt wird. Es wird sowohl von Psychologen (siehe beispielsweise [Fin06, Kah12]) als auch von Ökonomen (siehe beispielsweise [Sen77]) ernsthaft bezweifelt, ob diese Sichtweise die Realität adäquat beschreibt.

3.9   Aufgaben

Aufgabe 3.1 (Preis eines Bonds, Zinsänderungsrisiko) Betrachten wir einen Standardbond mit Restlaufzeit von $T = 4$ Jahren, Nennwert $N = 1.000 €$, Zinssatz 4% und $r = 9\%$.

a) Bestimmen Sie den fairen Marktpreis.
b) Bestimmen Sie die absolute und modifizierte Duration
c) Bestimmen Sie die Macaulay Duration und interpretieren Sie diese ökonomisch.
d) Bestimmen Sie die relative Preisänderung $\frac{\Delta PV(r)}{PV(r)}$ der Anleihe, wenn sich das Marktzinsniveau $r = 9\%$ um einen Prozentpunkt erhöht. Gehen Sie hier exakt vor!
e) Schätzen Sie die relative Preisänderung $\frac{\Delta PV(r)}{PV(r)}$ mithilfe der Macaulay Duration.
f) Schätzen Sie die relative Preisänderung $\frac{\Delta PV(r)}{PV(r)}$ mithilfe der Macaulay Duration und der Konvexität.
g) Vergleichen und interpretieren Sie die Werte aus den Aufgabenteilen d) bis f).   □

Aufgabe 3.2 (Bewertung eines Floaters) Gegeben sind folgende Zinssätze

Laufzeit	Spot Rate p. a. (%)	Tageskonvention
6 Monate	3,30	ACT/360
12 Monate	3,40	ACT/360
1,5 Jahre	3,55	ACT/ACT
2 Jahre	3,70	ACT/ACT
2,5 Jahre	3,90	ACT/ACT
3 Jahre	4,14	ACT/ACT
3,5 Jahre	4,36	ACT/ACT
4 Jahre	4,72	ACT/ACT
4,5 Jahre	4,95	ACT/ACT
5 Jahre	5,20	ACT/ACT
5,5 Jahre	5,47	ACT/ACT
6 Jahre	5,63	ACT/ACT

Berechnen Sie den Preis eines Floaters mit einer Gesamtlaufzeit von fünf Jahren, der den 6M-EURIBOR $+0,125\%$ zahlt. Dabei können Sie die Anzahl der Zinstage vernachlässigen und mit den Laufzeitangaben rechnen.

Hinweis: Verwenden Sie ein Tabellenkalkulationsprogramm. Berechnen Sie zunächst den Floater ohne Aufschlag, um sicherzustellen, dass Sie als Kurs 100 erhalten. Überlegen Sie vorab, ob der Kurs dann größer oder kleiner 100 sein wird.   □

Aufgabe 3.3 (Bewertung eines Zinsswaps) Berechnen Sie den Barwert eines Receiver-Swaps, der sechs Jahre läuft, einen Festzinssatz von 5 % und auf der variablen Seite den 6M-EURIBOR ohne Aufschlag zahlt. Ermitteln Sie mit dem Tabellenkalkulationsprogramm auch die Swap Rate.
Verwenden Sie zur Lösung die Zinsstrukturkurve aus Aufgabe 3.2. ☐

Aufgabe 3.4 (Duration eines Couponbonds) Leiten Sie den Zusammenhang $D(r) = \frac{1+r}{r} - \frac{(1+r)+T\cdot(i-r)}{i\cdot((1+r)^T-1)+r}$ aus Gl. (3.24) her. Gehen Sie dazu nach den folgenden zwei Schritten vor.

a) Bestimmen Sie den allgemeinen Ausdruck für den fairen Wert eines Couponbonds mit Coupon c und Nominal N.
b) Leiten Sie mit a) zuächst die absolute Duration $D_A(r)$ her, um für $c = N \cdot i$ dann den Zusammenhang $D(r) = \frac{1+r}{r} - \frac{(1+r)+T\cdot(i-r)}{i\cdot((1+r)^T-1)+r}$ zu zeigen. ☐

Aufgabe 3.5 (Zinsstrukturkurve) Gegeben seien drei Couponbonds jeweils mit einheitlichem Nennwert $N = 1.000\,€$ und einem einheitlichen Coupon 9 %, den Restlaufzeiten $T = 1, 2, 3$ Jahren und den Marktpreisen $PV_1 = 990\,€$, $PV_2 = 965\,€$ und $PV_3 = 940\,€$.

a) Bestimmen Sie die Diskontstruktur (Preis beziehungsweise Kurs der Einheitszerobonds).
b) Bestimmen Sie die Zinsstrukturkurve (Spot Rates).
c) Handelt es sich hier um eine normale oder inverse Zinskurve ? ☐

Aufgabe 3.6 (Spot Rates und implizite Terminzinssätze) Die Tabelle gibt Preise von Nullcouponanleihen mit verschiedenen Restlaufzeiten wieder. Alle Anleihen haben einen Nennwert von $N = 1.000\,€$.

Restlaufzeit	Preis der Couponanleihe
1	910 €
2	800 €
3	710 €
4	630 €

a) Bestimmen Sie die Zinsstrukturkurve (Spot Rate Kurve) und die Diskontstrukturkurve.
b) Bestimmen Sie die impliziten Terminzinssätze (Forward Rates). ☐

Aufgabe 3.7 (Konsistente Bewertung bei gegebener Zinsstrukturkurve) Ein Bond mit Restlaufzeit $T = 2$ Jahren, Nennwert $N = 100$ und Nominalzins $i = 4\%$ dotiert bei $P_0 = 97\%$. Ist dieser Kurs konsistent zu der gegeben Zinsstrukturkurve gegeben durch $i_{0,1} = 4{,}2\%$ und $i_{0,2} = 5{,}5\%$? ☐

Aufgabe 3.8 (Immunisierungseigenschaft der Macaulay Duration) Zeigen Sie, dass die Kapitalwertfunktion $CV_s(r) = \sum_{t=1}^{T} z_t \cdot (1+r)^{s-t}$ zum Zeitpunkt $s = D(r)$ ihr globales Minimum annimmt. □

Aufgabe 3.9 (Relative Preisänderung von Bonds) Gegeben sei eine sogenannte Stufenzinsanleihe, die im ersten Jahr einen Coupon von 2 %, im zweiten Jahr einen Coupon von 3 %, im dritten Jahr einen Coupon von 4 % und im vierten Jahr einen Coupon von 5 % zahlt. Der Nennwert beträgt $N = 1.000 €$ und es liegt eine flache Zinsstrukturkurve mit $r = 3\%$ vor.

a) Bestimmen Sie den Marktpreis der Anleihe.
b) Schätzen Sie die relative Preisänderung $\frac{\Delta PV(r)}{PV(r)}$ der Anleihe unter Verwendung des Durationskonzepts, wenn sich das Marktzinsniveau $r = 3\%$ um einen Prozentpunkt reduziert.
c) Schätzen Sie die relative Preisänderung aus Aufgabenteil b) unter Benutzung des Durationskonzepts und der Konvexität. □

Aufgabe 3.10 (Macaulay Duration zu verschiedenen Zeitpunkten) Zeigen Sie, dass sich die Macaulay Duration mit der verstrichenen Laufzeit k verkürzt, das heißt, dass zum Zeitpunkt k der Zusammenhang

$$D_k(r) = D(r) - k$$

gilt. Verwenden Sie hierzu die Gleichung

$$PV_k(r) = (1+r)^k \cdot PV(r)$$

für den Barwert zum Zeitpunkt k. □

Aufgabe 3.11 (Portfolioduration)

a) Leiten Sie Gl. (3.26) her.
b) Ein Investor möchte einen Anlagebetrag von 100.000 € in Bonds bei einem derzeitigen Kassazins von 5 % p. a. und flacher Zinsstrukturkurve investieren. Ihm stehen Einheits-Zerobonds (Nennwert $N = 1$) mit einer Restlaufzeit von einem Jahr beziehungsweise sechs Jahren zur Verfügung. Wie muss er sein Investitionsbudget aufteilen, damit sein Vermögen nach drei Jahren gegen mögliche Zinsänderungen, die sich unmittelbar nach Anlage realisieren, immunisiert ist? Wie viele absolute Einheiten der Einheits-Zerobonds muss er hierfür erwerben und wie hoch ist das Investitionsvolumen in beide Bonds in $t = 0$ jeweils?
   Hinweis: Nutzen Sie dazu (3.26).
c) Wie würde sich Ihre Antwort in b) ändern, wenn Ihnen Einheitszerobonds mit einer Restlaufzeit von zwei Jahren beziehungsweise vier Jahren zur Verfügung stehen? Alle anderen Annahmen seien identisch. □

Aufgabe 3.12 (Bonds und Zahlungsverpflichtungen) Die Portfoliomanagerin erwartet in den kommenden drei Jahren die Zahlungsverpflichtungen: $V_1 = 40\,\text{Mio.}\,€$, $V_2 = 50\,\text{Mio.}\,€$ und $V_3 = 80\,\text{Mio.}\,€$. Es werden folgende Bonds am Markt gehandelt, wobei sich die genannten Kurse auf Nominalwert $N = 100\,€$ beziehen.

	Kurs P_0	Restlaufzeit	Nominalzins	YTM
Bond 1	107 %	1	9,00 %	
Bond 2	106 %	2	5,00 %	
Bond 3	100 %	3	3,00 %	

a) Bestimmen Sie die Spot Rates und die in der Tabelle fehlenden Werte für die Yield to Maturity (Effektivzinssatz).

b) Handelt es sich um eine normale oder inverse Zinsstrukturkuve?

c) Bestimmen Sie die Stückzahlen der drei Bonds so, dass die Zahlungsverpflichtungen exakt gedeckt sind.

d) Welchen Wert besitzt das in Aufgabenteil c) zusammengestellte Portfolio?   □

Aufgabe 3.13 (Durationslücke) Es liege eine flache Zinsstrukturkurve mit $r = 3\,\%$ vor. Seien $PV_A(r) = 200\,\text{Mio.}\,€$ und $PV_L(r) = 180\,\text{Mio.}\,€$ die Marktwerte der Assets und Liabilities sowie $D_A(r) = 7$ und $D_L(r) = 13$ die entsprechenden Durationen. Bestimmen Sie Durationslücke (Duration Gap) und die relative Änderung der Eigenmittel in Prozent der Assets, wenn der Zins auf $4\,\%$ steigt.   □

Teil II
Dynamische Betrachtungen

Optimierte Anlagestrategien

4

Bei unseren bisherigen Ausführungen zur Bewertung verschiedener Finanzprodukte waren alle Zahlungen immer sicher, das heißt ohne jegliches Ausfallrisiko. Die Preise konnten in diesem Fall relativ direkt mithilfe des Barwertprinzips bestimmt werden, was einen großen Teil von Kap. 3 einnahm. Wenn man kurz darüber nachdenkt, stellt man jedoch sofort fest, dass dies nicht einmal ein halbwegs realistisches Modell der Wirklichkeit ist, denn zukünftige Zahlungen sind alles anderes als sicher.

Ein sehr gutes, vergleichsweise aktuelles Beispiel, weshalb wir kein unendlich großes Vertrauen darin setzen sollten, dass selbst ein sehr solide aufgestelltes Unternehmen immer seinen künftigen finanziellen Verpflichtungen nachkommen kann, stellt der Volkswagen Konzern dar: Während der Autohersteller noch 2016 zu den laut Börse wertvollsten Unternehmen der Welt gehörte, geriet Volkswagen 2017 im Rahmen des *Dieselgate*-Skandals in eine derart große Krise, dass kurzzeitig sogar eine Insolvenz für möglich gehalten wurde. Ein ähnlich gelagertes Beispiel ist der amerikanische Autohersteller Tesla des Multi-Milliardärs Elon Musk, der erst am Markt gefeiert wurde, 2018 seine Zulieferer um Rabatte auf bestehende Verträge bitten musste (und mittlerweile wieder zum Börsenstar geworden ist).

Und wer würde wirklich seine Hand dafür ins Feuer legen, dass nicht auch die Internet-Giganten Amazon, Apple, Facebook und Google eines Tages in massive finanzielle Schwierigkeiten geraten und ihre Schulden, die sie durch Anleihen aufgenommen haben, nicht mehr zurückzahlen können? Diese und viele andere Beobachtungen unterstreichen die Notwendigkeit, auch risikobehaftete Anlageformen ins Visier zu nehmen und Anlagestrategien zu entwickeln, die Risiko berücksichtigen.

Ergänzende Information Die elektronische Version dieses Kapitels enthält Zusatzmaterial, auf das über folgenden Link zugegriffen werden kann
https://doi.org/10.1007/978-3-662-64652-6_4.

D. Heitmann et al., *Finanzmathematik*, https://doi.org/10.1007/978-3-662-64652-6_4

Als Erstes thematisieren wir in Abschn. 4.1, welchen Risiken Finanzprodukte unterliegen und welche Konsequenzen sich daraus in der Praxis ergeben. In Abschn. 4.2 werden die ersten Grundlagen für die Zusammenstellung eines Portfolios aus risikobehafteten Anlagemöglichkeiten gelegt. Insbesondere lernen wir, wie aus vorhandenen Marktdaten, die zentralen wahrscheinlichkeitstheoretischen Größen Erwartungswert, Varianz und Korrelation geschätzt werden können (die theoretischen Grundlagen hinter diesen Begriffen finden Sie im Anhang 7.1). Anschließend wird in Abschn. 4.3 ausgeführt, welche Kombinationen aus zwei risikobehafteten Assets überhaupt sinnvolle Investitionen darstellen, wenn die genannten Parameter bei der Anlagestrategie berücksichtigt werden. Die vorgestellten Ideen gehen auf den Nobelpreisträger Harry Markowitz (*1927) zurück, der diese in seiner Dissertation ausgearbeitet hat, vergleiche [Mar52].

Wenn wie in der Realität mehr als zwei Assets am Markt gehandelt werden, wird die Theorie komplexer und die Bestimmung der Menge der sinnvollen Portfolios kann mithilfe eines Lagrange-Ansatzes (vergleiche Definition 7.39) erfolgen, womit wir uns in Abschn. 4.4 beschäftigen. Weil es sich hierbei um eine unendlich große Anzahl von Portfolien handelt, ist damit noch immer nicht die Frage geklärt, für welches *konkrete* Portfolio sich ein Investor entscheiden sollte. Hierzu lernen wir in Abschn. 4.5 eine erste Methode kennen, die die persönliche Risikobereitschaft des Investors berücksichtigt. Als alternativen Ansatz für eine Anlagestrategie kann man sich dazu entscheiden, das Risiko eines großen Verlustes gering zu halten, was wir in Abschn. 4.6 tun.

Zu guter Letzt schlagen wir in Abschn. 4.7 die Brücke zu den sicheren Anlageformen, die wir in den vorherigen Kapiteln betrachtet hatten, und fragen uns, wie ein Portfolio als Kombination aus sicheren und risikobehafteten Assets zusammengestellt werden sollte. In der Finanzindustrie ist es weithin akzeptiert, Anleihen, deren Risiko (Ausfallwahrscheinlichkeit) von Rating-Agenturen die bestmögliche Einstufung bekommen hat, sogenannte AAA Bonds, als risikofrei zu betrachten.

Lernziele 4

In Kap. 4 lernen Sie:

- Abgrenzung verschiedener Typen von Risiken auf Finanzmärkten
- Berechnung von erwartungstreuen Schätzern für Rendite und Standardabweichung risikobehafteter Assets aus historischen Renditen
- Aufstellen der Kovarianz-Matrix beziehungsweise Bestimmung der einzelnen Pearson-Korrelationenskoeffizienten
- Bestimmung des optimalen Portfolios
  - auf Basis eines finanzrationalen Investors, der die erwartete Rendite maximieren oder das Risiko minimieren möchte
  - unter Hinzunahme einer risikofreien Anlage, wie zum Beispiel einer risikofreien Anleihe

   – unter der Value at Risk Restriktion

   – von Investoren mit unterschiedlicher Risikoaversion

4.1 Risikobehaftete Finanzprodukte

Die schlechte Nachricht gleich zu Beginn: Es gibt keine wissenschaftlich allgemein anerkannte Definition des Begriffs *Risiko,* die in einem Satz zusammengefasst werden könnte. Mit dem Risiko verhält es sich so ähnlich wie mit einem bekannten Zitat aus dem Buch Confessiones (Bekenntnisse) von Augustinus über die Zeit:

> Was ist also die Zeit? Wenn mich niemand darüber fragt, so weiß ich es; wenn ich es aber jemandem auf seine Frage erklären möchte, so weiß ich es nicht.

(Fast) genauso schwierig ist es nämlich, den Begriff Risiko prägnant zu fassen, obwohl jeder ungefähr *weiß,* was damit gemeint ist.

Viele Menschen verstehen unter einem Risiko in erster Linie einen Nachteil, der in einer Situation entstehen könnte. Mögliche Vorteile bleiben dabei meist außen vor, obwohl Vor- und Nachteile zwei Seiten derselben Medaille sind. Trotzdem lässt sich aus diesem Alltagsverständnis heraus bereits eine Kerneigenschaft von Risiko erkennen: Es gibt mehrere mögliche Ereignisse, die eintreten können. Beispielsweise kann eine Aktie im Laufe eines Tages steigen, fallen oder ihren Wert nicht ändern. Gleichzeitig ist nicht mit Sicherheit vorhersagbar, welches der möglichen zukünftigen Ereignisse eintreten wird. Wenn wir mit hundertprozentiger Gewissheit sagen könnten, dass eine Aktie morgen steigen wird, würden wir – auch alltagssprachlich – nicht von einem Risiko ausgehen.

Mathematisch gesehen werden Risiken deswegen meistens mithilfe von sogenannten Zufallsvariablen (siehe Definition 7.3) beschrieben. Damit ist eine Herangehensweise gefunden, die eine weitergehende Analyse von Risiken ermöglicht. Beispielsweise können dann zentrale Kenngrößen wie der Erwartungswert und die Varianz eines zufälligen Prozesses berechnet oder anhand von vorliegenden Daten geschätzt werden. Darauf gehen wir in Abschn. 4.2 ein. Diese Sichtweise wird sich als sehr nützlich erweisen, um daraus Anlagestrategien für Investoren abzuleiten. Natürlich ist damit das Thema *Risiko* nicht in seiner vollen intellektuellen Bandbreite abgedeckt, aber immerhin eine Art Sprache gefunden, mit der sinnhafte Aussagen über Risiken getroffen werden können.

Im Bezug auf finanzielle Risiken, die für uns ja im Vordergrund stehen, gibt es mittlerweile eine sehr breit gefächerte Unterscheidung verschiedener Typen von Risiken: In Abschn. 3.4 haben wir beispielsweise bereits gesehen, dass eine Änderung des Zinses am Markt, eine Änderung des Kurses eines Wertpapiers nach sich zieht. Man spricht deshalb naheliegenderweise von einem sogenannten **Zinsrisiko,** wenn der bei der Preisfindung zugrunde gelegte Zins sich zukünftig ändern kann. Ein anderes Risiko ist beispielsweise das **Kursrisiko** einer Aktie, das sich aufgrund des zufälligen zukünftigen Verlaufs des Aktienkurses einstellt, vergleiche dazu auch Abschn. 6.3. Allgemeiner werden alle Risiken, die sich auf den Marktpreis (Barwert) eines Wertpapiers auswirken in der Gruppe der **Marktrisiken** zusammengefasst.

Von dieser Gruppe abzugrenzen sind die sogenannten **Kreditrisiken,** worunter man die Gefahr versteht, dass ein Schuldner (Kreditnehmer) seine versprochenen zukünftigen Zahlungen nicht mehr leisten wird. Die empirische Forschung hat viele Aspekte herausgearbeitet, die sich vorteil- oder nachteilhaft auf das Risiko eines Schuldners auswirken, wie zum Beispiel das Alter, der Beruf oder der Wohnort. Die großen Ratingagenturen beschäftigen sich wiederum vor allem damit, wie wahrscheinlich es ist, dass große institutionelle Anleger, Großunternehmen oder Staaten ihre Kredite (zum Beispiel Staatsanleihen) bedienen. Auch hier werden entsprechende Kriterien herangezogen, wie beispielsweise die aktuelle Verschuldungsquote oder die Wirtschaftskraft eines Landes. Weil die Breite an gesammelten Daten viel zu groß ist, als dass sie realistischerweise vollständig überblickt werden könnte, werden Anlageformen mit vergleichbaren Risiken von den Ratingagenturen in sogenannte Ratingklassen zusammengefasst. So bedeutet das beste Rating AAA, dass man fest davon ausgeht, dass die Schulden zurückbezahlt werden, während ein Rating von BB oder schlechter als sehr spekulativ gilt und deswegen auf Englisch **non-investment grade** genannt wird.

Umgekehrt wird die Ratingklasse oft mit der Bonität eines Schuldners gleichgesetzt. Eine interessante Konsequenz aus dem Rating für die Praxis ist, dass häufig der Kassazinssatz in Abhängigkeit von der Risikoklasse angegeben wird, um das Risiko möglicher Ausfälle von Zahlungen durch den Schuldner abzubilden. Man spricht in in diesem Fall von **risikoadjustierten** Kassazinssätzen (vergleiche Abschn. 1.4). Die fairen Preise von Wertpapieren, siehe Satz 3.1, werden üblicherweise mit diesen Zinssätzen bestimmt. Das Risiko wird also in der Preisfindung berücksichtigt.

An dieser Stelle belassen wir es bei der sehr kurzen Einführung in das Thema Risiko, und verweisen für weitere Details insbesondere auf die lesenswerten Bücher [MFE05] und [Tal08].

4.2   Grundmodell der Portfoliotheorie nach Markowitz

Die zentrale Fragestellung, der wir in diesem Abschnitt nachgehen, ist, wie ein Portfolio aus mehreren verschiedenen Finanztiteln mit Kursrisiko zusammengestellt werden sollte. Zunächst führen wir dazu das grundlegende Modell ein, um dieses dann in Abschn. 4.3 anhand von zwei Beispielen besser zu verstehen. Nehmen wir also an, dass wir uns im Zeitpunkt $t = 0$ befinden und n risikobehaftete Finanztitel zur Verfügung stehen. Für das i-te Finanzprodukt $i \in \{1, \ldots, n\}$ sind die zugehörigen Renditen dann

$$R_i = \frac{K_i(1) + D_i(1) - K_i(0)}{K_i(0)}, \qquad (4.1)$$

wobei $K_i(0)$ der heutige bekannte Marktwert ist und $K_i(1)$ den unbekannten und unsicheren Kurs der nächsten Periode $t = 1$ darstellt. Im Falle von potenziellen Dividendenzahlungen wird die Dividende $D_i(1)$ in $t = 1$ im Zähler von (4.1) addiert, da diese Bestandteil in der Rendite des Anlegers ist. Jetzt soll aus diesen Finanztiteln ein Portfolio zusammengestellt werden. Die betrachteten Investoren sind sogenannte **Erwartungswert/Varianz-Investoren (EV-Investoren)**, das heißt, dass die Bewertung einer Anlage oder eines Portfolios ausschließlich auf Basis der erwarteten Rendite und der Varianz beziehungsweise Standardabweichung erfolgt. Somit ist die erwartete Rendite basierend auf (4.1) zu bestimmen, welche allgemein mit $E[R_i]$ bezeichnet wird, siehe dazu auch Abschn. 7.1. Entsprechend wird für die Varianz die Notation $\mathrm{Var}[R_i]$ verwendet. Aus Grundlagenlehrbüchern der schließenden Statistik, wie zum Beispiel [Sac18], kennen wir die erwartungstreuen Schätzer dieser beiden Größen. Dies bedeutet, dass der Erwartungswert des Schätzers dem Erwartungswert der geschätzten Zufallsvariable entspricht.

Satz 4.1: Erwartungstreue Schätzer für Erwartungswert und Varianz einer Anlage

Wenn m historische Kurse des i-ten Finanztitels sowie der aktuelle Kurs vorliegen

Periode k	$-m$	$-(m-1)$	...	-2	-1	0
Kurs von Asset i	$K_i(-m)$	$K_i(-m+1)$	...	$K_i(-2)$	$K_i(-1)$	$K_i(0)$

können wir daraus historische Renditen

$$R_i(-k) = \frac{K_i(-k) - K_i(-k-1)}{K_i(-k-1)}$$

für $k = 0, ..., m-1$ berechnen.

Periode k	$-m$	$-(m-1)$	...	-2	-1	0
Kurs von Asset i		$R_i(-(m-1))$	...	$R_i(-2)$	$R_i(-1)$	$R_i(0)$

Dabei entspricht $R_i(-k)$ der Rendite von vor k Jahren. Dann lauten die **erwartungstreuen Schätzer für den Erwartungswert und die Varianz:**

$$\mu_i = \frac{1}{m} \sum_{k=0}^{m-1} R_i(-k), \tag{4.2}$$

$$\sigma_i^2 = \frac{1}{m-1} \sum_{k=0}^{m-1} (R_i(-k) - \mu_i)^2. \tag{4.3}$$

Somit kann ein Investor nun für jedes risikobehaftete Asset i den erwartungstreuen Schätzer für Rendite und Varianz anhand von beobachteten Marktdaten mit (4.2) und (4.3) bestimmen. In der statistischen Literatur wird häufig für den empirischen Schätzer der theoretischen Größe Erwartungswert die Notation $\hat{\mu}_i$ sowie für die Varianz $\hat{\sigma}_i^2$ geschrieben. In der

Portfoliotheorie nach Markowitz hat sich jedoch die Schreibweise ohne Hut ˆ etabliert, weshalb wir diese hier verwenden.

Beispiel 4.2 In den letzten vier Jahren hatte eine Aktie am Jahresende und heute die Kurse 100, 120, 111, 108 sowie 130. Außerdem wurde im vierten Jahr eine Dividende von 10 % an die Aktionäre gezahlt. Daraus ergeben sich die folgenden Renditen:

$$R(-3) = \frac{120 - 100}{100} = 0{,}2,$$

$$R(-2) = \frac{111 - 120}{120} = -0{,}075,$$

$$R(-1) = \frac{108 - 111 + 10}{111} = 0{,}0631,$$

$$R(0) = \frac{130 - 108}{108} = 0{,}2037.$$

Als erwartungstreuen Schätzer für den Erwartungswert erhalten wir damit

$$\mu_1 = \frac{0{,}2 - 0{,}075 + 0{,}0631 + 0{,}2037}{4} = 0{,}0979$$

sowie für die Varianz

$$\sigma_1^2 = \frac{1}{3}\Big[(0{,}2 - 0{,}0979)^2 + (-0{,}075 - 0{,}0979)^2$$
$$+ (0{,}0631 - 0{,}0979)^2 + (0{,}2037 - 0{,}0979)^2\Big] = 0{,}0176.$$

In der Realität stellen Händler ein Portfolio aus n Assets zusammen, wobei ein Anlagebetrag dann strategisch unter den n Assets aufgeteilt wird. Bei der Entwicklung einer Anlagestrategie muss dann berücksichtigt werden, dass es Zusammenhänge in der Bewegung der Finanztitel geben kann. Beispielsweise haben wir in Kap. 1 eingesehen, dass fallende Zinsen typischerweise zu steigenden Aktienkursen führen. In einem solchen Fall spricht man mathematisch von einer *negativen Korrelation* zwischen Zins und Aktienkursen. Allgemein misst die Korrelation die Stärke des *linearen* Zusammenhangs zwischen statischen Variablen oder Zufallsvariablen und nimmt Werte im Intervall $[-1; 1]$ an, siehe Definition 7.14. Soll diese ähnlich wie der Erwartungswert oder die Varianz mit empirischen Daten geschätzt werden, so geht man wie folgt vor.

Satz 4.3: Erwartungstreuer Schätzer für die Korrelation von Anlagen
Nach Definition 7.14 ist der **Pearsonsche Korrelationskoeffizient** zweier Anlagen i, j gegeben durch

$$\text{Cor}[R_i, R_j] = \rho_{ij} = \frac{\text{Cov}[R_i, R_j]}{\sqrt{\text{Var}[R_i]} \cdot \sqrt{\text{Var}[R_j]}}, \tag{4.4}$$

wobei $\text{Cov}[R_i, R_j]$ die Kovarianz bezeichnet. In (4.4) setzen wir im Nenner die erwartungstreuen Schätzer σ_i^2 für $\text{Var}[R_i]$ aus (4.3) ein und verwenden im Zähler ebenfalls die korrigierte Stichprobenkovarianz

$$\text{Cov}[R_i, R_j] = \sigma_{ij} = \frac{1}{m-1} \sum_{k=0}^{m-1} (R_i(k) - \mu_i) \cdot (R_j(k) - \mu_j) \tag{4.5}$$

und erhalten so den Korrelationskoeffizienten durch

$$\rho_{ij} = \frac{\sigma_{ij}}{\sigma_i \cdot \sigma_j} = \frac{\frac{1}{m-1} \sum_{k=0}^{m-1} (R_i(k) - \mu_i) \cdot (R_j(k) - \mu_j)}{\left(\frac{1}{m-1} \sum_{k=0}^{m-1} (R_i(-k) - \mu_i)^2\right)^{1/2} \left(\frac{1}{m-1} \sum_{k=0}^{m-1} (R_j(-k) - \mu_j)^2\right)^{1/2}}.$$

Die einzelnen Korrelationen ρ_{ij} werden zu einer $n \times n$-Matrix zusammengefasst und als Korrelationsmatrix P definiert

$$P = (\rho_{ij})_{i,j=1}^n = \begin{pmatrix} \rho_{11} & \cdots & \rho_{1n} \\ \vdots & \ddots & \vdots \\ \rho_{n1} & \cdots & \rho_{nn} \end{pmatrix} = \begin{pmatrix} 1 & \cdots & \rho_{1n} \\ \vdots & \ddots & \vdots \\ \rho_{n1} & \cdots & 1 \end{pmatrix}.$$

Diese Korrelationsmatrix ist symmetrisch, weil nach Definition $\rho_{ij} = \rho_{ji}$ gilt.

Beispiel 4.4 Wir betrachten die beiden Aktien S_1 und S_2. Die Korrelation ihrer Rendite betrage $\rho_{12} = 0{,}8$. Damit ist dann auch $\rho_{21} = 0{,}8$. Außerdem ist die Korrelation der Rendite von S_1 mit sich selbst nach Definition gegeben durch

$$\text{Cor}[R_1, R_1] = \rho_{11} = \frac{\text{Cov}[R_1, R_1]}{\sqrt{\text{Var}[R_1] \cdot \text{Var}[R_1]}} = \frac{\text{Var}[R_1]}{\text{Var}[R_1]} = 1.$$

Die gleiche Rechnung kann für $\text{Cor}[R_2, R_2]$ durchgeführt werden. Folglich ist die Korrelationsmatrix

$$P = \begin{pmatrix} 1 & 0{,}8 \\ 0{,}8 & 1 \end{pmatrix}.$$

Jetzt bietet es sich an, den verschiedenen Assets, in die man investieren möchten, Gewichte, x_i zuzuordnen, welche deren Gesamtanteil am Portfolio widerspiegeln. Die x_i werden oft auch **Investmentgewichte** genannt. Weil sich die Gewichte x_i zu einem Gesamtportfolio, das heißt 100 %, summieren müssen, gilt $\sum_{i=1}^n x_i = 1$.

Beispiel 4.5 Am Finanzmarkt können zwei Aktien S_1, S_2 sowie eine Staatsanleihe A_1 erworben werden. Das Portfolio des Finanzinvestors besteht zu 20 % aus Aktie S_1, zu 50 % aus Aktie S_2 und zu 30 % aus der Staatsanleihe. Man schreibt dann

$$(x_1; x_2; x_3) = (0{,}2; 0{,}5; 0{,}3)\,.$$

Die Größen x_1, x_2 und x_3 sind also insbesondere unabhängig davon, welchen Gesamtwert das Portfolio besitzt. Sie spiegeln nur die Zusammensetzung des Portfolios wieder. □

Ein Vorteil der Sichtweise über die Investmentgewichte ist es also, dass diese unabhängig von der investierten Geldsumme ist und einfach mit dem entsprechenden Betrag skaliert werden kann. Ferner ergeben sich mithilfe der x_i einfache Formeln für die Berechnung wichtiger Kennzahlen der Rendite eines Portfolios.

Satz 4.6: Rendite und Varianz eines Portfolios aus n risikobehafteten Anlagen

Ein Portfolio $R_p = \sum_{i=1}^{n} x_i R_i$ sei aus n Finanzmitteln zusammengesetzt. Die *erwartete Portfoliorendite* und die *erwartete Portfoliovarianz* sind dann

$$E[R_p] = E\left[\sum_{i=1}^{n} x_i \cdot R_i\right] = \sum_{i=1}^{n} x_i \cdot E[R_i],$$

$$\mathrm{Var}[R_p] = \mathrm{Var}\left[\sum_{i=1}^{n} x_i \cdot R_i\right] = \sum_{i=1}^{n}\sum_{j=1}^{n} x_i \cdot x_j \cdot \mathrm{Cov}\left[R_i, R_j\right]$$

Mit (4.3) und Berücksichtigung der Symmetrie $\rho_{ij} = \rho_{ji}$ lassen sich diese jeweils schätzen durch

$$\mu_p = E[R_p] = \sum_{i=1}^{n} x_i \cdot \mu_i$$

$$\sigma_p^2 = \mathrm{Var}[R_p] = \sum_{i=1}^{n} x_i^2 \cdot \sigma_i^2 + 2 \sum_{1 \le i < j \le n} x_i \cdot x_j \cdot \rho_{ij} \cdot \sigma_i \cdot \sigma_j.$$

Unter Verwendung der Kovarianzmatrix $\boldsymbol{\Sigma}$ und der Vektorschreibweise $\mathbf{x} = (\mathbf{x_1}; ....; \mathbf{x_n})$ und $\mathbf{x^T} = (\mathbf{x_1}; ....; \mathbf{x_n})^{\mathbf{T}}$ kann die Portfoliovarianz auch geschrieben werden als

$$\sigma_p^2 = \mathbf{x}\boldsymbol{\Sigma}\,\mathbf{x^T} = \mathbf{x}\begin{pmatrix} \sigma_1^2 & \sigma_{12} & \cdots & \sigma_{1n} \\ \sigma_{21} & \sigma_{22} & \cdots & \sigma_{2n} \\ \vdots & \vdots & \ddots & \vdots \\ \sigma_{n1} & \sigma_{n2} & \cdots & \sigma_n^2 \end{pmatrix}\mathbf{x^T},$$

> wobei $\mathbf{x}$ den Zeilenvektor und $\mathbf{x^T}$ den transponierten Zeilenvektor bezeichnet, der somit einen Spaltenvektor darstellt.

Beispiel 4.7 Am Markt können zwei verschiedene Aktien erworben werden. Diese wiesen in den letzten vier Zeitperioden die folgenden Kurse auf:

Periode	-3	-2	-1	0
Kurs Asset 1	100	120	80	100
Kurs Asset 2	200	160	180	220

Unter der Annahme, dass für beide Assets keine Dividenden gezahlt werden, folgt mit (4.1):

Periode	-2	-1	0
Rendite Asset 1	0,2	$-0,3333$	0,25
Rendite Asset 2	$-0,2$	0,125	0,2222

Daraus ergibt sich als Schätzer für die Erwartungswerte jeweils

$$\mu_1 = 0{,}0389, \qquad \mu_2 = 0{,}0491$$

sowie für die Standardabweichungen

$$\sigma_1 = 0{,}3233, \qquad \sigma_2 = 0{,}2211.$$

Wir berechnen mit (4.5) die Kovarianz $\mathrm{Cov}\,[R_1, R_2] = \mathrm{Cov}\,[R_2, R_1] = -0{,}0159$ und erhalten die Kovarianzmatrix

$$\Sigma = \begin{pmatrix} 0{,}1045 & -0{,}0159 \\ -0{,}0159 & 0{,}0489 \end{pmatrix}.$$

Legt der Investor nun 30 % seines Vermögens in die erste Aktie und 70 % in die zweite an, so ergibt sich auf Portfolioebene der Schätzer

$$\mu_p = 0{,}3 \cdot 0{,}0389 + 0{,}7 \cdot 0{,}0491 = 0{,}046$$

sowie

$$\sigma_p^2 = \mathrm{Var}[R_p] = \mathbf{x}\Sigma\mathbf{x^T} = (\mathbf{0{,}3; 0{,}7})\ \Sigma\ (\mathbf{0{,}3; 0{,}7})^{\mathbf{T}}$$

$$= (0{,}3;\, 0{,}7) \cdot \begin{pmatrix} 0{,}1045 & -0{,}0159 \\ -0{,}0159 & 0{,}0489 \end{pmatrix} \cdot \begin{pmatrix} 0{,}3 \\ 0{,}7 \end{pmatrix} = 0{,}0267.$$

Alternativ kann der Pearsonsche Korrelationskoeffizient

$$\rho_{12} = \frac{-0,0159}{0,3233 \cdot 0,2211} = -0,2227$$

berechnet werden, um dann die Portfoliovarianz zu bestimmen. Wir erhalten

$$\begin{aligned} \sigma_p^2 = \mathrm{Var}[R_p] &= x_1^2 \cdot \sigma_1^2 + x_2^2 \cdot \sigma_2^2 + 2x_1 \cdot x_2 \cdot \rho_{12} \cdot \sigma_1 \cdot \sigma_2 \\ &= 0,3^2 \cdot 0,3233^2 + 0,7^2 \cdot 0,2211^2 \\ &\quad + 2 \cdot 0,3 \cdot 0,7 \cdot (-0,2227) \cdot 0,3233 \cdot 0,2211 = 0,0267. \end{aligned}$$

Wir sehen, dass durch die negative Korrelation der beiden Aktien die Standardabweichung des Gesamtportfolios niedriger ausfällt als diejenige der beiden Einzeltitel. Somit ist die Schwankung der Rendite des Portfolios niedriger als diejenige der Einzeltitel. Das Risiko der Investition gemessen in der Varianz fällt demzufolge geringer aus. $\qquad\square$

Das Portfoliorisiko wird wie in Beispiel 4.7 in der Regel durch die Varianz beziehungsweise Standardabweichung charakterisiert. Falls ein Investor nun die Portfoliorendite und die Varianz, wie oben beschrieben, bestimmt hat, definieren wir den Begriff der Dominanz eines Portfolios mit Rendite R_p^1 gegenüber einem Portfolio mit Rendite R_p^2, um eine Entscheidungsregel eines rationalen EV-Investors zu generieren.

Definition: 4.8
Ein Portfolio R_p^1 **dominiert** ein Portfolio R_p^2, wenn eine der beiden folgenden Bedingungen erfüllt ist

- $\mathrm{Var}[R_p^1] < \mathrm{Var}[R_p^2]$ und $E[R_p^1] \geq E[R_p^2]$
- $E[R_p^1] > E[R_p^2]$ und $\mathrm{Var}[R_p^1] \leq \mathrm{Var}[R_p^2]$

Somit ziehen die EV-Investoren also bei gleichem Portfoliorisiko das Portfolio mit der höheren Renditeerwartung vor oder bei gleicher Renditeerwartung das Portfolio mit dem geringeren Risiko.

Beispiel 4.9 Am Finanzmarkt existieren vier verschiedene Portfolios, die jeweils die folgenden Kombinationen aus Erwartungswert und Varianz aufweisen

$$(2;1), \quad (3;1), \quad (3;0,5) \quad (4;2).$$

Damit dominiert das zweite Portfolio das erste, denn es hat bei gleicher Varianz einen höheren Erwartungswert. Außerdem dominiert das dritte Portfolio das zweite (und deswegen auch das erste), weil es bei gleicher Erwartung eine niedrigere Varianz besitzt. Hingegen kann bezüglich des vierten Portfolios keine Dominanzaussage gegenüber irgendeinem der anderen

Portfolios vorgenommen werden, denn das vierte Portfolio weist gleichzeitig die höchste Erwartung und die höchste Varianz auf. □

Definition 4.8 bildet das Kernstück der Portfoliotheorie nach Markowitz, denn es gibt eine Regel vor, für welches Portfolio sich ein Investor entscheiden sollte. Es gibt zwei denkbare konkrete Ansätze, die daraus abgeleitet werden können: Entweder wird für ein vorgegebenes Renditeniveau (Erwartungswert), das Risiko, gemessen und als Varianz minimiert oder es wird ein Risikoniveau (Varianz) vorgegeben und die Erwartung maximiert. Dieses Vorgehen werden wir in den nächsten Abschnitten mithilfe von verschiedenen Beispielen detailliert erklären.

4.3   Markowitz-Modell für zwei Assets

Im Bsp. 4.7 des vorherigen Abschnitts haben wir ex ante angenommen, dass der Investor 30 % seines Vermögens in die erste Aktie investiert ohne hierfür eine ökonomische Begründung zu liefern. In Wirklichkeit werden solche Anteile oft gemäß der Portfoliooptimierung nach Markowitz bestimmt, die wir bisher nur grob umrissen haben. In diesem Abschnitt wollen wir diesen Vorgang nun anhand von zwei Beispielen genau nachvollziehen. Insbesondere werden wir die Frage beantworten, wie ein finanzrationaler EV-Investor die Investmentanteile der beiden Assets bestimmt. Im Folgenden beschränken wir uns zunächst wiederum auf den einfachsten Fall, nämlich, dass der Investor in nur zwei verschiedene Assets investieren kann. Ziel ist es dabei, das zugrunde liegende Optimierungsproblem zu formulieren, um eine endogene Assetallokation des EV-Investors zu bestimmen.

Beispiel 4.10 (Zwei Assets unkorreliert) Ein Investor möchte eine Anlagesumme zwischen zwei risikobehafteten Anlagen aufteilen. Die historischen Renditen der letzten Perioden liegen vor. Der Einfachheit halber nehmen wir an, dass wir die Kurse der beiden risikobehafteten Anlagen der letzten sechs Perioden beobachtet haben.

Periode	-5	-4	-3	-2	-1	0
Kurs Asset 1	90	95	90	80	100	125
Kurs Asset 2	200	190	170	200	190	220

Unter der Annahme, dass für beide Assets keine Dividenden gezahlt werden, folgt mit (4.1) gerundet auf vier Nachkommastellen:

Periode	-4	-3	-2	-1	0
Rendite Asset 1	0,0556	$-0,0526$	$-0,1111$	0,25	0,25
Rendite Asset 2	$-0,05$	$-0,1053$	0,1765	$-0,05$	0,1579

Wir errechnen $\mu_1 = 0,0784$ und $\mu_2 = 0,0258$ sowie $\sigma_1^2 = 0,0281$ und $\sigma_2^2 = 0,0172$. Die Kovarianz der beiden Renditen ist sehr klein, weshalb wir im Folgenden annehmen, dass diese exakt den Wert Null besitzt. Anhand der Daten können wir dann außerdem leicht den Korrelationskoeffizienten berechnen

$$\rho_{12} = \frac{\text{Cov}\,[R_1, R_2]}{\sigma_1 \cdot \sigma_2} = \frac{0}{0,1677 \cdot 0,1312} = 0.$$

Aufgrund dieser Beobachtung, dass die Anlagen unkorreliert sind, folgt für die Kovarianzmatrix

$$\Sigma = \begin{pmatrix} 0,0281 & 0 \\ 0 & 0,0172 \end{pmatrix}.$$

Wir erhalten hiermit für die erwartete Rendite und Varianz des Portfolios

$$\mu_p = x_1 \cdot \mu_1 + x_2 \cdot \mu_2 = 0,0784x_1 + 0,0258x_2$$
$$\sigma_p^2 = x_1^2 \cdot \sigma_1^2 + x_2^2 \cdot \sigma_2^2 = 0,0281x_1^2 + 0,0172x_2^2.$$

Da $x_1 + x_2 = 1$, können wir nun die Rendite und Varianz des Portfolios in Abhängigkeit des Investmentgewichts x_1 darstellen, das heißt,

$$\mu_p\,(x_1) = x_1 \cdot \mu_1 + (1 - x_1) \cdot \mu_2 = 0,0784x_1 + 0,0258\,(1 - x_1) \qquad (4.6)$$

$$\sigma_p^2\,(x_1) = x_1^2 \cdot \sigma_1^2 + (1 - x_1)^2 \cdot \sigma_2^2 = 0,0281x_1^2 + 0,0172\,(1 - x_1)^2. \qquad (4.7)$$

Bei der konkreten Bestimmung der Gewichte x_1 und $x_2 = 1 - x_1$ sind zwei Strategien plausibel. Einerseits könnte man den erwarteten Gewinn unter der Nebenbedingung, dass das Risiko eine gewisse Schwelle nicht überschreitet, maximieren. Eine alternative strategische Überlegung wäre, die Investmentgewichte so zu wählen, dass das Risiko minimiert wird und dabei die Nebenbedingung, eine vorgegeben Rendite nicht zu unterschreiten, erfüllt wird. In der folgenden Abb. 4.1 sind die beiden funktionalen Zusammenhänge für Erwartungswert und Varianz graphisch dargestellt.

Der Investor kann nun die maximale Portfoliorendite bestimmen. Ohne Berücksichtigung des Risikos wäre die Strategie des Investors klar, nämlich $x_1 = 1$ zu wählen, da so die maximal erreichbare Portfoliorendite erzielt wird. Ein EV-Investor bezieht jedoch das Risiko des Investments in Form der Varianz in seine Überlegung ein. Beispielsweise legt er ex ante, also bevor er seine Investition tätigt, ein maximales Risiko $\bar{\sigma}$ fest, das er zu tragen bereit wäre, und versucht unter dieser Voraussetzung die erwartete Rendite zu maximieren. Umgekehrt könnte er sich auch eine erwartete Zielrendite $\bar{\mu}$ vorgeben und die Varianz beziehungsweise Standardabweichung unter dieser Vorgabe minimieren. In beiden Fällen handelt es sich somit formal um ein Optimierungsproblem unter Nebenbedingung, das mit der Lagrange-Methode gelöst werden kann, siehe Abschn. 7.4 im Anhang. Da wir in diesem Beispiel $x_2 = 1 - x_1$ substituiert haben, ist hier sogar ein direktes Berechnen ohne den Lagrange-Ansatz möglich.

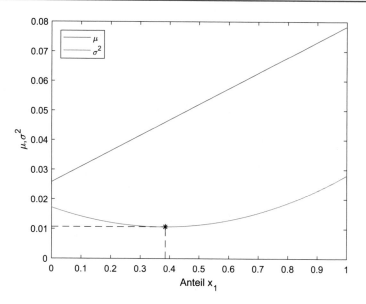

Abb. 4.1 $\mu_p(x_1)$ und $\sigma_p^2(x_1)$ in Beispiel 4.10

An Abb. 4.1 ist ersichtlich, dass es eine varianzminimale Mischung x_1^* gibt. Falls der Investor weniger oder mehr Investmentanteile x_1 erwirbt, steigt das Risiko $\sigma_p^2(x_1)$. Unter Rationalitätsgesichtspunkten (Dominanz) macht jedoch nur eine Erhöhung Sinn, das heißt $x_1 > x_1^*$, was eine höhere erwartete Rendite $\mu_p(x_1) > \mu_p(x_1^*)$ impliziert. Denn ein höheres Risiko ist nur gerechtfertigt, wenn auch die korrespondierende Rendite steigt. Die varianzminimale Mischung x_1^* ergibt sich aus der Minimierung von (4.7), das heißt aus der Lösung von

$$\frac{\mathrm{d}\sigma_p^2}{\mathrm{d}x_1} = 2 \cdot 0{,}0281 x_1 - 2 \cdot 0{,}0172(1 - x_1) = 0.$$

Hieraus folgt $x_1^* = \frac{0{,}0172}{0{,}0172 + 0{,}0281} = 0{,}3796$ und $\sigma_p^2(x_1^*) = 0{,}0107$. Somit können wir mit (4.6) die varianzminimale Portfoliorendite bestimmen und erhalten $\mu_p(x_1^*) = 0{,}0458$. Im Folgenden bezeichnen wir diese beiden errechneten Größen als

$$\mu_{MVP} := \mu_p(x_1^*) = 0{,}0458,$$

$$\sigma_{MVP} := \sqrt{\sigma_p^2(x_1^*)} = 0{,}1033.$$

Die Abkürzung MVP steht dabei für **varianzminimales Portfolio**.   □

Die Rechnung in Beispiel 4.10 wurde dadurch ein wenig vereinfacht, dass die beiden Assets unkorreliert sind. Liegt ein anderer Kurs von Asset 1 vor, so hat dieses eine Implikation auf die errechnete Korrelation, die dann ungleich Null ist. Konzeptionell ändert sich an der Rechnung nichts, aber die Ausdrücke in den Rechnungen werden etwas länger. Betrachten wir nun also das leicht abgeänderte Beispiel.

Beispiel 4.11 (Zwei Assets, positiv korreliert) In diesem Beispiel wurden folgende Kursdaten beobachtet:

Periode	−5	−4	−3	−2	−1	0
Kurs Asset 1	90	95	90	80	100	140
Kurs Asset 2	200	190	170	200	190	220

Hieraus folgt für die jeweiligen Renditen:

Periode	−4	−3	−2	−1	0
Rendite Asset 1	0,0556	−0,0526	−0,1111	0,25	0,4
Rendite Asset 2	−0,05	−0,1053	0,1765	−0,05	0,1579

Für die beiden Erwartungswerte und Varianzen erhalten wir $\mu_1 = 0,084$, $\mu_2 = 0,0258$ sowie $\sigma_1^2 = 0,0455$, $\sigma_2^2 = 0,0172$. Außerdem stellen wir fest, dass eine positive Korrelation

$$\rho_{12} = \frac{\text{Cov}[R_1, R_2]}{\sigma_1 \cdot \sigma_2} = \frac{0,0057}{0,2133 \cdot 0,1312} = 0,1771$$

vorliegt. Für die erwartete Portfoliorendite bleibt alles weitgehend gleich. Bei der Berechnung der Varianz kommt jedoch ein weiterer Term hinzu, der aus der positiven Korrelation resultiert. Die beiden Ausdrücke für die erwartete Rendite und Varianz des Portfolios lauten nun:

$$\mu_p = E[R_p] = x_1 \cdot \mu_1 + x_2 \cdot \mu_2 = x_1 \cdot \mu_1 + (1 - x_1) \cdot \mu_2$$
$$= 0,1084 x_1 + 0,0258 (1 - x_1),$$
$$\sigma_p^2 = \text{Var}[R_p] = x_1^2 \cdot \sigma_1^2 + x_2^2 \cdot \sigma_2^2 + 2 x_1 \cdot x_2 \cdot \rho_{12} \cdot \sigma_1 \cdot \sigma_2$$
$$= x_1^2 \cdot \sigma_1^2 + (1 - x_1)^2 \cdot \sigma_2^2 + 2 x_1 \cdot (1 - x_1) \rho_{12} \cdot \sigma_1 \cdot \sigma_2$$
$$= 0,0455 x_1^2 + 0,0172 (1 - x_1)^2 + 2 x_1 \cdot (1 - x_1) \cdot 0,1771 \cdot 0,2133 \cdot 0,1312.$$

Alternativ hätten wir die Portfoliovarianz auch mit der Kovarianzmatrix $\mathbf{\Sigma}$ bestimmen können. Das notwendige Kriterium, das im ökonomischen Kontext oft Bedingung erster Ordnung genannt wird, lautet

$$\frac{\text{d}\sigma_p^2}{\text{d}x_1} = 0,$$

was äquivalent ist zu

$$2 \cdot 0{,}0485 x_1 - 2 \cdot 0{,}0172(1 - x_1) + 2 \cdot (1 - 2x_1) \cdot 0{,}1771 \cdot 0{,}2133 \cdot 0{,}1312 = 0.$$

Daraus folgt $x_1^* = 0{,}2320$ und $\sigma_p^2\left(x_1^*\right) = 0{,}0144.$ Wir erhalten schließlich

$$\mu_{MVP} := \mu_p\left(x_1^*\right) = 0{,}0450 \text{ und}$$

$$\sigma_{MVP} := \sqrt{\sigma_p^2\left(x_1^*\right)} = 0{,}1198.$$

$\square$

Im Vergleich der beiden Beispiele sehen wir, dass das varianzminimale Portfolio in Beispiel 4.11 weniger Anteile von Asset 1 enthält. Das Risiko in Form einer höheren Varianz beziehungsweise Standardabweichung σ_{MVP} ist größer und die erwartete Portfoliorendite μ_{MVP} ist gesunken. Es sei jedoch angemerkt, dass in Beispiel 4.11 die erwartete Rendite μ_1 von Asset 1 um 3 Prozentpunkte anstieg, da der Kurs von Asset 1 in Periode 5 nun bei 140 anstatt 125 stand. Darüber hinaus implizierte dieser Anstieg auch eine positive Korrelation. Eine ceteris paribus Analyse, das heißt eine Analyse bei der sich nur ein Parameter verändert und alle anderen konstant bleiben, liegt hier nicht vor, weil zwei Variablen, nämlich μ_1 und ρ_{12}, gleichzeitig geändert wurden.

Wir wollen jetzt losgelöst von den konkreten Zahlenbeispielen den Mechanismus besser verstehen, wie die Korrelation ρ_{12} die Investitionsentscheidung beeinflusst: Ohne Beschränkung der Allgemeinheit nehmen wir dazu an, dass $\mu_1 > \mu_2$ und somit $\sigma_1 > \sigma_2$ ist, da ein höherer Erwartungswert nach Definition 4.8 nur durch ein höheres Risiko realisiert werden kann. Ceteribus paribus lassen sich folgende Aussagen machen:

- Mit wachsendem Wert der Korrelation ρ_{12} verkleinert sich der Anteil x_1 in der risikominimalen Mischung und die resultierende Varianz σ_{MVP}^2 strebt gegen σ_2^2.
- Mit wachsendem Wert für ρ_{12} konvergiert die Portfoliorendite mit minimaler Varianz, μ_{MVP}, somit gegen μ_2.

Intuitiv ist dies nachvollziehbar, weil bei annähernd perfekter Abhängigkeit der beiden Assets ein rationaler Investor eine ähnliche Kursrichtung beziehungsweise Tendenz beider Assets vermuten würde. Unter diesen Rahmenbedingungen wählt ein Investor, der das Risiko minimieren möchte, einen hohen Anteil der Anlage mit niedriger Rendite μ_2.

Betrachten wir nun erneut das Beispiel 4.11, um die genannten Effekte nachvollziehen zu können. Ceteris paribus sei nun die Korrelation $\tilde{\rho}_{12} = 0{,}5$. Analog zur bereits durchgeführten Rechnung erhalten wir dann $\tilde{x}_1^* = 0{,}0926$ und

$$\tilde{\mu}_{MVP} := \mu_p\left(\tilde{x}_1^*\right) = 0{,}0335$$

$$\tilde{\sigma}_{MVP} := \sqrt{\sigma_p^2\left(\tilde{x}_1^*\right)} = 0{,}1300$$

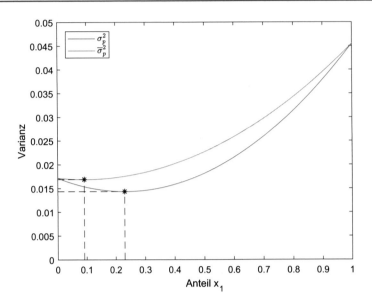

Abb. 4.2 $\sigma_p^2(x_1)$ mit $x_1^* = 0,232$ und $\tilde{\sigma}_p^2(x_1)$ mit $\tilde{x}_1^* = 0,0926$

beziehungsweise $\tilde{\sigma}_p^2\left(x_1^*\right) = 0,0169$. In Abb. 4.2 wird dargestellt, wie sich die Abhängigkeit der Varianz von x_1 durch die Erhöhung der Korrelation verändert hat. Die höhere Korrelation führt durchweg zu einem höheren (beziehungsweise an den Randpunkten mindestens genauso großem) Risiko.

In den bisherigen Beispielen haben wir die Portfoliorendite und Varianz als Funktion des Investmentteils x_1 betrachtet, das heißt $\mu_p(x_1)$ und $\sigma_p^2(x_1)$. Nun möchten wir die Portfoliorendite in Abhängigkeit von der Standardabweichung analysieren, um den Zusammenhang in einer Graphik, die diese beiden relevanten Größen enthält, darzustellen. Schauen wir uns dies erneut im Kontext von Beispiel 4.10 an: Als Erstes formen wir Gl. (4.6) nach x_1 um, was zu

$$x_1 = \frac{\mu_p - \mu_2}{\mu_1 - \mu_2} \tag{4.8}$$

führt. Den gewonnenen Ausdruck setzen wir dann für x_1 in (4.7) ein und erhalten

$$\sigma_p^2 = \sigma_1^2 \cdot \left(\frac{\mu_p - \mu_2}{\mu_1 - \mu_2}\right)^2 + \sigma_2^2 \cdot \left(1 - \frac{\mu_p - \mu_2}{\mu_1 - \mu_2}\right)^2. \tag{4.9}$$

Einsetzen der Werte aus Beispiel 4.10 liefert

$$\sigma_p^2 = 0,0281 \left(\frac{\mu_p - 0,0258}{0,0526}\right)^2 + 0,0172 \left(1 - \frac{\mu_p - 0,0258}{0,0526}\right)^2,$$

was schließlich zu der quadratischen Gleichung

$$16{,}3729\mu_p^2 - 1{,}5014\mu_p + 0{,}045 - \sigma_p^2 = 0$$

umgeformt werden kann. Dann erhalten wir mithilfe der quadratischen Lösungsformel den (nicht-eindeutigen) Zusammenhang

$$\mu_p = 0{,}0458 \pm \sqrt{0{,}0609\sigma_p^2 - 0{,}0007}. \tag{4.10}$$

Unter ökonomischen Gesichtspunkten würde ein EV-Investor die Investmentgewichte x_1 und x_2 so wählen, dass bei jedem Risiko, gemessen anhand der Portfoliostandardabweichung σ_p, die größtmögliche Rendite generiert wird. Wie wir auch bereits in Abb. 4.1 gesehen haben, existieren zu jedem σ_p^2 mit $\sigma_p^2 > \sigma_{MVP}^2$ zwei Investmentgewichte $\tilde{x}_1$ und $\widehat{x}_1$ mit $\sigma_p^2(\tilde{x}_1) = \sigma_p^2(\widehat{x}_1) > \sigma_{MVP}^2$. Der Investor wählt von diesen beiden Möglichkeiten dasjenige Investmentgewicht x_1, bei dem die Portfoliorendite den maximalen Wert annimmt. Ohne Beschränkung der Allgemeinheit sei hier $\mu_p(\tilde{x}_1) > \mu_p(\widehat{x}_1)$, das heißt, $\tilde{x}_1$ wird vom Investor gewählt. In (4.10) korrespondiert der positive Ast der Funktion zu $\tilde{x}_1$ und der negative Ast zu $\widehat{x}_1$. Somit wird aus ökonomischen Gesichtspunkten deutlich, dass in der Darstellung in einem (σ, μ)-Diagramm nur der positive Ast der Wurzelfunktion relevant ist, das heißt,

$$\mu_p = 0{,}0458 + \sqrt{0{,}0609\sigma_p^2 - 0{,}0007}. \tag{4.11}$$

Das entsprechende (σ, μ)-Diagramm ist in Abb. 4.3 zu sehen.

Gl. (4.11) wird als **effizienter Rand** bezeichnet. Wenn man sich den Ausdruck genau ansieht, fällt auf, dass der Term vor der Wurzel genau μ_{MVP} entspricht. Dies ist kein Zufall, denn allgemein kann folgender Zusammenhang gezeigt werden.

Satz 4.12: Effizienter Rand für zwei risikobehaftete Anlagen
Unter der Annahme, dass $|\rho_{12}| \neq 1$ ist, lautet die Gleichung des *effizienten Randes*

$$\mu_p = \mu_{MVP} + \sqrt{h \cdot \left(\sigma_p^2 - \sigma_{MVP}^2\right)},$$

mit $h = (\mu_1 - \mu_2)^2 / \left(\sigma_1^2 + \sigma_2^2 - 2\rho_{12} \cdot \sigma_1 \cdot \sigma_2\right)$. Mengentheoretisch definieren wir den *effizienten Rand* durch die Menge A

$$A = \left\{ (\sigma_p, \mu_p) : \mu_p = \mu_{MVP} + \sqrt{h \cdot \left(\sigma_p^2 - \sigma_{MVP}^2\right)} \right\}. \tag{4.12}$$

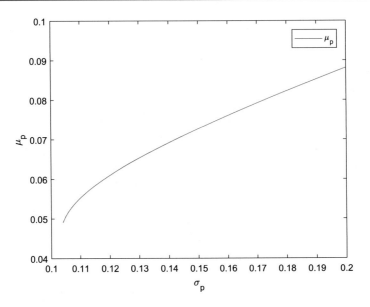

Abb. 4.3 Effizienter Rand von Beispiel 4.10

Um Satz 4.12 zu beweisen, muss lediglich (4.9) für den Fall einer Korrelation ungleich 0 formuliert werden und dann wiederum (4.8) eingesetzt werden. Die Details lassen wir als kleine Übung offen.

Beispiel 4.13 (Fortsetzung von Beispiel 4.11) Analog können wir auch hier den effizienten Rand bestimmen. Noch einfacher funktioniert dies durch direkte Anwendung von Satz 4.12. Mit beiden Methoden erhalten wir

$$\mu_p = 0{,}0450 + \sqrt{0{,}1291\sigma_p^2 - 0{,}0019}.$$

4.4 Markowitz-Modell für *n* Assets

Natürlich ist die gerade in Abschn. 4.3 gemachte Annahme, dass es nur zwei Assets gibt, nicht sonderlich nahe an der Realität, denn in Wirklichkeit bestehen auf den Finanzmärkten unzählige verschiedene Investitionsmöglichkeiten. Unsere bisherigen Überlegungen können wir jedoch für den Fall verallgemeinern, dass n risikobehaftete Anlagen auf dem Markt existieren. Es sind dann die Investmentgewichte $x_1, \dots x_n \in \mathbb{R}$ zu berechnen. Die Korrelationen der Assets seien durch die $n \times n$-Korrelationsmatrix $\boldsymbol{\Sigma}$ gegeben. In der Praxis werden diese Korrelationen meist aus den historischen Renditen bestimmt. Unter Verwendung der Vektorschreibweise $\mathbf{x^T} = (\mathbf{x_1}, \dots \mathbf{x_n})^{\mathbf{T}}$ ist die Portfoliovarianz, wie bereits in Satz 4.6 gezeigt,

$$\sigma_p^2 = \mathbf{x} \boldsymbol{\Sigma} \mathbf{x}^{\mathbf{T}}.$$

Falls der EV-Investor das Risiko σ_p^2 unter einer vorgegebenen Zielrendite $\bar{\mu}_p$ minimieren möchte, so lautet das Minimierungsproblem

$$\min_{x_1, \ldots x_n} \mathbf{x} \boldsymbol{\Sigma} \mathbf{x}^{\mathbf{T}} \text{ unter den Bedingungen } \sum_{i=1}^{n} x_i \cdot \mu_i = \bar{\mu}_p \text{ und } \sum_{i=1}^{n} x_i = 1. \qquad (4.13)$$

Wenn der Investor hingegen ein gegebenes Risiko $\bar{\sigma}_p^2$ akzeptiert, liegt das Optimierungsproblem

$$\max_{x_1, \ldots x_n} \sum_{i=1}^{n} x_i \cdot \mu_i \text{ unter den Bedingungen } \mathbf{x} \boldsymbol{\Sigma} \mathbf{x}^{\mathbf{T}} \leq \bar{\sigma}_p^2 \text{ und } \sum_{i=1}^{n} x_i = 1 \qquad (4.14)$$

vor. In der Praxis ist das Minimierungsproblem, bei dem eine Zielrendite vorgegeben wird und diese mit möglichst geringem Risiko realisiert werden soll, von weitaus größerer Relevanz.

Die Bedingungen $\sum_{i=1}^{n} x_i \mu_i = \bar{\mu}_p$ und $\sum_{i=1}^{n} x_i = 1$ werden als die **Renditerestriktion** beziehungsweise **Budgetrestriktion** bezeichnet. Sie legen fest, dass mit der Investition ein bestimmtes Renditeniveau erreicht beziehungsweise das gesamte Budget für die Investition eingesetzt wird. Es wird dabei zwischen zwei Fällen unterschieden:

- Fall 1: Short Sales erlaubt, das heißt, die $x_i \in \mathbb{R}$ sind beliebig. Die Gewichte können negative Vorzeichen haben.
- Fall 2: Short Sales nicht erlaubt, also $x_1, \ldots, x_i \geq 0$.

Durch Anwendung des Lagrange-Ansatzes, siehe Abschn. 7.4 im Anhang, kann im ersten Fall der lokale Extremwert bestimmt werden, wohingegen im zweiten Fall Methoden der quadratischen Optimierung für Probleme, für die im Allgemeinen keine analytische Lösung bestimmt werden kann, herangezogen werden müssen. In beiden Fällen resultiert hieraus der geometrische Rand der Menge aller zulässigen Portfolios, die aus denjenigen Punkten besteht, die bezüglich eines fixierten Erwartungswertes eine minimale Standardabweichung aufweisen. Dieser geometrische Rand ist eine Wurzelfunktion als Funktion der Portfoliovarianz σ^2. Der obere Ast der Funktion im (σ, μ)-Diagramm ist der effiziente Rand, der strukturell wie in Abb. 4.2 dargestellt werden kann. Wir wollen die beschriebenen Zusammenhänge nun mithilfe eines Beispiels näher erklären.

Beispiel 4.14 (3-Asset-Fall, Short Sales erlaubt) Im folgenden betrachten wir drei unkorrelierte Assets mit erwarteten Renditen $\mu_1 = 0,1$, $\mu_2 = 0,3$, $\mu_3 = 0,4$ und identischen Varianzen $\sigma_i^2 = 0,5$ für $i = 1, 2, 3$. Das Minimierungsproblem aus (4.13) führt dann zu folgender Lagrange-Funktion (vergleiche Definition 7.37)

$$L\,(x_1, x_2, x_3, \lambda_1, \lambda_2) = 0.5x_1^2 + 0.5x_2^2 + 0.5x_3^2 - \lambda_1 \cdot \left(0.1x_1 + 0.3x_2 + 0.4x_3 - \bar{\mu}_p\right)$$
$$- \lambda_2 \cdot (x_1 + x_2 + x_3 - 1)\,.$$

Die Lagrange-Gleichungen (siehe Satz 7.39) lauten dementsprechend

$$\frac{\partial L}{\partial x_1} = x_1 - 0.1\lambda_1 - \lambda_2 = 0 \quad \Rightarrow \quad x_1 = 0,1\lambda_1 + \lambda_2$$

$$\frac{\partial L}{\partial x_2} = x_2 - 0.3\lambda_1 - \lambda_2 = 0 \quad \Rightarrow \quad x_2 = 0,3\lambda_1 + \lambda_2$$

$$\frac{\partial L}{\partial x_3} = x_3 - 0.4\lambda_1 - \lambda_2 = 0 \quad \Rightarrow \quad x_3 = 0,4\lambda_1 + \lambda_2$$

$$\frac{\partial L}{\partial \lambda_1} = 0,1x_1 + 0,3x_2 + 0,4x_3 - \bar{\mu}_p = 0$$

$$\frac{\partial L}{\partial \lambda_2} = x_1 + x_2 + x_3 - 1 = 0.$$

Einsetzen der ersten 3 Gleichungen in die letzten beiden Gleichungen ergibt

$$0,26\lambda_1 + 0,8\lambda_2 = \bar{\mu}_p,$$
$$0,8\lambda_1 + 3\lambda_2 = 1.$$

Es handelt sich hier um ein lineares Gleichungssystem, das nach λ_1 und λ_2 mit dem Gauß Algorithmus, der Cramerschen Regel oder dem Einsetzungsverfahren umgeformt werden kann. Hieraus folgt

$$\lambda_1 = -5,7143 + 21,4286\,\bar{\mu}_p,$$
$$\lambda_2 = 1,8571 - 5,7143\,\bar{\mu}_p$$

und schließlich

$$x_1 = 1,2857 - 3,5714\bar{\mu}_p,$$
$$x_2 = 0,1428 + 0,7143\bar{\mu}_p,$$
$$x_3 = -0,4286 + 2,8571\bar{\mu}_p.$$

Die resultierende Varianz ist folglich

$$\sigma_p^2 = 0,5x_1^2 + 0,5x_2^2 + 0,5x_3^2 = 10,7143\bar{\mu}_p^2 - 5,7143\bar{\mu}_p + 0,9286. \tag{4.15}$$

Ableiten nach $\bar{\mu}_p$ und Nullsetzen von (4.15) liefert die erwartete Portfoliorendite $\mu_{MVP} = 0,2667$ für die minimal mögliche Standardabweichung des Portfolios. Durch Einsetzen von μ_{MVP} in (4.15) folgt dann $\sigma_{MVP} = 0,1666$. Durch Auflösen der quadratischen Gl. (4.15) nach μ_p erhalten wir mit der quadratischen Lösungsformel

$$\mu_p = 0{,}2667 \pm \sqrt{0{,}0933\sigma_p^2 - 0{,}0155}. \tag{4.16}$$

Der effiziente Rand ist wie im vorherigen Kapitel der positive Ast. $\square$

Abschließend sei zu Beispiel 4.14 noch angemerkt, dass hier das zuvor berechnete $\mu_{MVP} = 0{,}2667$ als erster Summand in Gl. (4.16) auftaucht. Dies ist kein Zufall, sondern auch in der allgemeinen Struktur des effizienten Randes für n Assets immer der Fall, vergleiche dazu Satz 4.12.

4.5 EV-Präferenzfunktion

Unser nächstes Ziel ist es jetzt, besser zu verstehen, welche Auswirkungen die Annahme hat, dass wir es mit einem sogenannten EV-Investor zu tun haben. Was können wir über dessen Präferenzen aussagen? Welche Investments wird er tätigen? Unser Modell soll dabei so allgemein gehalten werden, dass es auch eine individuelle Komponente enthält, die von der Persönlichkeit des jeweiligen Investors abhängt. Deshalb betrachten wir nun einen Investor, der gemäß seiner individuellen Risikobereitschaft eine Präferenzfunktion maximiert. Wie bereits in Abschn. 4.3 beschränken wir uns hier abermals auf den Fall, dass dem Investor, nur zwei risikobehaftete Assets zur Verfügung stehen. Des Weiteren sind Short Sales erlaubt und aus der Budgetrestriktion folgt somit wieder $x_2 = 1 - x_1$. Der Investor muss also nur seine Präferenzvorstellungen bezüglich der Bewertung der beiden Aktien beachten. Diese werden mathematisch durch eine sogenannte **Präferenzfunktion** des Investors ausgedrückt. Deren allgemeine Form lautet

$$V(x_1) := V\left(\mu_p(x_1), \sigma_p^2(x_1)\right), \tag{4.17}$$

das heißt, dass die Präferenzen (wegen $x_2 = 1 - x_1$) nur vom Gewicht x_1 abhängen. Durch diese Variable werden sowohl die erwartete Rendite μ als auch das damit einhergehende Risiko, ausgedrückt durch σ^2, eindeutig festgelegt. Da ein Investor eine hohe Portfoliorendite bei möglichst geringem Risiko anstrebt, gehen wir in (4.17) explizit von folgender Form aus

$$\begin{aligned}
V(x_1) &:= V\left(\mu_p(x_1), \sigma_p^2(x_1)\right) \\
&= \mu_p(x_1) - \alpha \cdot \sigma_p^2(x_1) \\
&= \mu_2 + (\mu_1 - \mu_2) \cdot x_1 - \alpha \cdot \left[\sigma_1^2 \cdot x_1^2 + (1 - x_1)^2 \cdot \sigma_2^2 + 2x_1 \cdot (1 - x_1) \cdot \sigma_{12}\right],
\end{aligned}$$

wobei $a > 0$ der individuelle **Risikoaversionsparameter** des Investors ist. Je höher α ist, desto mehr scheut der Investor das Risiko, denn der negative Einfluss der Varianz in V erhöht sich dann.

Beispiel 4.15 Gegeben sei ein x_1^*, so dass $\mu_p(x_1^*) = 3$ und $\sigma_p^2(x_1) = 0{,}5$ sind. Wir betrachten nun zwei Investoren mit Risikoaversionsparametern $\alpha_1 = 1$ und $\alpha_2 = 2$. Dann hat der erste Investor einen Nutzen von

$$V_1(x_1^*) = 3 - 1 \cdot 0{,}5 = 2{,}5$$

und der zweite Investor von

$$V_2(x_1^*) = 3 - 2 \cdot 0{,}5 = 2.$$

Der Nutzen des Portfolios mit Anteil x_1^* ist also für den zweiten Investor niedriger als für den ersten. Der Grund dafür ist, dass das mit dem Portfolio einhergehende Risiko von ihm stärker negativ gewichtet wird als vom ersten Investor ($\alpha_2 > \alpha_1$). □

Aus der Bedingung erster Ordnung

$$\frac{dV(x_1)}{dx_1} = 0$$

folgt für das optimale Investmentgewicht von Asset 1

$$x_1^* = \frac{2\alpha \cdot (\sigma_{12} - \sigma_2^2) - (\mu_1 - \mu_2)}{4\alpha \cdot \sigma_{12} - 2\alpha \cdot (\sigma_1^2 + \sigma_2^2)}. \tag{4.18}$$

Folglich kann dieses für Asset 2 mittels $x_2^* = 1 - x_1^*$ berechnet werden.

Beispiel 4.16 (Fortsetzung von Beispiel 4.10) Falls der Risikoaversionsparameter des Investors $\alpha = 1{,}5$ ist, so bestimmen wir das Investmentgewicht von Asset 1 mittels

$$x_1^* = \frac{2 \cdot 1{,}5(0 - 0{,}0172) - (0{,}0784 - 0{,}0258)}{4 \cdot 1{,}5 \cdot 0 - 2 \cdot 1{,}5 \cdot (0{,}0281 + 0{,}0172)} = 0{,}7659.$$

Entsprechend ist $x_2^* = 0{,}2342$. □

Allgemein kann als Messzahl für die Risikoaversion eines Investors das **Arrow-Pratt-Maß** herangezogen werden. Dazu wird eine allgemeine Nutzenfunktion $u(x)$, die den Nutzen des Investors in Abhängigkeit von den Investitionsgewichten beschreibt, verwendet. Beispielsweise kann $u(x) = V(x)$ sein, es ist aber auch denkbar, dass sich der Nutzen nicht ausschließlich oder sogar überhaupt nicht anhand von Erwartungswert und Varianz des Portfolios bemisst. Das Arrow-Pratt-Maß ist dann definiert durch

$$ARA(x) := -\frac{u''(x)}{u'(x)}.$$

Negative Werte von $ARA(x)$ bedeuten, dass ein Investor risikofreudig ist, während positive Werte einen risikoaversen Investor auszeichnen. Risikoneutralität geht mit einem $ARA(x)$ von 0 einher. Für weitere Details sei hier auf [MWG95] verwiesen.

Beispiel 4.17 (Arrow-Pratt-Maß) Im Falle unserer expliziten Form der Nutzenfunktion ergibt sich

$$u'(x_1) = \mu_1 - \mu_2 - 2\alpha \cdot (x_1 \cdot \sigma_1^2 - (1 - x_1) \cdot \sigma_2^2 + (1 - 2x_1) \cdot \sigma_{12})$$

sowie

$$u''(x_1) = -2\alpha \cdot (\sigma_1^2 + \sigma_2^2 - 2\sigma_{12}).$$

Folglich ist

$$ARA(x) = \frac{-2\alpha \cdot (\sigma_1^2 + \sigma_2^2 - 2\sigma_{12})}{\mu_1 - \mu_2 - 2\alpha \cdot (-\sigma_2^2 + \sigma_{12}) + 2\alpha \cdot x_1 (\sigma_1^2 + \sigma_2^2 - 2\sigma_{12})}.$$

Wir sehen daraus unmittelbar, dass für einen risikoneutralen Investor, der nur den Erwartungswert maximiert, mit $\alpha = 0$ auch $ARA(x) = 0$ gilt. □

4.6 Shortfallrestriktion

Wir lösen uns in diesem Abschnitt von der Fokussierung auf die individuellen Präferenzen des Investors und kommen zu einer aktuell immer stärker an Bedeutung gewinnenden Sichtweise: In Fragen von strategischen Investmententscheidungen beziehungsweise der strategischen Asset Allocation (SAA) oder auch aufgrund von regulatorischen Anforderungen im Risikomanagement, spielen wahrscheinlichkeitstheoretische Risikomaße eine immer wichtigere Rolle. Hier sind insbesondere der *Value at Risk* und der *Tail Value at Risk* zu nennen. In unseren Ausführungen möchten wir hier ausschließlich den Einfluss der Value at Risk Restriktion auf Investmententscheidungen (eines risikobehafteten Portfolios aus n Assets) betrachten, welche beispielsweise im Versicherungsbereich wegen der Solvency II Gesetzgebung weithin verwendet werden muss, siehe [Eur09]. Für eine kurze Beschreibung des Tail Value at Risk verweisen wir auf den Anhang, siehe Beispiel 7.20.

Hier formulieren wir die Value at Risk Restriktion als eine sogenannte **Shortfallrestriktion,** das heißt, dass der Investor entweder einen Verlust mit einer zuvor festgelegten Wahrscheinlichkeit vermeiden möchte oder die Wahrscheinlichkeit einer Unterschreitung der Portfoliorendite unter eine vorgegebene Schranke minimieren möchte. Die Portfoliorendite bezeichnen wir mit R_p und die Wahrscheinlichkeit, die vorgegebene Renditeuntergrenze z zu unterschreiten, sei α. Somit lautet die Restriktion des Investors

$$P\left(R_p \leq z\right) \leq \alpha. \tag{4.19}$$

Die Größe $P\left(R_p \leq z\right)$ wird als **Shortfallwahrscheinlichkeit** bezeichnet. Wir beschränken uns hier auf den Fall, dass die Wahrscheinlichkeit P eine Dichte hat, vergleiche Beispiel 7.2. Wenn wir des Weiteren annehmen, dass die Rendite normalverteilt ist, das heißt $R_p \sim \mathcal{N}\left(\mu, \sigma^2\right)$, dann ist (4.19) unter Anwendung der z-Transformation $\frac{R_p - \mu}{\sigma}$ (siehe Anhang, Beispiel 7.7) äquivalent zu

$$P \left(\frac{R_p - \mu}{\sigma} \leq \frac{z - \mu}{\sigma} \right) \leq \alpha.$$

Durch Anwendung der Umkehrfunktion der Verteilungsfunktion der Standard-normalverteilung $\Phi_{0,1}$ folgt

$$\Phi_{0,1}^{-1} (\alpha) = \frac{z - \mu}{\sigma}$$

und aufgrund der Symmetrieeigenschaft $\Phi_{0,1}^{-1} (\alpha) = -\Phi_{0,1}^{-1} (1 - \alpha)$ erhalten wir

$$\mu = z + \Phi_{0,1}^{-1} (1 - \alpha) \cdot \sigma. \tag{4.20}$$

Um die Notation zu vereinfachen, bezeichne N_α das α-Quantil der Standardnormalverteilung und somit schreiben wir (4.20) als

$$\mu = z + N_{1-\alpha} \cdot \sigma.$$

Die Shortfallrestriktion $P \left(R_p \leq z \right) \leq \alpha$ ist deswegen erfüllt, falls $\mu \geq z + N_{1-\alpha} \cdot \sigma$ ist. Anschaulich wird der (σ, μ)-Raum in zwei disjunkte Mengen unterteilt, die durch die Geradengleichung $\mu = z + N_{1-\alpha} \cdot \sigma$ induziert wird, vergleiche zum Beispiel Abb. 4.4. Nur die Wertepaare oberhalb der Geraden erfüllen die Shortfallrestriktion.

Nehmen wir nun das Prinzip der Erwartungsmaximierung aus den Abschn. 4.3 und 4.4 hinzu, so lautet das Optimierungsproblem des EV-Investors unter Berücksichtigung der Shortfallrestriktion

$$\max_{x_1, \ldots, x_n} E \left(R_p \right) \text{ unter der Bedingungen } P \left(R_p \leq z \right) \leq \alpha,$$

wobei $E \left(R_p \right) = \mu_p$ die erwartete Portfoliorendite bezeichnet.

Beispiel 4.18 (Shortfallrestriktion) Analog zu Beispiel 4.10 hat der Investor die historischen Renditen berechnet und mittels Lagrange-Optimierung den effizienten Rand bestimmt. Dieser lautet nun

$$\mu_p = 0{,}09 + \sqrt{0{,}2\sigma_p^2 - 0{,}001}.$$

Die Shortfallrestriktion sei durch die Bedingung

$$P \left(R_p \leq 0{,}002 \right) \leq 0{,}1 \tag{4.21}$$

gegeben. Das heißt, der Investor möchte, dass die Wahrscheinlichkeit eines kleineren Gewinns als 0,002 höchstens 10 % beträgt. Da die Rendite R_p als normalverteilt angenommen wird, können wir (4.21) schreiben als

$$\mu = 0{,}002 + N_{0,9} \cdot \sigma_p.$$

Aus der Tabelle der Standardnormalverteilung, Abschn. 7.3, lesen wir $N_{0,9} = 1,2816$ ab und erhalten als Shortfallgerade

$$\mu \geq 0,002 + 1,2816\sigma_p. \tag{4.22}$$

Wir bestimmen nun die Schnittpunkte der Shortfallgeraden mit dem effizienten Rand. Dies führt zu der Gleichung

$$0,09 + \sqrt{0,2\sigma_p^2 - 0,001} = 0,002 + 1,2816\sigma_p.$$

Diese lässt sich umformen zu

$$\sqrt{0,2\sigma_p^2 - 0,001} = -0,088 + 1,2816\sigma_p.$$

Durch Quadrieren beider Seiten ergibt sich

$$0,2\sigma_p^2 - 0,001 = 0,0077 - 0,2256\sigma_p + 1,6425\sigma_p^2.$$

Aus dieser quadratischen Gleichung erhalten wir unter Verwendung der Lösungsformel die zwei Lösungen $\sigma_1^* = 0,071$ und $\sigma_2^* = 0,0853$. Ein EV-Investor bevorzugt selbstverständlich diejenige Lösung, die eine höhere Rendite abwirft. Durch Einsetzen in (4.22) sehen wir, dass $\sigma_2^* = 0,0853$ die höhere Rendite generiert, nämlich

$$\mu^* = 0,002 + 1,2816\sigma_2^* = 0,1113.$$

Somit würde ein rationaler EV-Investor die Kombination

$$\left(\sigma^*; \mu^*\right) = (0,0853; 0,1113).$$

aus Risiko und Rendite wählen. In Abb. 4.4 ist die Situation veranschaulicht.

4.7 Portfoliotheorie mit sicherer Anlage

In unserer bisherigen Darstellung konnte ein Portfolio stets aus n (meistens zwei) Assets zusammengestellt werden, welche alle *risikobehaftet* waren. Solche Assets sind mathematisch gesehen dadurch charakterisiert, dass deren Volatilität, gemessen durch die Standardabweichung, grösser als Null ist. Dieses Modell wollen wir jetzt erweitern: Dem Investor steht ab sofort zusätzlich eine *risikofreie* Anlage mit der sicheren Rendite r_0 zur Verfügung. Risikofrei bedeutet in diesem Kontext, dass die Volatilität gleich Null ist.

Wir nehmen an, dass ein vollkommener Finanzmarkt (siehe Abschn. 2.4) existiert, was impliziert, dass zu diesem sicheren Zins beliebige Beträge angelegt und als Kredit aufgenommen werden können, vergleiche Abschn. 1.2. Wie in Kap. 1 ausgeführt, wird der sichere

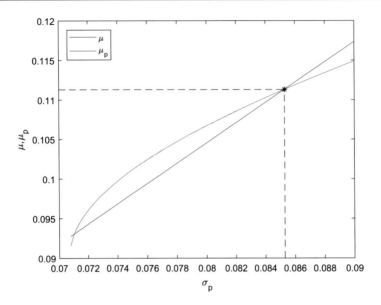

Abb. 4.4 Shortfallgerade und effizienter Rand

Zins in der Praxis durch die Spot Rate kurzfristiger Zero-Coupon-Bonds (AAA Rating) approximiert.

Wir fixieren nun als Erstes ein risikobehaftetes Portfolio P, wie wir es in den vorherigen Abschnitten analysiert haben. Anschließend betrachten wir ein Gesamtportfolio R, das zu einem Teil aus diesem Portfolio P und zu einem anderen Teil aus der sicheren Anlage mit Rendite r_0 besteht. Dazu sind folgende Notationen nötig:

- Die Rendite des risikobehafteten Portfolios P sei R_p.
- Die erwartete Rendite des risikobehafteten Portfolios P sei, wie bereits in den letzten Abschnitten eingeführt, μ_p. Die zugehörige Varianz sei σ_p^2.
- Den Anteil der Investition in P bezeichnen wir mit x, wobei $0 \leq x < \infty$ ist.
- Der Anteil der Investition in die sichere Anlage sei $1 - x$ mit $-\infty < 1 - x \leq 1$.
- Folglich bedeutet ein Wert $x > 1$, dass eine Investition in das Portfolio durch einen Short Sale der sicheren Anlage finanziert wird.

Damit ergibt sich die Rendite des Gesamtportfolios durch

$$R = x \cdot R_p + (1 - x) \cdot r_0.$$

Es folgt dann für den Erwartungswert und die Varianz des Gesamtportfolios

$$\mu = x \cdot \mu_p + (1 - x) \cdot r_0 = r_0 + x \cdot (\mu_p - r_0)$$
$$\sigma^2 = \text{Var}\left[x \cdot R_p + (1 - x) \cdot r_0\right] = x^2 \cdot \sigma_p^2.$$

Aus der Gleichung für die Varianz ergibt sich $x = \frac{\sigma}{\sigma_p}$, was durch Einsetzen in die erste Gleichung

$$\mu = r_0 + \frac{\mu_p - r_0}{\sigma_p}\sigma \tag{4.23}$$

impliziert.

Beispiel 4.19 Der sichere Zins am Markt betrage $r_0 = 0,02$. Außerdem sei die erwartete Portfoliorendite $\mu_p = 0,05$ und die zugehörige Standardabweichung $\sigma_p = 0,03$. Dann ist die erwartete Rendite des Gesamtportfolios

$$\mu = 0,02 + \frac{0,05 - 0,02}{0,03}\sigma = 0,02 + \sigma.$$

Wir können also μ als eine Funktion von σ auffassen. Je mehr Risiko der Investor bereit ist einzugehen, um so höher ist seine erwartete Rendite.   □

Die Menge aller Portfolios ist nun, wie in (4.23) zu sehen, eine Gerade mit der Steigung $\frac{\mu_p - r_0}{\sigma_p}$. Im Zähler steht die sogenannte Überrendite $\mu_p - r_0$, das heißt die Rendite der risikobehafteten Anlage oberhalb des risikofreien Zinses. Je größer diese Differenz ist, desto steiler verläuft diese Gerade. Im Nenner steht die Volatilität des risikobehafteten Portfolios. Dieser Quotient wird auch **Sharp Ratio** genannt.

Die Entscheidung eines EV-Investor kann jetzt in zwei Schritte unterteilt werden:

1. Wie sollen die Anteile x_i der einzelnen risikobehafteten Assets allokiert werden und daraus entsprechend das risikobehaftete Portfolio gebildet werden?
2. Welcher Anteil x der Gesamtinvestition soll in das risikobehaftete Portfolio fließen und welcher Anteil $1 - x$ in die risikofreie Anlage?

Für die weitere Analyse definieren wir $\tilde{A}$ als die Menge der erreichbaren Portfolios (σ, μ) unter Berücksichtigung der sicheren Anlage r_0 und der risikobehafteten Anlage. Für fixiertes $(\sigma_p, \mu_p) \in A$ erhalten wir

$$\tilde{A} = \left\{ (\sigma, \mu) : \mu = r_0 + \frac{\mu_p - r_0}{\sigma_p}\sigma \right\}, \tag{4.24}$$

wobei der effiziente Rand A in (4.12) definiert wurde. Der effiziente Rand in (4.24) wird auch als **Effizienzgerade** bezeichnet. Mit einer anschaulichen geometrischen Argumentation möchten wir den effizienten Rand $\hat{A}$ des Gesamtportfolios, also der Menge $\tilde{A}$, bestimmen. Betrachten wir dazu erneut den effizienten Rand des risikobehafteten Portfolios und nehmen nun den sicheren Zins r_0 hinzu. In Abb. 4.5 sind drei Geraden mit unterschiedlichen Sharp Ratios gegeben. Der Investor möchte die größtmögliche Überrendite erwirtschaften. Daher ist die maximale Steigung, die erreicht werden kann, gerade diejenige, bei der die Gerade den effizienten Rand tangential berührt. Wir erhalten somit

$$\hat{A} = \left\{ (\sigma, \mu) : \mu = r_0 + \frac{\mu_T - r_0}{\sigma_T} \sigma \right\}, \tag{4.25}$$

wobei (σ_T, μ_T) das sogenannte Tangentialportfolio ist. Diese Sharp Ratio des Tangentialportfolios $\frac{\mu_T - r_0}{\sigma_T}$ ist die maximal mögliche Sharp Ratio, die ein Investor erreichen kann. Diese Sharp Ratio ist die Steigung der Tangente in Abb. 4.5 ist $\frac{\mu_T - r_0}{\sigma_T}$. Daher kann rechnerisch das Tangentialportfolio durch Maximierung der Sharp Ratio eindeutig bestimmt werden. Ein EV-Investor wählt dann letztendlich dasjenige Portfolio in $\hat{A}$ aus, das aufgrund seiner individuellen Präferenzen optimal ist.

Der Anteil $1 - x$, der in die sichere Anlage (beziehungsweise in den risikofreien Zins) investiert wird, drückt den subjektiven Grad der Risikoaversion des Investors aus. Aus unseren Überlegungen folgt unmittelbar die Gleichheit

$$x = \frac{\sigma}{\sigma_T}. \tag{4.26}$$

Zusammengefasst können hierbei folgende Fälle auftreten:

- $x = 1$: Somit wird nur in das Tangentialportfolio investiert. Das Risiko beträgt σ_T, was unmittelbar aus (4.26) folgt.

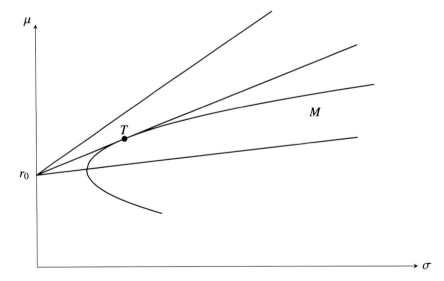

Abb. 4.5 Tangentialportfolio

- $x < 1$: Der Investor investiert einen Teil in P und den anderen Teil in die risikofreie Anlage mit Zins r_0. Das Risiko σ ist somit kleiner als σ_T.
- $x > 1$: Der Investor nimmt am Kapitalmarkt einen Kredit zum risikofreien Zins r_0 auf und investiert damit in P. Daraus folgt: $\sigma > \sigma_T$.

Diese drei genannten Fälle sind ökonomisch sehr intuitiv, da zum Beispiel im dritten Fall das Risiko am größten ist, weil ein Darlehen am Kapitalmarkt dazu genutzt wird, um ein riskantes Investment zu tätigen.

Beispiel 4.20 (Effizienter Rand bei Existenz einer risikofreien Anlage) Betrachten wir erneut das Beispiel 4.10 aus Abschn. 4.3, für das wir den effizienten Rand bereits in (4.10) bestimmt hatten, nämlich

$$0{,}0458 + \sqrt{0{,}0609\sigma_p^2 - 0{,}0007}. \tag{4.27}$$

Es sei an dieser Stelle erneut darauf hingewiesen, dass alle Werte auf vier Nachkommastellen gerundet angegeben werden, aber alle Zwischenschritte mit exakten Werten berechnet werden. Wir nehmen nun ausnahmsweise für die folgenden Berechnungen Abstand von diesem Vorgehen und nehmen an, dass in (4.27) die korrekten Werte der Dezimalzahlen angegeben sind und vernachlässigen die exakten Ergebnisse aus Beispiel 4.10. Nun steht dem Investor noch eine sichere Anlage mit dem Zins $r_0 = 0{,}02$ zur Verfügung. Wir betrachten somit folgende Gleichung

$$0{,}0458 + \sqrt{0{,}0609\sigma_p^2 - 0{,}0007} = 0{,}02 + m \cdot \sigma_p,$$

die wir zu

$$m \cdot \sigma_p - 0{,}0258 = \sqrt{0{,}0609\sigma_p^2 - 0{,}0007}$$

umformen und quadrieren

$$m^2 \cdot \sigma_p^2 + 0{,}0258^2 - 0{,}0516\, m \cdot \sigma_p = 0{,}0609\sigma_p^2 - 0{,}0007.$$

Durch Umstellen erhalten wir die quadratische Gleichung

$$(m^2 - 0{,}0609) \cdot \sigma_p^2 - 0{,}0516\, m \cdot \sigma_p + 0{,}0014 = 0.$$

Die beiden Lösungen mittels der quadratischen Lösungsformel lauten allgemein $\sigma_{1,2} = \frac{-B \pm \sqrt{B^2 - 4AC}}{2A}$. Damit es sich bei der Gerade $0{,}02 + m \cdot \sigma_p$ um eine Tangente handelt, muss die Diskrimante gleich null sein. Wir bestimmen die Steigung m des Tangentialportfolios also durch

$$(0{,}0516\, m)^2 - 4 \cdot (m^2 - 0{,}0609) \cdot 0{,}0014 = 0.$$

Numerisch ergibt sich damit

$$m = 0{,}3447.$$

Somit lautet der effiziente Rand

$$\hat{A} = \left\{ (\sigma, \mu) : \mu = 0{,}02 + 0{,}3447\sigma \right\}.$$

In Abb. 4.6 ist die Situation verdeutlicht.

In Beispiel 4.20 haben wir gerade mithilfe einer sehr expliziten Rechnung das Tangentialportfolio bestimmt. Zum Abschluss des Kapitels leiten wir in einem weiteren, deutlich abstrakteren Beispiel ein allgemeines Verfahren zur Berechnung des Tangentialportfolios her.

Beispiel 4.21 (Zwei riskante Assets und eine risikofreie Anlage) Für den Fall, dass zwei riskante Assets vorliegen, hatten wir in (4.12) den effizienten Rand allgemein beschrieben. Nun steht dem Investor zusätzlich die risikofreie Anlage mit Verzinsung r_0 zur Verfügung. Der neue effiziente Rand des Gesamtportfolios $\hat{A}$ hat die Form $r_0 + m \cdot \sigma$, wobei m bestimmt werden muss. Hierzu setzen wir

$$\mu_p = \mu_{MVP} + \sqrt{h \cdot \left(\sigma_p^2 - \sigma_{MVP}^2 \right)}$$

mit $r_0 + m \cdot \sigma$ gleich und erhalten

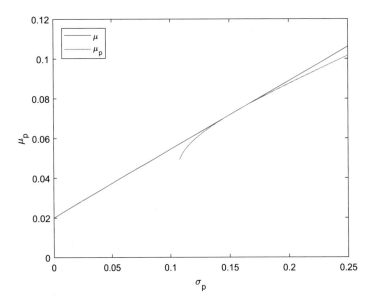

Abb. 4.6 Tangentialgerade und effizienter Rand

$$\mu_{MVP} + \sqrt{h \cdot \left(\sigma^2 - \sigma_{MVP}^2\right)} = r_0 + m \cdot \sigma$$

beziehungsweise

$$\mu_{MVP} - r_0 - m \cdot \sigma = \sqrt{h \cdot \left(\sigma^2 - \sigma_{MVP}^2\right)}.$$

Quadrieren und Umsortieren nach den Potenzen von σ liefert die quadratische Gleichung

$$(m^2 - h) \cdot \sigma^2 - 2m \cdot (\mu_{MVP} - r_0) \cdot \sigma + (\mu_{MVP} - r_0)^2 + h \cdot \sigma_{MVP}^2 = 0.$$

Wenn wir deren Koeffizienten mit der allgemeinen quadratischen Gleichung

$$A \cdot \sigma^2 + B \cdot \sigma + C = 0,$$

vergleichen, wird ersichtlich, dass hier $A = m^2 - h$, $B = -2m \cdot (\mu_{MVP} - r_0)$ und $C = (\mu_{MVP} - r_0)^2 + h \cdot \sigma_{MVP}^2$ sind. Wir wissen, dass zwei Lösungen existieren, nämlich $\sigma_{1,2} = \frac{-B \pm \sqrt{B^2 - 4A \cdot C}}{2A}$. Da die Tangente bestimmt werden soll, müssen beide Lösungen identisch sein, das heißt $B^2 = 4AC$ oder gleichbedeutend

$$4m^2 \cdot (\mu_{MVP} - r_0)^2 = 4\left(m^2 - h\right) \cdot \left[(\mu_{MVP} - r_0)^2 + h \cdot \sigma_{MVP}^2\right].$$

Daraus folgt

$$m^2 = \frac{(\mu_{MVP} - r_0)^2 + h \cdot \sigma_{MVP}^2}{\sigma_{MVP}^2} = h + \left(\frac{\mu_{MVP} - r_0}{\sigma_{MVP}}\right)^2.$$

Somit erhalten wie die Gleichung für den effizienten Rand beziehungsweise

$$\hat{A} = \left\{ (\sigma, \mu) : \mu = r_0 + \sqrt{h + \left(\frac{\mu_{MVP} - r_0}{\sigma_{MVP}}\right)^2} \cdot \sigma \right\}. \tag{4.28}$$

Zu guter Letzt sei SR_{MVP} die Sharp Ratio des minimalen Varianzportfolios, womit wir (4.28) als

$$\hat{A} = \left\{ (\sigma, \mu) : \mu = r_0 + \sqrt{h + SR_{MVP}^2} \cdot \sigma \right\} \tag{4.29}$$

schreiben können. $\square$

Nachdem Sie Kap. 4 bearbeitet haben, sollten Sie folgende Fragen beantworten können:

- Wie berechnet man erwartungstreue Schätzer für Erwartungswert, Varianz und Korrelation von Assets?
- Wie funktioniert dies auf Portfolioebene?

- Was sind Investmentgewichte?
- Wann dominiert ein Portfolio ein anderes Portfolio definitionsgemäß?
- Wodurch zeichnet sich das varianzminimale Portfolio aus?
- Wie muss man vorgehen, um dieses zu berechnen?.
- Was ist der effiziente Rand? Wie lautet dessen allgemeine Form im Falle von zwei Assets?
- Welche zwei Formulierungen für das Optimierungsproblem eines EV-Investors kennen Sie?
- Was ist eine EV-Präferenzfunktion?
- Welche Bedeutung hat die sogenannte Shortfallrestriktion?
- Aus welchen zwei Schritten besteht eine Portfoliooptimierung typischerweise, falls es risikobehaftete und risikofreie Assets gibt?
- Was ist die Sharp Ratio?
- Wie erklären Sie den Begriff Tangentialportfolio?

4.8   Aufgaben

Aufgabe 4.1 (Rendite und Varianz) Von zwei Anlagen liegen Ihnen folgende historische Kursdaten vor:

Periode	-3	-2	-1	0
Kurs Asset 1	83	120	100	90
Kurs Asset 2	104	120	80	97

☐

Des Weiteren haben Sie von einer Analystin die Information erhalten, dass die beiden Anlagen unkorreliert sind, das heißt $\rho_{12} = 0$.

a) Berechnen Sie jeweils den Erwartungswert der Renditen und die Varianzen der beiden Anlagen.

b) Berechnen Sie jeweils die erwartete Portfoliorendite und die Portfoliovarianz, wenn die Mischung der beiden Anlage im Verhältnis 1:3 erfolgt.

c) Berechnen Sie die erwartete Portfoliorendite und die Portfoliovarianz für das Mischverhältnis aus Teilaufgabe b), falls Sie die Korrelation aus den vorliegenden Daten auf zwei Nachkommastellen genau errechnen. Erklären Sie Ihre Lösung ökonomisch, indem Sie mit der Lösung aus b) vergleichen.

d) Berechnen Sie die erwartete Portfoliorendite und die Portfoliovarianz für das Mischverhältnis aus b), falls die Korrelation $\rho_{12} = -0,5$ ist. Erklären Sie auch hier die Lösung ökonomisch.

Aufgabe 4.2 (Varianzminimales Portfolio, Effizienter Rand, Shortfall Bedingung) Gegeben seien die historischen Kursdaten von zwei risikobehafteten Anlagen, zum Beispiel Aktien:

Periode	-3	-2	-1	0
Kurs Asset 1	80	100	120	150
Kurs Asset 2	180	170	160	200

a) Bestimmen Sie die erwartete Portfoliorendite und die Portfoliovarianz in Abhängigkeit des Investmentanteils x_1 der ersten Aktie. Hierbei dürfen Sie verwenden, dass die Assets nicht miteinander korreliert sind, das heißt $\rho_{12} = 0$.

b) Bestimmen Sie den Investmentanteil x_1 bezüglich der 1. Aktie in Ihrem Portfolio, sodass das Portfolio eine minimale Varianz aufweist.

c) Bestimmen Sie die minimale Varianz σ^2_{MVP} und die Rendite des minimalen Varianzportfolios μ_{MVP}.

d) Bestimmen Sie den effizienten Rand und beachten Sie dabei $\rho_{12} = 0$.

e) Nachdem Ihre Asset Manager kritisiert haben, dass historische Daten der letzten vier Jahr nicht ausreichend sind für eine valide Schätzung der erwarteten Portfoliorendite und Varianz, haben Sie aus einer Historie der letzten 100 Perioden den effizienten Rand

$$\mu = 0{,}045 + \sqrt{0{,}6\sigma^2 - 0{,}0009}$$

berechnet. Des Weiteren ist die Shortfallbedingung gegeben durch

$$P\left(R \le 0\right) \le 0{,}089.$$

Die Rendite sei normalverteilt, das heißt $R_p \sim N\left(\mu, \sigma^2\right)$. Bestimmen Sie unter diesen Voraussetzungen die (σ, μ)-Position des optimalen Portfolios mit maximaler Rendite.

f) Nun steht Ihnen zusätzlich eine risikofreie Anlage mit sicherem Zins r_0 zu Verfügung. Wie hoch muss der risikofreie Zins r_0 sein, damit das in Aufgabenteil e) ermittelte Portfolio auch unter diesen Bedingungen das optimale Portfolio ist?

Aufgabe 4.3 (Effizienter Rand mit risikofreier Anlage) Der effiziente Rand von 2 Assets wurde mit Hilfe der Lagrange-Optimierung bestimmt und ist

$$\mu = \mu_{MVP} + \sqrt{h \cdot \left(\sigma^2 - \sigma^2_{MVP}\right)}$$

mit $h = (\mu_1 - \mu_2)^2 / \left(\sigma_1^2 + \sigma_2^2 - 2\rho_{12} \cdot \sigma_1 \cdot \sigma_2\right)$. Dem Investor steht zusätzlich eine risikofreie Anlage mit sicherem Zins r_0 zur Verfügung. Das hieraus resultierende Tangentialportfolio hat die Koordinaten (σ_T, μ_T) im (σ, μ)-Raum. Nun besteht die Aufgabe des Investors darin, ein effizientes Portfolio $\tilde{R}$ mit einer vorgegeben geforderten erwarteten Rendite $\tilde{\mu}$ zu realisieren.

a) Bestimmen Sie die grundsätzliche Struktur des Portfolios, indem Sie den Anteil x in die sichere Anlage und $1 - x$ in das Tangentialportfolio bestimmen.

b) Ermitteln Sie die Investmentgewichte aus a) in Abhängigkeit von $\tilde{\mu}$, μ_T und r_0.

Aufgabe 4.4 (Zwei Aktien mit allgemeinem Korrelationskoeffizienten) Gegeben seien zwei Aktien mit erwarteten Renditen μ_1 und μ_2 und Korrelationskoeffizient $\rho_{12} = \frac{\text{Cov}[R_1,R_2]}{\sigma_1 \cdot \sigma_2}$ mit $-1 < \rho_{12} < 1$.

a) Bestimmen Sie die Investmentgewichte des varianzminimalen Portfolios $\left(x_1^*, 1 - x_1^*\right)$. (Tipp: Verallgemeinern Sie den Ansatz aus (4.6) und (4.7).)

b) Begründen Sie, weshalb der in a) errechnete Wert x_1^* *wohldefiniert* ist, das heißt, dass der in a) hergeleitete Wert existiert und es nur eine einzige Möglichkeit für x_1^* gibt. (Tipp: Überprüfen Sie, dass der Nenner des Ergebnisses aus a) ungleich Null ist).

c) Welchen Wert muss der Korrelationskoeffizient ρ_{12} annehmen, damit x_1^* einen vorgegebenen Wert $\tilde{x}_1$ annimmt, das heißt $x_1^* = \tilde{x}_1$? Verwenden Sie hier wiederum Ihr Ergebnis aus Aufgabenteil a).

d) Für welchen Wert $\tilde{x}_1$ besitzt der Aufgabenteil c) keine wohldefinierte Lösung?

e) Welchen Wert muss die Kovarianz $\text{Cov}\,[R_1, R_2]$ annehmen, damit für das varianzminimale Portfolio $\left(x_1^*, 1 - x_1^*\right)$ aus den beiden Aktien $x_1^* = \frac{1}{4}$ gilt ? $\square$

Aufgabe 4.5 (Sichere Anlage und Shortfallrestriktion) Wir nehmen an, dass die Shortfallrestriktion

$$P\left(R_p \leq z\right) \leq \alpha$$

erfüllt sein muss, wobei die Rendite normalverteilt ist, das heißt $R_p \sim N\left(\mu, \sigma^2\right)$. Gegeben sei des Weiteren der effiziente Rand bei Existenz einer risikofreie Anlage, der allgemein in Gl. (4.29) hergeleitet wurde als

$$\hat{A} = \left\{ (\sigma, \mu) : \mu = r_0 + \sqrt{h + SR_{MVP}^2} \cdot \sigma \right\}.$$

Wir gehen davon aus, dass $z < r_0$ gilt.

a) Stellen Sie die Shortfallrestriktion im (σ, μ)-Raum dar und nutzen Sie dabei, dass N_α das α-Quantil der Standardnormalverteilung ist.

b) Fertigen Sie eine Skizze der Shortfallrestriktion sowie des effizienten Rands im (σ, μ)-Raum an.

c) Unter welchen Bedingungen existiert ein optimales Portfolio?

d) Bestimmen Sie die erwartete Rendite und die Standardabweichung des optimalen Portfolios.

Aufgabe 4.6 (Zwei Aktien und Präferenzfunktion) Sie sollen ein Portfolio aus zwei Aktien zusammenstellen sollen, wobei dazu die folgende Präferenzfunktion herangezogen werden soll

$$V(x_1) := V\left(\mu_p(x_1), \sigma_p^2(x_1)\right)$$
$$= \mu_p(x_1) - a \cdot \sigma_p^2(x_1)$$
$$= \mu_2 + (\mu_1 - \mu_2) \cdot x_1 - a \cdot \left[\sigma_1^2 \cdot x_1^2 + (1 - x_1)^2 \cdot \sigma_2^2 + 2x_1 \cdot (1 - x_1) \cdot \sigma_{12}\right].$$

a) Geben Sie eine qualitative ökonomische Motivation für diese Präferenzfunktion.
b) Bestimmen Sie den allgemeinen Ausdruck für die Investmentgewichte des optimalen Portfolios $\left(x_1^*, 1 - x_1^*\right)$. Es wird angenommen, dass auch Leerverkäufe erlaubt sind, das heißt, dass die Investmentgewichte nicht auf den Wertebereich [0, 1] beschränkt sind.
c) Bestimmen Sie das Arrow-Pratt-Maß.

Aufgabe 4.7 (Tangentialgerade) Der effiziente Rand wurde bereits mittels Lagrange-Optimierung bestimmt und entspricht

$$\mu = 0{,}12 + \sqrt{0{,}1\sigma^2 - 0{,}015}.$$

a) Bestimmen Sie die Gleichung der Tangentialgeraden unter der Annahme eines sicheren Zinses von $r_0 = 0{,}1$.
b) Bestimmen Sie die Standardabweichung und den Erwartungswert des Tangentialportfolios.
c) Ihre Vorgesetzte fordert nun eine Rendite von 25 %. Welche Struktur (Anteil des Investments in die sichere Anlage und Anteil des Investments in das Tangentialportfolio) hat das entsprechende Portfolio?

Aufgabe 4.8 (Leerverkäufe) Gegeben sei ein Portfolio aus zwei Aktien, deren Renditen perfekt positiv korreliert sind, das heißt $\rho_{12} = 1$. Des Weiteren gilt für die beiden Renditen $\mu_1 > \mu_2$ und für die Standardabweichungen $\sigma_1 > \sigma_2$. Leerverkäufe seien erlaubt.

a) Bestimmen Sie die Investmentgewichte des varianzminimalen Portfolios $\left(x_1^*, 1 - x_1^*\right)$. Sind hierzu Leerverkäufe erforderlich?
b) Berechnen Sie die Portfoliovarianz, die sich mit den Investmentgewichten aus Aufgabenteil a) einstellt.
c) Es existiert nun zusätzlich eine sichere Anlage mit Verzinsung r_0. Welche Rendite weist dann das varianzminimale Portfolio aus Aufgabenteil a) auf? Begründen Sie Ihre Aussage.

Bewertung von Finanzprodukten unter Risiko

5

Im vorangegangenen Kap. 4 zur Optimierung des Portfolios nach Markowitz haben wir uns bereits mit Finanzprodukten beschäftigt, die Kursschwankungen unterliegen und somit ein Marktpreisrisiko besitzen. Wir haben gelernt, wie ein Investor dieses Risiko in seine Entscheidungsfindung bei der Optimierung seines Portfolios einfließen lassen kann. Nun wenden wir uns der Frage zu, welchen Preis ein risikobehaftetes Finanzprodukt hat oder, genauer formuliert, unter gewissen gegebenen Annahmen haben sollte. Eine marktgetriebene Sichtweise würde in den Vordergrund stellen, dass sich der Marktpreis durch die Aggregation (Zusammenfassung) der Entscheidungen vieler Investoren automatisch einstellt. Dieses Herangehen ist jedoch wenig hilfreich, wenn die rational rechtfertigbare Zahlungsbereitschaft eines Individuums für ein bestimmtes Finanzprodukt ermittelt werden soll. Deshalb wollen wir in diesem Kapitel damit beginnen, eine Theorie zur Preisfindung von zentralen Finanzprodukten wie Aktien sowie Optionen, die allesamt einem Marktpreisrisiko unterliegen, zu entwickeln.

Um dies erreichen zu können, müssen wir als Erstes in Abschn. 5.1 das Prinzip der Arbitrage-Freiheit, das bereits aus Abschn. 2.4 für mehrperiodische Finanzmärkte ohne Risiko bekannt ist, noch tiefer verstehen und um eine Risikokomponente erweitern. Zur Erinnerung: Dieses bedeutet, dass bei der Abwesenheit von Transaktionskosten kein sicherer Gewinn ohne vorhergehende Investition erzielt werden kann. Daraufhin lernen wir in Abschn. 5.2 ein erstes Modell, das sogenannte Binomial-Modell, kennen, das eine vom Zufall abhängige zukünftige Entwicklung von Finanzprodukten beinhaltet. Damit steht ein Hilfsmittel zur Verfügung, womit eine Preisfindung für Finanzprodukte mit risikobehafteten zukünftigen Zahlungen erfolgen kann.

Ergänzende Information Die elektronische Version dieses Kapitels enthält Zusatzmaterial, auf das über folgenden Link zugegriffen werden kann
https://doi.org/10.1007/978-3-662-64652-6_5.

Eine wichtige Klasse solcher Finanzprodukte sind Optionen, deren Grundlagen in Abschn. 5.3 im Mittelpunkt stehen. Von besonderer Bedeutung sind dabei Puts und Calls. In Abschn. 5.4 erarbeiten wir einen erstaunlichen Zusammenhang, der (unabhängig vom konkret verwendeten Modell!) aus dem Prinzip der Arbitrage-Freiheit eine Verbindung zwischen den Preisen verschiedener Typen von Optionen beschreibt. Zum Abschluss werden wir in Abschn. 5.5 sehen, welche praktische Bedeutung Optionen auf den Finanzmärkten haben und, welche Faktoren zu ihrer großen Verbreitung entscheidend beigetragen haben. Insbesondere ihr Einsatz zum Risikoausgleich wird detailliert erläutert.

Lernziele 5

In Kap. 5 lernen Sie:

- Die Begriffe der Arbitrage-Freiheit sowie des Gesetzes des einen Preises
- Kennenlernen der wichtigsten Typen von Optionen, vor allem Put und Call
- Erarbeitung eines Zusammenhangs zwischen den Preisen eins Puts und eines Calls (Put-Call-Parität)
- Bestimmung des Preises einer Option unter realitätsnahen Bedingungen mittels eines grundlegenden Modells, des sogenannten Binomial-Modells
- Strategien zur Absicherung von finanziellen Risiken durch Optionen (Hedges)

5.1 Prinzip der Arbitrage-Freiheit

In Kap. 3 haben wir die Grundlagen des Portfoliomanagements erarbeitet und uns mit der finanzmathematischen Bewertung einzelner Wertpapiere (Bonds, Floater) sowie dem Durationsmanagement auf Einzeltit- und Portfolioebene beschäftigt. Dabei wurden zukünftige Zahlungen stets als sicher angenommen. Zuletzt haben wir in Kap. 4 behandelt, auf welche Weise das Anlageportfolio optimiert werden kann, wenn zukünftige Zahlungen zufälligen Schwankungen unterliegen. Dabei stand der Fall von zwei Anlagemöglichkeiten im Vordergrund. Hierbei sind wir von einigen Annahmen an die Finanzmärkte ausgegangen, ohne diese vollständig im Kontext von risikobehafteten Finanzmärkten eingeordnet zu haben. Das Ziel dieses Abschnitts ist es, diese Annahmen jetzt explizit zu machen und insbesondere das Prinzip der Arbitrage-Freiheit, das für ein Verständnis von Finanzmärkten fundamental ist, noch genauer zu erklären.

Im Folgenden gehen wir davon aus, dass am Markt zwei Anlagemöglichkeiten bestehen: Die eine ist die risikofreie Anleihe und die andere ist eine (potentiell riskante) Aktie. Der Preis des Bonds zum Zeitpunkt t wird mit $A(t)$ bezeichnet. In Kap. 2 wurde ausführlich erklärt, wie unter Benutzung des Zinses der Preis $A(t)$ zu jedem beliebigen Zeitpunkt t bestimmt werden kann (Kapitalwert).[1]

Wir gehen ab sofort stets vereinfachend von **vollkommenen Finanzmärkten** (vergleiche Abschn. 2.4) aus, das heißt,

- dass es identische Soll- und Habenszinssätze gibt,
- dass keine Transaktionskosten, Finanzierungslimits oder Steuern vorhanden sind,
- dass alle gehandelten Finanzmarktprodukte beliebig teilbar sind und
- dass Investitionsentscheidungen keine Auswirkungen auf andere Marktteilnehmer haben.

Mit diesen Forderungen werden viele komplizierte technische Details vermieden, die für den Anfänger den Blick auf das Wesentliche versperren würden.

Ökonomisch betrachtet ergeben nur Werte $A(t) \geq 0$ für alle $t \geq 0$ einen Sinn, weil aus Investorensicht nur Anlagen, aber keine Kredite getätigt werden sollen (siehe Abschn. 1.6). Der Preis der Aktie zum Zeitpunkt t wird mit $S(t)$ bezeichnet und es gilt ebenfalls $S(t) \geq 0$ für alle $t \geq 0$. Bisher haben wir noch keinen Ansatz, um den Aktienpreis zu berechnen, und werden dieses Problem auch erst zu einem späteren Zeitpunkt angehen. Es ist nur bekannt, dass dieser Preis vom Zufall abhängt, weil wir beispielsweise den zukünftigen wirtschaftlichen Erfolg des Unternehmens nicht kennen. Somit handelt es sich bei $S(t)$ um eine Zufallsvariable, siehe dazu auch Anhang 7.1.

Beispiel 5.1 (Wiederholung: Wert eines Portfolios) Eine deutsche Staatsanleihe hat in $t = 0$ den Marktpreis $A(0) = 120$ €, der Wert der Aktie ist $S(0) = 40$ €. Ein Investor besitzt 5 Staatsanleihen und 4 Aktien. Damit beträgt der Gesamtwert seines Portfolios

$$5 \cdot 120 \, € + 4 \cdot 40 \, € = 760 \, €.$$

Ganz allgemein besteht das Portfolio zum Zeitpunkt t aus x Anteilen Aktien und y Bonds, sodass sich sein Gesamtwert $V(t)$ durch die Formel

$$V(t) = x \cdot S(t) + y \cdot A(t) \tag{5.1}$$

ergibt. Wir nehmen an, dass beliebige Anteile $x, y \in \mathbb{R}$ zugelassen sind, was einerseits bedeutet, dass Bonds und Aktien beliebig teilbar sind und andererseits, dass die Märkte liquide sind, das heißt jede beliebige Menge der Finanztitel erworben beziehungsweise verkauft werden kann. Falls jemand eine sogenannte Aktivposition besitzt, das heißt, $x > 0$ oder $y > 0$ ist, hat sich der englische Ausdruck eingebürgert, dass der Investor **long geht** beziehungsweise eine **Long-Position eröffnet**.

---

[1] Um diesen praktisch zu berechnen, benötigen wir nur leicht zugängliche Marktdaten, nämlich den risikofreien Zinssatz, die Laufzeit des Bonds sowie seinen Nominalwert und Coupon.

Eine Long-Position ist also eine Kaufposition, die aus Sicht des Investors ein positives Vorzeichen hat. Umgekehrt spricht man bei $x < 0$ oder $y < 0$ von einer **Short-Position,** einer Verkaufsposition, die aus Sicht des Investors ein negatives Vorzeichen hat (vergleiche dazu auch Abschn. 4.4). Dies bedeutet, dass ein Investor eine Aktivposition leiht, diese verkauft und das eingenommene Geld für ein anderes Investment nutzt. Es handelt sich um einen Leerverkauf im Rahmen der Leihe von Wertpapieren. Zum Zeitpunkt des Kaufes dient die Long-Position zur Absicherung der Short-Position. Zu einem späteren Zeitpunkt können die Entwicklungen der beiden Anlagen auseinander laufen, sodass möglicherweise Gewinne oder Verluste entstehen.

Beispiel 5.2 (Short-Position) Der Preis eines Bonds in $t = 0$ ist $A(0) = 5 \, €$ und der Preis der Aktie $S(0) = 10 \, €$. Ein Investor möchte heute 30 Bonds kaufen. Um den Einkaufspreis in Höhe von $150 \, €$ zu decken, geht er mit 15 Anteilen der Aktie short.   □

Short-Positionen erscheinen auf den ersten Blick etwas seltsam – und sind es vielleicht auch: Wie kann es erlaubt sein, eine Aktivposition, die man sich nur geliehen hat und folglich an ihr nicht das Eigentum hat, zu verkaufen? Trotzdem sind solche Short-Positionen in der Realität mit einigen kleineren Einschränkungen erlaubt und sehr weit verbreitet. Die wesentliche tatsächlich geforderte Bedingung ist, dass der Investor zu jedem Zahlungszeitpunkt des Vertrags finanziell dazu in der Lage sein muss, die aus der Short-Positionen entstehenden Verpflichtungen zu bedienen, also beispielsweise Dividenden auszubezahlen. Insbesondere bedeutet das auch, dass der Investor zu jedem Zeitpunkt die Short-Position wieder schließen können muss. Mit anderen Worten muss der Wert des Portfolios zu jedem Zeitpunkt nichtnegativ sein, das heißt

$$V(t) \geq 0 \qquad \text{für alle } t \geq 0$$

sein. Nur in diesem Fall ist ein Portfolio **zulässig.**

Wir kommen damit zum zentralen Inhalt dieses Abschnitts, nämlich zum Prinzip der Arbitrage-Freiheit. Wir haben dieses bereits für Finanzmärkte unter Sicherheit bei der Herleitung der Zinsstrukturkurve in Abschn. 2.4 sowie implizit bei der Bewertung von Zahlungsströmen im gesamten Kap. 2 und bei der Bestimmung des Preises von Wertpapieren in Kap. 3 benutzt. Jetzt wollen wir unser Verständnis weiter vertiefen und es um den Aspekt des Risikos erweitern und zwar so, dass es sich ganz natürlich in unsere bisherigen Ausführungen einbettet. Umgangssprachlich hatten wir es in Abschn. 2.4 wie folgt formuliert:

> Das **Prinzip der Arbitrage-Freiheit** besagt, dass kein sicherer Gewinn, genannt **Arbitrage,** *möglich ist* ohne anfangs Kapital zu investieren.

In unseren bisherigen Ausführungen hatten wir nicht näher problematisiert, was wir unter der Formulierung *möglich ist* verstehen sollten. Diese könnte zunächst derart interpretiert werden, dass *eine Anlagestrategie* existiert, mit der sich ein sicherer Gewinn ohne vorherige Investition einstellt. Das Wort *möglich* kann sich aber genauso darauf beziehen, dass es ein *denkbares*

Szenario (für eine Anlagestrategie ohne Investition) gibt, sodass sich ein sicherer Gewinn einstellt. Die zweite Sichtweise erweist sich als zielführender, wenn Finanzmärkte mit Risiko betrachtet werden. Diese wollen wir mathematisch formulieren und im weiteren Verlauf als Definition des Begriffs der Arbitrage-Freiheit verwenden.

Definition 5.3: Prinzip der Arbitrage-Freiheit

Das **Prinzip der Arbitrage-Freiheit** von Märkten besagt, dass kein Portfolio mit Startwert $V(0) = 0$ existiert, sodass das Portfolio mit einer Wahrscheinlichkeit größer als 0 später einen Gewinn abwirft.

Anders ausgedrückt heißt das: Es gibt keine positive *Wahrscheinlichkeit* zu einem Zeitpunkt einen risikolosen Gewinn zu machen, falls kein Anfangskapital investiert wurde. Ein risikoloser Gewinn muss sich also nicht zwangsläufig, sondern nur potentiell einstellen. Wir benutzen im Folgenden die Schreibweise, die in der Wahrscheinlichkeitstheorie beziehungsweise Statistik üblich ist, und schreiben $P(\cdot)$ für Wahrscheinlichkeiten. Die Bedingung der Arbitrage-Freiheit kann dann folgendermaßen formuliert werden: Es gibt kein Portfolio mit $V(0) = 0$ und $P(V(t) > 0) > 0$ für ein $t > 0$.

Das Prinzip der Arbitrage-Freiheit ist theoretisch gesehen die wichtigste Annahme an Finanzmärkte. Es kann wie folgt gerechtfertigt werden: Jede Möglichkeit zur risikolosen Generierung von Gewinnen würde sofort durch einen (oder mehrere) Händler oder Finanzmarktbeteiligte ausgenutzt werden, sodass diese unmittelbar nach ihrem Auftreten sofort wieder verschwindet. Deswegen kann keine (theoretische) Handelsstrategie auf Arbitrage-Möglichkeiten aufbauen.

Am besten versteht man anhand eines Beispiels, was Arbitrage in diesem wahrscheinlichkeitstheoretischen Kontext bedeutet.

Beispiel 5.4 (Arbitrage-Strategie) Der risikofreie Zins sei $r = 2\%$. Weil es sich um einen vollkommenen Finanzmarkt handelt, gilt dieser Zinssatz sowohl für den Soll- als auch den Habenszins. Wir nehmen an, dass am Markt eine risikobehaftete Nullcouponanleihe mit Nominalwert 100 € und einer Laufzeit von 4 Jahren zum Preis von 90 € gehandelt wird. Sollte der Nominalwert nicht ausgezahlt werden können (zum Beispiel, wenn der Emittent pleite geht), besteht eine Versicherung, die eine Auszahlung in Höhe von 97,419 % des Nominalwerts absichert.

Auf diesem Markt existieren dann tatsächlich Arbitrage-Möglichkeiten. Eine solche kann beispielsweise wie folgt realisiert werden: Zum Zeitpunkt $t = 0$ leiht man sich 900 € am Kapitalmarkt und kauft dafür 10 Anleihen. In $t = 4$ müssen dann

$$900\,€ \cdot 1{,}02^4 = 974{,}19\,€$$

für das Darlehen zurückgezahlt werden. Zu diesem Zeitpunkt können zwei verschiedene Szenarien auftreten. Entweder geht der Emittent pleite und es greift die Versicherung. Dann wird exakt die Summe 974, 19 € zurückbezahlt und es entsteht kein Verlust in $t = 4$. Im Alternativszenario kann der Nominalwert der Anleihen $10 \cdot 100 € = 1.000 €$ zurückbezahlt werden. Unterm Strich wird dadurch $1.000 € - 974, 19 € = 25, 81 €$ als Gewinn in $t = 4$ eingestrichen, ohne dass Anfangskapital eingesetzt werden musste. Wenn das zweite Szenario eine positive Eintrittswahrscheinlichkeit besitzt, liegt folglich eine Arbitragemöglichkeit vor.   □

Zum Abschluss dieses Abschnitts kommen wir noch zu einem wichtigen theoretischen Resultat, das wir im Folgenden immer wieder benutzen werden. Beispiel 5.4 legt nahe, dass das Prinzip der Arbitrage-Freiheit den Preis eines Bonds festlegt, denn offensichtlich kann der Gewinn in $t = 4$ deshalb erzielt werden, weil der Bond in $t = 0$ zu billig gekauft wurde. Diese Vermutung ist völlig richtig. Die allgemein gültige, wichtige Konsequenz aus der Arbitrage-Freiheit ist das Gesetz des einen Preises für beliebige Portfolios.

> **Satz 5.5: Gesetz des einen Preises**
> Es seien V_1 und V_2 zwei Portfolios, sodass zu einem Zeitpunkt t_0 die Preise $V_1(t_0) = V_2(t_0)$ mit Wahrscheinlichkeit 1 übereinstimmen. Falls das Prinzip der Arbitrage-Freiheit erfüllt ist, gilt $V_1(t) = V_2(t)$ für alle $t \in [0; t_0]$.

Wenn man also mit Sicherheit, das heißt mit Wahrscheinlichkeit 100 %, sagen kann, dass die Preise von zwei Portfolios zu einem bekannten *zukünftigen* Zeitpunkt übereinstimmen werden, dann müssen die Preise dies sogar durchgehend von jetzt an bis zu diesem Zeitpunkt tun. Genau dies ging in Beispiel 5.4 schief und führte zum Vorliegen einer Arbitrage-Möglichkeit. Weil es sich beim Gesetz des einen Preises um eine der fundamentalen Erkenntnisse der Finanzmathematik handelt, wollen wir dieses Gesetz auch formal beweisen.

Beweis Wir beweisen den Satz indirekt und zeigen, dass Arbitrage-Möglichkeiten bestehen, falls die beiden Preise nicht für alle $0 \leq t \leq t_0$ übereinstimmen. Wir nehmen also an, dass die Aussage des Satzes falsch ist und folglich ein t mit $0 \leq t \leq t_0$ existiert, sodass $V_1(t) \neq V_2(t)$ ist. Ohne Beschränkung der Allgemeinheit ist $V_1(t) < V_2(t)$, denn der Fall $V_2(t) < V_1(t)$ ließe sich völlig analog behandeln. Die Situation ist graphisch in Abb. 5.1 dargestellt. Zum Zeitpunkt t kaufen wir dann eine Einheit von $V_1(t)$ (Long-Position) und verkaufen eine Einheit $V_2(t)$ (Short-Position). Weil der Preis von V_2 höher ist als derjenige von V_1, kann

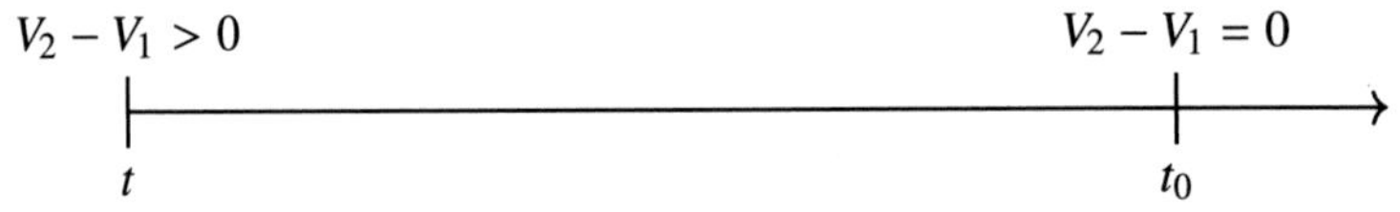

Abb. 5.1 Beweisstrategie von Satz 5.5

dies ohne Kapitaleinsatz getan werden und es bleibt sogar die Differenz $V_2(t) - V_1(t)$ übrig, die wiederum in x Einheiten der risikofreien Anleihe $A(t)$ investiert werden kann. Zum Zeitpunkt t_0 wird das Portfolio aufgelöst. Weil V_1 und V_2 zum Zeitpunkt t_0 denselben Preis haben, heben sich die Long- und Short-Position gegenseitig auf. Der positive Wert von $xA(t_0)$ ist damit ein risikofreier Gewinn. Dies ist ein Widerspruch zum Prinzip der Arbitrage-Freiheit. □

Das Prinzip der Arbitrage-Freiheit soll zusätzlich noch in einem anderen Zusammenhang, nämlich anhand des Devisenmarkts, verdeutlicht werden. Wir zeigen dort, wie wir in Einklang mit Satz 5.5 die Marktpreise so bestimmen, dass keine Arbitrage-Strategie vorliegt. Der Einfachheit halber gehen wir von einem Finanzmarkt ohne Risiko aus, weil hier die Auswirkungen auf die konkrete Preisberechnung im Vordergrund stehen sollen. Die Überlegungen ließen sich analog übertragen, wenn es mehrere mögliche zukünftige Szenarien gäbe.

Beispiel 5.6 (Arbitrage am Währungsmarkt) Der Währungsmarkt für Euro €, Dollar $ und Schweizer Franken CHF hat zu einem gegebenen Stichtag die folgenden, uns teils unbekannten, Wechselkurse.

	€	$	CHF
€	1,0000	1,2500	1,1800
$	???	1,0000	???
CHF	???	???	1,0000

Ferner nehmen wir bekanntermaßen an, dass bei einem Währungstausch keine Transaktionskosten entstehen. Mittels des Prinzips der Arbitrage-Freiheit sind dann alle mit ??? gekennzeichneten Wechselkurse eindeutig ergänzbar. Wenn man für 1 € genau 1,25 $ erhält, muss der Umtauschkurs von $ in € dem Kehrbruch $\frac{1}{1,25} = 0,8$ entsprechen. Denn falls der Umtauschkurs kleiner als 0,8, beispielsweise 0,79, wäre, würden wir folgende Arbitrage-Taktik finden: Wir verkaufen 79 € und erhalten dafür $79 \cdot 1/0,79 \, \$ = 100 \, \$$. Die eingenommenen 100 $ verkaufen wir wiederum zeitgleich für $100 \cdot 1/1,25 \, € = 80 \, €$. Insgesamt haben wir damit 1 € Gewinn gemacht, was einen Widerspruch zur Arbitrage-Freiheit darstellt. Ähnlich ließe sich für einen Kurs argumentieren, der höher als 0,8 liegt. Analog hierzu ist der Kurs von CHF in € gleich $1/1,18 = 0,8475$.

Nun müssen wir erschließen, wie der Kurs von CHF in $ festgelegt ist. Wir behaupten, dass dieser den Wert $\frac{1,18}{1,25} = 0,944$ besitzt. Wiederum lässt sich nämlich andernfalls eine Arbitrage-Taktik finden. Angenommen der Kurs läge höher, zum Beispiel bei 0,95. Wir könnten dann 100$ für 80 € kaufen und diese Transaktion zum Preis von $80 \cdot 1,18 \, \text{CHF} = 94,40 \, \text{CHF}$ finanzieren. Gleichzeitig würden wir die eingenommen 100 $ in 95 CHF tauschen. Wiederum würde ein Netto-Gewinn (in Höhe von 0,60 CHF) eingefahren

– Widerspruch. Nach den Überlegungen zu Beginn ist der Kurs von $ in CHF demgemäß $1/0{,}944 = 1{,}0593$. Somit haben wir die Tabelle der Umtauschkurse vervollständigt.

	€	$	CHF
€	1,0000	1,2500	1,1800
$	0,8000	1,0000	1,0593
CHF	0,8475	0,9440	1,0000

□

Damit haben wir die grundlegenden Annahmen an die Finanzmärkte unter Risiko offengelegt und können jetzt ein erstes Preisfindungsmodell beschreiben.

5.2 Binomial-Modell

Als Erstes erinnern wir nochmals daran, dass der von uns betrachtete Finanzmarkt aus zwei Produkten besteht. Dies ist einerseits die (risikofreie) Anleihe $A(t)$ und andererseits die (risikobehaftete) Aktie $S(t)$. In diesem Abschnitt führen wir ein erstes Modell ein, das die dynamische Entwicklung des Marktes im Verlauf der Zeit beschreibt. Dies bringt uns dem Ziel der Preisfindung von risikobehafteten Finanzprodukten ein gutes Stück näher. Dabei beschränken wir uns auf die Zeitpunkte $t = 1, 2, 3, \ldots$. Wir berücksichtigen folglich nur die Bondpreise $A(0), A(1), A(2), \ldots$ und die Aktienpreise $S(0), S(1), S(2), \ldots$. In der Mathematik sprechen wir deshalb auch von einem Modell in **diskreter Zeit:** Praktisch gesehen würde dies bedeuten, dass wir uns nur die Werte am Ende einer fest vorgegebenen Zeitperiode, etwa eines Jahres oder eines Tages, ansehen und die Entwicklung der Finanzmärkte in der Zwischenzeit nicht beobachten. Für einen geschmeidigen Einstieg und ein leichteres Verständnis des Modells beschreiben wir dieses zunächst für den Fall von nur zwei Zeitpunkten, $t \in \{0, 1\}$.

Beispiel 5.7 (Zukünftige Entwicklung von Marktwerten) Der Nennwert einer Anleihe heute sei 100 €. Dafür schreiben wir $A(0) = 100$ €. Falls die Anleihe mit einem Zinssatz 2 % verzinst wird, hat sie zum Zeitpunkt 1 den Wert $A(1) = 1{,}02 \cdot 100$ € $= 102$ €. Optisch lässt sich die Entwicklung des Wertes der Anleihe wie in Abb. 5.2 übersichtlich darstellen.

Auch der Preis der Aktie heute, das heißt in $t = 0$, ist dem Investor selbstverständlich bekannt. Im Gegensatz zur Anleihe, die eine festgelegte Auszahlung besitzt, ist der Preis morgen, also zum Zeitpunkt $t = 1$, dem Investor unbekannt, denn er weiß nicht sicher, was in der Zwischenzeit passieren wird. In mathematischer Sprache sagen wir, dass $S(1)$

Abb. 5.2 Entwicklung des Werts einer Anleihe

$$A(0) = 100\,€ \quad \longrightarrow \quad A(1) = 102\,€$$

eine Zufallsvariable ist. Für die im folgenden verwendeten Begriffe aus der Wahrschein-lichkeitstheorie, wie beispielsweise derjenige der Zufallsvariable, verweisen wir auf den Anhang 7.1. Dort sind in knapper Form die wesentlichen Inhalte, wie sie etwa im Rahmen einer Vorlesung zur Wirtschaftsstatistik vermittelt werden, zusammengefasst.

Beispiel 5.8 (Ein-Schritt-Binomialbaum) Der Preis der Aktie heute, das heißt in $t = 0$, ist bekannt und sei $S(0) = 100\,€$. Doch welchen zukünftigen Preis hat die Aktie in $t = 1$? Zur Vereinfachung der Fragestellung nehmen wir an, dass in $t = 1$ nur zwei Fälle auftreten können: Der Preis kann mit einer Wahrscheinlichkeit von 50 % auf 140 € steigen oder mit einer ebenso großen Wahrscheinlichkeit auf 80 € sinken. Wir nutzen zur Beschreibung dieser Situation die Schreibweise

$$S(1) = \begin{cases} 140\,€ & \text{mit Wahrscheinlichkeit } p = \frac{1}{2} = 50\,\% \\ 80\,€ & \text{mit Wahrscheinlichkeit } (1-p) = \frac{1}{2} = 50\,\%. \end{cases}$$

Dies kann alternativ wie in Abb. 5.3 visualisiert werden. Dies Darstellungsform heißt (Ein-Schritt-)**Binomialbaum.** Die Rendite der Aktie ist gegeben durch

$$R(1) = \frac{S(1) - S(0)}{S(0)} = \begin{cases} +40\,\% & \text{mit Wahrscheinlichkeit } 50\,\% \\ -20\,\% & \text{mit Wahrscheinlichkeit } 50\,\%. \end{cases}$$

Obwohl in Beispiel 5.8 eine nicht allzu komplizierte Situation beschrieben wird, ist es nicht unmittelbar klar, ob es sich lohnt eine Aktie zu kaufen oder nicht. In Anbetracht der Markowitz-Theorie aus Kap. 4 ist es ein naheliegender Ansatz, als Erstes den Erwartungswert für den Wert der Aktie in $t = 1$ mit dem Ertrag der risikofreien Anleihe zu vergleichen. Die Idee hinter dieser Herangehensweise ist die folgende: Falls ein Investor mit sehr viel Geld viele verschiedene (unkorrelierte) Aktien desselben Typs kauft, wird er nach dem Gesetz der großen Zahlen, Satz 7.15, in ungefähr 50 % der Fälle zum Zeitpunkt $t = 1$ einen Aktienwert von 80 € haben und in ebenfalls 50 % der Fälle 140 €. Damit nähert sich das arithmetische Mittel dem Erwartungswert

$$E[S(1)] = 140\,€ \cdot 0{,}5 + 80\,€ \cdot 0{,}5 = 110\,€.$$

Abb. 5.3 Ein-Schritt-Binomialbaum

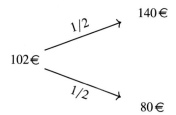

Die erwartete zukünftige Auszahlung beträgt also 110 € und diese entspricht einer erwarteten Verzinsung des anfänglich eingesetzten Kapitals von 10 %.

Die Alternative zur Investition in eine Aktie wäre gewesen, einen risikofreien Bond zum Preis von 100 € zu kaufen. Falls der Kassazins $r \geq 10\,\%$ wäre, würde die risikofreie Anleihe einen mindestens so hohen Ertrag erzielen wie der Erwartungswert.[2] Laut dieser Denkweise würde also die folgende Investitionsentscheidung getroffen werden:

$$\begin{cases} \text{kaufe Anleihe} & \text{falls } r \geq 10\,\% \\ \text{kaufe Aktie} & \text{falls } r < 10\,\%. \end{cases}$$

Einerseits erscheint diese Investitionsentscheidung durchaus rational. Andererseits wissen wir aus Kap. 4, dass bei der Zusammenstellung eines Portfolios durchaus auch Risikoabwägungen einbezogen werden sollten. Der springende Punkt bei der Maximierung gemäß dem Erwartungswert ist die Annahme eines *sehr großen* Portfolios, sodass man aufgrund des Gesetzes der großen Zahlen davon ausgehen kann, dass die mittlere Rendite der Aktie bei (approximativ) 10 % liegt.[3]

Beispiel 5.9 (Allgemeiner Ein-Schritt-Binomialbaum) Wir wollen hier eine allgemeine Beschreibung der Situation von Beispiel 5.8 geben. Statt die Preise der Aktie $S(0)$ und $S(1)$ zu beschreiben, betrachten wir den Return $R(1)$. Der Wert der Aktie kann sich entweder nach oben (u, englisch *up*) oder unten (d, englisch *down*) bewegen. Die Wahrscheinlichkeit für einen Anstieg ist ein unbekanntes $p \in (0, 1)$, sodass sich

$$R(1) = \begin{cases} u & \text{mit Wahrscheinlichkeit } p \\ d & \text{mit Wahrscheinlichkeit } 1 - p \end{cases}$$

ergibt. Alternativ können wir dies, nachdem der Preis der Aktie auf $S(0) = 1$ normiert wurde, durch einen Binomialbaum darstellen (Abb. 5.4).

Eine konkrete solche Situation wäre, dass der risikofreie Kassazins aktuell bei $r = 2\,\%$ liegt und die Aktie innerhalb einer Periode entweder um 1 % fällt, das heißt $d = -0,01$, oder um 3 % steigt, also $u = 0,03$. Davon unabhängig fließt noch die Wahrscheinlichkeit in unser Modell ein. Beispielsweise kann die Aktie mit einer Chance von $p = 30\,\%$ steigen und mit $1 - p = 70\,\%$ fallen.   □

Wenn wir das allgemeine Modell aus Beispiel 5.9 betrachten, stellt sich die Frage, ob wir eine universell gültige Aussage über u und d mit $u > d$ treffen können, sofern wir den risikofreien

---

[2] Falls $r \geq 10\,\%$ ist, ergeben sich außerdem Arbitrage-Möglichkeiten, was unseren Marktannahmen widerspricht. Auf diesen vermeintlichen Widerspruch gehen wir sogleich ein.
[3] Es wird hier also das Risiko, gemessen in Form der Standardabweichung σ, in Abweichung zur Theorie nach Markowitz vernachlässigt. Dies läßt sich formal durch die Annahme eines sehr großen Portfolios unter Verwendung des zentralen Grenzwertsatzes rechtfertigen.

Abb. 5.4 Allgemeiner
Ein-Schritt-Binomialbaum

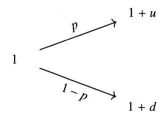

Zins r kennen. In der Tat folgt aus Arbitrage-Überlegungen, wie wir sie Abschn. 5.1 gemacht haben, dass das Binomial-Modell genau dann arbitragefrei ist, wenn $d < r < u$ gilt.

Satz 5.10: Arbitrage-Freiheit Ein-Schritt-Binomialmodell

Das Ein-Schritt-Binomialmodell ist genau dann arbitragefrei, wenn $d < r < u$ gilt.

Auch diese zentrale Aussage wollen wir formal beweisen. Zum leichteren Verständnis des Beweises zeigen wir zunächst anhand eines Zahlbeispiels bei Verletzung der Bedingung $d < r < u$ eine konkrete Arbitrage-Taktik auf, welche dessen wesentliche Argumentationslinie aufdeckt. Anschließend verallgemeinern wir die präsentierte Idee zu einem formalen Beweis.

Beispiel 5.11 (Arbitrage-Taktik im Binomial-Modell) Falls $r = 2\%$, $d = -1\%$ und $u = 1\%$ sind und der Preis von Aktie und Anleihe jeweils 100 € ist, ist die Bedingung $r < u$ verletzt. Mit einer Wahrscheinlichkeit von $p = 80\%$ steigt die Aktie und dementsprechend fällt sie mit der Wahrscheinlichkeit $1 - p = 20\%$. Dann können wir beispielsweise die folgende Arbitrage-Strategie anwenden: Zum Zeitpunkt $t = 0$ gehen wir mit 1 Aktie Short, wofür wir 100 € erhalten. Diese investieren wir in einen Bond für ebenfalls 100 €. Damit ist der Wert des Portfolios

$$V(0) = 1 \cdot A(0) - 1 \cdot S(0) = 100\,€ - 100\,€ = 0\,€.$$

Was passiert nun in $t = 1$? Entweder steigt die Aktie (Wahrscheinlichkeit 80 %) und das Portfolio besitzt den Wert

$$V(1) = A(1) - S(1) = 100\,€ \cdot 1{,}02 - 100\,€ \cdot 1{,}01 = 1\,€$$

oder die Aktie fällt (Wahrscheinlichkeit 20 %) und somit ist

$$V(1) = A(1) - S(1) = 100\,€ \cdot 1{,}02 - 100\,€ \cdot 0{,}99 = 3\,€.$$

Wir sehen, egal was passiert, in jeder Situation machen wir einen sicheren Gewinn von mindestens 1 €. Dies ist eine klare Verletzung des Prinzips der Arbitrage-Freiheit.   □

Kommen wir nun zum Beweis von Satz 5.10.

Beweis Falls dies notwendig ist, skalieren wir alle Preise derart, dass $A(0) = 1$ € gilt. Der erste Teil des Beweises wird durch Widerspruch geführt. Wir nehmen also jeweils an, dass die Ungleichung $d < r < u$ nicht gilt und zeigen, dass der Markt dann nicht arbirtragefrei sein kann.

Wir gehen als Erstes davon aus, dass $r \leq d$ ist (und führen dies zu einem Widerspruch). In $t = 0$ leihen wir uns in diesem Fall 1 € und investieren diesen in $1/S(0)$ Anteile der Aktie. Damit beträgt der Wert des Portfolios in $t = 0$ den Wert $V(0) = 0$ €. Es muss also kein Geld investiert werden. In $t = 1$ tritt entweder der Fall d oder u ein, das heißt die Aktie hat entweder den Wert $S(1) = S(0) \cdot (1 + d)$ oder $S(1) = S(0) \cdot (1 + u)$. Folglich ist der Wert des Portfolios entweder $V(1) = d - r \geq 0$ oder $V(1) = u - r > 0$. Es besteht damit die Chance auf einen risikofreien Gewinn. Dies ist ein Widerspruch.

Falls $u \leq r$ ist, gehen wir in $t = 0$ mit $1/S(0)$ Anteilen der Aktie short und kaufen für das eingenommene Geld eine Einheit des Bonds. Damit ist der Startwert des Portfolios wiederum $V(0) = 0$. Nach einem Zeitschritt hat das Portfolio analog zum vorherigen Fall entweder den Wert $V(1) = r - u \geq 0$ oder $V(1) = r - d > 0$. Wiederum haben wir einen Widerspruch zur Arbitrage-Freiheit.

Im zweiten Teil muss gezeigt werden, dass das Binomial-Modell für $d < r < u$ tatsächlich arbitragefrei ist. Ein Portfolio $V(0) = x \cdot S(0) + y \cdot A(0)$, das in $t = 0$ ohne Investment auskommt, muss wegen $V(0) = 0$ € und $A(0) = 1$ € der Bedingung $x = -y/S(0)$ genügen. Wir gehen nun die drei möglichen Fälle für y durch. Falls $y = 0$ ist, ist das Portfolio leer und deswegen ist $V(1) = 0$ €. Es entsteht damit kein risikoloser Gewinn. Für $y < 0$ wird im Fall des Kursverfalls der Aktie ein Verlust

$$V(1) = -y/S(0) \cdot S(1) + y \cdot (1+r) = -y/S(0) \cdot S(0) \cdot (1+d) + y \cdot (1+r)A(0) = y \cdot (r-d) < 0$$

gemacht. Für $y > 0$ tritt analog ein Verlust im Fall $V(1) = y(r - u) < 0$ ein, also falls die Aktie steigt. Es gibt somit keine Arbitrage-Möglichkeit.   □

Die Beschränkung auf die Perioden $t = 0$ und $t = 1$ macht das Binomial-Modell relativ elementar zugänglich. Jedoch leben wir nicht in einer Welt, die nur aus einer Periode, also beispielsweise einem Jahr, besteht, sondern Investmententscheidungen müssen, etwa bei der Anlage eines Geldbetrags für die Rente, für viele Jahre in die Zukunft getroffen werden. Aus diesem Grund ist es geboten, das Binomial-Modell auf mehrere Jahre zu erweitern. Dies geschieht auf folgende Weise: Wir können zur Rechten jeden Knotens des Binomialbaums einen weiteren Binomialbaum ergänzen. Induktiv, das heißt durch Iteration dieses Vorgehens, erhalten wir dadurch n Zeitpunkte $S(1), S(2), \ldots, S(n)$. Zum Beispiel sieht eine

Abb. 5.5 Zwei-Schritt Binomialbaum

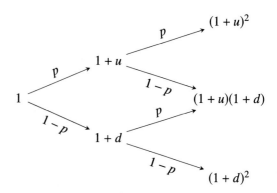

Zwei-Schritt Version des Binomialbaums aus Beispiel 5.9 wie in Abb. 5.5 dargestellt aus. Die Aktie kann im zweiten Zeitabschnitt genauso wie im ersten steigen oder fallen. Beispielsweise beträgt die Wahrscheinlichkeit für einen Aktienwert von $(1 + u) \cdot (1 + d)$ im Zeitpunkt $t = 2$ genau $p \cdot (1 - p) + (1 - p) \cdot p = 2p \cdot (1 - p)$.

Auch für eine beliebige Anzahl von Zeitschritten bleibt die Aussage richtig, dass das Binomial-Modell genau dann arbitragefrei ist, falls $d < r < u$ gilt.

> *Korollar 5.12 (Arbitrage-Freiheit Binomial-Modell)* Ein Binomial-Modell mit beliebiger Anzahl von Zeitschritten ist genau dann arbitragefrei, wenn $d < r < u$ ist. □

Beweis Der allgemeine Fall lässt sich auf ein Ein-Schritt-Modell aus Satz 5.10 zurückführen, denn der große Binomialbaum setzt sich aus vielen Ein-Schritt-Binomialbäumen zusammen, für die die Bedingung $d < r < u$ sowohl notwendig als auch hinreichend für die Arbitrage-Freiheit ist. □

Insgesamt bietet das Binomial-Modell eine vergleichsweise einfach verständliche und praktisch leicht umsetzbare Möglichkeit zur Modellierung von Aktienmärkten. Konkrete Berechnungen sind entweder problemlos mit Zettel und Stift machbar oder lassen sich durch Simulation auf dem Computer durchführen. Jedoch müssen wir uns auch mit der Frage beschäftigen, inwieweit das Modell die Realität adäquat abbildet. Um dessen Qualität zu beurteilen, bietet es sich als eine erste Idee an, einen einzigen Pfad einer Simulation durch das Binomial-Modell mit dem echten Chart einer Aktie/eines Aktienindex zu vergleichen. Ein typischer Fall eines solchen simulierten Pfads ist in Abb. 5.6 zu sehen.[4]

Dieser Verlauf soll mit der Entwicklung des Europäischen Aktienindex *EuroStoxx 50* im Jahr 2018, siehe Abb. 5.7, verglichen werden.[5] Auf den ersten Blick sehen sich die Abbildungen durchaus ein bisschen ähnlich, aber es sind auch klare Unterschiede feststellbar:

---

[4] Die Simulation wurde hier mithilfe der Software MATLAB durchgeführt.
[5] Die Finanzmarktdaten sind der Internetseite www.boerse.de entnommen.

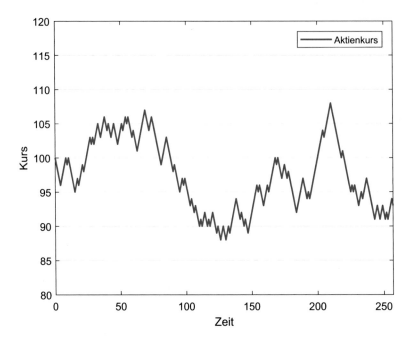

Abb. 5.6 Simulation über 257 Zeitschritte mittels eines Binomial-Modells

Der wichtigste Punkt ist, dass das Binomial-Modell nur einige fest vorgeschriebene Werte annehmen kann, während der EuroStoxx 50 selbstredend keinen solchen Beschränkungen unterliegt. Nicht zuletzt dadurch sieht der Verlauf des EuroStoxx 50 wesentlich unregelmäßiger aus und schwankt mehr. Die Simulation mit dem Binomial-Modell wirkt deutlich eckiger. Die Begrenztheit der Zeitpunkte im Binomial-Modell stellt ein weiteres Manko dar. Ein wirklich realistisches Modell sollte hingegen ein kontinuierliches Zeitspektrum ermöglichen. Insgesamt lässt sich daraus schließen, dass das Binomial-Modell ein guter Anfang ist, aber bei weitem nicht das Ende der Fahnenstange. Einen deutlich raffinierteren Ansatz zur Simulation von Aktienkursen werden wir in Abschn. 6.3 kennenlernen.

5.3   Optionen

Wenn man die Finanzmärkte in der Realität untersucht, macht man eine erstaunliche Feststellung. Anleihen und Aktien, die wir bisher so gut wie ausschließlich betrachtet haben, machen nur einen kleinen Bruchteil des weltweiten Handels aus. Von weit größerer Bedeutung sind Finanzderivate. David Hull (*1946) schreibt hierzu in [Hul11] sehr treffend.

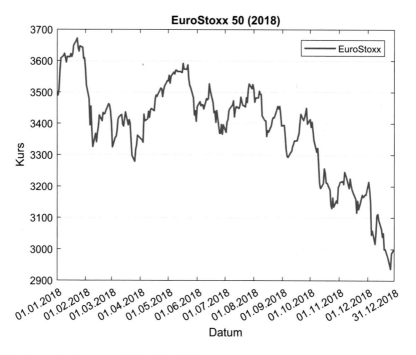

Abb. 5.7 Chart des EuroStoxx 50 im Jahr 2018

Whether you love derivatives or hate them, you cannot ignore them! The derivatives market is huge – much bigger than the stock market when measured in terms of underlying assets. The value of assets underlying derivatives is several times the world gross domestic products.

Es ist also sinnvoll und notwendig, sich tiefgehend mit Derivaten auseinanderzusetzen. Ein **Derivat** ist ein Finanzprodukt, das keinen selbständigen Wert, zum Beispiel durch Besitzrechte an einer Firma, trägt, sondern seinen Wert lediglich von der Entwicklung eines anderen Finanzprodukts ableitet. Dieses andere Finanzprodukt nennen wir **Underlying.** Das Wort *Derivat* leitet sich vom Englischen *derivative* ab, welches wiederum auch die mathematische Ableitung bezeichnet. Die bekanntesten Klassen von Derivaten sind Futures, das heißt standardisierte Verträge von unbedingten Termingeschäften (Forwards) über den zukünftigen (verpflichtenden) Kauf/Verkauf eines Wertpapiers, Swaps (Abschn. 3.3), Forwards (vergleiche Satz 2.16) und Optionen. In diesem Abschnitt konzentrieren wir uns auf Optionen. Wir geben im Folgenden einen Überblick über einige der wichtigsten Typen von Optionen und erklären deren genaue Funktionsweise. Bevor wir in die Details einsteigen, rufen wir uns das verwendete Marktmodell ins Gedächtnis: Es besteht aus zwei Finanzprodukten, nämlich dem (risikofreien) Bond $A(t)$ und der (risikobehafteten) Aktie $S(t)$.

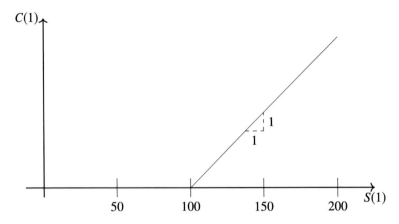

Abb. 5.8 Auszahlungsfunktion eines Calls

Call Optionen

Eine **Long-Call Option** mit **Ausübungspreis** oder **Strike** K und **Ausübungszeitpunkt** T ist ein Vertrag, der dessen Besitzer (also Käufer) zum Zeitpunkt T das Recht, aber nicht die Verpflichtung einräumt, einen Anteil der Aktie zum Preis K zu *kaufen.* Folglich ist eine Long-Call Option eine Wette, dass der Preis der Aktie steigt, siehe dazu auch Beispiel 5.13. Dadurch, dass es sich hierbei lediglich um ein *Recht,* aber nicht um eine *Pflicht* handelt, setzen sich Optionen von sogenannten **Futures** ab. Betrachten wir umgekehrt die Position des Verkäufers eines Calls, die als Short-Call bezeichnet wird, dann muss dieser die Zahlung an den Käufer leisten, wenn der Kurs der Aktie den Ausübungspreis übersteigt.

Beispiel 5.13 (Long-Call Option) Der Zeitpunkt $t = 0$ entspricht der Gegenwart. Die Auszahlungsfunktion $C(t)$ einer Long-Call Option mit Ausübungszeitpunkt $T = 1$ und Ausübungspreis $100\,€$ hängt vom (unbekannten) Aktienpreis $S(1)$ ab. Falls $S(1) \geq 100\,€$ ist, lohnt es sich die Option auszuüben und der Gewinn beträgt in diesem Fall $S(1) - 100\,€$. Ist im Gegensatz $S(1) < 100\,€$, so ist es ökonomisch nicht sinnvoll, die Option zu ziehen und der Gewinn ist dementsprechend 0. Damit ist die Auszahlungsfunktion gegeben durch

$$C(1) = \begin{cases} S(1) - 100\,€ & \text{falls } S(1) > 100\,€ \\ 0\,€ & \text{sonst.} \end{cases}$$

Alternativ kann man auch $C(1) = \max(0\,€, S(1) - 100\,€)$ schreiben. Graphisch stellen wir die Auszahlungsfunktion in Abb. 5.8 dar. $\qquad\qquad\square$

Put Optionen

Im Gegensatz dazu stellt eine **Long-Put Option** mit Ausübungspreis K und Ausübungszeitpunkt T einen Vertrag dar, der dem Besitzer beziehungsweise dem Käufer das Recht

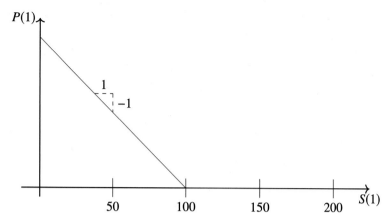

Abb. 5.9 Auszahlungsfunktion eines Long-Puts

(aber nicht die Pflicht) einräumt, eine Einheit der Aktie zum Preis K zum Zeitpunkt T zu *verkaufen*. Eine Long-Put Option ist also eine Wette, dass der Preis der Aktie sinkt. Für den Verkäufer stellt sich die Situation wiederum spiegelbildlich dar.

Beispiel 5.14 (Put Option) Auch das Auszahlungsprofil einer Long-Put Option $P(t)$ mit Ausübungszeitpunkt $T = 1$ und Strike $100\,€$ ist abhängig von $S(1)$. Falls $S(1) \leq 100\,€$ ist, so erlaubt die Option einen Verkauf zum Preis von $100\,€$, was einen Gewinn von $100\,€ - S(1)$ abwirft. Falls der Preis der Aktie hoch ist, das heißt $S(1) > 100\,€$, dann beträgt die Auszahlung des Long-Puts $0\,€$ und damit ist

$$P(1) = \begin{cases} 0\,€ & \text{falls } S(1) > 100\,€ \\ 100\,€ - S(1) & \text{sonst.} \end{cases}$$

Wir können dies auch als $P(1) = \max(0\,€, 100\,€ - S(1))$ schreiben. Abb. 5.9 zeigt die Auszahlungsfunktion. □

Preisfindung

Weil Optionen wie Call und Put auf Märkten gehandelt werden, gibt es offensichtlich einen bestimmten Preis, den Händler für diese zu zahlen bereit sind. Wenn man über die Preisfindung von Optionen nachdenkt, kommen einem vielleicht die folgenden Ideen in den Sinn:

- Ein Put mit einem hohem Ausübungspreis ist *besser* als mit einem niedrigen Ausübungspreis.
- Ein Call mit einem hohem Ausübungspreis ist *schlechter* als mit einem niedrigen Ausübungspreis.

- Je wahrscheinlicher es angesehen wird, dass der Preis der Aktie steigt, desto mehr lohnt sich eine Investition in einen Call.
- Je wahrscheinlicher es ist, dass die Aktie sinkt, desto mehr rentiert sich ein Put.
- Sollte der Kurs der Aktie stabil sein und gegenüber dem Ausgangsniveau $S(0)$ kaum schwanken, so kann man kaum hoffen durch einen Put oder Call mit Ausübungspreis $S(0)$ einen großen Gewinn zu machen. Der Preis der Optionen sollte also relativ gering sein.
- Ebenso sollte man bei einem stabilen Aktienkurs für eine Option relativ genau planen können, wie hoch der Gewinn ist, nämlich ungefähr gleich der Differenz zwischen Aktienkurs $S(0)$ und Ausübungspreis.
- Wenn der Ausübungspreis gleich $S(0)$ ist, besitzt der Call im Vergleich zum Kauf der Aktie einen gewissen Vorteil. Der Grund ist, dass man zwar dieselben potentiellen Gewinne wie mit der Aktie macht, im schlimmsten Fall jedoch nur den Kaufpreis der Option verliert und nicht das gesamte Investment in die Aktie.
- Andererseits besitzt der Call gegenüber der Aktie den Nachteil, dass man dessen Kaufpreis eben immer vollständig verliert und somit im Normalfall ein Kurs der Aktie knapp über dem Strike noch nicht lohnenswert ist, weil der Kaufpreis der Option bei der Berechnung des Reingewinns abgezogen werden muss.
- Ähnliche Überlegungen, wie wir sie hier für Calls angestellt haben, ließen sich auch für Puts machen.

Sicherlich kann diese Liste noch weiter ergänzt werden. Obwohl diese Gedanken durchaus hilfreich sind, sind sie weit davon entfernt, einen expliziten Preis für eine Option anzugeben. Um diesen Mangel zu überwinden, müssen zusätzlich Annahmen über die Entwicklung der Aktie getroffen werden. Wir erarbeiten uns dieses Vorgehen jetzt im Zusammenhang mit dem uns bekannten Modell, dem (Ein-Schritt-)Binomialbaum aus dem vorangegangen Abschn. 5.2. Die konkrete Berechnung des Preises wird sich in diesem Kontext als Anwendung des Prinzips der Arbitrage-Freiheit aus Definition 5.3 erweisen.

Beispiel 5.15 (Preisfindung für Call im Binomial-Modell) Nehmen wir an, dass sowohl der Bond als auch die Aktie einen Startwert $A(0) = S(0) = 100 \,€$ besitzen und der risikofreie Zins $r = 5\,\%$ beträgt. Der Aktienpreis $S(1)$ kann entweder höher oder niedriger als in $t = 0$ sein, hier genauer

$$S(1) = \begin{cases} 110\,€ & \text{mit Wahrscheinlichkeit } 50\,\% \\ 90\,€ & \text{mit Wahrscheinlichkeit } 50\,\%, \end{cases}$$

wie in Abb. 5.10 dargestellt.

Auf Grundlage des Prinzips der Arbitrage-Freiheit bestimmen wir jetzt den Preis eines Calls mit Ausübungszeitpunkt $t = 1$ und Strike $100\,€$. Bei $C(1)$ handelt es sich ebenso wie bei $S(1)$ um eine Zufallsvariable, die zwei verschiedene Wert annehmen kann,

Abb. 5.10 Ein-Schritt Binomialbaum

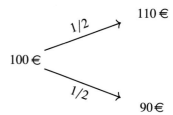

$$C(1) = \begin{cases} 10\,€ & \text{falls die Aktie steigt} \\ 0\,€ & \text{falls die Aktie fällt.} \end{cases}$$

Ziel ist es nun, das Gesetz des einen Preises, Satz 5.5, anzuwenden. Dazu müssen wir das Auszahlungsprofil von $C(1)$ durch Verwendung von $S(1)$ und $A(1)$ reproduzieren. Mathematisch formuliert ist es die Aufgabe, nach $x, y \in \mathbb{R}$ zu suchen, die die Gleichung

$$x \cdot A(1) + y \cdot S(1) = C(1) \tag{5.2}$$

erfüllen. Die Auszahlungsfunktion der linken Seiten ist

$$xA(1) + yS(1) = \begin{cases} x \cdot 105\,€ + y \cdot 110\,€ & \text{falls die Aktie steigt} \\ x \cdot 105\,€ + y \cdot 90\,€ & \text{falls die Aktie fällt.} \end{cases}$$

Um zwischen der linken und der rechten Seiten von Gl. (5.2) indifferent zu sein, müssen die beiden Auszahlungsfunktionen übereinstimmen. Dazu lösen wir das lineare Gleichungssystem

$$10\,€ = x \cdot 105\,€ + y \cdot 110\,€$$
$$0\,€ = x \cdot 105\,€ + y \cdot 90\,€,$$

dessen Lösung sich als

$$x = -\frac{3}{7}, \qquad y = \frac{1}{2}$$

berechnet. Folglich ist es notwendig $\frac{1}{2}$ Anteil der Aktie zu kaufen und mit $\frac{3}{7}$ Anteilen des risikofreien Bonds short zu gehen, damit die Auszahlungsprofile in $t = 1$ in jedem Fall übereinstimmen. Nach dem Gesetz des einen Preises, Satz 5.5, ist der Preis der Option im Zeitpunkt $t = 0$ damit

$$C(0) = \frac{1}{2} \cdot A(0) - \frac{3}{7} \cdot S(0) = \frac{100\,€}{14} = 7{,}14\,€.$$

Es fällt auf, dass die Wahrscheinlichkeiten bei der Preisfindung der Option keine Rolle spielen. Der Grund hierfür ist, dass diese bereits bei der Preisfindung der Aktie berücksichtigt werden mussten und darüber indirekt in den Optionspreis einfließen. Die Technik, die in

Beispiel 5.15 verwendet wurde, nämlich der Nachbau des Auszahlungsprofils der Option mittels der Basistitel, ist auch unter dem Namen **Replikationsprinzip** oder **replicating portfolio** bekannt (vergleiche hierzu auch Abschn. 2.4).

Beispiel 5.16 (Preisfindung für Put im Binomial-Modell) Analog zu Beispiel 5.15 kann auch ein Pricing für einen Put erfolgen. Der aktuelle Kurs der Anleihe sei $A(0) = 100\,€$ und derjenige der Aktie $S(0) = S_0$, eine feste unbekannte Größe. Am Markt kann ein risikofreier Zins von $r = 1\,\%$ erwirtschaftet werden. Mit einer Wahrscheinlichkeit von 50 % steigt der Kurs der Aktie um 10 % und mit der gleichen Wahrscheinlich keit fällt er ebenfalls um 10 %.

Wir wollen nun untersuchen, wie der Preis eines Puts mit Strike $K = S_0$ von S_0 abhängt. Dazu stellen wir als Erstes die Auszahlung des Puts in der Form

$$P(1) = \begin{cases} 0\,€ & \text{falls die Aktie steigt} \\ 0{,}1 \cdot S_0 & \text{falls die Aktie fällt.} \end{cases}$$

auf. Diese soll wie üblich mittels eines Portfolios

$$x \cdot A(1) + y \cdot S(1) = \begin{cases} x \cdot 101\,€ + 1{,}1 \cdot S_0 \cdot y & \text{falls die Aktie steigt} \\ x \cdot 101\,€ + 0{,}9 \cdot S_0 \cdot y & \text{falls die Aktie fällt.} \end{cases}$$

repliziert werden. Wiederum ist ein lineares Gleichungssystems zu lösen, nämlich

$$0\,€ = x \cdot 101\,€ + 1{,}1 \cdot S_0 \cdot y$$
$$0{,}1 \cdot S_0 = x \cdot 101\,€ + 0{,}9 \cdot S_0 \cdot y.$$

Durch Anwendung der üblichen Methoden zur Lösung eines solchen linearen Problems (zum Beispiel Gauß-Algorithmus oder Einsetzmethode) ergibt sich

$$x = \frac{11}{2.020} S_0, \qquad y = -\frac{1}{2}.$$

Das Gesetz des einen Preises, Satz 5.5, impliziert damit für den Put einen Preis von

$$P(0) = \frac{11}{2.020} S_0 \cdot 100 - \frac{1}{2} S_0 = \frac{9}{202} S_0.$$

Folglich hängt der Preis des Puts linear vom Preis der Aktie ab. Dieses Ergebnis ist sinnvoll, weil sich die absoluten Gewinnmöglichkeiten des Puts mit dem Aktienpreis erhöhen und damit sein Preis steigen sollte.   □

Weitere Typen von Optionen

Wir haben unsere Aufmerksamkeit bisher nur auf Optionen gerichtet, die zu *einem einzigen* Zeitpunkt ausgeübt werden können. Diese werden an den Finanzmärkten **europäische Optionen** genannt. Davon abzugrenzen sind **Bermuda-Optionen,** die mehrere Ausübungszeitpunkte besitzen und **amerikanische Optionen,** bei denen eine Ausübung zu jedem Zeitpunkt bis zum Ablauf erlaubt ist. Die Preisfindung für diese beiden Typen von Optionen ist mathematisch jedoch deutlich anspruchsvoller, weshalb wir uns in diesem Buch auf europäische Optionen beschränken. Unter vielen ökonomisch sinnvollen Modellannahmen ist es nämlich nicht möglich, eine geschlossene Formel zur Berechnung des Preises von amerikanischen oder Bermuda-Optionen zu finden.[6] Vielmehr kommen Computer-Simulationen (Monte Carlo-Ansatz) oder Methoden der numerischen Mathematik zum Einsatz, um Näherungspreise zu berechnen. In den letzten Jahren wurden auf diesem Gebiet diverse trickreiche theoretische Techniken entwickelt, die mittlerweile auch in der Praxis zum Einsatz kommen. So findet beispielsweise der von Longstaff und Schwartz in [LS01] entwickelte Least Squares Monte Carlo-Ansatz (LSMC) Bestimmung des Preises von amerikanischen Optionen mittlerweile vermehrt Verwendung in der Versicherungsbranche bei der Bewertung von Verbindlichkeiten, siehe zum Beispiel [BFW14].

5.4   Put-Call-Parität

In Abschn. 5.2 wurde das Binomial-Modell eingeführt, das eine erste Möglichkeit zur dynamischen Beschreibung von Finanzmärkten bietet. Wir haben jedoch auch gesehen, dass das Modell einige Schwächen mit sich bringt, unter anderem weil es nur für diskrete Zeitpunkte ausgewertet werden kann. Ganz allgemein muss man einräumen, dass es (bis dato) kein Modell gibt, das gänzlich ohne Schwächen auskommt.[7] Diese Feststellung erklärt zumindest ansatzweise, weshalb bei wirtschaftlichen Sachfragen oft selbst unter den wohlwollendsten Experten Uneinigkeit herrscht, denn sie verwenden oder denken oft in unterschiedlichen Modellen.

Somit wäre es wünschenswert, eine Regel oder Formel zu finden, die den Preis von Optionen unabhängig vom konkreten Modell erklärt. Dies ist teilweise möglich.

Beispiel 5.17 (Put-Call-Parität) Der risikofreie Zins sei $r = 10\,\%$ und der Wert der risikofreien Anleihe zum Beginn $A(0) = 100\,€$. Ein Händler geht zum Zeitpunkt $t = 0$ long mit einem Call und short mit einem Put. Beide Optionen haben im Ausübungszeitpunkt $T = 1$ einen Ausübungspreis $110\,€$. Die gesamte Auszahlung beträgt dann.

$$C(1) - P(1) = \max(S(1) - 110\,€, 0\,€) - \max(110\,€ - S(1), 0\,€)$$
$$= S(1) - 110\,€ = S(1) - (1 + r) \cdot 100\,€ = S(1) - A(1).$$

---

[6] Für europäische Optionen lernen wir eine solche Formel in Satz 6.26 kennen.

[7] Somit natürlich auch nicht die bedeutende geometrische Brownsche Bewegung, die wir in Abschn. 6.3 ausführlich besprechen werden und die die Grundlage für die Black-Scholes-Formel bildet.

Unabhängig davon, wie sich die Aktie entwickelt, hat das Portfolio des Investors also die gleiche Auszahlung, wie wenn er eine Einheit der Aktie gekauft hätte und mit einer Anleihe short gegangen wäre. Es ist äußerst bemerkenswert, dass diese Gleichheit *nicht* vom verwendeten Modell für die Entwicklung der Aktie abhängt. Nach dem Gesetz des einen Preises, Satz 5.5, wissen wir, dass auch in $t = 0$ die Preise der beiden Portfolios übereinstimmen müssen und erhalten daraus die Gleichheit

$$C(0) - P(0) = S(0) - A(0).$$

Damit haben wir die Put-Call-Parität für den Fall einer Zeitperiode explizit hergeleitet. Bevor wir diese in ihrer allgemeinen Form festhalten können, erinnern wir an eine Tatsache, die in Abschn. 1.1 ausführlich erläutert wurde: Wenn wir von diskreter Verzinsung in eine kontinuierliche Verzinsung übergehen, korrespondiert dies dazu, dass zur Berechnung von $A(t)$ der Anfangswert $A(0)$ mit e^{rt} anstelle von $(1 + r)^t$ multipliziert wird.

> **Satz 5.18: Put-Call-Parität**
> Es seien $C(t)$ die Auszahlungsfunktion eines Calls und $P(t)$ diejenige eines Puts, wobei beide denselben Ausübungszeitpunkt T und denselben Ausübungspreis K haben. Ferner bezeichne $A(t)$ den Preis der Anleihe und $S(t)$ den Preis des den Optionen zugrundeliegenden Wertpapiers. Dann gilt auf einem arbitragefreiem Markt bei stetiger Verzinsung die Gleichung
>
> $$C(0) + K \cdot e^{-rT} = P(0) + S(0). \tag{5.3}$$

Die Schlussweise aus Beispiel 5.17 bleibt auch im allgemeinen Fall richtig und liefert damit einen Beweis für Satz 5.18. Außerdem sei auf eine implizite Bedingung hingewiesen, über die wir bei der Formulierung von Satz 5.18 stillschweigend hinweg gegangen sind. Gl. (5.3) ist nur dann richtig, wenn die Aktie im Zeitverlauf keine Dividende auszahlt.

Beispiel 5.19 (Put-Call-Parität) Ein Call mit einer Laufzeit von $T = 5$ Jahren und einem Ausübungspreis von $K = 100 \,€$ kostet am Markt aktuell $C(0) = 4,52 \,€$. Der Preis der Aktie ist $S(0) = 92 \,€$ und der stetige risikofreie Zins beträgt $r = 2\,\%$. Dann ist der arbitragefreie Preis eines Puts mit gleicher Laufzeit und gleichem Ausübungspreis wie der Call

$$P(0) = C(0) + K \cdot e^{-rT} - S(0)$$
$$= 4,52 \,€ + 100 \,€ \cdot e^{-0,02 \cdot 5} - 92 \,€ = 3,00 \,€.$$

Nach Gl. (5.3) reicht es aus, den Preis von Anleihe und Aktie zu kennen, um die Differenz des Preises von Call und Put zu bestimmen. Ist zusätzlich einer der beiden Optionspreise bekannt, so ergibt sich der andere damit automatisch, sofern Arbitrage-Möglichkeiten am Markt ausgeschlossen werden.

5.5 Hedging

Zu Beginn von Abschn. 5.3 haben wir die Beschäftigung mit Optionen dadurch motiviert, dass diese einen Großteil des Handelsvolumens auf den Finanzmärkten der Welt ausmachen. Doch wieso ist dies der Fall? Händler sehen in Optionen vor allem zwei Vorteile:

- **Kosteneffizienz:** Will man an den Gewinnen einer Aktie partizipieren, so erscheint es zunächst naheliegend, sich die Aktie zu kaufen. Wenn diese einen Nominalwert von 100 € hat, muss auch diese Summe investiert werden. Wie wir in Kap. 6 ausführlich besprechen werden, ist der Preis einer Option (für gewöhnlich) niedriger als der Preis der Aktie. Kauft man beispielsweise einen Call mit Ausübungspreis $K = 100$ €, so kostet dieser vielleicht 20 € und der prozentuale Gewinn auf das Kapital verfünffacht sich somit. Man sagt deswegen auch, dass Optionen *eine Hebelfunktion haben*.
- **Risiko:** In manchen Situationen ist die Investition in eine Option weniger riskant als die Investition in eine Aktie. Selbstverständlich ist die Gefahr eines Totalverlusts bei einer Option größer als bei einer Aktie, in der Praxis ist dieses Risiko aber gegen die geringere Investitionssumme abzuwägen (weniger Risiko pro investiertem Euro). Ferner ist es sogar möglich, Risiken durch Optionen weitgehend abzusichern. Auf diesen Aspekt wollen wir jetzt detaillierter eingehen.

Ein **Hedge** mit Optionen ist eine zur Portfolio-Optimierung, wie wir sie in Kap. 4 besprochen haben, alternative Absicherungsstrategie. In der Praxis werden diese zwei Strategien häufig miteinander kombiniert, um eine bestmögliche Absicherung gegen die Unwägbarkeiten der Finanzmärkte sicherzustellen. Beide Instrumente gehören zum Standardrepertoire des modernen Risikomanagements von Banken und Versicherungen.

Im Folgenden wollen wir eine Auswahl von besonders häufig eingesetzten Hedges geben. Selbstredend handelt es sich dabei nur um einen Bruchteil der in der Praxis tatsächlich verwendeten Hedging-Instrumente. Für umfassendere Darstellungen dieses komplexen Themengebiets verweisen wir auf die einschlägige Literatur, zum Beispiel [MFE05], [Hul11] sowie für mathematisch sehr gebildete Leser mit Interesse an der dynamischen Theorie auf [Tal97].

Protective Put
Das Ziel eines **Protective Put** ist es, sich gegen mögliche Kursverluste des Underlyings, also beispielsweise einer Aktie, abzusichern. Dies wird dadurch erreicht, dass neben der Aktie ein Put erworben wird.

Beispiel 5.20 (Protective Put) Die Aktie hat einen aktuellen Marktpreis von $S(0) = 100\,€$. Ein Put mit der Laufzeit von $T = 1$ Jahren und einem Ausübungspreis von $K = 100\,€$ kostet $P(0) = 3,20\,€$. Bei einem Protective Put werden sowohl die Aktie als auch der Put in $T = 0$ für eine Investitionssumme von insgesamt $103,20\,€$ gekauft. Damit ergibt sich in $T = 1$ die Auszahlung

$$P(1) + S(1) = \max(0\,€, 100\,€ - S(1)) + S(1) = \max(100\,€, S(1)).$$

Im schlechteren Fall bekommt der Investor in $T = 1$ also den Kaufpreis der Aktie zurück, im besseren nimmt er die Gewinne der Aktie mit. Der Preis für diese Absicherung ist lediglich der Kaufpreis des Puts. Die Zusammensetzung des Auszahlungsprofils des Protective Put wird in Abb. 5.11 graphisch veranschaulicht.   □

Man beachte, dass bei einem Protective Put der Ausübungspreis nicht dem Marktpreis der Aktie $S(0)$ entsprechen muss, obwohl der Protective Put häufig in dieser Form eingesetzt wird. Durch Verschiebung des Ausübungspreises verschiebt sich auch der mögliche Verlustbereich und gleichzeitig verändert sich der Kaufpreis des Puts.

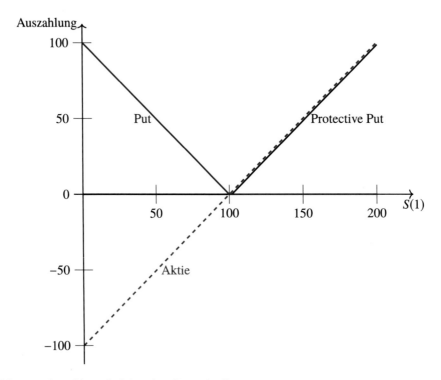

Abb. 5.11 Auszahlungsfunktion eines Protective Put

Der Protective Put sollte insbesondere dann eingesetzt werden, wenn die Gefahr eines erheblichen zukünftigen Verlusts der Aktie besteht. In der elementaren Variante, wie sie hier vorgestellt wird, erfolgt die Absicherung nur über eine Zeitperiode, durch den Einsatz eines Portfolios von Optionen oder durch amerikanische Optionen ist das Konzept jedoch leicht auf mehrere Zeiteinheiten übertragbar. Zusammenfassend ist der Einsatz eines Protective Puts eine einfach verständliche, effiziente und kostengünstige Absicherung gegen fallende Kurse.

Covered Call

Wenn sich ein Investor mit großen Summen am Optionsgeschäft beteiligt, möchte er unter Umständen auch die von ihm verkauften Optionen geeignet absichern. Ein wichtiges Instrument hierzu ist der **Covered Call,** der Short Positionen von Calls vor großen Verlusten durch starke Kursgewinne der zugrundeliegenden Aktie schützt. Im Bankenumfeld sind Zertifikate, die einen Covered Call implementieren, unter dem Namen **Discountzertifikate** bekannt.

Beispiel 5.21 (Covered Call) Der momentane Preis einer Aktie beträgt $S(0) = 100 \,€$. Ein Händler verkauft einen Call mit Ausübungspreis $120 \,€$ für $2,30 \,€$ (short position). Diesen sichert er durch den Kauf einer Aktie ab (long position). Die Auszahlung im Zeitpunkt $T = 1$ ist somit

$$S(1) - C(1) = S(1) - \max(0 \,€, \, S(1) - 120 \,€) = \min(120 \,€, \, S(1)).$$

Wir sehen, dass ein Covered Call einen Call vor einem explodierenden Kursanstieg der Aktie schützt. In diesem Fall würde die Ausübung der Call Option für den Verkäufer sehr teuer werden. Hingegen werden Kursverluste der Aktie voll mitgenommen, was Investoren beispielsweise dann in Kauf nehmen, wenn diese als unwahrscheinlich erachtet werden. Eine graphische Darstellung des Covered Calls stellt Abb. 5.12 dar. □

Dass eine Absicherung von Calls finanziell überlebensnotwendig sein kann, zeigt die versuchte Übernahme von Volkswagen durch Porsche im Jahr 2008. Porsche kaufte damals in riesigem Umfang Call Optionen auf VW-Aktien und bestand auf das Recht, die Aktien tatsächlich geliefert und nicht nur den finanziellen Gewinn zu erhalten. Dadurch stieg der Kurs der VW-Aktie immer weiter an und verdoppelte sich fast am 27.08.2008 im Laufe eines einzigen Tages von circa 320 € auf circa 635 €, denn die Verkäufer der Calls waren gezwungen zum vereinbarten Ausübungspreis zu liefern. Kurze Zeit später stieg der Kurs der VW-Aktie noch weiter auf knapp über 1.000 €. Wären die Calls durch Basisaktien gedeckt gewesen, wäre eine solch heftige Kursschwankung wahrscheinlich nicht aufgetreten. Bekanntermaßen missglückte der Übernahmeversuch, weil Porsche durch die immensen Kosten der versuchten Übernahme in finanzielle Schieflage geriet. Umgekehrt wurde Porsche schließlich im Jahr 2012 durch Fusion in die VW-Gruppe eingegliedert.

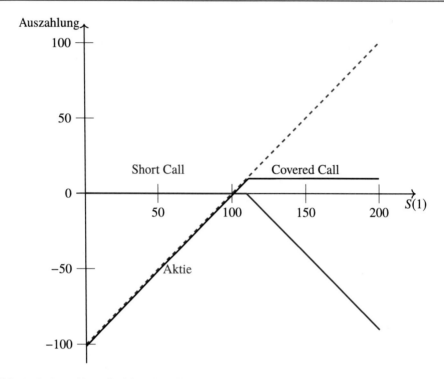

Abb. 5.12 Auszahlungsfunktion eines Covered Calls

Delta Hedge

Protective Put und Covered Call sind zwei fundamentale Instrumente des Hedgings. Die meisten Marktteilnehmer verwenden jedoch deutlich ausgefeiltere Strategien zur Absicherung ihrer Portfolios. Die Kernidee hinter dem sogenannten **Delta Hedge** ist es, von der 1:1 Abdeckung von Option und Aktie (1 Option sichert eine 1 Aktie ab beziehungsweise umgekehrt) abzurücken und auf ein sachgerechteres Verhältnis zu wechseln. Hierbei wird von der Möglichkeit Gebrauch gemacht, auch nicht-ganzzahlige Anteile von Aktien zu kaufen.

Das **Delta** Δ einer Option gibt die Rate der Veränderung des Preises der Call Option C oder Put Option P in Relation zur Veränderung des Preises der zugrundeliegenden Aktie S an. Sofern ein funktionaler, differenzierbarer Zusammenhang zwischen beiden Größen besteht, lässt sich Δ also mittels der partiellen Ableitung

$$\Delta = \frac{\partial C}{\partial S} \quad \text{beziehungsweise} \quad \Delta = \frac{\partial P}{\partial S} \tag{5.4}$$

ausdrücken. Ein Beispiel für eine Situation, wo Δ mithilfe der partiellen Ableitung berechnet werden kann, stellt die Black-Scholes-Formel dar, die wir in Abschn. 6.5 kennenlernen werden. Für das Erste ist es ausreichend, die Herleitung von Δ, in einem konkreten Beispiel zu verstehen. Hierbei approximieren wir die partielle Ableitung aus (5.4) durch den Differenzenquotient.

Beispiel 5.22 (Delta) Der Preis der Aktie beträgt $S(0) = 20\,€$. Wir betrachten eine Put Option mit Ausübungspreis $K = 22\,€$ in $T = 2$, welche aktuell $0,50\,€$ kostet. Falls der Preis der Aktie in $T = 1$ auf $21\,€$ steigt, fällt der Preis der Option auf $0,25\,€$. Anhand dieser Größen ergibt sich

$$\Delta = \frac{0,25\,€ - 0,5\,€}{21\,€ - 20\,€} = -0,25 = -\frac{1}{4}.$$

Eine weitere explizite Situation, wo die Berechnung von Δ möglich ist, wurde in Beispiel 5.16 durchgeführt. Das Delta Δ gibt gleichzeitig an, in welchem Verhältnis die Anzahl der Aktien zur Anzahl der Optionen stehen sollte, um das Risiko von Kursveränderungen näherungsweise vollständig abzufangen.

Beispiel 5.23 (Delta Hedge) Der Investor aus Beispiel 5.22 hat sich dazu entschlossen, 1.000 Put Optionen zum Preis von $0,50\,€$ zu kaufen. Gleichzeitig will er das Risiko des Investments gering halten und entscheidet sich für einen Delta Hedge. Deswegen kauft er $1.000 \cdot 0,25 = 250$ Aktien. Der Wert $\Delta = -0,25$ bedeutet, dass der Preis einer Option näherungsweise um $0,25\,€$ sinkt (steigt), falls der Preis der Aktie um $1\,€$ steigt (sinkt). Auf das Portfolio umgerechnet, impliziert dies, dass bei einem Kursgewinn der Aktie um einen Euro der Wert des Portfolios in guter Näherung unverändert bleibt, weil aus den Aktien ein Gewinn von $250 \cdot 1\,€ = 250\,€$ entsteht und zeitgleich der Wert aller Puts um $1.000 \cdot 1 \cdot (-0,25)\,€ = -250\,€$ sinkt. Ebenso wird ein Verlust der Aktien um je einen Euro, insgesamt also $250 \cdot (-1\,€) = -250\,€$, durch den Gewinn der Puts $1.000 \cdot (-1) \cdot (-0,25\,€) = 250\,€$ ausgeglichen. □

Einerseits ist die Absicherung einer Investition mittels eines Delta Hedge sehr effizient, weil die Anzahlen von Optionen und Aktien im Portfolio clever aufeinander abgestimmt sind, und so lokal ein (fast) vollständiges Verschwinden des Risikos erreicht wird. Die mathematische Theorie hinter dem Delta Hedge liefert wiederum der Satz von Taylor, Satz 7.31. Andererseits muss man sich klar machen, dass das Delta einer Option nicht konstant bleibt (die Ableitung ist nur für lineare Funktionen konstant!) und deshalb das Risiko größerer Preisveränderungen durch einen Delta Hedge nicht adäquat abgefangen wird, obwohl man vielleicht gerade dieses vermeiden möchte. In der Praxis erfordert die Verwendung eines Delta Hedge deswegen eine permanente Anpassung des Portfolios, was wiederum (auf den unvollkommenen Finanzmärkten der Realität) mit Handelskosten einhergeht. Wenn das Portfolio ständig verändert wird, spricht man auch von einem *dynamischen Hedge*. Obwohl ein Delta Hedge auf den ersten Blick einen perfekten Risiko-Ausgleich zu versprechen scheint, bewahrheitet sich damit wieder einmal das amerikanische Sprichwort *there is no such thing like a free lunch*.

Emotionaler Hedge

Zum Abschluss dieses Abschnitts möchten wir noch kurz herausarbeiten, dass Hedges nicht nur zur Absicherung finanzieller Geschäfte, sondern auch in unserem täglichen Leben genutzt werden können. Ein sogenannter *emotionaler Hedge* ist eine Wette gegen ein persönlich stark gewünschtes Ereignis. Stellen Sie sich beispielsweise vor, Sie sind ein riesengroßer Fan des FC Bayern München. Heute ist das Champions League Finale und Ihr Lieblingsverein wird abends gegen Real Madrid spielen. Entweder werden Sie heute Abend glücklich einen wichtigen internationalen Titel feiern oder Sie werden sich Tage lang über das verlorene Finale ärgern und Ihr Verein wird frühestens im darauffolgenden Jahr wieder eine Chance haben, die Schmach vergessen zu machen. Würde Ihre Enttäuschung gesenkt werden, wenn Sie bei einem verlorenen Finale 100 € geschenkt bekommen würden? Davon könnten Sie sich wenigstens einen anderen Wunsch erfüllen, das neue Trikot Ihres Vereins für die nächste Saison kaufen oder ein Abendessen in einem schönen Restaurant genießen. Doch wie soll das gehen? Schließen Sie doch einfach vor dem Finale eine Wette auf einen Sieg von Real Madrid ab! Dadurch senken Sie Ihre negative emotionale Reaktion bei einer Niederlage. Puristen würden wahrscheinlich argumentieren, dass ein echter Fan so etwas niemals machen würde. Und genau darin sehen manche Leute einen Nachteil eines Hedge. Er sichert eine nicht wünschenswerte emotionale oder finanzielle Situation oft dadurch ab, dass man in einer positiven Situation einen kleineren Gewinn in Kauf nimmt, etwa die verlorene Wette im Falle eines Sieges des FC Bayern München.

Nachdem Sie Kap. 5 bearbeitet haben, sollten Sie folgende Fragen beantworten können:

- Wie lautet das Prinzip der Arbitrage-Freiheit auf Finanzmärkten unter Unsicherheit?
- Welche Bedeutung hat das Prinzip der Arbitrage-Freiheit für Wechselkurse von Währungen?
- Was bedeutet das Gesetz des einen Preises?
- Aus welchen Bestandteilen besteht das Ein-Schritt-Binomial-Modell?
- Wie erweitert man dieses auf mehrere Zeitperioden?
- Unter welchen Bedingungen ist ein Binomial-Modell arbitragefrei?
- Wie sieht das Auszahlungsprofil einer Call Option aus? Wie dasjenige einer Put Option?
- Kennen Sie weitere Typen von Optionen?
- Was besagt die Put-Call-Parität?
- Welche praktischen Gründe gibt es, dafür ein Hedging zu machen?
- Welche Typen von Hedges kennen Sie?

5.6 Aufgaben

Aufgabe 5.1 (Arbitrage-Freiheit) Der risikofreie Marktzins betrage $r = 1\%$.

a) Berechnen Sie mithilfe eines Arbitrage-Arguments den Nominalwert einer Nullcouponanleihe mit einer Laufzeit von 4 Jahren und einem Marktpreis von $P \cdot 1{,}01^{-4}$.

b) Lösen Sie dieselbe Aufgabe wie unter (i), wobei die Anleihe diesmal einen konstanten Coupon C sowie Nominal $N = C$ besitzt bei einer Laufzeit von 2 Jahren und einem Marktpreis von $P \cdot 1{,}01^{-2}$. □

Aufgabe 5.2 (Arbitrage-Freiheit) Vervollständigen Sie die folgenden beiden Tabellen von Wechselkursen, sodass die Devisenmärkte jeweils arbitragefrei sind.

a)

	€	$	CHF
€	1,0000	???	1,1200
$	???	1,0000	???
CHF	???	0,9800	1,0000

b) Zusätzlich wird der japanische Yen ¥ berücksichtigt.

	€	$	CHF	¥
€	1,0000	???	???	120
$	0,8300	1,0000	???	???
CHF	???	0,9500	1,0000	???
¥	???	???	???	1,0000

□

Aufgabe 5.3 (Ein-Schritt-Binomialbaum) Gegeben sei der Ein-Schritt-Binomialbaum aus Abb. 5.13. Berechnen Sie den Erwartungswert und die Varianz von $S(1)$. Welche Aussage können Sie angesichts eines Vergleichs von $S(0)$ mit dem Erwartungswert über die Risikopräferenzen der Investoren aus Ihrer Rechnung schließen (vergleiche hierzu auch Abschn. 4.5)? □

Abb. 5.13 Binomialbaum zu
Aufgabe 5.3

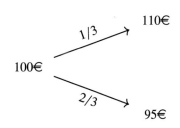

Aufgabe 5.4 (Zwei-Schritt-Binomialbaum) Betrachten Sie den Zwei-Schritt-Binomialbaum aus Abb. 5.14

Berechnen Sie den Erwartungswert der Aktie zu den Zeitpunkten $t = 1$ und $t = 2$. Was ist der Erwartungswert in $t = 2$, wenn Sie bereits wissen, dass die Aktie im ersten Schritt $t = 1$ gestiegen ist? □

Aufgabe 5.5 (Zwei-Schritt-Binomialbaum) ([CZ07], Exercise 3.15) Ein Zwei-Schritt-Binomialbaum wie in Abb. 5.5 habe die möglichen Wert 32 €, 28 € und $x < 28$ € in $t = 2$. Vervollständigen Sie den Binomialbaum! Ist Ihre Vervollständigung eindeutig? Warum? □

Aufgabe 5.6 (Mehr-Schritt-Binomialbaum) In dieser Aufgabe geht es um einen Binomialbaum, der aus vier Zeitschritten besteht. In jedem Schritt geht die Aktie mit Wahrscheinlichkeit p nach oben (Ereignis u) und mit Wahrscheinlichkeit $1 - p$ nach unten (Ereignis d). Berechnen Sie die Wahrscheinlichkeit, dass der Wert der Aktie nach vier Schritten gleich $S(4) = (1 + u)^3 (1 + d)$ € ist. Durch welche bekannte Wahrscheinlichkeitsverteilung lässt sich Ihr Ergebnis erklären? □

Aufgabe 5.7 (Preisfindung Put Option) Nehmen Sie an, dass die Preise $A(0)$, $A(1)$, $S(0)$ und $S(1)$ wie in Beispiel 5.15 sind. Berechnen Sie den Preis $P(0)$ eines Puts mit Ausübungszeitpunkt 1 und Ausübungspreis 80 €. □

Aufgabe 5.8 (Preisfindung Call Option) Es sei $A(0) = S(0)$ und $S(1)$ wie in Beispiel 5.15. Ferner nehmen wir an, dass der risikofreie Zins eine (unbekannte, aber feste) Größe $r > 0$ sei. Geben Sie eine allgemeine Formel für den Preis eines Calls mit Ausübungszeitpunkt $T = 1$ und Strike 100 € an. Zeichnen Sie $C(0)$ als Funktion des Parameters r. □

Aufgabe 5.9 (Put-Call-Parität) Wir betrachten einen Kapitalmarkt, an dem der Preis des Bonds $A(0) = 80$ € und der Preis der Aktie $S(0) = 80$ € betragen. Ferner sei der risikofreie

Abb. 5.14 Zwei-Schritt Binomialbaum

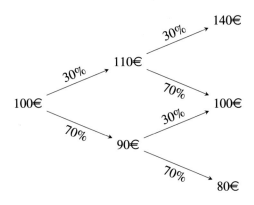

Zins $r = 10\,\%$. Wie groß ist der Marktpreis eines Calls, falls der Preis des Puts $25\,€$ beziehungsweise $35\,€$ beträgt? □

Aufgabe 5.10 (Protective Put)

a) Beschreiben Sie in Ihren eigenen Worten das Prinzip eines Protective Puts! Was ist sein Nutzen?

b) Eine Aktie kostet heute $S(0) = 85\,€$, der Zins beträgt $r = 2\,\%$ und ein Put mit Ausübungspreis $K = 80\,€$ hat den Preis $P(0) = 2{,}80\,€$. Berechnen Sie die Auszahlungsfunktion des Protective Puts in $T = 1$ und stellen Sie diese graphisch dar! Berücksichtigen Sie dabei jeweils die Kosten für den Kauf des Hedges. □

Aufgabe 5.11 (Covered Call)

a) Beschreiben Sie in Ihren eigenen Worten das Prinzip eines Covered Calls! Wo liegt ein mögliches Problem bei der Verwendung eines Covered Calls?

b) Eine Aktie kostet heute $S(0) = 100\,€$, der Zins beträgt $r = 2\,\%$ und ein Call mit Ausübungspreis $K = 110\,€$ hat den Preis $C(0) = 12{,}60\,€$. Berechnen Sie die Auszahlungsfunktion des Covered Calls in $T = 1$ und stellen Sie diese graphisch dar! Berücksichtigen Sie dabei jeweils die Kosten für den Kauf des Hedges. □

Aufgabe 5.12 (Delta Hedge) Nehmen Sie an, dass der Preis eines Calls mittels der Formel $C(S) = aS^2$ mit $a \in \mathbb{R}$ vom Aktienpreis S abhängt. Berechnen Sie $\Delta(C)$ im Punkt $S = 1$ erstens mithilfe der partiellen Ableitung und zweitens durch Bildung des Differenzenquotienten wie in Beispiel 5.22. Beschreiben Sie ferner, wie ein Delta Hedge in dieser Situation aussehen würde. □

Aufgabe 5.13 (Hedge Strategien) (Vergleiche [Rob17]) Aufgrund von Informationen, die Ihnen zugetragen wurden, sind Sie davon überzeugt, dass der Kurs der Aktie des Unternehmens *Grünschnabel AG* innerhalb der nächsten drei Monate einen großen Sprung machen wird. Jedoch sind Sie sich nicht sicher, ob der Kurs steigt oder fällt. Momentan beträgt der Preis der Aktie $S(0) = 100\,€$. Ein Call mit $T = \frac{3}{12}$ und Strike $100\,€$ kann zum Preis $10\,€$ erworben werden.

a) Nehmen Sie an, dass der risikofreie Zins $r = 2\,\%$ beträgt. Berechnen Sie den Preis eines Puts mit Ausübungszeitpunkt $T = \frac{3}{12}$ und Ausübungspreis $100\,€$ auf die Aktie der *Grünschnabel AG*

b) Finden Sie eine einfache Strategie, welche Optionen Sie kaufen sollten, die Ihre zukünftigen Erwartungen widerspiegeln. Wie weit muss sich der Aktienpreis in eine der beiden Richtungen bewegen, damit Ihre Anlagestrategie erfolgreich ist, das heißt, einen Gewinn abwirft? □

Die Black-Scholes-Formel 6

In diesem abschließenden Kapitel findet unsere Darstellung der Theorie der Finanzmärkte ihren Höhepunkt: Die berühmte *Black-Scholes Formel* ist eines der Hauptresultate in der Geschichte der Finanzmathematik und wird von einigen sogar als eines der bedeutendsten Erkenntnisse der Mathematik überhaupt gefeiert, siehe zum Beispiel [Ste13]. Sie ermöglicht eine konsistente, theoretisch einsichtig begründete Bewertung von europäischen Optionen. Insbesondere erkennt man an ihr, dass Puts und Calls ohne direkte Bezugnahme auf das Risiko des Underlyings im Rahmen des gegebenen Modells einen eindeutigen Preis haben. Die praktische Relevanz der Black-Scholes-Formel zeigt sich vor allem darin, dass sie eine der wesentlichen Gründe für den Boom im Optionshandel ist, der seit ihrer Veröffentlichung in den 1970ern beobachtet wurde.

Wir wollen darauf hinweisen, dass wir in diesem Kapitel nicht an jeder Stelle mathematisch vollkommen präzise arbeiten werden beziehungsweise über einige Details hinweggehen. Der Grund hierfür ist vor allem didaktischer Natur. Es würde bei weitem das in diesem Buch angeschlagene mathematische Niveau übersteigen, stochastische Analysis und insbesondere das Itô-Integral zu behandeln. Jedoch ist es auch ohne diese Fundierung möglich, die Black-Scholes-Formel selbst vollständig korrekt zu präsentieren und zu interpretieren. Deshalb spürt der anwendungsorientierte Leser dadurch keinen unmittelbaren Nachteil. Wer die mathematischen Details nachvollziehen möchte, sei auf [Kal17] beziehungsweise [Øks03] verwiesen, mit deren Hilfe alle in diesem Text vorhandenen Lücken vollumfänglich geschlossen werden können.

Ergänzende Information Die elektronische Version dieses Kapitels enthält Zusatzmaterial, auf das über folgenden Link zugegriffen werden kann
https://doi.org/10.1007/978-3-662-64652-6_6.

Die zentrale Zutat bei der Herleitung der Black-Scholes-Formel ist die geometrische Brownsche Bewegung, die den Hauptinhalt von Abschn. 6.3 bildet. Um diese korrekt einführen zu können, werden zwei grundlegende Konzepte benötigt: Zum einen ist dies die risikoneutrale Bewertung von Finanzprodukten in Abschn. 6.1, die durch Anpassung von Wahrscheinlichkeiten den am Markt beobachteten Preis eines Finanzprodukts mit dem Prinzip der Optimierung nach dem Erwartungswert in Einklang bringt.[1] Zum anderen behandeln wir in Abschn. 6.2 Martingale, welche den Begriff der *fairen Wette* mathematisch verallgemeinern. Um die geometrische Brownsche Bewegung zur Modellierung praktisch nutzbringend einsetzen zu können, müssen ihre Parameter geschätzt werden. In Abschn. 6.4 gehen wir auf die Umsetzung hiervon anhand von konkreten Marktdaten (EuroStoxx 50, Jahr 2018) ein. Schließlich wird in Abschn. 6.5 dargestellt, wie genau die Black-Scholes-Formel zur Bewertung von Calls und Puts formuliert werden kann. Zum Abschluss diskutieren wir in Abschn. 6.6, weshalb die Black-Scholes-Formel die Finanzwelt nachhaltig verändert hat und warum trotzdem große Vorsicht bei deren Anwendung geboten ist.

Lernziele 6

In Kap. 6 lernen Sie

- Anwendung einer rationalen Anlagestrategie für große Portfolios (risikoneutrale Bewertung)
- Berechnung des Werts eines Finanzprodukts unter Zusatzinformationen (bedingte Erwartung)
- Verständnis des Begriffs der Risikoneutralität im Zeitverlauf (Martingaleigenschaft)
- Simulation von zufälligen Prozessen im Zeitverlauf, insbesondere der sogenannten geometrischen Brownschen Bewegung
- Kalibrierung eines Modells an real beobachteten Marktdaten
- Anwendung der Black-Scholes-Formel zur Bestimmung des Preises von Optionen
- Kenntnis der Grenzen ihrer Anwendbarkeit

6.1   Risikoneutrale Bewertung

Es mag sich im ersten Moment etwas seltsam anhören, aber es ist in der Tat möglich, mathematisch präzise zu fassen, was es bedeutet, wenn ein rationaler Investor eine risikofreie Rendite von 2 % genauso gut findet wie eine erwartete Rendite von 3 %, die mit einem Risiko einhergeht. Dieses Prinzip soll zunächst im Kontext des Binomial-Modells erklärt werden

---

[1] Die reine Optimierung nach dem Erwartungswert ist vom EV-Investor in Abschn. 4.2 abzugrenzen.

Beispiel 6.1 (Risikoneutrale Wahrscheinlichkeit) Der risikofreie Zins am Markt betrage 2 %. Als alternative Anlageform steht eine Aktie zur Verfügung, die mit jeweils gleicher Wahrscheinlichkeit entweder −2 % oder 8 % Rendite erwirtschaftet, siehe Abb. 6.1.

Gewiss gibt es in diesem Fall einen rationalen Investor, der – etwa im Rahmen einer Markowitz-Portfolio-Optimierung wie in Kap. 4 – die Aktie und den Bond als gleich attraktive Anlageformen empfindet. Dies widerspricht jedoch dem Prinzip der Erwartungswert-Optimierung, welches im Anschluss an Beispiel 5.8 nahegelegt wurde. Falls sich der Investor rational verhält, muss er aber dennoch genau dieses Prinzip beachten. Wie lässt sich dieser (vermeintliche) Widerspruch auflösen?

Eine naheliegende Erklärung ist, dass der Investor den Renditen der Aktie subjektiv andere Wahrscheinlichkeiten zuweist, zum Beispiel, weil er damit das Risiko durch die Hintertür berücksichtigt. Da es nur zwei Ereignisse gibt, muss er der Rendite 8 % eine gewisse Wahrscheinlichkeit p_* zuweisen und der Rendite von −2 % entsprechend die Wahrscheinlichkeit $1 - p_*$. Der zugehörige Erwartungswert ist deshalb

$$E_*[R(1)] = p_* \cdot 0{,}08 + (1 - p_*) \cdot (-0{,}02).$$

Weil der Investor indifferent zur sicheren Rendite von 2 % ist, muss der Erwartungswert gleich 0,02 sein und somit $p_* = \frac{4}{10} = \frac{2}{5}$ gelten. $\qquad\square$

Wir wollen nun herausfinden, welches allgemeine Prinzip sich hinter Beispiel 6.1 verbirgt. Dazu wenden wir uns noch einmal dem allgemeinen Ein-Schritt Binomial-Modell zu, welches wir in Beispiel 5.9 diskutiert haben. Der risikofreie Zinssatz wird wie immer mit r bezeichnet und die Rendite des risikobehafteten Finanzprodukts, beispielsweise einer Aktie, ist dann gegeben durch

$$R(1) = \begin{cases} u & \text{mit Wahrscheinlichkeit } p \\ d & \text{mit Wahrscheinlichkeit } 1 - p \end{cases},$$

wobei u als Kursanstieg und d als Kursverfall zu interpretieren sind, also $u > d$. Wenn ein rationaler Investor indifferent zwischen den beiden Investitionsmöglichkeiten ist, legt er in seinem Kopf (In der Mathematik nennen wir dies *implizit*) bei der Bewertung der Aktie eine andere Wahrscheinlichkeit p_* anstelle der Marktwahrscheinlichkeit p zugrunde. Damit der

Abb. 6.1 Binomialbaum zu
Beispiel 6.1

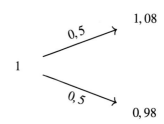

Investor wirklich indifferent ist, muss es für ihn genauso gut sein in die risikofreie Anleihe zu investieren wie in die Aktie. Dies fassen wir mathematisch so, dass die Erwartungswerte der Auszahlungen für den Investor übereinstimmen, in Formeln des Binomial-Modells[2]

$$E_*[R(1)] = p_* u + (1 - p_*)d \overset{!}{=} r.$$

Umstellen der Gleichung liefert

$$p_* = \frac{r - d}{u - d}.$$

Dieses Ergebnis halten wir als Satz fest.

Satz 6.2: Risikoneutrale Wahrscheinlichkeit Binomial-Modell

Im allgemeinen Ein-Schritt-Binomial-Modell ist die (implizite) Wahrscheinlichkeit p_* gegeben durch

$$p_* = \frac{r - d}{u - d}.$$

Den Wert p_* nennen wir in diesem Fall **risikoneutrale Wahrscheinlichkeit** und E_* heißt **risikoneutrale Erwartung.** Man beachte, dass p_* ohne Kenntnis der echten Wahrscheinlichkeit p berechnet werden kann und nur von r, d und u abhängt. Falls $p_* = p$ gilt, ist der Investor selbst **risikoneutral.**[3]

Beispiel 6.3 (Risikoneutrale Wahrscheinlichkeit) Ohne irgendetwas über die echte Wahrscheinlichkeit p zu wissen, ergibt sich für $r = 0{,}01$, $d = -0{,}01$, $u = 0{,}05$ beispielsweise der Wert

$$p_* = \frac{0{,}01 - (-0{,}01)}{0{,}05 - (-0{,}01)} = \frac{1}{3}.$$

Damit ist der Begriff der Risikoneutralität im Rahmen des Ein-Schritt-Binomial-Modells hinreichend geklärt. Wie in Abschn. 5.2 ausführlich diskutiert wurde, stellt das Binomial-Modell einen guten Einstieg in die Modellierung von Finanzmärkten dar, es ist jedoch keineswegs eine perfekte Abbildung der Realität. Deswegen ist es sinnvoll, sich darüber Gedanken zu machen, wie der Begriff der Risikoneutralität auf allgemeinere Situationen beziehungsweise Marktmodelle übertragen werden kann.

---

[2] Die Schreibweise $\overset{!}{=}$ bedeutet, dass die linke Seite gleich der rechten Seite sein *soll.*

[3] Falls $p_* < p$ heißt der Investor **risikoavers** und falls $p_* > p$ **risikoaffin,** vergleiche auch Abschn. 4.5.

Obwohl die risikoneutrale Wahrscheinlichkeit *nichts* mit den echten Marktwahrscheinlichkeiten gemein hat, werden wir im weiteren Verlauf sehen, dass sie eine zentrale Rolle bei der Bewertung von Finanzprodukten einnimmt und deshalb auch für die Praxis von enormer Bedeutung ist.

Wir kommen jetzt zu einem Gedankenexperiment, das eine allgemeinere Situation als das Binomial-Modell beschreibt. Wir beschränken uns zunächst weiterhin auf nur einen Zeitschritt und nehmen an, dass J verschiedene zukünftige Zustände möglich sind. Diese entsprechen den für den Investor mehr oder eben weniger erfreulichen möglichen zukünftig denkbaren Situationen bzw. Preisentwicklungen. Zusätzlich betrachten wir eine Zusammenstellung (fiktiver) Wertpapiere $X_1, \ldots, X_J$ und nehmen an, dass der risikofreie Zins $r = 0\,\%$ ist. Das Wertpapier X_i zahlt 1 € aus, falls der durch den Index ausgezeichnete Zustand $i \in \{1, \ldots, J\}$ eintritt, und für alle anderen Zustände 0 €. Beispielsweise zahlt das Wertpapier X_2 also genau im Zustand 2 genau 1 € aus und sonst stets 0 €. Der Preis des Wertpapiers X_i ist nach dem Gesetz des einen Preises, Satz 5.5, sicher größer als 0 €, weil der Markt sonst definitionsgemäß nicht arbitragefrei wäre. Andererseits ist der Preis $P(X_i)$ von X_i ebenfalls nach Satz 5.5, auch echt kleiner als 1 €, weil eine sichere Auszahlung von 1 € eindeutig besser ist als die Auszahlung von X_i.

Wie hoch sollte die Zahlungsbereitschaft für ein Portfolio bestehend aus je einem Wertpapier $X_1, X_2, \ldots, X_J$ sein? Da das Portfolio in jedem möglichen Szenario genau 1 € auszahlt, sollten wir für dieses genau 1 € zahlen. Die Summe der Einzelpreise $P(X_i)$ muss folglich 1 sein, womit die $P(X_i)$ die Axiome einer Wahrscheinlichkeit erfüllen, vergleiche Definition 7.1. Und damit sind wir bereits am Ziel: Die Preise $P(X_i)$ entsprechen der risikoneutralen Wahrscheinlichkeit.

Sofern das Auszahlungsprofil eines weiteren Wertpapiers S bekannt ist, kann dieses mittels der Wertpapiere X_i reproduziert werden (Replicating Portfolio Ansatz, siehe auch Abschn. 2.4). Noch einmal nach dem Gesetz des einen Preises, Satz 5.5, ist dann auch der Preis von S eindeutig festgelegt. Dieser Preis entspricht der risikoneutralen Erwartung. Alle diese Erkenntnisse münden in die nun folgende Definition.

Definition 6.4: Risikoneutrale Wahrscheinlichkeitsverteilung

Die Menge der möglichen Szenarien sei endlich mit Ergebnisraum $\Omega = \{\omega_1, \ldots, \omega_J\}$. Ferner gebe es am Markt N verschiedene (Basis-)Wertpapiere, deren Preise im Vektor $P = (p_1, \ldots, p_N)$ zusammengefasst werden. Die zustandsabhängigen Auszahlungen $X^{(i)}(\omega_j)$ des i-ten Wertpapiers im j-ten Szenario seien als Matrix X gegeben, das heißt

$$X = \begin{pmatrix} X^{(1)}(\omega_1) & X^{(2)}(\omega_1) & \dots & X^{(N)}(\omega_1) \\ \vdots & \vdots & & \vdots \\ X^{(1)}(\omega_J) & X^{(2)}(\omega_J) & \dots & X^{(N)}(\omega_J) \end{pmatrix}.$$

Eine Wahrscheinlichkeit Q heißt **risikoneutrale Wahrscheinlichkeitsverteilung** oder **risikoneutrales Maß**, falls Q allen Ergebnissen aus Ω eine Wahrscheinlichkeit zuordnet und der Marktpreis dem Erwartungswert des Auszahlungsprofils unter Q entspricht, formal

$$p_i = \frac{1}{1+r} E_Q[X^{(i)}] \quad \text{für} \quad i = 1, \dots, n,$$

wobei $X^{(i)}$ die i-te Spalte der Auszahlungsmatrix X ist.

Die Wertpapiere $X^{(i)}$ in Definition 6.4 könnten beispielsweise die erwähnten Wertpapiere X_i sein, die genau in Zustand i genau den Wert 1 € besitzen und sonst 0 €. Doch wozu ist die risikoneutrale Wahrscheinlichkeitsverteilung nützlich? Für das Binomial-Modell hatten wir bereits festgestellt, dass die risikoneutrale Bewertung die am Markt bestehenden Preise hinreichend erklärt. Auch allgemein ist die Annahme von Risikoneutralität nicht sonderlich überraschend, denn sie sagt lediglich aus, dass die Preise aller Wertpapiere via

$$p_i = \frac{1}{1+r} E_Q\left[X^{(i)}\right] \tag{6.1}$$

mit dem Barwertprinzip kompatibel sind, das wir in Definition 2.3 beziehungsweise Definition 2.12 kennengelernt haben. Folglich muss der Markt als Ganzes die Wahrscheinlichkeiten von Q zur Bestimmung des heutigen Preises der Basis-Wertpapiere herangezogen haben. Damit ist es also ein natürliches Vorgehen, das risikoneutrale Maß zur Bewertung jeglicher Finanzprodukte zu verwenden.

Schließlich möchten wir noch kurz darauf eingehen, ob es angebrachter ist, von *einem* oder *dem* risikoneutralen Maß zu sprechen.

Beispiel 6.5 (Eindeutigkeit der risikoneutralen Wahrscheinlichkeit) Der risikofreie Zins am Markt betrage $r = 1\%$. Für die Aktie mit Ausgangswert $S_1(0) = 100$ € können drei verschiedene Szenarien eintreten, nämlich eine positive Entwicklung $S_1(1) = 110$ €, eine negative Entwicklung $S_1(1) = 90$ € sowie eine Stagnation $S_1(1) = 100$ €. Alle drei Szenarien treten mit gleicher Wahrscheinlichkeit auf. Die Situation wird in Abb. 6.2 dargestellt.

Wir berechnen nun die möglichen risikoneutralen Wahrscheinlichkeiten $p = (p_1; p_2; p_3)$. Einerseits müssen sich die Wahrscheinlichkeiten zu 1 addieren, andererseits muss Gl. (6.1) gelten, das heißt

Abb. 6.2 Entwicklungsmöglichkeiten der Aktie

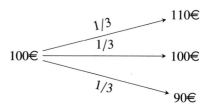

$$1 = p_1 + p_2 + p_3,$$

$$100\,€ = \frac{1}{1{,}01}\,(p_1 \cdot 110\,€ + p_2 \cdot 100\,€ + p_3 \cdot 90\,€)\,.$$

Weil es sich um ein lineares Gleichungssystem mit zwei Gleichungen und drei Unbekannten handelt, ist es nicht eindeutig lösbar und es existiert ein Freiheitsgrad bei der Wahl von p_1, p_2, p_3. Zwei mögliche Lösungsvektoren sind beispielsweise

$$(0{,}3;\ 0{,}5;\ 0{,}2) \quad \text{und} \quad (0{,}1;\ 0{,}9;\ 0)\,.$$

Folglich ist die risikoneutrale Wahrscheinlichkeitsverteilung *nicht* eindeutig bestimmt. □

Wir nennen den Finanzmarkt **vollständig,** falls die risikoneutrale Wahrscheinlichkeitsverteilung eindeutig bestimmt ist. Dies wirkt auf den ersten Blick wie etwas völlig anderes als Definition 2.23. Den Zusammenhang wollen wir jetzt herausarbeiten, denn der hier eingeführte Begriff Vollständigkeit besitzt noch eine weitere Interpretation. Bevor wir diese präsentieren, erinnern wir an einen zentralen Begriff aus der linearen Algebra: Der **Rang** einer $m \times n$-Matrix ist die maximale Anzahl der in ihr enthaltenen linear unabhängigen Spalten- beziehungsweise Zeilenvektoren. Für Details verweisen wir auf die Literatur, etwa [Fis13, Abschn. 1.5], möchten den Begriff allerdings noch anhand eines Beispiels verdeutlichen.

Beispiel 6.6 (Rang einer Matrix) Wir betrachten die Matrizen

$$A = \begin{pmatrix} 3 & 0 & 3 \\ 0 & 3 & 0 \\ 0 & 1 & 1 \end{pmatrix}, \qquad B = \begin{pmatrix} 3 & 0 & 3 \\ 0 & 3 & 3 \\ 0 & 1 & 1 \end{pmatrix}.$$

Für die Matrix **A** sind die Spalten offensichtlich keine Vielfachen voneinander. Deswegen gibt es mindestens zwei linear unabhängige Spaltenvektoren und folglich ist rang(**A**) ≥ 2. Außerdem gibt es **keine** Zahlen $a, b \in \mathbb{R}$ sodass

$$a \begin{pmatrix} 3 \\ 0 \\ 0 \end{pmatrix} + b \begin{pmatrix} 0 \\ 3 \\ 1 \end{pmatrix} = \begin{pmatrix} 3 \\ 0 \\ 1 \end{pmatrix}$$

ist, weil der mittlere und untere Eintrag der rechten Seiten nicht gleichzeitig durch Wahl von b reproduziert werden kann. Somit ist $\text{rang}(\mathbf{A}) = 3$.

Für die Matrix $\mathbf{B}$ sind wiederum die Spalten paarweise linear unabhängig, das heißt $\text{rang}(\mathbf{B}) \geq 2$. Andererseits ist

$$\begin{pmatrix} 3 \\ 0 \\ 0 \end{pmatrix} + \begin{pmatrix} 0 \\ 3 \\ 1 \end{pmatrix} = \begin{pmatrix} 3 \\ 3 \\ 1 \end{pmatrix}$$

und damit $\text{rang}(\mathbf{B}) \leq 2$. Insgesamt erhalten wir $\text{rang}(\mathbf{B}) = 2$. $\square$

Das in Beispiel 6.6 verwendete Vorgehen zur Bestimmung des Rangs ist äußerst aufwändig und bietet sich in der Praxis nicht an. Vielmehr ist der Gauß-Algorithmus die übliche Methode zur Bestimmung des Rangs einer Matrix (rang = Anzahl der Zeilen, die nach Durchführung des Gauß-Algorithmus nicht nur aus Nullen bestehen). Alternativ kann für quadratische Matrizen mit der Determinante überprüft werden, ob eine Matrix maximalen Rang hat (Determinante ungleich Null).

Satz 6.7: Vollständigkeit unter Unsicherheit

Ein Finanzmarkt bestehend aus den (Basis-)Wertpapieren $X^{(1)}, \dots, X^{(L)}$ ist genau dann vollständig, wenn sich jedes (zustandsabhängige) Auszahlungsprofil durch eine Linearkombination der $X^{(i)}$, also durch ein Portfolio, darstellen lässt. Diese Eigenschaft ist wiederum dazu äquivalent, dass der Rang der Auszahlungsmatrix $\mathbf{X}$ gleich der Anzahl der möglichen Szenarien ist.

Mit anderen Worten bedeutet Vollständigkeit, dass sich die Auszahlungs jedes Szenarios mittels der Wertpapiere replizieren lässt. Dies ist in dem Sinne eine Verallgemeinerung der Definition in Abschn. 2.4, dass dort nur ein einziges mögliches Szenario betrachtet wurde, weil Finanzmärkte unter Sicherheit analysiert wurden. Ein weiterer Unterschied zu Definition 2.23 ist, dass dort mehrere Zeitpunkte in Betracht gezogen werden, während wir hier nur einen einzigen Zeitpunkt betrachten. Theoretisch ist es möglich gleichzeitig mehrere Zeitpunkte *und* mehrere Szenarien zu berücksichtigen, aber dieser höhere Abstraktionsgrad ist für unsere Zwecke nicht nötig und wir in diesem Buch nur jeweils die mindestens notwendigen technischen Details in unsere Definition einfließen lassen.

Eine formale Darstellung von Satz 6.7 ist: Ein Finanzmarkt ist genau dann **vollständig,** wenn es für jeden zustandsabhängigen Auszahlungsvektor $(A_1, \dots, A_J)$ Gewichte $(n_1, \dots, n_L)$ gibt, so dass

$$A_j = \sum_{l=1}^{L} n_l X^{(l)}(\omega_j)$$

Abb. 6.3 Entwicklungsmöglichkeiten
der zweiten Aktie

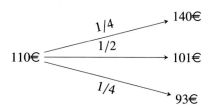

für alle $j = 1, \ldots, J$ ist. Hierbei ist zu beachten, dass die Auszahlung der (Basis-) Wertpapiere $X^{(l)}(\omega_j)$ vom jeweilig betrachten Zustand abhängt.

Beispiel 6.8 (Fortsetzung von Beispiel 6.5, Vollständigkeit) Wir haben gesehen, dass der gegebene Markt mit risikofreie Anleihe und risikobehafteter noch nicht vollständig war. Zusätzlich zur Aktie S_1 gibt es jetzt auf dem Markt eine weitere Aktie S_2, die ein Auszahlungsprofil wie in Abb. 6.3 besitzt.

Das Gleichungssystem aus Beispiel 6.5 wird also um eine weitere Bedingung erweitert

$$1 = p_1 + p_2 + p_3,$$

$$100 \, € = \frac{1}{1,01} \left(p_1 \cdot 110 \, € + p_2 \cdot 100 \, € + p_3 \cdot 90 \, € \right),$$

$$110 \, € = \frac{1}{1,01} \left(p_1 \cdot 140 \, € + p_2 \cdot 101 \, € + p_3 \cdot 93 \, € \right).$$

Durch Auflösen erhalten wir die (eindeutige) Lösung

$$(p_1; p_2; p_3) = (0{,}3; 0{,}5; 0{,}2).$$

Andererseits ist der Rang der Auszahlungsmatrix

$$\mathbf{X} = \begin{pmatrix} 1{,}01 \, € & 110 \, € & 140 \, € \\ 1{,}01 \, € & 100 \, € & 101 \, € \\ 1{,}01 \, € & 90 \, € & 93 \, € \end{pmatrix}$$

gleich 3, was man entweder mithilfe des Gauß-Algorithmus einsieht oder durch Berechnung der Determinante $\det(\mathbf{X}) = -313{,}1 \neq 0$.

Um auf die dritte Eigenschaft aus Satz 6.7 einzugehen, fragen wir uns, wie mithilfe der drei Wertpapiere der von den drei Szenarien abhängige Zahlungsstrom $(21 \, €, 2 \, €, 14 \, €)$ repliziert werden kann. Dazu ist wiederum ein lineares Gleichungssystem zu lösen. Wenn der Anteil an der Anleihe mit a_0 bezeichnet wird und die Anteile an den beiden Aktien jeweils mit a_1 beziehungsweise a_2, dann muss gelten

$$21\,€ = a_0 \cdot 1{,}01\,€ + a_1 \cdot 110\,€ + a_2 \cdot 140\,€,$$
$$2\,€ = a_0 \cdot 1{,}01\,€ + a_1 \cdot 100\,€ + a_2 \cdot 101\,€,$$
$$14\,€ = a_0 \cdot 1{,}01\,€ + a_1 \cdot 90\,€ + a_2 \cdot 93\,€.$$

Nach einer kurzen Rechnung (Gauß-Algorithmus) erhalten wir den Lösungsvektor

$$(a_0; a_1; a_2) = (100; -2; 1).$$

Um die zustandsabhängige Zahlung zu replizieren, muss man also 100 Anleihen sowie eine Aktie 2 kaufen und mit zwei Aktien 1 short gehen. Ebenso ließe sich in der Tat auch jeder andere Zahlungsstrom erzeugen, weil die Matrix, wie oben erwähnt, vollen Rang hat. □

Der Rang der Auszahlungsmatrix ist also auch gleich der mindestens zu deren Replizierung erforderlichen Anzahl von (linear unabhängigen) Wertpapieren. Damit haben wir den Begriff der Risikoneutralität für eine diskrete Menge von Szenarien hinreichend verstanden. Für stetige Zufallsvariablen gestaltet sich die Situation technisch etwas anspruchsvoller wie wir im nun folgenden Abschnitt über Martingale diskutieren werden.

6.2   Martingaleigenschaft

Das Konzept eines Martingals ist eng mit dem Begriff der Fairness eines Spiels verknüpft: Wir sprechen etwa von einer fairen Münze, wenn deren beide Seiten, Kopf und Zahl, jeweils mit gleicher Wahrscheinlichkeit fallen. Warum empfinden wir dies als *fair*?[4] Der Gedanke dahinter ist der folgende: Wenn sich zum Beispiel bei der Platzwahl vor einem Fußballspiel der Kapitän der einen Mannschaft für Kopf (oder Zahl) entscheidet und sein Gegenspieler entsprechend die andere Seite erhält, sollten beide eine gleich große Chance haben, den Münzwurf zu gewinnen. Es gibt also beispielsweise keinen systematischen Effekt, dass Spieler, die immer auf Kopf setzen, häufiger gewinnen. Genauso kann man bei Martingalen keinen systematischen Gewinn machen, sondern im Mittel wird zukünftig das Vermögen gleich bleiben.

Beispiel 6.9 (Bedingte Erwartung) Wir kehren nochmals zum Ein-Schritt-Binomial-Modell aus Beispiel 6.1 zurück. Der Kurs der Aktie betrage aktuell 100 €. Wenn wir die risikoneutrale Erwartung mit $p_* = \frac{2}{5}$ ansetzen, ist der erwartete Gewinn der Aktie

$$E_*[S(1)] = (2/5 \cdot (1+0{,}08) + 3/5 \cdot (1-0{,}02)) \cdot 100\,€ = 102\,€ = 1{,}02 \cdot S(0) = (1+r) \cdot S(0).$$

Falls wir uns jetzt anstelle des einperiodischen Modells für zwei Zeitschritte interessieren, erweitern wir das Modell gemäß Abb. 5.5 zu einem Zwei-Schritt Modell, das heißt auf zwei

---

[4] Der Begriff des fairen Werts wurde bereits in Abschn. 2.3 sowie Definition 3.2 thematisiert.

Zeitperioden. Nach Ablauf des ursprünglichen Modellierungszeitraums, also im Zeitpunkt $t = 1$, ist bereits bekannt, ob der Aktienkurs im ersten Schritt gestiegen ist oder nicht. Ist der Fall u eingetreten, so beträgt der Aktienkurs $S(1) = 108$ €. Die Tatsache, dass wir wissen, was im ersten Zeitpunkt passiert ist, halten wir in unserer Notation fest und berechnen entsprechend die risikoneutrale Erwartung für $S(2)$ als

$$\begin{aligned} E_*[S(2)|S(1) = 108 \text{€}] &= (2/5 \cdot (1 + 0{,}08) + 3/5 \cdot (1 - 0{,}02)) \cdot 108 \text{€} \\ &= 110{,}16 \text{€} = 1{,}02 \cdot S(1) \\ &= (1 + r) \cdot S(1). \end{aligned}$$

Analog würden wir, falls im ersten Schritt der Fall d eingetreten ist, schreiben

$$\begin{aligned} E_*[S(2)|S(1) = 98 \text{€}] &= (2/5 \cdot (1 + 0{,}08) + 3/5 \cdot (1 - 0{,}02)) \cdot 98 \text{€} \\ &= 99{,}96 \text{€} = 1{,}02 \cdot S(1) \\ &= (1 + r) \cdot S(1). \end{aligned}$$

Offensichtlich lässt sich die Erwartung in beiden Fällen durch den Ausdruck $(1 + r) \cdot S(1)$ beschreiben, weshalb man die obige Fallunterscheidung zusammenfassen kann als

$$E_*[S(2)|S(1)] = (1 + r) \cdot S(1).$$

Weil wir bei dieser Berechnung davon ausgehen, dass $S(1)$ bekannt ist, sprechen wir von einer **bedingten Erwartung,** die wir im weiteren Verlauf ausführlich diskutieren und erklären werden. □

Bedingter Erwartungswert
Intuitiv sollte damit die Bedeutung des bedingten Erwartungswerts bereits verständlich sein, doch natürlich bedarf es noch einer formalen Definition, deren Verständnis anschließend weiter vertieft wird. Um die Darstellung möglichst nachvollziehbar zu halten, beschränken wir uns hier darauf, auf diskrete Zufallsvariablen zu bedingen. Den allgemeinen, technisch deutlich anspruchsvolleren Fall verschieben wir auf den Anhang 7.2.

Definition 6.10: Bedingte Erwartung
Es sei X eine (beliebige) Zufallsvariable und Y eine diskrete Zufallsvariable mit Werten $y_1, y_2, \ldots$. Wie üblich bezeichnet $f_{X,Y}$ die gemeinsame Wahrscheinlichkeitsfunktion (Dichte) von X und Y und f_X beziehungsweise f_Y sind die eindimensionalen Pendants. Für $f_Y(y) > 0$ ist die **bedingte Wahrscheinlichkeitsfunktion (Dichte)** definiert durch

$$f_{X,Y}(x|y) = \frac{f_{X,Y}(x, y)}{f_Y(y)} =: f_X(x|Y = y).$$

Für festes y_i mit $f_Y(y_i) > 0$ ist dann die bedingte Erwartung

$$E[X|Y = y_i] = \begin{cases} \int_{\mathbb{R}} x f_X(x|Y = y_i) \mathrm{d}x, & \text{falls } X \text{ stetig} \\ \sum_x x f_X(x|Y = y_i), & \text{falls } X \text{ diskret.} \end{cases}$$

Allgemein ist die **auf Y bedingte Erwartung von X** gegeben durch

$$E[X|Y] := E[X|Y = y_i] \quad \text{für } Y = y_i. \tag{6.2}$$

Weil diese Definition doch etwas länglich ist und gleich eine ganz Hand voll neuer Begriffe einführt, berechnen wir ein weiteres Beispiel eines bedingten Erwartungswerts für die Situation, dass X normalverteilt (siehe hierzu auch Beispiel 7.2). Diesem Fall wird später im Zusammenhang mit dem Black-Scholes-Modell eine tragende Rolle zukommen, sodass es gut ist, bereits jetzt damit vertraut zu werden.

Beispiel 6.11 (Bedingte Erwartung, Normalverteilung) Es bezeichne X den Kurs einer Aktie. Dieser sei normalverteilt mit bekannter Standardabweichung $\sigma = 10$ und zufälligem Parameter $\mu = Y$. Ein höherer Wert von Y steht folglich für eine größere Prosperität des Unternehmens. Doch kann es beispielsweise auch trotz guter Rahmenbedingungen vorkommen, dass Verluste auftreten, sodass eine Modellierung dieser Art sinnvoll ist. Für Y können drei mögliche Szenarien eintreten: Das Unternehmen gerät mit einer Wahrscheinlichkeit von 10 % in wirtschaftliche Turbulenzen, $\mu = -10$, alles verläuft mit einer Wahrscheinlichkeit von 70 % wie gewöhnlich, $\mu = 5$, und mit 20 % Wahrscheinlichkeit tritt im Unternehmen ein Innovationsschub auf, $\mu = 20$.

Als ersten Schritt müssen wir die bedingte Wahrscheinlichkeitsfunktion berechnen. Für $Y = 5$ ergibt sich etwa

$$f_{X,Y}(x|y = 5) = \frac{\frac{1}{\sqrt{2\pi}\,10} \mathrm{e}^{-\frac{(x-5)^2}{10^2}} \cdot 0{,}7}{0{,}7} = \frac{1}{\sqrt{2\pi}\,10} \mathrm{e}^{-\frac{(x-5)^2}{10^2}}.$$

Damit ist

$$E[X|Y = 5] = \int_{\mathbb{R}} x \frac{1}{\sqrt{2\pi}\,10} \mathrm{e}^{-\frac{(x-5)^2}{10^2}} \, \mathrm{d}x = 5.$$

Eine analoge Rechnung in den beiden anderen möglichen Fällen liefert allgemein

$$E[X|Y] = Y.$$

Der auf eine Zufallsvariable bedingte Erwartungswert unterscheidet sich wesentlich vom gewöhnlichen Erwartungswert, denn es handelt sich bei diesem *nicht* um eine feste Zahl, sondern wiederum selbst um eine Zufallsvariable. Dies sieht man anhand der letzten Gleichheit aus Beispiel 6.11. Die bedingte Erwartung ist hier $E[X|Y] = Y$ und auf der rechten Seite steht Y, also eine Zufallsvariable. Im folgenden Beispiel wollen wir genau diesen Aspekt genauer beleuchten.

Beispiel 6.12 (Turm-Eigenschaft der bedingten Erwartung) Der risikofreie Zins sei $r = 2\%$ und die mögliche Entwicklung der Aktie werde durch den Baum aus Abb. 6.4 beschrieben.

Wir betrachten nun den bedingten Erwartungswert $E[S(2)|S(1)]$. Falls die Aktie im ersten Zeitabschnitt gestiegen ist, das heißt $S(1) = 110\,€$, so ist der Erwartungswert im zweiten Schritt $1/4 \cdot 160\,€ + 3/4 \cdot 100\,€ = 115\,€$. Ist die Aktie in $t = 1$ hingegen gesunken, also $S(1) = 90\,€$, so ist der entsprechende Erwartungswert $1/2 \cdot 120\,€ + 1/2 \cdot 80\,€ = 100\,€$. Damit ergibt sich

$$E[S(2)|S(1)] = \begin{cases} 115\,€ & \text{falls } S(1) = 110\,€ \\ 100\,€ & \text{falls } S(1) = 90\,€ \end{cases}.$$

Aufgrund der Wahrscheinlichkeiten im ersten Schritt gilt demnach

$$P(E[S(2)|S(1)] = 115\,€) = 2/3, \qquad P(E[S(2)|S(1)] = 100\,€) = 1/3.$$

In der Tat ist der bedingte Erwartungswert somit eine Zufallsvariable. Deshalb besitzt aber auch $E[S(2)|S(1)]$ wiederum einen Erwartungswert und dieser ist

$$E[E[S(2)|S(1)]] = 2/3 \cdot 115\,€ + 1/3 \cdot 100\,€ = 110\,€.$$

Abb. 6.4 Baum aus
Beispiel 6.12

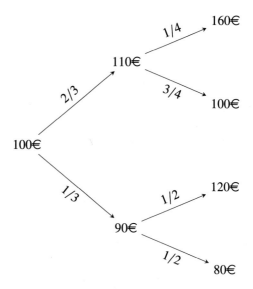

Dieses Ergebnis ist wiederum kein Zufall, sondern für den doppelten Erwartungswert, wie wir ihn in Beispiel 6.12 gebildet haben, gilt ganz allgemein der wichtige Zusammenhang

$$E[E[X|Y]] = E[X]. \tag{6.3}$$

Martingale

Wenden wir uns nochmals dem Ergebnis aus Beispiel 6.9 zu. Wenn wir den Preis der Aktie $S(n)$ durch den gemäß dem Marktzins diskontierten Preis $\tilde{S}(n) = S(n)/(1+r)^n$ ersetzen, ergibt sich

$$E_*[\tilde{S}(n+1)|S(n)] = \tilde{S}(n). \tag{6.4}$$

Gl. (6.4) ist die definierende Eigenschaft eines sogenannten Martingals.

Sollten Sie sich für den Pferderennsport begeistern, ist Ihnen das Wort Martingal vielleicht bekannt, denn es handelt sich dabei um spezielle Hilfszügel. Für diese Begriffsdoppelung gibt es allerdings einen völlig banalen Grund: Beide sind nach der französischen Stadt Martigues benannt, deren Einwohner angeblich sowohl Pferdenarren als auch waghalsige Zocker waren.

Definition 6.13: Martingal

Es seien $Y(0), Y(1), Y(2), \ldots$ eine Folge diskreter Zufallsvariablen sowie $X(0), X(1), X(2), \ldots$ eine Folge von (beliebigen) Zufallsvariablen mit der Eigenschaft

$$E[X(n+1)|Y(n)] = X(n)$$

für $n = 0, 1, 2, \ldots$. Dann heißt die Folge X **Martingal bezüglich** Y. Falls $(Y_t)_{t \in \mathbb{R}_0^+}$ und $(X_t)_{t \in \mathbb{R}_0^+}$ jeweils über $\mathbb{R}_0^+$ parametrisierte Familien von Zufallsvariablen sind, ist entsprechend $(X_t)_{t \in \mathbb{R}_0}$ ein **Martingal bezüglich** $(Y_t)_{t \in \mathbb{R}_0}$, falls

$$E_*[X_s|Y_t] = X_t$$

für alle $s > t$ gilt.

Man kann sich ein Martingal wie folgt vorstellen: Es handelt sich um einen stochastischen Prozess in diskreter oder stetiger Zeit, für den es der beste Tipp für die zukünftige Entwicklung ist, auf den heutigen Wert zu setzen. Ist beispielsweise ein Aktienkurs ein Martingal und wir wissen, dass die Aktie heute 12 € kostet, so sollten wir für die Zukunft ebenfalls einen Wert von 12 € erwarten. Haben wir hingegen eine Zeiteinheit gewartet und der Aktienkurs ist auf 11 € gefallen, so sollten wir unseren Tipp für die zukünftige Entwicklung der Aktie auf 11 € abändern.

Kommen wir nochmals kurz zu unserer anfänglichen Bemerkung, nämlich der fairen Münze, zurück: Falls ein Spieler 1 € gewinnt für Kopf und 1 € verliert für Zahl, so ist der Erwartungswert seines Vermögens nach dem Wurf gleich dem Vermögen vor dem Wurf. Der Prozess ist folglich ein Martingal.

Beim nochmaligen genauen Lesen der Definitionen 6.10 und 6.13 fällt die Beschränkung auf diskrete Zufallsvariablen auf. Diese ist aus dem Grund notwendig, dass es für stetige Zufallsvariablen eine überabzählbar große Menge an möglichen (ein-elementigen) Ereignissen gibt, die durch unsere Definition nicht gefasst wird. Die Intuition hinter einem Martingal (bester Tipp für die Zukunft ist die heutige Beobachtung) bleibt für stetige Zufallsvariablen dieselbe, jedoch ist ein erheblicher technischer Mehraufwand nötig, um auch stetige Zufallsvariablen formal korrekt abzudecken. Damit der Lesefluss nicht unterbrochen wird und die ohnehin herausfordernde Materie nicht weiter erschwert wird, präsentieren wir die Details zum stetigen Fall für interessierte Leser in Anhang 7.2.

Im Folgenden betrachten wir in erster Linie Martingale bezüglich des Aktienkurses $S(n)$ sowie des risikoneutralen Maßes, das heißt bezüglich der Erwartung $E_*[\cdot | S(n)]$.

Beispiel 6.14 (Martingal) Der risikofreie Marktzins betrage $r = 1{,}5\%$. Der Kurs der Aktie kann sich gemäß dem Ein-Schritt-Binomialbaum aus Abb. 6.5 verändern, das heißt die Aktie kann entweder um den Faktor $u = 2\%$ oder $d = 1\%$ steigen.

Laut Satz 6.2 berechnet sich das risikoneutrale Maß als

$$p_* = \frac{r - d}{u - d} = \frac{0{,}015 - 0{,}01}{0{,}02 - 0{,}01} = 1/2$$

und weicht somit von der Marktwahrscheinlichkeit ab. Der bedingte Erwartungswert des Wachstumsfaktors ist demzufolge

$$E_*[S(1) | S(0)] = 1/2 \cdot 1{,}02 + 1/2 \cdot 1{,}01 = 1{,}015.$$

Wenn wir entsprechend anstelle von $S(1)$ den diskontierten Aktienkurs $\tilde{S}(1) = S(1)/1{,}015$ betrachten, ist wiederum klar, dass es sich bei $\tilde{S}$ um ein Martingal handelt. Im Fall $n = 0$ ist $\tilde{S}(0) = S(0)$. Dennoch müssten wir formal nicht nur anstelle von $S(1)$ die Zufallsvariable $\tilde{S}(1)$ betrachten, sondern auch anstelle von $S(0)$ die formal mit $(1 + r)^0 = 1$ skalierte Variante $\tilde{S}(0)$. $\qquad\square$

Abb. 6.5 Binomialbaum aus Beispiel 6.14

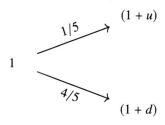

Arbitrage

Der tiefliegende Grund, weshalb Martingale für das Verständnis von Finanzmärkten wichtig sind, ist ihr Zusammenhang zur Arbitrage-Freiheit. Wenn wir Beispiel 6.14 nochmals ansehen, stellen wir fest, dass die Bestimmung der risikofreien Wahrscheinlichkeit nach der Formel

$$p_* = \frac{r-d}{u-d}$$

genau dann einen Wert $0 \leq p_* \leq 1$ besitzt, also eine echte Wahrscheinlichkeit festlegt, falls $d < r < u$ gilt. Andererseits ist dieselbe Bedingung aufgrund von Satz 5.10 auch nötig, damit der Markt arbitragefrei ist. Dies ist kein Zufall! Im Allgemeinen wird der zugrundeliegende Sachverhalt durch den folgenden Satz beschrieben.

Satz 6.15: Fundamentalsatz der Bewertung von Assets

Es bezeichne $r(n)$ den (potentiell von der Zeit abhängigen) risikofreien (Markt-)Zins und $A(n)$ den sich daraus ergebenden Preis der risikofreien Anleihe. Außerdem gebe es auf dem Markt k verschiedene risikobehaftete Finanzprodukte (Aktien beziehungsweise Optionen) mit Kurs $S_j(n)$ für $j = 1, 2, \ldots, k$. Ferner bezeichne Ω die Menge der möglichen Szenarien, die für die $S_j(\cdot)$ eintreten können. Der Markt ist genau dann arbitragefrei, wenn es eine Wahrscheinlichkeit P_* gibt mit $P_*(\omega) > 0$ für alle $\omega \in \Omega$, so dass für $\tilde{S}_j(n) = S_j(n)/A(n)$ gilt

$$E_*[\tilde{S}_j(n+1)|S_j(n)] = \tilde{S}_j(n) \tag{6.5}$$

für alle $n = 0, 1, 2, \ldots$ und $j = 1, 2, \ldots, k$.

Beweis Weil der Beweis relativ lange und technisch herausfordernd ist, verweisen wir auf die Literatur, [BS04, Satz 3.2]. □

Es fällt auf, dass Satz 6.15 unabhängig vom konkreten Modell ist, das heißt also, dass er beispielsweise nicht nur für das Binomial-Modell gilt, für das wir die Bedingung für Arbitrage-Freiheit in Korollar 5.12 formuliert hatten. Die einzige wirkliche Einschränkung, die wir gemacht haben, ist, dass wiederum ein diskreter Zustandsraum Ω vorausgesetzt wird, damit die Darstellung mathematisch vergleichsweise einfach handhabbar bleibt. Doch warum heißt ein Resultat über die Arbitrage-Freiheit von Märkten *Fundamentalsatz der Bewertung von Assets*? Der Grund ist, dass Satz 6.15 zur Herleitung von Preisen, etwa von Optionen, herangezogen werden kann.

Beispiel 6.16 (Fortsetzung von Beispiel 6.12, Bewertung von Aktiva) Der risikofreie beträgt $r = 2\%$, so dass sich der Preis eines Bonds mit $A(0) = 100€$ als $A(1) = 102€$ und

$A(2) = 104{,}04\,€$ ergibt. Die Marktwahrscheinlichkeiten für die Entwicklung der Aktie sind gemäß Abb. 6.4 gegeben. Folglich können vier verschiedene Szenarien für die Entwicklung der Aktie eintreten, nämlich

Szenario\Zeitpunkt	S(0)	S(1)	S(2)
ω_1	100 €	110 €	160 €
ω_2	100 €	110 €	100 €
ω_3	100 €	90 €	120 €
ω_4	100 €	90 €	80 €

Im Gegensatz zur Auszahlungsmatrix beziehen sich die verschiedenen Szenarien hier also nur auf ein Wertpapier (die Aktie), aber auf verschiedene Zeitpunkte 0, 1 und 2. Außerdem betrachten wir eine europäische Call Option C mit Ausübungszeitpunkt 2 und Ausübungspreis 100, deren Preis bestimmt werden soll. Als ersten Schritt berechnen wir jetzt die risikoneutralen Wahrscheinlichkeiten p_*, q_*, r_* der Ergebnisse, wie sie in Abb. 6.6 angedeutet sind.

Falls der Markt arbitragefrei ist, müssen gemäß Gl. (6.5) gelten

$$\frac{110\,€}{102\,€}p_* + \frac{90\,€}{102\,€}(1-p_*) = \frac{100\,€}{100\,€},$$

$$\frac{160\,€}{104{,}04\,€}q_* + \frac{100\,€}{104{,}04\,€}(1-q_*) = \frac{110\,€}{102\,€},$$

$$\frac{120\,€}{104{,}04\,€}r_* + \frac{80\,€}{104{,}04\,€}(1-r_*) = \frac{90\,€}{102\,€},$$

Abb. 6.6 Binomialbaum mit risikoneutralen Wahrscheinlichkeiten

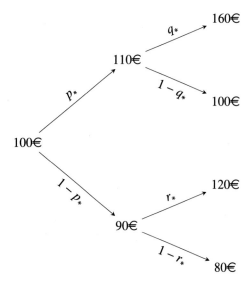

woraus wir

$$p_* = \frac{3}{5}, \qquad q_* = \frac{61}{300}, \qquad r_* = \frac{59}{200}$$

ablesen. Damit ergeben sich (bei stochastischer Unabhängigkeit der beiden Perioden) die Wahrscheinlichkeiten für die einzelnen Szenarien als

$$P(\omega_1) = \frac{3}{5} \cdot \frac{61}{300} = \frac{61}{500},$$
$$P(\omega_2) = \frac{3}{5} \cdot \frac{239}{300} = \frac{239}{500},$$
$$P(\omega_3) = \frac{2}{5} \cdot \frac{59}{200} = \frac{59}{500},$$
$$P(\omega_4) = \frac{2}{5} \cdot \frac{141}{200} = \frac{141}{500}.$$

Weil alle Wahrscheinlichkeiten existieren und größer als 0 sind, ist der Aktienmarkt laut Satz 6.15 arbitragefrei. Damit der Markt auch bei Hinzunahme der Call Option arbitragefrei bleibt, muss $C(n)/A(n)$ wiederum nach Satz 6.15 ein Martingal sein. Dies bedeutet

$$C(1) = \frac{A(1)}{A(2)} E_*[C(2)|S(1)] \quad \text{und} \quad C(0) = \frac{A(0)}{A(1)} E_*[C(1)].$$

Damit kann pro Szenario der Preis der Option bestimmt werden, beispielhaft

$$C(1, \omega_1) = C(1, \omega_2) = \frac{102 \,€}{104,04 \,€} \cdot \frac{\frac{61}{500} \cdot 60 \,€ + \frac{239}{500} \cdot 0 \,€}{\frac{61}{500} + \frac{239}{500}} = 11,96 \,€.$$

Auf dieselbe Art lassen sich jetzt die weiteren pfadabhängigen Preise der Option bestimmen, was schließlich zu folgender Tabelle führt. Der Leser ist eingeladen, die fehlenden Rechnungen selbstständig durchzuführen.

Szenario	C(0)	C(1)	C(2)
ω_1	9,30 €	11,96 €	60 €
ω_2	9,30 €	11,96 €	0 €
ω_3	9,30 €	5,78 €	20 €
ω_4	9,30 €	5,78 €	0 €

Als Erstes haben wir gerade die risikoneutrale Maß der Szenarien hergeleitet, um damit herauszubekommen, ob der Markt arbitragefrei ist. Genauso wie diese Rechnung nur von Marktpreisen und den möglichen Werten unter den Szenarien (nicht aber von den Marktwahrscheinlichkeiten) abhängt, lässt sich auch allgemein das Vorliegen von Arbitrage-Freiheit nur an den Preisen der Aktiva sowie ihren potentiellen Werten in den verschiedenen Szenarien ablesen. Das entsprechende Kriterium halten wir fest.

Korollar 6.17 (Charakterisierung Arbitrage-Freiheit) Die Menge der möglichen Szenarien sei $\Omega = \{\omega_1, \ldots, \omega_J\}$. Ferner gebe es am Markt N verschiedene (Basis-)Wertpapiere, deren periodenabhängige/zustandsabhängige Preise im Vektor $P = (p_1, \ldots, p_N)$ zusammengefasst werden, wobei das erste Wertpapier der risikofreien Anleihe mit Zins r entspreche. Die zustandsabhängigen Auszahlungen seien als Matrix X gegeben, das heißt

$$\mathbf{X} = \begin{pmatrix} X^{(1)}(\omega_1) & X^{(2)}(\omega_1) & \ldots & X^{(N)}(\omega_1) \\ \vdots & \vdots & & \vdots \\ X^{(1)}(\omega_J) & X^{(2)}(\omega_J) & \ldots & X^{(N)}(\omega_J) \end{pmatrix}.$$

Der Markt ist genau dann arbitragefrei, wenn das Gleichungssystem

$$Q \cdot X = (1 + r) \cdot P$$

eine positive Lösung $Q = (q_1, \ldots, q_J)$ besitzt, also $q_i > 0$ für alle $i = 1, \ldots, J$ ist. $\square$

Die Aussage wenden wir nun noch auf ein konkretes Beispiel an.

Beispiel 6.18 (Arbitrage-Freiheit) Der Preisvektor sei $P = (1, 2)$, wobei das erste Wertpapier risikofrei sei und es drei mögliche Szenarien gebe sowie die Auszahlungsmatrix durch

$$\mathbf{X} = \begin{pmatrix} 1{,}05\,€ & 5\,€ \\ 1{,}05\,€ & 0\,€ \\ 1{,}05\,€ & 1\,€ \end{pmatrix}$$

gegeben sei. Das Gleichungssystem $Q \cdot X = (1+r) \cdot P$ lässt sich zeilenweise schreiben als

$$1{,}05\,€ \cdot q_1 + 1{,}05\,€ \cdot q_2 + 1{,}05\,€ \cdot q_3 = 1{,}05\,€$$
$$5\,€ \cdot q_1 + 0\,€ \cdot q_2 + 1\,€ \cdot q_3 = 2{,}1\,€$$

Die zweite Gleichung wird zu $1\,€ \cdot q_3 = 2{,}1 - 5q_1$ aufgelöst, was man wiederum in die erste Gleichung einsetzen kann um

$$-4q_1 + q_2 = -1{,}1 \qquad \Leftrightarrow \qquad q_2 = 4q_1 - 1{,}1$$

zu erhalten. Es lassen sich also viele positive Lösungen finden, zum Beispiel $q_1 = 0{,}3$, $q_2 = 0{,}1$ und $q_3 = 0{,}6$. Aus Korollar 6.17 schließen wir deswegen, dass der Markt arbitragefrei ist. $\square$

Wir sehen, dass die Arbitrage-Freiheit die risikoneutralen Wahrscheinlichkeiten nicht automatisch vollständig determiniert. Um dies zu erreichen, muss das Gleichungssystem $Q \cdot X = (1 + r) \cdot P$ sogar eindeutig lösbar sein. Dies ist per Definition genau dann der Fall, wenn der Markt vollständig ist, siehe zusätzlich Satz 6.7.

6.3   Geometrische Brownsche Bewegung

In Abschn. 5.2 wurde das Binomial-Modell eingeführt, das zur Beschreibung des Kursverlaufs einer riskanten Aktie zu diskreten Zeitpunkten dient. Es wurde gezeigt, wie in diesem Kontext Erwartungswert und Varianz der Aktie bestimmt werden. Ferner wurde in Abschn. 6.1 das risikoneutrale Maß für das Ein-Schritt-Binomial-Modell explizit berechnet. Auch auf die Schwächen des Binomial-Modells sind wir eingegangen und haben gesehen, dass die auf den Märkten tatsächlich beobachteten Kursverläufe von Aktien nur mit einer ordentlichen Portion Phantasie einer Realisierung des Binomial-Modells ähneln, siehe nochmals Abb. 5.6 und 5.7. Für das menschliche Auge ist es kein Problem, den modellierten und den echten Verlauf sofort voneinander zu unterscheiden.

Als einen Grund für die beobachteten Unterschiede wurde ausgemacht, dass das Binomial-Modell in diskreter Zeit funktioniert und die Anzahl der auftretenden Zustände sehr begrenzt ist. Ein realistischeres Modell muss also stetige Zeit zugrundelegen und die Menge der möglichen Realisierungen deutlich erweitern. Wenn wir bei der Konvention bleiben, dass wir unsere Beobachtungen von $S(t)$ zum Zeitpunkt $t = 0$ beginnen, bedeutet kontinuierliche Zeit, dass $S(t)$ für alle $t \in \mathbb{R}_0^+$ definiert werden muss. Um darüber hinaus die Anzahl der Zustände auszuweiten, müssen wir von der Modellierung durch diskrete Zufallsvariablen auf stetige übergehen. Deswegen empfiehlt es sich, dass wir uns zunächst mit einigen von deren Besonderheiten auseinandersetzen.

Stetige Zufallsvariablen
Bisher beschränkte sich die Darstellung auf diskrete Zufallsvariablen. Nun wenden wir uns den stetigen Zufallsvariablen zu. Hierbei klammern wir einige technische Aspekte aus und verweisen für diese auf Anhang 7.2. Wichtig ist es primär, das erworbene Verständnis vom diskreten Fall auf den stetigen zu übertragen.

Im Gegensatz zu diskreten Zufallsvariablen müssen wir hier üblicherweise mit Wahrscheinlichkeitsdichten $f(x)$ arbeiten (oder noch allgemeiner mit Maßen). Wir erinnern daran, dass für eine Zufallsvariable X mit Wahrscheinlichkeitsdichte $f(x)$ und $a, b \in \mathbb{R}$ mit $a \leq b$ die Eigenschaft

$$P_f(a \leq X \leq b) = \int_a^b f(x)\mathrm{d}x.$$

gilt. Mit anderen Worten kann über die Dichte die Wahrscheinlichkeit berechnet werden, dass die Realisierung einer Zufallsvariable in einem vorgegebenen Intervall liegt. Für beliebige messbare[5] Teilmengen $A \subset \mathbb{R}$ ist allgemein

$$P_f(X \in A) = \int_A f(x)\mathrm{d}x.$$

Beispiel 6.19 (Exponentialverteilung) Es sei X eine **exponentialverteilte** Zufallsvariable mit Parameter $\lambda > 0$, das heißt die Dichte sei

$$f(x) = \begin{cases} \lambda e^{-\lambda x} & \text{für } x \geq 0 \\ 0 & \text{für } x < 0 \end{cases}.$$

Typischerweise tritt die Exponentialverteilung in der Anwendung bei Wartezeiten auf, beispielsweise wenn wir uns dafür interessieren, wann eine Aktie einen bestimmten Schwellenwert überschreitet. Falls die Finanzmarktanalyse eines Unternehmens ergeben hat, dass die Wartezeit bis eine Aktie den Wert 100 € überschreitet, am besten durch den Faktor $\lambda = \frac{1}{2}$ beschrieben wird, können wir die Wahrscheinlichkeit, dass dieses Ereignis innerhalb der nächsten drei Tage auftritt, durch

$$\int_{-\infty}^{3} f(x)\mathrm{d}x = \int_0^3 \frac{1}{2} e^{-\frac{1}{2}x}\mathrm{d}x = \left[-e^{-\frac{1}{2}x} \right]_0^3 = 1 - e^{-1,5} = 0,7769$$

berechnen.   □

Zwei Wahrscheinlichkeitsdichten $f(x)$, $g(x)$ beziehungsweise die zugehörigen Maße heißen **äquivalent**, falls für jede messbare Menge A aus $P_f(A) = 0$ folgt $P_g(A) = 0$ und umgekehrt aus $P_g(A) = 0$ folgt $P_f(A) = 0$.

Beispiel 6.20 (Äquivalente Maße)

(i) Für welche Parameter λ_1, λ_2 sind die Dichten

$$f(x) = \begin{cases} \frac{1}{2\lambda_1} & \text{für } |x| \leq \lambda_1 \\ 0 & \text{sonst} \end{cases}, \qquad g(x) = \begin{cases} \frac{1}{2\lambda_2} & \text{für } |x| \leq \lambda_2 \\ 0 & \text{sonst} \end{cases}$$

äquivalent? Ohne Einschränkung gilt $\lambda_2 \geq \lambda_1$. Damit berechnen wir das Integral

$$P_f([\lambda_1, \lambda_2]) = \int_{\lambda_1}^{\lambda_2} 0 \, \mathrm{d}x = 0.$$

Für $\lambda_2 > \lambda_1$ ist

---

[5] Für den Begriff der Messbarkeit siehe Definition 7.1.

$$P_g([\lambda_1, \lambda_2]) = \int_{\lambda_1}^{\lambda_2} \frac{1}{2\lambda_2} dx = \frac{\lambda_2 - \lambda_1}{2\lambda_2} > 0.$$

Daraus folgt, dass die beiden Dichten genau dann äquivalent sind, falls $\lambda_1 = \lambda_2$ ist.

(ii) Allgemein lässt sich zeigen, dass zwei stetige Dichten $f(x)$ und $g(x)$ genau dann äquivalent sind, wenn die Mengen

$$\operatorname{supp}(f) := \{x \in \mathbb{R} \mid f(x) \neq 0\}$$

und

$$\operatorname{supp}(g) = \{x \in \mathbb{R} \mid g(x) \neq 0\}$$

übereinstimmen.   □

Diese Vorüberlegungen reichen bereits aus, um zu definieren, was für stetiges $S(t)$ unter einem risikoneutralen Martingalmaß zu verstehen ist. Wir betrachten nur Maße Q, die im gerade eingeführten Sinne zu dem vom Markt gegebenen Maß P äquivalent sind. Die Risikoneutralität besagt in diesem Kontext, dass die Preise dem stetig abgezinsten Erwartungswert entsprechen, das heißt

$$p_i = E_Q\left[e^{-rT} X_i\right] = e^{-rT} E_Q[X_i].$$

Der Begriff des Martingals wurde gerade eben in Abschn. 6.2 ausführlich thematisiert.

Forderungen an ein realistisches Modell
Fragen wir uns jetzt also, welche Eigenschaften auf einer Wunschliste an eine realistische Modellierung eines Aktienkurses stehen sollten. Wir werden diese Wünsche immer als Erstes in einfachen Worten beschreiben und sie anschließend nochmal in präziser mathematischer Form fassen.

(i) Der Startwert $S(0)$ muss frei gewählt werden können.

Natürlich muss der Wert der Aktie, die simuliert werden soll im Zeitpunkt $t = 0$ mit dem aktuell in der Realität beobachteten Preis der Aktie S_0 übereinstimmen. Streng mathematisch gesehen, ist es nur möglich, $S(0) = S_0$ *fast sicher*, das heißt mit Wahrscheinlichkeit 1, zu fordern

$$P(S(0) = S_0) = 1. \tag{6.6}$$

Über Details, weshalb diese maßtheoretische Spitzfindigkeit notwendig ist, verweisen wir auf die Literatur, zum Beispiel [Dur91], sowie auf Anhang 7.1. Das bedeutet, dass $S(0)$ ein Freiheitsgrad in unserem Simulationsmodell sein muss. Falls es irgendwelche Einschränkungen an $S(0)$ gäbe, wäre das Modell höchstens für Spezialfälle geeignet, wäre jedoch nicht universell einsetzbar.

(ii) Die Veränderung von $S(t)$ in einer gegebenen Zeitperiode wird nicht von der Veränderung von $S(t)$ in einer anderen Zeitperiode beeinflusst.

Nicht beeinflusst werden ist kein mathematisch definierter Begriff. Es muss also präzisiert werden, was damit gemeint ist. Wir verstehen darunter, dass die (positiven oder negativen) Zuwächse $S(t_3) - S(t_2)$ und $S(t_1) - S(t_0)$ für jede Wahl $0 \leq t_0 \leq t_1 \leq t_2 \leq t_3 < \infty$ stochastisch unabhängig sind.

Wenn dies nicht so wäre, könnte aus der Beobachtung der vergangenen Entwicklung der Aktie auf die zukünftige geschlossen werden. Einerseits versuchen viele Finanzmarktanalysen genau dies, andererseits ist die sogenannte **Chartanalyse,** die *rein aus vergangenen Kursverläufen* Investitionsstrategien abzuleiten versucht, höchst umstritten und hat sich in der Praxis nicht als sonderlich erfolgreich erwiesen. Dies bedeutet nicht, dass man nicht durch *zusätzliche Informationen,* wie beispielsweise die Bilanz, die wirtschaftlichen Rahmenbedingungen oder das Innovationspotential des Unternehmens, sinnvolle Investitionsentscheidungen für die Zukunft treffen kann, sondern bezieht sich nur auf den Trugschluss, man könne durch ausschließliche Interpretation der Kursverläufe in der Vergangenheit sinnvoll auf die Zukunft schließen. Wer nicht (mehr) mit dem Begriff der stochastischen Unabhängigkeit vertraut ist, findet weitere Informationen im Anhang, insbesondere Definition 7.13.

(iii) Die Pfade von $S(t)$ sind stetig.

Der Grund für diese Forderung ist primär praktischer Natur: Unstetige Prozesse sind in der mathematischen Behandlung höchst anspruchsvoll und bereiten diverse technische Schwierigkeiten. Zwar ist deren Analyse mit gewissen Einschränkungen durchaus möglich, aber diese ist keineswegs einfach oder elementar zugänglich. Für einen Einstieg in die Modellierung von Finanzmärkten sind unstetige Modelle deshalb wenig zuträglich und sollten erst nach einem tiefgehenden Verständnis der stetigen Variante angegangen werden.

Ebenso wie der Startwert $S(0)$ können auch die Pfade nur *fast sicher,* das heißt wiederum mit Wahrscheinlichkeit 1, stetig sein und damit nicht in einem deterministischen Sinn stetig,

$$P(S(t) \text{ stetig}) = 1. \tag{6.7}$$

(iv) Die Veränderungen müssen ein realistisches Verhalten haben.

Auch hierzu müssen weitere Ausführungen gemacht werden. Weil der Aktienpreis durch sehr viele verschiedene kleine Faktoren beeinflusst wird, legt der zentrale Grenzwertsatz (siehe Anhang, Satz 7.17) nahe, zu fordern, dass die Zuwächse von $S(t)$ normalverteilt sind. Dabei würde sich jedoch ein massives Problem ergeben: Eine normalverteilte Zufallsvariable kann (mit einer geringen Wahrscheinlichkeit) beliebig große beziehungsweise kleine Werte annehmen. Wenn der Aktienkurs beispielsweise $S(0) = 1$ wäre, wäre es also möglich, dass bis zum Zeitpunkt $S(1)$ ein Zuwachs von $S(1) - S(0) = -2$ auftritt. Damit wäre folglich $S(1) = -1$. Ökonomisch betrachtet ergibt es jedoch keinen Sinn, wenn der Kurs einer Aktie unter den Wert von 0 € fällt, weil niemand bereit wäre, dafür zu zahlen, dass er eine Aktie losbekommt.[6] Ein eleganter Weg, um negative Aktienkurse zu umgehen, ist es, zu fordern, dass anstelle von $S(t)$, der Logarithmus $W(t) = \log(S(t))$ normalverteilt mit zu schätzenden Parameter μ und σ^2 ist. Es erfolgt also ein Umschwenken von der Normalverteilung auf die sogenannte **Log-Normalverteilung.** Letztere hat den Vorteil, dass nur positive Werte für $S(t)$ realisiert werden. Weitere Details zur Log-Normalverteilung, etwa deren Erwartungswert und Varianz, können in Beispiel 7.12 nachgelesen werden.

Konstruktion Wiener Prozess

Tatsächlich kann ein Prozess $S(t)$ mit den oben genannten Eigenschaften (i)–(iv) konstruiert werden. In diesem Buch wird der Ansatz eher intuitiv erklärt, ohne alle seine mathematischen Facetten vollständig auszuleuchten. Vielmehr soll hier ein grundlegendes Verständnis der Materie erworben werden können. Über die teils mathematisch sehr anspruchsvollen Details gehen wir deshalb im Folgenden hinweg und verweisen hierfür auf die Literatur, zum Beispiel [Øks03] oder [Kor14].

Um schlussendlich einen Prozess $S(t)$ mit den gewünschten Eigenschaften zu erhalten, konstruiert man zunächst einen etwas einfacheren Prozess $W(t)$. Bei $W(t)$ handelt es sich um eine sogenannte **Brownsche Bewegung** (oder einen **Wiener Prozess**[7]). Diese entsteht grob gesprochen dadurch, dass man $W(0) = W_0$ frei wählt und dann eine Folge von N hintereinander ausgeführten stochastisch unabhängigen Ein-Schritt-Binomialmodellen mit $p = 1/2$ und $u = -d$ betrachtet, die jeweils Zeitabschnitte der Länge $1/N$ repräsentieren. In Beispiel 6.21 gehen wir auf diese Konstruktion ein. Mithilfe des zentralen Grenzwertsatzes, Satz 7.17, lässt sich zeigen (siehe etwa [CZ07, Abschn. 3.3.2]), dass der Grenzwertprozess für $N \to \infty$ die folgenden Eigenschaften erfüllt:

(i) $W(0) = W_0$.

(ii) Die (positiven oder negativen) Zuwächse $W(t_3) - W(t_2)$ und $W(t_1) - W(t_0)$ sind stochastisch unabhängig für jede Wahl $0 \le t_0 \le t_1 \le t_2 \le t_3 < \infty$.

(iii) Die Pfade von $W(t)$ sind mit Wahrscheinlichkeit 1 stetig,

$$P(W(t) \text{ stetig}) = 1.$$

---

[6] Vor nicht allzu wenigen Jahren hätten fast alle Ökonomen der Aussage zugestimmt, dass negative Zinsen keinen Sinn ergeben, weil niemand dazu bereit wäre, dafür zu bezahlen, Geld zu verleihen. Deswegen sollte man mit derartigen Aussagen sehr vorsichtig sein und kritisch hinterfragen, ob nicht doch Situationen denkbar sind, wo die Aussage falsch ist. Die Autoren dieses Buches sehen allerdings keinen Grund, der ernstlich gegen *diese* Annahme spricht.

[7] Benannt nach dem Mathematiker Norbert Wiener (1894–1964) und *nicht* nach der österreichischen Hauptstadt.

Darüber hinaus ist $W(t) - W(0)$ zu jedem Zeitpunkt t normalverteilt mit Erwartungswert 0 und Varianz t, das heißt, die Dichte von $W(t) - W(0)$ ist gegeben durch

$$f_t(x) = \frac{1}{\sqrt{2\pi t}} e^{-\frac{x^2}{2t}}.$$

Mit anderen Worten bewegt sich die Brownsche Bewegung $W(t)$ zufällig von W_0 weg, wobei ihr genauer Aufenthaltsort der Gesetzmäßigkeit genügt, dass die Distanz von W_0 zu jedem Zeitpunkt normalverteilt ist. Wenn wir also eine geometrische Brownsche Bewegung mehrfach simulieren, die Distanz zu W_0 im Zeitpunkt $t = 1$ messen und die Datenpunkte in ein Histogramm eintragen, werden wir die typische glockenartige Form der Normalverteilung wiedererkennen.

Weil der Anfangszeitpunkt der Simulation wegen Eigenschaft (i) völlig unerheblich ist, sehen wir anhand von Eigenschaft (ii), dass es sich bei $W(t)$ um ein Martingal handelt, das heißt für $t_0 < t$ gilt[8]

$$E[W(t)|W(t_0) = \tilde{W}] = \tilde{W}.$$

Wir weisen nochmals explizit darauf hin, dass die Brownsche Bewegung $W(t)$ für jedes beliebige $t \in \mathbb{R}^+$ definiert ist und nicht nur für diskrete Zeitpunkte. Das folgende Beispiel zeigt eine mögliche Konstruktion der Brownschen Bewegung. Es ist sehr theoretisch und wirkt dadurch für manche Leser sicherlich beim ersten Lesen relativ kompliziert. Wir haben das Beispiel der Vollständigkeit der Darstellung halber aufgenommen und weil wir denken, dass es einen Beitrag zum tiefgehenden Verständnis der Materie leistet, ohne dass ein Überspringen des Beispiels beim ersten Lesen dieses Buches im weiteren Lauf zu Verständnisproblemen führt.

Beispiel 6.21 (Konstruktion Brownsche Bewegung) Wir wählen zunächst ein beliebiges festes $N \in \mathbb{N}$. Dann betrachten wir eine Folge von Ein-Schritt-Binomial-Modellen $(\xi(n))_{n=1}^{\infty}$, die jeweils mit gleicher Wahrscheinlichkeit $\frac{1}{2}$ nach oben oder unten gehen. Jedes dieser Ein-Schritt-Binomial-Modelle interpretieren wir dabei als Entwicklung in einem Zeitintervall der Länge $\tau = \frac{1}{N}$. Ferner nehmen wir an, dass $u = \sqrt{\tau}$ und $d = -\sqrt{\tau}$ gilt, siehe Abb. 6.7. Damit hat jedes $\xi(n)$ einen Erwartungswert von 0 und eine Varianz von τ (Aufgabe 6.8). Deswegen ist $\frac{\xi(n)}{\sqrt{\tau}}$ eine Zufallsvariable mit Erwartungswert 0 und Standardabweichung 1. Wir definieren den sogenannten **Random Walk** (oder die **stochastische Irrfahrt**) durch

$$w_N(n) = \xi(1) + \xi(2) + \ldots + \xi(n).$$

Natürlich erfüllt $w_N(n)$ die Eigenschaft $w_N(0) = 0$ und $w_N(n)$ liegt im Intervall $[-n\sqrt{\tau}, +n\sqrt{\tau}]$. Nach dem zentralen Grenzwertsatz, Satz 7.17, und Aufgabe 6.8 konvergiert

$$\frac{w_N(n)}{\sqrt{\tau \cdot n}} = \frac{\xi(1) + \xi(2) + \ldots + \xi(n)}{\sqrt{\tau \cdot n}}$$

---

[8] Interessanterweise ist neben $W(t)$ auch $W(t)^2 - t$ ein Martingal und die geometrische Brownsche Bewegung kann sogar über diese beiden Martingaleigenschaften definiert werden.

Abb. 6.7 Spezieller
Ein-Schritt-Binomialbaum

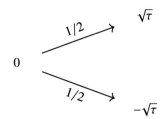

für $n \to \infty$ gegen eine Standardnormalverteilung. Schließlich skalieren wir um, das heißt, wir definieren für $t = \tau n$ die Zufallsvariable $w_N(t)$ durch $w_N(t) = w_N(n)$. Nun wollen wir dieses diskrete Modell auf stetige Zeit übertragen, sodass wir am Ende eine Brownsche Bewegung erhalten. Dazu sei $t > 0$ fest, aber beliebig. Für $N \in \mathbb{N}$ definieren wir den Zeitpunkt t_N als dasjenige ganzzahlige Vielfache von $\frac{1}{N}$, das t am nächsten liegt. Folglich ist $N t_N$ für jedes $N \in \mathbb{N}$ ganzzahlig und wir erhalten per Definition

$$
\begin{aligned}
w_N(t_N) &= \xi(1) + \xi(2) + \ldots + \xi(N t_N) \\
&= \sqrt{\tau} \frac{\xi(1) + \xi(2) + \ldots + \xi(N t_N)}{\sqrt{\tau}} \\
&= \frac{\xi(1) + \xi(2) + \ldots + \xi(N t_N)}{\sqrt{\tau}\sqrt{N}} \\
&= \sqrt{t_N} \frac{\xi(1) + \xi(2) + \ldots + \xi(N t_N)}{\sqrt{\tau \cdot (t_N N)}}.
\end{aligned}
$$

Für $N \to \infty$ geht t_N gegen t. Mit dem zentralen Grenzwertsatz, Satz 7.17, sehen wir ein, dass $W(t) = \lim_{N \to \infty} w_N(t_N)$ in Verteilung gegen eine normalverteilte Zufallsvariable mit Erwartungswert 0 und Varianz t konvergiert. Dieser Grenzprozess $W(t)$ ist die gesuchte Brownsche Bewegung. Allerdings wurde der Beweis der Konvergenz hier nur für fest gewähltes $t > 0$ geführt. Die Aussage, dass die Konvergenz simultan *für alle* $t > 0$ gilt, ist als Satz von Donsker bekannt. Für den Beweis verweisen wir auf die weiterführende mathematische Literatur, zum Beispiel [Bil99]. □

Simulation von $W(t)$

Natürlich ist es von großer Relevanz, wie ein Wiener Prozess auf einem Computer implementiert werden kann. Weil $W(t)$ für $W_0 = 0$ zu jedem beliebigen Zeitpunkt normalverteilt mit Parametern $\mu = 0$ und $\sigma = t$ ist, ist als Erstes klar, dass $W(t)$ zu jedem beliebigen Zeitpunkt dadurch simuliert werden kann, dass eine Normalverteilung $\mathcal{N}(0, t)$ ausgewertet wird und die Werte für $W(t)$ verwendet werden.[9] Durch diese Erkenntnis ist allerdings noch nicht wirklich viel gewonnen, weil somit $W(t)$ nur zu *einem bestimmen Zeitpunkt* t_0, aber nicht *im Zeitverlauf* simuliert wird. Weit zielführender ist die Eigenschaft, dass zusätzlich

---

[9] Die Notation wird im Anhang in Beispiel 7.7 erklärt.

die Zuwächse $W(t_1) - W(t_0)$ für $0 \leq t_0 \leq t_1$ normalverteilt sind, wobei der Erwartungswert wiederum 0 und die Varianz diesmal $t_1 - t_0$ ist.

Folglich kann die Simulation von $W(t)$ im Zeitverlauf folgendermaßen durchgeführt werden: Als Erstes wählt man sich beliebige Zeitpunkte $t_0, t_1, t_2, \ldots, t_n$, an denen der Aktienkurs konkret betrachtet werden soll. Je kleiner die Abstände zwischen den t_i sind, desto feiner ist die Simulation. Oft empfiehlt es sich, die Abstände $t_i - t_{i-1}$ konstant, in anderen Worten **äquidistant**, zu wählen. Konkret kann man die simulierten Zeitpunkte beispielsweise als Jahre, Tage oder Stunden interpretieren. Anschließend werden n Zufallszahlen jeweils gemäß einer Normalverteilung $\mathcal{N}(0, t_1 - t_0), \mathcal{N}(0, t_2 - t_1), \ldots, \mathcal{N}(0, t_n - t_{n-1})$ gezogen. Die Werte von $W(t)$ werden schließlich sukzessive berechnet durch

$$W(t_0) = W_0$$
$$W(t_1) = W_0 + \underbrace{W(t_1) - W(t_0)}_{\sim \mathcal{N}(0, t_1 - t_0)}$$
$$W(t_2) = W(t_1) + \underbrace{W(t_2) - W(t_1)}_{\sim \mathcal{N}(0, t_2 - t_1)}$$
$$\vdots$$
$$W(t_n) = W(t_{n-1}) + \underbrace{W(t_n) - W(t_{n-1})}_{\sim \mathcal{N}(0, t_n - t_{n-1})}.$$

Das vorgestellte Verfahren ist unter dem Namen **Euler-Maruyama-Schema** bekannt und wird häufig zur Simulation beziehungsweise numerischen Lösung von sogenannten stochastischen Differentialgleichungen eingesetzt, vergleiche [Gla03] oder [MNR12].

Beispiel 6.22 (Wiener Prozess) Der Wiener Prozess $W(t)$ soll für die Zeitpunkte $t_0 = 0, t_1 = 1, t_2 = 2$ und $t_3 = 4$ mit Startwert $W(0) = 0$ simuliert werden. Dazu ziehen wir drei Zufallszahlen $X_1 \sim \mathcal{N}(0, 1)$, $X_2 \sim \mathcal{N}(0, 1)$ und $X_3 \sim \mathcal{N}(0, 2)$. Beispielsweise erhält man die (gerundeten) Werte

$$X_1 = -0{,}7452, \qquad X_2 = 0{,}8061, \qquad X_3 = 3{,}2763.$$

Der Wiener Prozess nimmt folglich an den Beobachtungszeitpunkten die Werte

$$W(0) = 0,$$
$$W(1) = 0 - 0{,}7452 = -0{,}7452,$$
$$W(2) = -0{,}7452 + 0{,}8062 = 0{,}0609,$$
$$W(4) = 0{,}0609 + 3{,}276 = 3{,}3372.$$

an. $\qquad\qquad\qquad\qquad\qquad\qquad\qquad\qquad\qquad\qquad\qquad\qquad\qquad\qquad\qquad \square$

Dadurch, dass die Zeitpunkte $t_0, t_1, t_2, \ldots, t_n$ gewählt werden, geht man von einem stetigen Problem, das durch Computer nicht simulierbar ist, zu einem diskreten Modell über, welches simuliert werden kann. Man spricht hierbei auch von einer **Diskretisierung.**

Konstruktion der geometrischen Brownschen Bewegung

In Beispiel 6.22 haben wir gesehen, dass der Wiener Prozess negative Werte annehmen kann. Wie bereits unter der Forderung (iv) an ein realistisches Aktienmodell angemerkt wurde, ist er damit zur Simulation von Aktienkursen ungeeignet. Stattdessen wurde als Lösung der Ansatz $W(t) = \log(S(t))$ präsentiert, was mit einem Übergang zum Prozess $S(t) = \exp(W(t))$ gleichbedeutend ist (Anwendung der Exponentialfunktion auf beiden Seiten). Weil die Exponentialfunktion nur positive Werte annimmt, gilt dies somit auch für $S(t)$.

Man kann zeigen, dass der Prozess $S(t)$ in stetiger Zeit der **stochastischen Differentialgleichung**

$$\mathrm{d}S(t) = \mu \cdot S(t)\mathrm{d}t + \sigma \cdot S(t) \cdot \mathrm{d}W(t) \tag{6.8}$$

genügt. Obwohl eine präzise Definition einer stochastischen Differentialgleichung vergleichsweise kompliziert ist und insbesondere die Verwendung des sogenannten **Itô-Integrals** voraussetzt, siehe zum Beispiel [Øks03] für Details, ist die Interpretation von Gl. (6.8) doch unmittelbar zugänglich:

- Die linke Seite ist so zu verstehen, dass die Gleichung die Veränderung des Aktienkurses im Laufe eines winzig kleinen (marginalen) Zeitintervalls beschreibt.
- Der erste Term auf der rechten Seite steht für einen **Drift** der Entwicklung der Aktie oder mit anderen Worten für einen Trend, dem der Kurs folgt. Dieser Term hat einen deterministischen Charakter, weil er nicht direkt von der zufälligen Größe abhängt. Würde der zweiten Term der rechten Seite weggelassen werden, ließe sich eine deterministische Lösung für die Differentialgleichung finden ($S(t) = \mathrm{e}^{\mu \cdot t}$).
- Der zweite Term ist hingegen stochastisch, weil er von der zufälligen Größe $W(t)$ abhängt. Der Parameter σ bestimmt die **Volatilität** des Prozesses. Je größer σ ist, desto stärker wackelt der Pfad, weil dadurch eine Skalierung des zufälligen Anteils erfolgt.
- Werden beide Seiten von (6.8) durch $S(t)$ geteilt, dann steht auf der rechten Seite noch der Term $\mu \cdot \mathrm{d}t + \sigma \cdot \mathrm{d}W(t)$. Hieraus ist ersichtlich, dass $\mathrm{d}S(t)/S(t)$ normalverteilt ist.

In Abb. 6.8 sind typische Simulationen von Pfaden von $S(t)$ für verschiedene Werte von μ und σ zu sehen. Der Parameter μ beschreibt in der Tat einen Trend und je größer σ ist, desto stärker schwankt der Pfad um den Trend herum.

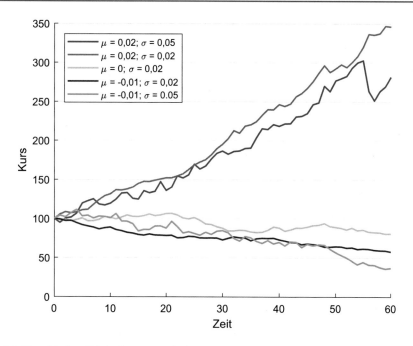

Abb. 6.8 Verschiedene Pfade der geometrischen Brownschen Bewegung

Simulation von $S(t)$

Wir kommen jetzt zu einer noch praktischer angehauchten Erklärung von Gl. (6.8). Das Ziel ist es, dass wir am Ende eine ähnlich einfache Möglichkeit zur Simulation von $S(t)$ wie für den Wiener Prozess $W(t)$ erhalten. Um die geometrische Brownsche Bewegung, beispielsweise in Excel, zu implementieren, müssen wir Gl. (6.8) als Erstes auf eine andere Weise aufschreiben. Vor allem müssen wir das Problem in diskrete Zeitschritte Δt zerlegen, weil ein Computer nicht dazu in der Lage ist, in stetiger Zeit zu simulieren. Dies bedeutet beispielsweise, dass die Veränderung in infinitesimaler Zeit $dS(t)$ durch die Veränderung in einem kleinen Zeitschritt $S(t + \Delta t) - S(t)$ ersetzt werden muss. Ebenso gehen wir von dt zu Δt über und ähnlich für $dW(t)$. Schließlich führt dies auf die diskrete Formulierung

$$S(t + \Delta t) - S(t) = \mu \cdot S(t) \cdot \Delta t + S(t) \cdot \sigma \cdot (W(t + \Delta t) - W(t)).$$

Die Zuwächse $W(t + \Delta t) - W(t)$ sind bekanntermaßen normalverteilt mit Erwartungswert 0 und Varianz Δt. Falls X eine standardnormalverteilte Zufallsvariable bezeichnet, kann also $W(t + \Delta t) - W(t)$ durch $X \cdot \sqrt{\Delta t}$ ersetzt werden,[10] das heißt

$$S(t + \Delta t) - S(t) = \mu \cdot S(t) \cdot \Delta t + S(t)\sigma \cdot X \cdot \sqrt{\Delta t}.$$

---

[10] Wegen $\mathrm{Var}[a \cdot X] = a^2 \cdot \mathrm{Var}[X]$, siehe Abschn. 7.1.

Diese diskrete Formel ist jetzt zur Implementierung auf einem Computer geeignet.

Beispiel 6.23 (Fortsetzung von Beispiel 6.22, Simulation geometrische Brownsche Bewegung) Dieses Mal soll die geometrische Brownsche Bewegung $S(t)$ mit $\mu = 0{,}01$ und $\sigma = 0{,}05$ für die Zeitpunkte $t_0 = 0$, $t_1 = 1$, $t_2 = 2$ und $t_3 = 3$ mit Startwert $S(0) = 100\,€$ simuliert werden. Dazu ziehen wir ähnlich wie für den Wiener Prozess drei Zufallszahlen $X_1 \sim \mathcal{N}(0, 1)$, $X_2 \sim \mathcal{N}(0, 1)$ und $X_3 \sim \mathcal{N}(0, 1)$, die allerdings diesmal alle standardnormalverteilt sind. Es ergibt sich beispielsweise

$$X_1 = -0{,}7452, \qquad X_2 = 0{,}8061, \qquad X_3 = 3{,}2763.$$

Damit erhält man

$$S(0) = 100\,€,$$
$$S(1) = 100\,€ + 0{,}01 \cdot 100\,€ \cdot 1 + 100\,€ \cdot 0{,}05 \cdot (-0{,}7452) \cdot \sqrt{1} = 97{,}27\,€$$
$$S(2) = 97{,}27\,€ + 0{,}01 \cdot 97{,}27\,€ \cdot 1 + 97{,}27\,€ \cdot 0{,}05 \cdot (0{,}8061) \cdot \sqrt{1} = 102{,}17\,€,$$
$$S(3) = 102{,}17\,€ + 0{,}01 \cdot 102{,}17\,€ \cdot 1 + 102{,}17\,€ \cdot 0{,}05 \cdot (3{,}2763) \cdot \sqrt{1} = 119{,}93\,€.$$

Abb. 6.8 zeigt einige typische Simulationen, die mit der in Beispiel 6.23 beschriebenen Methode durchgeführt wurden. Wenn wir die Pfade mit dem Chart des EuroStoxx 50 aus Abb. 5.7 vergleichen, stellen wir fest, dass sich beide in der Tat sehr ähnlich sehen. Oder anders formuliert: Wenn Sie nicht wüssten, wie sich der EuroStoxx 50 in der Vergangenheit entwickelt hat, und neben zahlreichen Simulationen den echten Chart zur Auswahl hätten, würden Sie den EuroStoxx 50 nur schwierig identifizieren und mit einer relativ großen Wahrscheinlichkeit nicht auf den richtigen Pfad tippen. Die hohe Ähnlichkeit beziehungsweise quasi Ununterscheidbarkeit zu echten Charts ist der Grund, weshalb die geometrische Brownsche Bewegung und ihre Variationen und Erweiterungen sowohl in der Theorie als auch in der Praxis sehr häufig für Simulationen von Aktien und anderen am Markt gehandelten Wertpapieren eingesetzt werden. Dies spielt insbesondere im Kontext der Modellierung von komplexen Finanzmärkten eine große Rolle.

Explizite Lösung
Der stochastische Prozess der geometrischen Brownschen Bewegung kann sogar nicht nur implizit in Form der stochastischen Differentialgleichung (6.8) angegeben werden, sondern es lässt sich eine explizite Lösung finden, die wir im folgenden Satz angeben, welcher mit dem sogenannten Itô-Lemma bewiesen wird.

Satz 6.24: Explizite Lösung Stochastische Differentialgleichung

Die Lösung der stochastischen Differentialgleichung (6.8) ist gegeben durch

$$S(t) = S(0) \cdot \exp\left(\left(\mu - \frac{\sigma^2}{2}\right) \cdot t + \sigma \cdot W(t)\right).$$ (6.9)

Einer der Vorteile dieser Formulierung ist, dass aus Gl. (6.9) abgelesen werden kann, dass $\frac{S(t)}{S(0)}$, also der zum Zeitpunkt 0 auf den Wert 1 normalisierte Wert der Aktie, zu jedem Zeitpunkt eine log-normalverteilte Zufallsvariable mit Parametern $\left(\mu - \frac{\sigma^2}{2}\right) \cdot$ t und $\sigma \cdot \sqrt{t}$ ist (siehe dazu auch Beispiel 7.12). Dadurch ist es ferner möglich, die Formeln für Dichte

$$f_t(x) = \frac{1}{\sqrt{2\pi \cdot t} \cdot \sigma \cdot x} \exp\left(-\frac{(\ln(x/S(0)) - (\mu - \sigma^2/2) \cdot t)^2}{2\sigma^2 \cdot t}\right), \quad x \in (0, \infty),$$
(6.10)

und Verteilungsfunktion

$$F_t(x) = \Phi_{0,1}\left(\frac{\ln(x/S(0)) - (\mu - \sigma^2/2) \cdot t}{\sigma \cdot \sqrt{t}}\right), \quad x \in (0, \infty),$$ (6.11)

der Log-Normalverteilung auf den Kurs der Aktie zu übertragen.

Beispiel 6.25 (Simulation Aktienkurs) Die Parameter des Simulationsmodells einer Aktie wurden von einem Finanzmarktexperten gemäß der in Abschn. 6.4 vorgestellten Methoden als $\mu = 0,01$ und $\sigma = 0,05$ geschätzt. Der Kurs der Aktie beträgt heute 50 €.

a) Mit welcher Wahrscheinlichkeit beträgt der Kurs nächstes Jahr höchstens 49 €?
   Diese Frage beantwortet die Verteilungsfunktion (6.11). Hier setzen wir ein

$$F_1(49) = \Phi_{0,1}\left(\frac{\ln(49/50) - (0,01 - 0,05^2/2) \cdot 1}{0,05\sqrt{1}}\right) = \Phi_{0,1}(-0,5791) = 0,2813.$$

Die Wahrscheinlichkeit, dass der Kurs höchstens 49 € ist, ist folglich ungefähr 28,13 %.

b) Welcher Kurs wird in einem Jahr mit der Wahrscheinlichkeit 50 % höchstens erreicht?
   Es ist also nach dem 50 %-Wert der Verteilung, genannt **Median**, zum Zeitpunkt $T = 1$ gefragt. Dazu müssen wir laut (6.11) die Gleichung

$$0,5 = \Phi_{0,1}\left(\frac{\ln(x/S_0) - (\mu - \sigma^2/2) \cdot t}{\sigma \cdot \sqrt{t}}\right)$$

nach x auflösen und erhalten

$$0{,}5 = \Phi_{0,1}\left(\frac{\ln(x/S(0)) - (\mu - \sigma^2/2) \cdot t}{\sigma \cdot \sqrt{t}}\right)$$

$$\Leftrightarrow \quad \Phi_{0,1}^{-1}(0{,}5) = \frac{\ln(x/S(0)) - (\mu - \sigma^2/2) \cdot t}{\sigma \cdot \sqrt{t}}$$

$$\Leftrightarrow \quad \sigma \cdot \sqrt{t} \cdot \Phi_{0,1}^{-1}(0{,}5) = \ln(x/S(0)) - (\mu - \sigma^2/2) \cdot t$$

$$\Leftrightarrow \quad \sigma \cdot \sqrt{t} \cdot \Phi_{0,1}^{-1}(0{,}5) + (\mu - \sigma^2/2) \cdot t = \ln(x/S(0))$$

$$\Leftrightarrow \quad S(0) \cdot \exp\left(\sigma \cdot \sqrt{t} \cdot \Phi_{0,1}^{-1}(0{,}5) + (\mu - \sigma^2/2) \cdot t\right) = x.$$

Einsetzen ergibt dann

$$x = 50\,\text{€} \cdot \exp\left(0{,}05\sqrt{1} \cdot 0 + (0{,}01 - 0{,}05^2/2) \cdot 1\right) = 50{,}44\,\text{€},$$

das heißt, dass der Kurs der Aktie mit einer Wahrscheinlichkeit von 50 % höchstens 50,44 € beträgt. $\qquad\square$

Eine weitere interessante Konsequenz aus Satz 6.24 ist, dass $S(t)$ genau dann ein Martingal ist, wenn $\mu = 0$ gilt. Diese Erkenntnis macht absolut Sinn: Wir haben den Parameter μ bereits als systematischen Drift identifiziert, mit dem sich die geometrische Brownsche Bewegung nach oben beziehungsweise nach unten bewegt. Eine systematische Bewegung weg vom Ausgangswert steht jedoch im offensichtlichen Widerspruch zur Martingaleigenschaft aus Definition 6.13.

6.4   Exkurs: Parameterschätzung

Wenn die geometrische Brownsche Bewegung tatsächlich zur Simulation von Aktienkursen eingesetzt werden soll, müssen noch die Parameter μ und σ festgelegt werden. Um ein realistisches Modell zu erhalten, ist es notwendig, diese anhand von vorliegenden Daten zu schätzen. Wir führen eine solche Schätzung hier für den EuroStoxx 50-Aktienindex durch. Die Daten für dessen Tagesendstände aus dem Jahr 2018 sind in der folgenden Tab. 6.1 auszugsweise verzeichnet.[11] Zusätzlich zu den Tageskursen und den prozentualen Veränderungen halten wir die logarithmierte Entwicklung des Index fest, welche die Grundlage für die geometrische Brownsche Bewegung bildet. Hierbei werden nur Handelstage betrachtet. Für die erste Zeile der Tabelle wurde beispielsweise

$$\ln\left(\frac{3.001{,}42}{2.986{,}53}\right) = 0{,}0050$$

berechnet.

---

[11] Daten entnommen von https://www.boerse.de/historische-kurse/Euro-Stoxx-50.

Tab. 6.1 Entwicklung des EuroStoxx 50 im Jahr 2018

Datum	Stand	Veränderung	Ln(Tag/Vortrag)
31.12.2018	3.001,42	0,50 %	0,0050
28.12.2018	2.986,53	1,67 %	0,0166
27.12.2018	2.937,36	−1,22 %	−0,0123
⋮	⋮	⋮	⋮
03.01.2018	3.509,88	0,56 %	0,0056
02.01.2018	3.490,19	−0,39 %	−0,0039

Aus den Daten der Tabelle können nun das arithmetische Mittel $\bar{x} = -0,0006$ und die empirische Standardabweichung $s = 0,0085$ der logarithmierten täglichen Performance berechnet werden, die als Schätzer für μ und σ dienen. Schließlich ist noch zu hinterfragen, ob die Annahme der Log-Normalverteilung zu halten ist. Wir betrachten dazu zunächst ein Histogramm der in der Tabelle aufgelisteten logarithmierten Daten (Abb. 6.9).

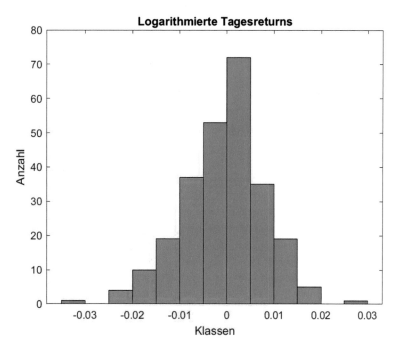

Abb. 6.9 Histogramm logarithmierter Tagesreturns EuroStoxx 50 im Jahr 2018

Rein optisch scheint die Annahme, dass die logarithmierten Tagesreturns normalverteilt sind, durchaus plausibel, obwohl die Verteilung eine leichte Linksschiefe besitzt. Die Validität der Annahme kann statistisch mithilfe von sogenannten Anpassungstests überprüft werden, zum Beispiel mit dem Shapiro-Wilk-Test oder dem Kolmogorov-Smirnov-Test. Für weitere Informationen zu statistischen Tests verweisen wir auf die einschlägige Literatur, zum Beispiel [Kan06], [PKB05] oder [Rüg02].

6.5   Bewertung von Optionen

Die Put-Call-Parität, Satz 5.18, ist eine unmittelbare Anwendung des Prinzips der Arbitrage-Freiheit von Märkten. Es besagt, dass eine direkte Verknüpfung zwischen dem Preis eines Puts und demjenigen eines Calls bezogen auf dasselbe Underlying existiert, für die es sogar eine explizite Formel gibt. Es genügt also vollkommen, wenn man entweder den Preis eines Puts oder eines Calls kennt, um daraus ganz einfach den jeweilig anderen Preis zu berechnen. Deshalb beschränken wir uns im Folgenden auf Calls.

Für die Bewertung eines Calls wollen wir das sogenannte **Black-Scholes-Modell** verwenden. Als Erstes ist es nötig, dessen grundlegende Zutaten zu nennen. Der Verlauf des Preises der Aktie wird durch eine geometrische Brownsche Bewegung beschrieben. In Abschn. 6.3 oder genauer Gl. (6.9), wurde erklärt, dass der Preis der Aktie zu jedem beliebigen Zeitpunkt t deswegen durch die (zufällige) Größe

$$S(t) = S(0) \cdot \exp\left(\left(\mu - \frac{\sigma^2}{2}\right) \cdot t + \sigma \cdot W(t)\right)$$

gegeben ist. Dabei ist $W(t)$ ein Standard Wiener Prozess, was impliziert, dass $W(t)$ normalverteilt ist mit Erwartungswert 0 und Varianz t. Um die Schreibweisen übersichtlich zu halten, ist es nützlich, die Abkürzung $m := \mu - \frac{\sigma^2}{2}$ einzuführen. Damit haben wir

$$S(t) = S(0) \cdot \exp\left(m \cdot t + \sigma \cdot W(t)\right).$$

In Abschn. 6.1 wurde wiederum besprochen, dass ein rationaler, risikoneutraler Investor seine Bewertung der Aktie gemäß dem risikoneutralen Maß vornehmen wird. Wie finden wir dieses Maß? Eine notwendige Bedingung ist, dass die risikoneutrale Erwartung E_* des diskontierten Aktienpreises $e^{-rt} \cdot S(t)$ konstant in t ist. Dies ist eine Konsequenz aus der Martingaleigenschaft des Maßes, vergleiche Abschn. 6.2. Am Ende der Ausführungen wird die **Black-Scholes-Formel** einen Preis für die Call Option C unter diesem risikoneutralen Maß P_* angeben.

Es erweist sich als unpraktikabel, weiterhin den Standard Wiener Prozess, wie er in Abschn. 6.3 eingeführt wurde, zu verwenden. Dieser muss leicht abgeändert werden. Dazu machen wir die folgende Beobachtung: Die Berechnung des Erwartungswerts der Aktie unter Markt-Wahrscheinlichkeiten liefert

$$E\left[e^{-rt}S(t)\right] = S(0) \cdot E\left[e^{\sigma \cdot W(t)+(m-r)\cdot t}\right]$$
$$= \dots = S(0) \cdot e^{(m-r+\frac{1}{2}\sigma^2)\cdot t}.$$

Die Details dieser Integral-Rechnung soll sich der Leser in Übungsaufgabe 6.9 selbstständig erarbeiten. Wie wir sehen, ist $e^{-rt} \cdot S(t)$ unter Marktwahrscheinlichkeiten kein Martingal, weil der Erwartungswert von der Zeit oder genauer von $e^{(m-r+\frac{1}{2}\sigma^2)\cdot t}$ abhängt. Dieser zusätzliche Faktor muss eliminiert werden. Aus dieser Rechnung leitet sich folglich die Idee ab, den Standard Wiener Prozess W durch

$$V(t) := W(t) + \frac{\left(m-r+\frac{1}{2}\sigma^2\right)\cdot t}{\sigma} \tag{6.12}$$

zu ersetzen. Falls ein risikoneutrales Wahrscheinlichkeitsmaß P_* existiert, sodass $V(t)$ der Standard Wiener Prozess unter P_* ist, erreichen wir das Ziel, dass $e^{-rt} \cdot S(t)$ die Martingaleigenschaft unter P_* besitzt. Dies zeigt die Rechnung

$$E_*[e^{-rt} \cdot S(t)] = S(0),$$

deren genaue Ausarbeitung ebenfalls in Übungsaufgabe 6.9 gemacht werden soll. Die abstrakte Existenz von P_* folgt aus dem sogenannten Satz von Girsanow, wofür wir auf die einschlägige Literatur verweisen, zum Beispiel [Øks03, Abschn. 8.6].

Erst durch den Wechsel des Wahrscheinlichkeitsmaßes kann die Black-Scholes-Formel formuliert werden. Ähnlich wie die geometrische Brownsche Bewegung $S(t)$ die stochastische Differentialgleichung (6.8) erfüllt, kann auch für die Call Option C, die auf der Brownschen Bewegung beruht, mathematisch eine stochastische Differentialgleichung hergeleitet werden:[12]

$$\frac{\partial C}{\partial t} + \frac{1}{2}\sigma^2 \cdot S^2 \frac{\partial^2 C}{\partial S^2} = r \cdot C - r \cdot S\frac{\partial C}{\partial S} \tag{6.13}$$

Ebenso wie (6.8) erlaubt auch diese stochastische Differentialgleichung eine wirtschaftliche Interpretation:

- Die linke Seite besteht aus zwei Ausdrücken. Der erste Term beschreibt die Veränderung des Preises der Call Option im Laufe der Zeit. Typischerweise wird der Preis kleiner je länger die Option läuft, weil die Option mit der Zeit an Wert verliert.
- Zum Verständnis des zweiten Terms erinnern wir uns an Abschn. 5.5, wo wir Δ als die Veränderung des Preises einer Option in Relation zur Veränderung des Underlying eingeführt hatten. Hierauf beruht der Delta Hedge vergleiche Beispiel 5.23. Wenn $\Gamma := \frac{\partial^2 C}{\partial S^2}$ klein ist, verändert sich Delta langsam und ein Delta Hedge muss selten angepasst

---

[12] Hierzu wird abermals das sogenannte Itô-Lemma benötigt, das ein zentrales Resultat aus der Theorie der stochastischen Analysis ist. Eine detaillierte Herleitung von (6.13) findet sich zum Beispiel in [Hul11].

werden. Umgekehrt muss er für große Werte von Γ häufig angepasst werden. Aus der Definition von Γ wird ersichtlich, dass Γ positiv ist. Weil $\Gamma > 0$ ist, kann der zweite Term als der Profit aus dem Halten der Option angesehen werden.

- Die rechte Seite beschreibt den Return aus einem Portfolio, das sich aus einer Call Option und einer Short Position der Aktie bestehend aus Δ Anteilen zusammensetzt. Die Erkenntnis von Black und Scholes war, dass das Portfolio auf der rechten Seite risikofrei ist und den Return r hat.

- Insgesamt besagt die Gleichung also, dass sich über einen kleinen Zeitraum die Verluste aus dem ersten Term der linken Seite und die Gewinne aus dem zweiten Term derart ausgleichen, dass insgesamt noch ein Gewinn mit dem risikofreien ZIns r erzielt werden kann.

Die berühmte Black-Scholes-Formel ist nun nichts anderes mehr als die Lösung von Gl. (6.13).

Satz 6.26: Black-Scholes-Formel

Es beschreibe $C(t)$ den Preis einer Call Option mit Ausübungspreis K und Ausübungszeitpunkt T. Dann ist der faire Preis für C gegeben durch

$$C(0) = S_0 \cdot \Phi_{0,1}(d_1) - K \cdot \mathrm{e}^{-r \cdot T} \cdot \Phi_{0,1}(d_2),$$

wobei $\Phi_{0,1}$ die Verteilungsfunktion der Standard-Normalverteilung ist und

$$d_1 = \frac{\ln\left(\frac{S_0}{K}\right) + \left(r + \frac{1}{2}\sigma^2\right) \cdot T}{\sigma \cdot \sqrt{T}}$$

$$d_2 = \frac{\ln\left(\frac{S_0}{K}\right) + \left(r - \frac{1}{2}\sigma^2\right) \cdot T}{\sigma \cdot \sqrt{T}} = d_1 - \sigma \cdot \sqrt{T}.$$

Die Black-Scholes-Formel wird auch heute noch von vielen Akteuren an den Finanzmärkten zur Preisfindung von Optionen genutzt und ist deswegen von großer praktischer Bedeutung. In der Tat führte die Veröffentlichung der Formel in den 1970ern zu einem wahrhaften Boom beim weltweiten Optionshandel. Und sie war gleichzeitig eine Art sich selbst erfüllende Prophezeiung (englisch *self-fulfilling prophecy*). Die Optionspreise, die wir heute an den Märkten beobachten können, stimmen weitgehend mit den Vorhersagen der Black-Scholes-Formel überein (vor ihrer Veröffentlichung war dies nicht der Fall). Laut [Ste13] ist die Black-Scholes-Formel nicht zuletzt deswegen sogar eine der 17 bedeutendsten Gleichungen der Geschichte der Mathematik.

Beispiel 6.27 (Black-Scholes-Formel) Der risikofreie Zins sei $r = 3\%$ und die Marktvola-
tilität betrage $\sigma = 0{,}4$. Der momentane Wert der Aktie ist $S(0) = 100\,€$. Was ist der Preis
einer Call Option mit Ausübungszeitpunkt $T = 2$ Jahre und Strike $80\,€$? Als Erstes müssen
die beiden Hilfsgrößen

$$d_1 = \frac{\ln\left(\frac{100}{80}\right) + \left(0{,}03 + \frac{1}{2}0{,}4^2\right) \cdot 2}{0{,}4\sqrt{2}} = 0{,}7834,$$

$$d_2 = \frac{\ln\left(\frac{100}{80}\right) + \left(0{,}03 - \frac{1}{2}0{,}4^2\right) \cdot 2}{0{,}4\sqrt{2}} = 0{,}2177$$

berechnet werden. Im nächsten Schritt wenden wir die Verteilungsfunktion der Standard-
Normalverteilung (siehe Anhang 7.3) an

$$\Phi_{0,1}(d_1) = 0{,}7833$$

$$\Phi_{0,1}(d_2) = 0{,}5862.$$

Damit sind alle Größen berechnet, die in die Black-Scholes-Formel einfließen

$$C(0) = 100\,€ \cdot 0{,}7833 - 80\,€ \cdot e^{-0{,}03 \cdot 2} 0{,}5862 = 34{,}17\,€.$$

Der Marktpreis des Calls sollte damit (ungefähr) $34{,}17\,€$ betragen. □

In Abschn. 5.5 sind wir auf die Bedeutung des Delta Hedge in der Praxis eingegangen.
Insbesondere wurde dessen Kosteneffizienz im Vergleich zu einer 1:1 Abdeckung wie beim
Protective Put beziehungsweise Covered Call hervorgehoben. An dieser Stelle wollen wir
deswegen den Wert Δ_{BS} der Black-Scholes-Formel berechnen.

Satz 6.28: Delta der Black-Scholes-Formel

Es beschreibe $C(t)$ eine Call Option mit Ausübungspreis K und Ausübungszeitpunkt
T. Dann ist gemäß der Black-Scholes-Formel

$$\Delta_{BS} = \Phi_{0,1}(d_1).$$

Beweis Nach Gl. (5.4) wird Δ_{BS} durch Bildung der partiellen Ableitung $\frac{\partial C}{\partial S}$ bestimmt.
Aufgrund der Komplexität der Black-Scholes-Formel, Satz 6.26, ist die Berechnung nicht
ganz einfach. Deshalb führen wir hier die Details aus. Als Erstes wird die Produktregel
angewendet

$$\frac{\partial C}{\partial S} = \frac{\partial (S \cdot \Phi_{0,1}(d_1) - K \cdot e^{-r \cdot T} \cdot \Phi_{0,1}(d_2))}{\partial S}$$

$$= \Phi_{0,1}(d_1) + S \frac{\partial \Phi_{0,1}(d_1)}{\partial S} - K \cdot e^{-r \cdot T} \frac{\partial \Phi_{0,1}(d_2)}{\partial S}.$$

Weil d_1 und d_2 von S abhängen, benutzen wir im nächsten Schritt die Kettenregel

$$\frac{\partial C}{\partial S} = \Phi_{0,1}(d_1) + S \frac{\partial \Phi_{0,1}(d_1)}{\partial d_1} \frac{\partial d_1}{\partial S} - K \cdot e^{-r \cdot T} \frac{\partial \Phi_{0,1}(d_2)}{\partial d_2} \frac{\partial d_2}{\partial S}.$$

Gemäß der Definition von d_1 und d_2, sind die partiellen Ableitungen

$$\frac{\partial d_1}{\partial S} = \frac{\partial d_2}{\partial S} = \frac{1}{S} \cdot \frac{1}{\sigma \cdot \sqrt{T}}$$

unmittelbar klar. Insgesamt haben wir damit

$$\frac{\partial C}{\partial S} = \Phi_{0,1}(d_1) + \frac{1}{S} \frac{1}{\sigma \cdot \sqrt{T}} (S \cdot \Phi'_{0,1}(d_1) - K \cdot e^{-r \cdot T} \cdot \Phi'_{0,1}(d_2)). \qquad (6.14)$$

Das Ziel ist es nun zu zeigen, dass die Klammer auf der rechten Seite von (6.14) gleich Null ist. Dazu betrachten wir den Ausdruck $K \cdot e^{-r \cdot T} \cdot \Phi'_{0,1}(d_2)$ und setzen dort $d_2 = d_1 - \sigma \cdot \sqrt{T}$ ein,

$$K \cdot e^{-r \cdot T} \cdot \Phi'_{0,1}(d_2) = K \cdot e^{-r \cdot T} \cdot \Phi'_{0,1}(d_1 - \sigma \cdot \sqrt{T}).$$

Mit der bekannten Dichte der Standard-Normalverteilung $\Phi'_{0,1}$ (siehe (7.2)) ergibt sich

$$K \cdot e^{-r \cdot T} \cdot \Phi'_{0,1}(d_1 - \sigma \cdot \sqrt{T}) = K \cdot e^{-r \cdot T} \frac{1}{\sqrt{2\pi}} e^{\frac{-(d_1 - \sigma \cdot \sqrt{T})^2}{2}}$$

$$= K \cdot e^{-r \cdot T} \frac{1}{\sqrt{2\pi}} e^{-\frac{d_1^2}{2}} e^{\frac{-(-2d_1 \cdot \sigma \cdot \sqrt{T} + \sigma^2 \cdot T)}{2}}$$

$$= K \cdot e^{-r \cdot T} \cdot \Phi'_{0,1}(d_1) \cdot e^{d_1 \cdot \sigma \cdot \sqrt{T}} \cdot e^{-\frac{\sigma^2 \cdot T}{2}}.$$

Nun verwenden wir die Definition von d_1 aus der Black-Scholes-Formel, das heißt

$$K \cdot e^{-r \cdot T} \Phi'_{0,1}(d_1) \cdot e^{d_1 \cdot \sigma \cdot \sqrt{T}} \cdot e^{-\frac{\sigma^2 \cdot T}{2}} = K \cdot \Phi'_{0,1}(d_1) \cdot e^{-r \cdot T} \cdot e^{-\frac{\sigma^2 \cdot T}{2}} \cdot e^{\ln\left(\frac{S}{K}\right)} \cdot e^{-r \cdot T} \cdot e^{\frac{\sigma^2 \cdot T}{2}}$$

$$= K \cdot \Phi'_{0,1}(d_1) \frac{S}{K} = S \cdot \Phi'_{0,1}(d_1).$$

Zusammengefasst gilt

$$K \cdot e^{-r \cdot T} \Phi'_{0,1}(d_2) = S \cdot \Phi'_{0,1}(d_1).$$

Wird diese Gleichheit in Gl. (6.14) eingesetzt, so verschwinden die Klammern auf der rechten Seite tatsächlich. Damit ist die Behauptung bewiesen.   □

Beispiel 6.29 (Fortsetzung von Beispiel 6.27, Delta Hedge) Wir berechnen in dieser Situation den Delta Hedge. Wir haben bereits gesehen, dass

$$d_1 = \frac{\ln\left(\frac{100}{80}\right) + \left(0,03 + \frac{1}{2}0,4^2\right)2}{0,4\sqrt{2}} = 0,7834$$

ist, woraus sich

$$\Phi_{0,1}(d_1) = \Phi_{0,1}(0,7834) = 0,7833$$

ergibt. Der Delta Hedge sichert also eine verkaufte Call Option durch ungefähr $0,7833$ Aktien ab. □

6.6   Würdigung

Im Jahr 1997 wurde der Nobelpreis für Wirtschaftswissenschaften an Myron Scholes (*1941) und Robert Merton (*1944) vergeben.[13] Da Fischer Black (1938–1995) zu diesem Zeitpunkt bereits verstorben war, konnte er nicht mehr zu den Preisträgern zählen. In der Laudatio, siehe [Nob97], heißt es:

> This year's laureates, Robert Merton and Myron Scholes, developed this method in close collaboration with Fischer Black, who died in his mid-fifties in 1995. These three scholars worked on the same problem: option valuation. In 1973, Black and Scholes published what has come to be known as the Black-Scholes formula. Thousands of traders and investors now use this formula every day to value stock options in markets throughout the world.

Die Aussage, dass tausende Händler und Investoren heutzutage die Black-Scholes-Formel oder ihre Verallgemeinerungen benutzen, macht nicht annähernd die Größenordnung ihrer Bedeutung deutlich: Mittlerweile ist der Optionsmarkt eine Billiarden-Industrie, siehe [Ste13] – eine Entwicklung, die noch zu Beginn der 1970er undenkbar erschien. Es ist unheimlich faszinierend, wie sehr diese kompakte mathematische Formel, die Welt nachhaltig verändert hat.

Doch die Benutzung der Black-Scholes-Formel ist bei weitem nicht unumstritten. Praktikern wie dem US-Investor Warren Buffet (*1930) sind ihre fundamentalen Schwächen bekannt. So schreibt dieser in [Ber09], dem Jahresbericht seiner Firma Berkshire Hathaway aus dem Jahr 2009:

> I believe the Black-Scholes formula, even though it is the standard for establishing the dollar liability for options, produces strange results when the long-term variety are being valued (...)

---

[13] Genau genommen ist der Preis keiner der ursprünglichen Nobelpreise, sondern es handelt sich um den sogenannten Preis der Schwedischen Reichsbank in Wirtschaftswissenschaft zur Erinnerung an Alfred Nobel.

The Black-Scholes formula has approached the status of holy writ in finance (...) If the formula is applied to extended time periods, however, it can produce absurd results. In fairness, Black and Scholes almost certainly understood this point well. But their devoted followers may be ignoring whatever caveats the two men attached when they first unveiled the formula.

Doch woran macht sich seine Kritik an der Black-Scholes-Formel fest? Erstens basiert sie auf der geometrischen Brownschen Bewegung und erbt damit alle deren positive wie negative Eigenschaften. Trotz ihrer mathematischen Eleganz und der evidenten Vorteile der geometrischen Brownschen Bewegung bringt ihre Verwendung doch auch einige Nachteile mit sich, die in der Literatur vielfach diskutiert werden:

- Klassischerweise werden von eher praktisch orientierter Seite, wie beispielsweise [Hul11], aus einem Vergleich von echten Märkten mit dem Modell Kritikpunkte abgeleitet. Zum einen wird bei der geometrischen Brownschen Bewegung angenommen, dass die Volatilität konstant ist. In der Realität beobachtet man jedoch, dass die Volatilität sowohl vom Strike als auch vom Ausübungszeitpunkt der Option abhängt, das heißt der Graph der sogenannten **impliziten Volatilität** ist nicht flach. Mit etwas Phantasie sieht die am Markt beobachtete Volatilität vielmehr aus wie ein lächelnder Mund, weshalb sich auch die englische Sprechweise **volatility smile** eingebürgert hat, vergleiche die systematische Abb. 6.10. In der Realität ist dieser *smile* weit weniger prototypisch ausgeprägt, sondern stark verzogen. Jedoch ist auch dort eine klare Abhängigkeit der implizitien Volatilität vom Strike erkennbar, vergleiche Abb. 6.11.[14]
- Neben der Volatilität wird im Black-Scholes-Modell auch der Zins als konstant in Abhängigkeit von der Laufzeit angenommen (also eine flache Zinsstrukturkurve, vergleiche Abschn. 2.4). Wie in Kap. 1 im Detail erklärt wurde, trifft dies ebenfalls keineswegs zu. Insbesondere für Optionen mit einer langen Laufzeit ist dies problematisch.
- Darüber hinaus treten in der Realität gelegentlich Sprünge in Aktienpreisen aufgrund von externen Schocks, zum Beispiel Katastrophen oder große politische Ereignisse und Entscheidungen, auf. Die Stetigkeit des Prozesses ist also höchst fraglich.

Man muss jedoch zugeben, dass der Stein der Weisen zur Modellierung von Aktienpreisen (noch) nicht gefunden wurde. Mit etwas anderen Vorzeichen trifft ähnliche Kritik auch für in der Praxis noch häufiger eingesetzte Modelle, wie etwa das *Hull-White Modell*, das *Vasicek Modell* oder das *Black-Karasinski Modell* zu. Von eher statistisch-philosophischer Seite, wohl am klarsten und prominentesten dargestellt im brillanten Buch [Tal08], wird Kritik an der Verwendung der Normalverteilung laut. Bei jener treten große Veränderungsraten nur äußerst unwahrscheinlich auf. Dies entspricht, wie sich vielfach belegen lässt, jedoch keineswegs der Realität, weil Tage mit besonders starken Veränderungen die Kurse von Aktien auch langfristig maßgeblich bestimmen. Dies führt zu einer massiven Unterschätzung von extremen Risiken, die auf den Finanzmärkten in der Realität auftreten, im Modell.

---

[14] Datenquelle: https://www.ivolatility.com/doc/IV_Delta_surface_Europe.csv.

Abb. 6.10 Volatility Smile –
systematische Darstellung

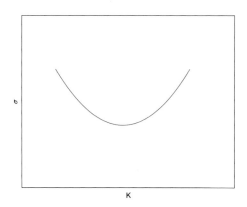

Abb. 6.11 Am 30.03.2017
beobachtete Abhängigkeit der
impliziten Volatilität vom
Strike

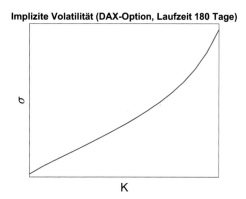

Dass dies keine rein akademische Diskussion ist, zeigt das bekannte Beispiel der Firma
Long Term Capital Management. Die Finanzfirma, zu deren Direktoren auch die Erfin-
der des Black-Scholes-Modells gehörten, geriet 1998 durch das Eintreten eines extremen
Risikos (Währungskrise in Russland), das laut der Normalverteilung eigentlich so gut wie
ausgeschlossen war, in massive finanzielle Schieflage. Die zu befürchtenden Auswirkungen
auf das globale Finanzsystem waren so riesig, dass sich die US-Notenbank dazu entschloss,
den Leitzins zu senken. Zusätzlich mussten insgesamt 3,75 Mrd. US$ in das Unternehmen
gepumpt werden, siehe nochmals [Ste13].

Das Problem im Jahr 1998 lag letzten Endes nicht in der Black-Scholes-Formel, sondern
vielmehr, wie das Zitat von Warren Buffett unterstreicht, in deren naiven und undurchdachten
Verwendung durch viele Teilnehmer auf den Finanzmärkten. Allzu lukrativ scheint der
Optionshandel jedenfalls nicht zu sein: Wie lässt sich die Tatsache, dass in jedem beliebigen
Jahr zwischen 75 % und 90 % aller Optionshändler Verluste machen, siehe [Ste12], anders
erklären? Sicherlich muss einer ähnlichen Fehlverwendung der Black-Scholes-Formel auch
eine Mitschuld an der Finanzkrise ab dem Jahr 2007 gegeben werden, in der laut gängiger

Interpretation die Risiken von Krediten durch die Marktteilnehmer unterschätzt wurden (die berühmte **Subprime Krise**).

Nachdem Sie Kap. 6 bearbeitet haben, sollten Sie folgende Fragen beantworten können:

- Was bedeutet der Begriff des risikoneutralen Maßes?
- Wie wird das risikoneutrale Maß für das Ein-Schritt-Binomialmodell berechnet?
- Wann ist ein Finanzmarkt mit Risiko vollständig?
- Welche Eigenschaft muss die Auszahlungsmatrix von Wertpapieren besitzen, damit ein Finanzmarkt vollständig ist?
- Wie erklären Sie den Begriff der bedingten Erwartung für ein Zwei-Schritt-Binomialmodell?
- Was ist ein Martingal?
- In welchem mathematischen Satz ist der grundlegende Zusammenhang zwischen Martingalen und Arbitrage-Freiheit festgehalten? Wie lautet dieser?
- Wie sehen Sie einer Auszahlungsmatrix X, einem Preisvektor P und einem risikofreien Zins r an, ob dadurch ein arbitragefreier Markt definiert wird?
- Welche drei grundlegenden Eigenschaften besitzt ein Wiener Prozess?
- Wodurch unterscheiden sich Wiener Prozess und die geometrische Brownsche Bewegung?
- Wie lautet die explizite Formel für $S(t)$?
- Wozu benutzt man die Black-Scholes-Formel? Zwischen welchen ökonomischen Größen beschreibt sie einen Zusammenhang?
- Wie führt man mittels der Black-Scholes-Formel einen Delta Hedge durch?
- Welche Nachteile besitzt das Black-Scholes-Modell? Inwiefern ist es unrealistisch?

6.7 Aufgaben

Aufgabe 6.1 (Risikoneutrale Wahrscheinlichkeit) Der risikofreie Zins sei $r = 2\,\%$ und die Rendite eines risikobehafteten Finanzproduktes

$$K(1) = \begin{cases} 4\,\% & \text{mit Wahrscheinlichkeit } 20\,\% \\ -0{,}5\,\% & \text{mit Wahrscheinlichkeit } 80\,\%. \end{cases}$$

Berechnen Sie die risikoneutrale Wahrscheinlichkeit p_*.   □

Aufgabe 6.2 (Risikoneutrale Wahrscheinlichkeit) Zeigen Sie für das Ein-Schritt-Binomialmodell, dass $d < r < u$ genau dann gilt, wenn $0 < p_* < 1$ ist.

Hinweis: Beachten Sie dabei, dass per Definition $u > d$ gilt.   □

Aufgabe 6.3 (Replizierendes Portfolio) Definieren die beiden Auszahlungsmatrizen jeweils einen vollständigen Finanzmarkt?

$$\mathbf{X_1} = \begin{pmatrix} 2\,€ & 3\,€ & 8\,€ \\ 2\,€ & 1\,€ & 4\,€ \\ 2\,€ & 4\,€ & 10 \end{pmatrix}, \qquad \mathbf{X_2} = \begin{pmatrix} 1\,€ & 3\,€ & 3\,€ \\ 2\,€ & 5\,€ & 3\,€ \\ -1\,€ & 3\,€ & 14\,€ \end{pmatrix}.$$

Falls ja, überprüfen Sie, ob für die Marktpreise $P = (2\,€; 5\,€; 2\,€)$ ein risikoneutrales Maß existiert und geben Sie dieses an (der risikofreie Zins sei $r = 0$). Außerdem berechnen Sie in diesem Fall das replizierende Portfolio für die szenarienabhängige Auszahlung $(10\,€; 3\,€; 5\,€)$. □

Aufgabe 6.4 (Arbitrage-Freiheit)

a) Am Markt gebe es drei Wertpapiere mit Preisen $P = (1\,€; 3\,€; -2\,€)$ und Auszahlungsmatrix

$$\mathbf{X} = \begin{pmatrix} 1{,}25\,€ & 3\,€ & -1\,€ \\ 1{,}25\,€ & 2\,€ & 4\,€ \\ 1{,}25\,€ & 1\,€ & 1\,€ \end{pmatrix}.$$

Ist der Markt arbitragefrei?

b) Wie sieht es aus, falls $P = (1\,€; -1\,€; 2\,€)$ und

$$\mathbf{X} = \begin{pmatrix} 1{,}05\,€ & 5\,€ & 1\,€ \\ 1{,}05\,€ & -5\,€ & 4\,€ \\ 1{,}05\,€ & -1\,€ & -1\,€ \end{pmatrix}$$

sind? □

Aufgabe 6.5 (Brownsche Bewegung) Es seien $S(0) = 100\,€$, $\mu = 1$, $\sigma = 2$. Bestimmen Sie den Erwartungswert und die Varianz der zugehörigen geometrischen Brownschen Bewegung.

Hinweis: Die Formeln für Erwartungswert und Varianz einer Log-Normalverteilung finden Sie in Beispiel 7.12 □

Aufgabe 6.6 (Brownsche Bewegung) Der aktuelle Kurs einer Aktie ist $90\,€$. Die Parameter der geometrischen Brownschen Bewegung wurden als $\mu = 0{,}03$ und $\sigma = 0{,}02$ geschätzt.

a) Mit welcher Wahrscheinlichkeit beträgt der Kurs der Aktie in 5 Jahren mindestens $120\,€$?
b) Mit welchem Wert der Aktie kann der Anleger mit einer Wahrscheinlichkeit von $90\,\%$ mindestens rechnen? □

Aufgabe 6.7 (Black-Scholes-Zinsmodell) Es sei $S(0) = 1 \, €$. Wir legen das Black-Scholes-Zinsmodell zugrunde und nehmen an, dass sowohl der Erwartungswert als auch die Varianz in $t = 1$ gleich e^1 sind. Berechnen Sie μ und σ. $\qquad\qquad$ □

Aufgabe 6.8 (Geometrische Brownsche Bewegung) Berechnen Sie den Erwartungswert und die Varianz für die Zufallsvariablen $\xi(n)$ und $w_N(t)$ aus Beispiel 6.21. $\qquad$ □

Aufgabe 6.9 (Geometrische Brownsche Bewegung) Diese Übung ist ein bisschen schwieriger:

a) Berechnen Sie den Erwartungswert

$$E\left[e^{-r \cdot t} \cdot S(t)\right] = S(0) \cdot E\left[e^{\sigma \cdot W(t) + (m - r) \cdot t}\right]$$

mit echten Markt-Wahrscheinlichkeiten.

Hinweis: Verwenden Sie die Substitutionsregel für Integrale. Diese besagt: Es sei I ein Intervall. Für eine stetige Funktion $f : I \to \mathbb{R}$ und eine differenzierbare Funktion $\varphi : [a, b] \to I$ gilt

$$\int_a^b f(\varphi(t)) \cdot \varphi'(t) \mathrm{d}t = \int_{\varphi(a)}^{\varphi(b)} f(x) \mathrm{d}x.$$

b) Zeigen Sie, dass $V(t)$ aus (6.12) ein Martingal unter P_* ist. Verwenden Sie dazu, dass $V(t)$ unter P_* die Dichte $\frac{1}{\sqrt{2\pi t}} e^{-\frac{x^2}{2t}}$ besitzt. $\qquad\qquad$ □

Aufgabe 6.10 (Black-Scholes-Formel) Der risikofreie Zinssatz liegt bei $r = 4\,\%$ und die Volatilität ist $\sigma = 0{,}4$. Der gegenwärtige Preis der Aktie beträgt $60 \, €$. Was ist der Preis eines Calls mit Ausübungszeitpunkt $T = 2$ Jahre und Strike $80 \, €$? Vergleichen Sie Ihr Ergebnis mit dem Preis aus Beispiel 6.27 und erklären Sie davon ausgehend, warum Ihr Resultat plausibel ist. $\qquad\qquad$ □

Aufgabe 6.11 (Black-Scholes-Formel) Nehmen Sie an, dass Marktbedingungen wie in Beispiel 6.27 vorliegen. Berechnen Sie den Black-Scholes-Preis eines Puts mit Ausübungszeitpunkt $T = 5$ und Strike $90 \, €$. $\qquad\qquad$ □

Anhang

7

Ein Anliegen beim Schreiben dieses Buches war es, die Darstellung so weit wie möglich in sich abgeschlossen zu halten, damit es nicht nötig ist, weitere Lehrbücher zu benutzen, um sich den Lernstoff zu erarbeiten. Obwohl wir hoffen, dass uns dies weitgehend gelungen ist, sind wir bei den mathematischen und wahrscheinlichkeitstheoretischen Grundlagen an gewisse Grenzen gestoßen. Letztendlich haben wir uns dazu entschieden, in diesem Anhang eine Zusammenfassung zu einigen der wichtigsten mathematischen Konzepte, die in diesem Buch benutzt werden, zu geben, um etwaige Lücken zu füllen.

Abschn. 7.1 gibt eine Wiederholung von einigen relevanten Begriffen der Stochastik. Besondere Bedeutung hat im Zusammenhang mit der geometrischen Brownschen Bewegung (Martingaleigenschaft) die bedingte Erwartung, der wir einen eigenen Abschn. 7.2 widmen und die unserer Erfahrung nach nicht zum Standardstoff außermathematischer Studiengänge gehört. Schließlich tabellieren wir in Abschn. 7.3 die Werte der Standardnormalverteilung. Natürlich können diese Werte auch mit jeder beliebigen Computeralgebra-Software bestimmt werden, wir wollen jedoch vermeiden, dass, abgesehen von einem Taschenrechner, zusätzliche Hilfsmittel notwendig sind, um die Berechnungen in diesem Buch nachzuvollziehen. Zu guter Letzt besprechen wir in Abschn. 7.4 noch einige nötige Grundlagen der Differentialrechnung, die vielleicht nicht in jeder einführenden Veranstaltung zur Mathematik im für unsere Zwecke notwendigen Umfang gelehrt werden. Insbesondere gehen wir dort auf den Satz von Taylor und die (mehrdimensionale) Lagrange-Optimierung ein. Selbstverständlich fallen unsere Erklärungen in diesem Anhang deutlich knapper aus als im Rest des Buches. Für weitere Details geben wir diverse Verweise auf die umfangreiche bestehende Literatur.

D. Heitmann et al., *Finanzmathematik,* https://doi.org/10.1007/978-3-662-64652-6_7

7.1 Grundlagen der Stochastik

In diesem Abschnitt wird eine Zusammenfassung der relevanten Grundlagen der Stochastik gegeben. In Teilen orientiert sich diese an [HW18] und nimmt zusätzlich weitergehende Aspekte auf, wie man sie zum Beispiel in [Dur91], [Kle13] oder [Kre05] findet. Wir legen Wert darauf, dass wir in diesem Teil mathematisch präzise Definitionen und Sätze darstellen, während im Hauptteil dieses Buches zuweilen die Anschaulichkeit im Vordergrund steht. Ein Grund dafür ist beispielsweise, dass eine konsistente Darstellung von Wahrscheinlichkeiten ausschließlich unter Bezugnahme auf die Maßtheorie möglich ist. Nur mit diesem Ansatz ist etwa die Konstruktion der geometrischen Brownschen Bewegung wirklich durchführbar.

Das zentrale Objekt der Stochastik sind **Wahrscheinlichkeitsräume,** bei denen es sich um eine spezielle Art von Maßräumen handelt. Wie angekündigt, führen wir zunächst diverse Begriffe sehr allgemein ein und zeigen anschließend in Beispiel 7.2, dass diese mit vertrauten Begrifflichkeiten im Einklang stehen.

Definition 7.1: Wahrscheinlichkeitsraum

(i) Es sei Ω eine beliebige Menge. Eine Teilmenge $\mathcal{M}$ der Potenzmenge $\mathcal{P}(\Omega)$ von Ω mit $\Omega \in \mathcal{M}$ heißt σ-**Algebra,** wenn für $A \in \mathcal{M}$ auch das Kompliment $A^c = \Omega \setminus A$ in Ω enthalten ist und zusätzlich für $A_k \in \mathcal{M}, k = 1, 2, \ldots$ gilt, dass $\cup_{k \in \mathbb{N}} A_k \in \mathcal{M}$. Ein Tupel $(\Omega, \mathcal{M})$ bestehend aus einer Menge und einer σ-Algebra heißt **messbarer Raum.**

(ii) Es sei $\mathcal{M}$ eine σ-Algebra. Ein Maß μ ist eine Funktion $\mu : \mathcal{M} \to [0, \infty]$ mit den Eigenschaften $\mu(\emptyset) = 0$ und $\mu(\cup_{n=1}^{\infty} A_n) = \sum_{n=1}^{\infty} \mu(A_n)$ für jede Folge disjunkter Mengen $A_1, A_2, \ldots \in \mathcal{M}$.

(iii) Ein **Wahrscheinlichkeitsraum** ist ein Tripel $(\Omega, \mathcal{M}, \mu)$, bestehend aus einer Menge Ω, einer σ-Algebra $\mathcal{M}$ sowie einem Maß μ, sodass $\mu(\Omega) = 1$ gilt. In diesem Fall sprechen wir von einem Wahrscheinlichkeitsmaß und schreiben P anstelle von μ.

(iv) Die Elemente von Ω heißen **Ergebnisse** und die Elemente von $\mathcal{M}$ werden **Ereignisse** genannt.

Wenn man sich daran erinnert, dass Ereignissen in der Wahrscheinlichkeitstheorie Mengen zugeordnet werden, sieht man, dass in (i) festgelegt wird, welche Eigenschaften diese Ereignisse beziehungsweise Mengen haben müssen, damit mit ihnen sinnvoll gerechnet werden kann: Mit einem Ereignis A muss auch das Gegenereignis A^c sinnvoll definiert sein, das heißt in der σ-Algebra liegen. Außerdem muss es möglich sein, beliebige Vereinigungen von Ereignissen zu betrachten. Ist Ω eine diskrete Menge, dann ist $\mathcal{M}$ meist die Potenzmenge, das heißt die Menge aller Teilmengen von Ω. Das Maß wiederum teilt jedem Ereignis eine Wahrscheinlichkeit zu und ist für disjunkte Mengen additiv. Es gilt also zum Beispiel die bekannte Eigenschaft aus den Axiomnen von Kolmogorov, $P(A \cap B) = P(A) + P(B)$ für $A \cap B = \emptyset$ (disjunkte Mengen A, B). Teil (iii) der Definition kann wiederum so interpretiert werden, dass in einem Wahrscheinlichkeitsraum mit einer Wahrscheinlichkeit von 100 %, oder, wie man sagt, *fast sicher* ein Ergebnis aus Ω eintritt. Dies entspricht ebenfalls einem der Axiome von Kolmogorov. Meist wird anstelle von μ der Buchstabe P für Wahrscheinlichkeitsmaße verwendet. Der Begriff **fast sicher** bedeutet allgemein, dass eine Eigenschaft für alle $x \in \Omega$ bis auf eine Menge A mit Maß 0, das heißt $P(A) = 0$, zutrifft. Kommen wir nun zu einigen wichtigen Beispielen.

Beispiel 7.2 (Wahrscheinlichkeitsdichten)
(i) Für den einfachen Würfelwurf ist ein geeigneter Grundraum gegeben durch

$$\Omega = \{1, 2, 3, 4, 5, 6\}.$$

Die Elemente aus Ω sind die möglichen **Ergebnisse.** Die σ-Algebra ist die Potenzmenge, das heißt die Menge aller Teilmengen von Ω. Das Ereignis *gerade Zahl* ist gegeben durch $\{2, 4, 6\}$. Unter der Annahme, dass alle Seiten des Würfels mit gleicher Wahrscheinlichkeit fallen, gilt

$$P(1) = P(2) = P(3) = P(4) = P(5) = P(6) = \frac{1}{6}.$$

(ii) Die **Borelsche σ-Algebra** $\mathcal{B}(\mathbb{R})$ auf $\mathbb{R}$ ist definiert als die kleinste σ-Algebra, die alle offenen Intervalle enthält. Die Elemente aus der Borelschen σ-Algebra nennen wir auch **messbare Mengen.** Für eine gegebene Funktion $f : \mathbb{R} \to [0, \infty)$ mit $\int_{-\infty}^{+\infty} f(x) dx = 1$ kann für jede messbare Menge A der Ausdruck

$$P(A) := \int_A f(x) dx \tag{7.1}$$

definiert werden. Dabei handelt es sich, wie man relativ einfach zeigt, um ein Maß auf $(\mathbb{R}, \mathcal{B})$. Wenn umgekehrt ein Maß auf $\mathbb{R}$ für beliebiges messbares A wie in (7.1) mit einer Funktion $f : \mathbb{R} \to [0, \infty)$ dargestellt werden kann, so wird f eine **(Wahrscheinlichkeits-)dichte** genannt.

(iii) Die Dichte mit dem mutmaßlich höchsten Bekanntheitsgrad ist die **Normalverteilung,** die durch die **Gaußsche Glockenkurve,** siehe Abb. 7.1, beschrieben wird, nämlich

$$f(x) = \frac{1}{\sigma \cdot \sqrt{2\pi}} \exp\left(-\frac{(x - \mu)^2}{2\sigma^2}\right), \tag{7.2}$$

wobei $\mu \in \mathbb{R}$ und $\sigma > 0$ beliebig sind. Ist $\mu = 0$ und $\sigma^2 = 1$, dann handelt es sich um die **Standardnormalverteilung.** □

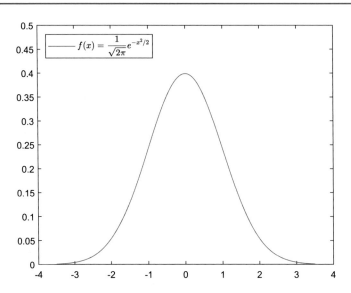

Abb. 7.1 Dichte der Standard-Normalverteilung

Man beachte, dass für diskretes Ω das Maß durch Vorgabe der Wahrscheinlichkeiten auf den ein-elementigen Teilmengen bereits vollständig bestimmt ist. Eine Wahrscheinlichkeitsdichte $f(x)$ muss im Gegensatz dazu auf ganz $\mathbb{R}$ definiert werden. Werden nämlich stetig verteilte Messgrößen betrachtet, so kann mithilfe der Maßtheorie unmittelbar eingesehen werden, dass es keinen Sinn macht, das Maß lediglich auf einzelnen Punkten festzulegen, denn es würde sich dann wieder um eine diskrete Verteilung handeln. Wenn hingegen $f(x)$ nur auf einzelnen Punkten definiert und als Dichte in Darstellung (7.1) interpretiert wird, so würde das Integral stets den Wert 0 annehmen und es wäre ebenfalls keine Wahrscheinlichkeit definiert. Dies ist einer der Gründe, weshalb das Konzept von σ-Algebren benötigt wird. Ein weiterer Hauptgrund ist der **Satz von Vitali,** der besagt, dass es bezüglich des sogenannten **Lebesgue-Maßes,** welches Intervallen ihre Länge zuordnet, nicht messbare Mengen aus der Potenzmenge von $\mathbb{R}$ geben muss, was ebenso für alle Maße mit Wahrscheinlichkeitsdichte gilt. Dies erklärt auch den Rückzug auf Borel-messbare Mengen, was die *beste,* das heißt mathematisch praktikabelste, Möglichkeit ist, möglichst viele Mengen zu messen. Bisher ist damit lediglich eine Methode gegeben, wie Wahrscheinlichkeiten abstrakt gemessen werden können, jedoch nicht, auf welche Weise Zufälle mathematisch beschrieben werden.

> **Definition 7.3: Zufallsvariable**
> Es sei $(\Omega, \mathcal{M}, P)$ ein Wahrscheinlichkeitsraum und $(\Omega', \mathcal{M}')$ ein messbarer Raum. Eine Abbildung $X : \Omega \to \Omega'$ heißt **Zufallsvariable** mit **Werten** in Ω'. Die Zufallsvariable X heißt **messbar**, falls $X^{-1}(A') \in \mathcal{M}$ für alle $A' \in \mathcal{M}'$ ist.

Wir unterfüttern nun auch diese Definition mit einem einfachen Beispiel.

Beispiel 7.4 (Zufallsvariablen) Wir betrachten das zweimalige Werfen eines Würfels. Ein passender Ergebnisraum ist daher

$$\Omega = \{1, 2, 3, 4, 5, 6\}^2.$$

Eine Zufallsvariable X auf Ω ist die Summe der Augenzahlen. Deren Werte sind

$$\Omega' = \{2, 3, 4, 5, 6, 7, 8, 9, 10, 11, 12\}.$$

Beispielsweise kann dann die Wahrscheinlichkeit berechnet werden, dass die Summe der Augenzahlen den Wert 3 annimmt

$$
\begin{aligned}
P(X = 3) &= P(X^{-1}(3)) \\
&= P(\{(\omega_1, \omega_2) \mid \omega_1 + \omega_2 = 3\}) \\
&= P(\{(1, 2), (2, 1)\}) \\
&= P(\{(1, 2)\}) + P(\{(2, 1)\}) \\
&= \frac{1}{36} + \frac{1}{36} = \frac{1}{18}.
\end{aligned}
$$

Ebenso ist das Produkt der Augenzahlen Y eine Zufallsvariable auf Ω. Wir überlassen es als kleine Übung, in diesem Fall die Wertemenge Ω' explizit anzugeben. □

Oft wird das Maß P auch als **(Wahrscheinlichkeits-)Verteilung** bezeichnet. Eine auf diskreten Mengen besonders häufig auftretende Verteilungen, die im Rahmen des Binomial-Modells, siehe Abschn. 5.2, zentral ist und vom dem dieses seinen Namen hat, ist die folgende.

Beispiel 7.5 (Binomialverteilung) Wird ein physikalisches Experiment durchgeführt, das mit der Wahrscheinlichkeit von $0 < p < 1$ erfolgreich verläuft und entsprechend mit der Wahrscheinlichkeit $1 - p$ nicht erfolgreich, so wird die zugehörige Wahrscheinlichkeitsverteilung **Bernoulli-Verteilung** genannt. Führt man hingegen dieses Experiment n-mal bei sich nicht verändernden Bedingungen unabhängig voneinander (siehe Definition 7.13) durch, so ist, wie elementar nachgerechnet werden kann, die Wahrscheinlichkeit für k erfolgreiche Experimente bestimmt durch

$$P(X = k) = \binom{n}{k} p^k (1 - p)^{n-k}.$$

Die hierdurch gegebene Verteilung wird **Binomialverteilung** genannt.   □

Eine zentrale Rolle in der Wahrscheinlichkeitstheorie spielen außerdem Verteilungsfunktionen, die wir in diesem Buch vor allem für die Standardnormalverteilung benutzen.

Definition 7.6: Verteilungsfunktion
Eine Funktion F auf $\mathbb{R}$ mit Werten in $[0, 1]$ heißt **(kumulative) Verteilungsfunktion,** wenn sie rechtsstetig und monoton wachsend ist und für $x \to -\infty$ gilt $F(x) \to 0$ sowie für $x \to \infty$ gilt $F(x) \to 1$.

Für ein gegebenes Wahrscheinlichkeitsmaß auf $\mathbb{R}$ setzt man $F(x) = P((-\infty, x])$ und zeigt, dass F dann eine Verteilungsfunktion ist. Besitzt die Zufallsvariable eine Dichte, so liefert der Ansatz

$$F(x) = \int_{-\infty}^{x} f(t)\,\mathrm{d}t$$

die Verteilungsfunktion. Eine durch eine Dichte definierte Verteilungsfunktion ist immer stetig, vergleiche etwa die Hauptsätze der Differential- und Integralrechnung. Die entgegengesetzte Behauptung, dass aus der Stetigkeit der Verteilungsfunktion die Existenz einer Dichte folgt, ist im Allgemeinen nicht richtig. Umgekehrt wird für eine gegebene Verteilungsfunktion jedoch ein Wahrscheinlichkeitsmaß durch $P((a, b]) = F(b) - F(a)$ gewonnen.

Beispiel 7.7 (Verteilungsfunktion der Normalverteilung) Es sei $\alpha \in (0, 1)$ eine beliebige, aber feste Zahl. Es sei X eine normalverteilte Zufallsvariable mit Parametern μ und σ^2. Man schreibt dann abkürzend $X \sim \mathcal{N}(\mu, \sigma^2)$. Ihre Dichte ist gegeben durch

$$\frac{1}{\sigma \cdot \sqrt{2\pi}} \exp\left(-\frac{(x - \mu)^2}{2\sigma^2}\right).$$

Die Verteilungsfunktion ist entsprechend

$$\Phi_{\mu,\sigma}(x) := \int_{\infty}^{x} f(t)\,\mathrm{d}t.$$

Wenn wir den sogenannten **Value at Risk** VaR_α suchen, für den $\Phi_{\mu,\sigma}$ den Wert α annimmt, so lösen wir die Gleichung

$$\alpha = \Phi_{\mu,\sigma}\left(\text{VaR}_\alpha\right)$$
$$= \Phi_{0,1}\left(\frac{\text{VaR}_\alpha - \mu}{\sigma}\right).$$

Allgemein wird die Bildung des Quotienten $Z = \frac{X-\mu}{\sigma}$ auch als Z-**Transformation** oder **Standardisieren** der Zufallsvariable bezeichnet. Dadurch wird eine beliebige Normalverteilung auf die Standardnormalverteilung zurückgeführt. Es ergibt sich die Gleichheit

$$\text{VaR}_\alpha = \mu + \Phi_{0,1}^{-1}(\alpha)\sigma.$$

Der Wert $\Phi_{0,1}^{-1}(\alpha)$ kann in der Tabelle zur Standardnormalverteilung in Anhang 7.3 nachgeschlagen werden. Außerdem ist diese Funktion in Excel sowie in fast jeder Software für Computeralgebra implementiert. $\qquad\Box$

Die Bedeutung der beiden Parameter μ und σ in der Normalverteilung soll nun in einem allgemeineren Kontext interpretiert werden. Wir beginnen dazu mit einem einfachen Beispiel: Ein Spiel mit den beiden möglichen, gleich wahrscheinlichen Ergebnissen 0 € Gewinn oder 1 € Gewinn unterscheidet sich sicher von einem Spiel mit den beiden möglichen, gleich wahrscheinlichen Ergebnissen 0 € Gewinn oder 100 € Gewinn, obwohl beide Zufallsvariablen Bernoulli-verteilt sind. Beim zweiten Spiel erwartet man einen höheren durchschnittlichen Gewinn als beim ersten. Formalisiert bietet es sich an, die Ergebnisse mit den Wahrscheinlichkeiten zu gewichten. Allgemein geschieht dies folgendermaßen.

Definition 7.8: Erwartungswert
Es sei $X : \Omega \to \mathbb{R}$ eine auf dem Wahrscheinlichkeitsraum $(\Omega, \mathcal{M}, P)$ integrierbare Zufallsvariable. Dann wird der **Erwartungswert** durch

$$E[X] = \int_\Omega X \, dP$$

definiert, falls dieses Integral existiert.

Für die Details, wie man allgemein ein Integral bezüglich eines Maßes definiert, verweisen wir auf die Literatur, zum Beispiel [HW18]. In den beiden für uns relevanten Fällen übersetzt sich sich die Definition für diskrete Zufallsvariablen in

$$E[X] = \sum_{k \in \Omega} k P(X = k)$$

und für stetige Zufallsvariable mit Dichte f in

$$E[X] = \int_{-\infty}^{+\infty} x f(x) \, dx.$$

Beispiel 7.9 Für die Zufallsvariable X, die einen einfachen Würfelwurf darstellt, ergibt sich der Erwartungswert

$$E[X] = \sum_{k=1}^{6} k \frac{1}{6} = \frac{7}{2}.$$

Eine kurze Rechnung zeigt jeweils, dass der Erwartungswert der Binomialverteilung np ist, während der Erwartungswert der Normalverteilung μ ist (in der Rechnung wird die Substitutionsregel für Integrale verwendet).

Über den Erwartungswert hinaus ist es erstrebenswert, auch noch eine Größe, die die Streuung der Werte einer Zufallsvariable misst, zu finden. Diese wird in der Normalverteilung durch den Parameter σ^2 beschrieben.

Definition 7.10: Varianz

Es sei $X : \Omega \to \mathbb{R}$ eine auf dem Wahrscheinlichkeitsraum $(\Omega, \mathcal{M}, P)$ integrierbare Zufallsvariable, das heißt deren Erwartungswert μ existiert. Dann wird die **Varianz** von X durch

$$\text{Var}[X] = E[(X - \mu)^2])$$

definiert, falls dieses Integral ebenfalls existiert. Die Wurzel aus der Varianz heißt **Standardabweichung** von X.

Falls $E[|X|^2] < \infty$ ist, dann ist die Varianz endlich. Für eine diskrete Zufallsvariable X mit Erwartungswert μ bedeutet die Definition

$$\text{Var}[X] = \sum_{k \in \Omega} (k - \mu)^2 \cdot P(X = k)$$

und für eine Zufallsvariable X mit Dichte f und Erwartungswert μ erhält man

$$\text{Var}[X] = \int_{-\infty}^{+\infty} (x - \mu)^2 \cdot f(x) \, dx.$$

Bei der praktischen Berechnung von $\text{Var}[X]$ ist oft der Zusammenhang

$$\mathrm{Var}[X] = E[X^2] - E[X]^2$$

nützlich. Per Definition (Integral über eine positive Funktion) ist die Varianz stets ≥ 0 und gleich 0 genau dann, wenn die Zufallsvariable (fast sicher) konstant ist, das heißt nur einen einzigen Wert (mit Wahrscheinlichkeit 1) annimmt.

Beispiel 7.11 (Varianz) Der einfache Würfelwurf X hat die Varianz

$$\mathrm{Var}[X] = E[X^2] - E[X]^2 = \frac{91}{6} - \left(\frac{7}{2}\right)^2 = \frac{35}{12}.$$

Weitere (etwas aufwändigere) Rechnungen implizieren, dass die Varianz der Binomialverteilung $np \cdot (1 - p)$ ist, während die Varianz der Normalverteilung, wie bereits erwähnt, σ^2 ist.

Beispiel 7.12 (Log-Normalverteilung) Anstelle der Annahme, dass eine Zufallsvariable X selbst normalverteilt ist, wird – beispielsweise bei der geometrischen Brownschen Bewegung, siehe Abschn. 6.3 – bisweilen davon ausgegangen, dass $\ln(X)$ normalverteilt ist. Es liegt dann eine **Log-Normalverteilung** vor. Die Dichtefunktion von X ist für gewisse Parameter $\mu \in \mathbb{R}$ und $\sigma > 0$ folglich

$$f(x) = \frac{1}{\sqrt{2\pi \cdot \sigma^2} \cdot x} \exp\left(-\frac{(\ln(x) - \mu)^2}{2\sigma^2}\right)$$

und die Verteilungsfunktion

$$F(x) = \Phi_{0,1}\left(\frac{\ln(x) - \mu}{\sigma}\right).$$

Für eine log-normalverteilte Zufallsvariable X mit Parametern μ, σ^2 ist $X \sim \mathcal{LN}(\mu, \sigma^2)$ eine Kurzschreibweise. Der Erwartungswert berechnet sich als

$$E[X] = \exp\left(\mu + \frac{\sigma^2}{2}\right)$$

und die Varianz als

$$\mathrm{Var}[X] = \exp\left(2\mu + \sigma^2\right) \cdot \left(\exp\left(\sigma^2\right) - 1\right).$$

Die Bedeutung der Stochastik für die Praxis ergibt sich zuallererst aus zwei zentralen Ergebnissen: Zum einen ist dies das **Gesetz der großen Zahlen,** welches besagt, dass sich unter gewissen Voraussetzungen das mittlere Ergebnis eines Zufallsexperiments gegen den Erwartungswert stabilisiert. Um dieses zu formulieren, benötigen wir vorab eine weitere Definition.

Definition 7.13: Stochastische Unabhängigkeit

Es seien $X : (\Omega, \mathcal{M}, P) \to \mathbb{R}$ und $Y : (\Omega, \mathcal{M}, P) \to \mathbb{R}$ zwei Zufallsvariablen. Dann heißen X und Y **stochastisch unabhängig,** falls

$$P(X \in A, Y \in B) = P(X \in A) \cdot P(Y \in B)$$

für alle Borel-Mengen $A, B \subset \mathbb{R}$ ist.

Stochastische Unabhängigkeit besagt also, dass sich die Wahrscheinlichkeiten der beiden Zufallsvariablen nicht gegenseitig beeinflussen. Wird ein Würfel zweimal geworfen, so ist es beispielsweise naheliegend, anzunehmen, dass die beiden Würfe stochastisch unabhängig sind. Hingegen rechnet man nach, dass die Summe und das Produkt des zweimaligen Würfelwurfs nicht voneinander unabhängig sind. Dies ist auch intuitiv klar, weil zum Beispiel die Summe der Würfel 12 ist, wenn die Information bekannt ist, dass deren Produkt gleich 36 ist. Zwei Zufallsvariablen X, Y sind genau dann stochastisch unabhängig, wenn ihre **gemeinsame Verteilungsfunktion**

$$F_{X,Y}(x, y) := P(X \leq x, Y \leq y)$$

als Produkt der einzelnen Verteilungsfunktionen $F_X(x)$ und $F_Y(y)$ geschrieben werden kann, $F_{X,Y}(x, y) = F_X(x) \cdot F_Y(y)$.

Stochastische Unabhängigkeit ist eine vergleichsweise starke Eigenschaft. Ein Indiz, ob stochastische Unabhängigkeit vorliegen kann, gibt die Korrelation, die die Stärke des *linearen* Zusammenhangs zweier Zufallsvariablen misst.

Definition 7.14: Korrelation

Es seien X, Y zwei Zufallsvariablen mit $E[|X|^2] < \infty$ und $E[|Y|^2] < \infty$ sowie Standardabweichungen $\sigma_X > 0$ und $\sigma_Y > 0$.

(i) Dann ist die **Kovarianz** definiert durch

$$\text{Cov}[X, Y] := E[(X - E[X]) \cdot (Y - E[Y])].$$

(ii) Ferner ist die **Korrelation** von X und Y gegeben durch

$$\text{Cor}[X, Y] := \rho_{X,Y} := \frac{\text{Cov}[X, Y]}{\sigma_X \cdot \sigma_Y}.$$

Die Kovarianz einer Zufallsvariable mit sich selbst ist genau ihre Varianz. Es gilt stets, dass $-1 \leq \rho_{X,Y} \leq 1$. Ist $|\rho_{X,Y}| = 1$, so besteht ein perfekter linearer Zusammenhang von X und Y. Ist hingegen $\rho_{X,Y} = 0$, so sagt man auch, dass die beiden Zufallsvariablen **unkorreliert** sind. Sind X und Y stochastisch unabhängig, so ist ihre Korrelation immer gleich null. Die Umkehrung dieser Aussage ist im allgemeinen falsch. Bei der stochastischen Unabhängigkeit handelt es sich also um eine stärkere Eigenschaft als bei Unkorreliertheit. Damit kommen wir zum Gesetz der großen Zahlen.

Satz 7.15: Schwaches Gesetz der großen Zahlen

Es sei $X_1, X_2, \ldots$ eine Folge von auf demselben Wahrscheinlichkeitsraum definierten reellwertigen Zufallsvariablen, die paarweise stochastisch unabhängig sind und eine identische Verteilung sowie einen endlichen Erwartungswert besitzen. Dann gilt

$$\lim_{n \to \infty} P\left(\left| \frac{1}{n} \sum_{i=1}^{n} \left(X_i - E[X_i] \right) \right| > \epsilon \right) = 0.$$

Beispiel 7.16 (Schwaches Gestz der großen Zahlen) Wird ein Würfel sehr häufig geworfen, so kann beobachtet werden, dass die mittlere Augenzahl am Anfang stark wackelt, sich jedoch langfristig bei 3,5 stabilisiert, vergleiche Abb. 7.2. Genau dies ist die Aussage des (schwachen) Gesetzes der großen Zahlen. □

Abb. 7.2 Gleitender Mittelwert beim Würfelwurf

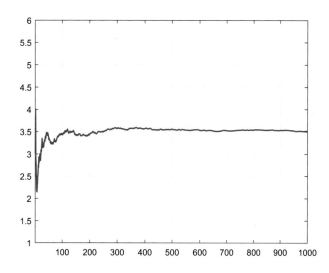

Die Tatsache, dass es ein *schwaches* Gesetz der großen Zahlen gibt, legt nahe, dass es auch ein *starkes* Gesetz der großen Zahlen gibt. Um dieses zu formulieren, werden jedoch weiterführende Begriffsbildungen (höhere Momente) benötigt, auf die wir an dieser Stelle verzichten, weil die stärkere Formulierung die Grundaussage des Satzes aus Anwendungssicht nicht entscheidend verändert. Für Details zum starken Gesetz der großen Zahlen verweisen wir auf die Literatur, zum Beispiel [Kle13] oder [Dur91].

Während das Gesetz der großen Zahlen etwas über den Mittelwert eines Zufallsexperiments aussagt, besagt der **zentrale Grenzwertsatz,** dass sich unter gewissen Voraussetzungen die Verteilung des Mittelwerts asymptotisch gegen eine bestimmte Verteilung, nämlich die Normalverteilung, stabilisiert. Genau dies ist der Grund für die große Popularität der Normalverteilung – nicht nur in Mathematik-Kreisen.

Satz 7.17: Zentraler Grenzwertsatz

Es sei $X_1, X_2, \ldots$ eine Folge von auf demselben Wahrscheinlichkeitsraum definierten reellwertigen Zufallsvariablen, die paarweise stochastisch unabhängig sind und einen identischen endlichen Erwartungswert μ sowie eine identische endliche Varianz σ^2 besitzen. Dann gilt für

$$\overline{X_n} := \frac{1}{n}(X_1 + \ldots + X_n)$$

und die Verteilungsfunktion der Standardnormalverteilung $\Phi_{0,1}(z)$, dass

$$\lim_{n \to \infty} P\left(\frac{\overline{X_n} - \mu}{\sigma/\sqrt{n}} \le z\right) = \Phi_{0,1}(z).$$

Die Zufallsstreuung eines einzelnen Wertes, für den man sich im Rahmen einer Beobachtung interessiert, ist oft die Summe vieler stochastisch unabhängiger Einzelbeiträge. Gemäß dem zentralen Grenzwertsatz ist die Verteilung des Durchschnittswertes für große Stichprobenumfänge dann approximativ bekannt, nämlich näherungsweise normalverteilt. In der Praxis wird häufig davon ausgegangen, dass die Näherung des zentralen Grenzwertsatzes ausreichend gut ist, falls $n \ge 100$ ist. In der Finanzmathematik wird dazu passend häufig angenommen, dass es viele Marktteilnehmer gibt, deren Präferenzen in Einklang mit den Voraussetzungen des zentralen Grenzwertsatzes zufällig streuen. Mit Satz 7.17 kann dann die Annahme begründet werden, dass eine bestimmte Größe normalverteilt ist. In diesem Buch wird ein solcher Ansatz zum Beispiel bei der Markowitz-Portfolio theorie gemacht, siehe Abschn. 4.2.

Der zentrale Grenzwertsatz ist auch der Grund, weshalb in der Physik viele Messergebnisse normalverteilt sind. Es gibt nämlich viele kleine Fehlerquellen bei Messungen, die sich aufsummieren und folglich eine Normalverteilung nach sich ziehen. In der Statistik, beispielsweise bei der Theorie der Konfidenzintervalle oder in Form statistischer Tests, wird häufig eine ähnliche Argumentation angeführt. Deshalb kann der zentrale Grenzwertsatz auch als *Mutter der Statistik* angesehen werden.

7.2 Bedingte Erwartung

Von besonderer Wichtigkeit für die Finanzmathematik ist das Konzept der bedingten Erwartung. Ein praktischer Grund hierfür ist, dass sowohl Anlagestrategien als auch die Preisfindung von Finanzprodukten für eine größtmögliche Präzision sich verändernde Rahmenbedingungen erfassen müssen. Dies macht immer wieder eine Anpassung der zugrundegelegten Wahrscheinlichkeiten beziehungsweise der daraus abgeleiteten Erwartungen nötig. Mathematisch wird diese Anpassung durch die bedingten Erwartungen beschrieben. Deswegen widmen wir diesem Themengebiet einen eigenständigen Abschnitt. Während wir bedingte Wahrscheinlichkeiten in Abschn. 6.2 ausführlich für diskrete Zufallsvariablen behandelt haben, ist das Analogon hierzu für stetige und sogar allgemeine Zufallsvariablen wesentlich komplizierter. Eine Hauptschwierigkeit dabei ist, dass nicht klar ist, wie mit den zahlreichen Mengen A mit $P(A) = 0$ umzugehen ist. Trotzdem ist es möglich, das Konzept der bedingten Erwartung auch allgemein so einzuführen, dass die Definition im diskreten Fall mit unserer Definition 6.10 konsistent ist.

Definition 7.18: Bedinter Erwartungswert
Es sei $(\Omega, \mathcal{M}, P)$ ein Wahrscheinlichkeitsraum und $X : \Omega \to \mathbb{R}$ eine Zufallsvariable, deren Erwartungswert existiert. Außerdem sei eine Unter-σ-Algebra $\mathcal{G} \subset \mathcal{F}$ gegeben. Die **bedingte Erwartung** $E[X|\mathcal{G}]$ von X gegeben $\mathcal{G}$ ist diejenige Zufallsvariable Z, die die folgenden Eigenschaften hat:

(i) Z ist messbar bezüglich $\mathcal{G}$.
(ii) Für jedes $A \in \mathcal{G}$ gilt

$$\int_A Z \, \mathrm{d}P = \int_A X \, \mathrm{d}P.$$

Allein anhand dieser Definition sieht man schon, dass der Ansatz wesentlich abstrakter ist als für diskrete Zufallsvariablen.

Beispiel 7.19 Wir betrachten die sogenannte **triviale σ-Algebra** $\mathcal{G} = \{\emptyset, \Omega\}$. Dann ist $E[X|\mathcal{G}] = E[X]$, denn einerseits ist $E[X]$ eine messbare Funktion und andererseits gilt

$$\int_\emptyset E[X] \mathrm{d}P = 0 = \int_\emptyset X \, \mathrm{d}P.$$

Per Definition ist außerdem

$$\int_\Omega X\mathrm{d}P = E[X] = E[X]\cdot 1 = E[X]\int_\Omega \mathrm{d}P = \int_\Omega E[X]\mathrm{d}P.$$

Beispiel 7.20 (Tail Value at Risk) Eng mit dem Value at Risk aus Beispiel 7.7 verwandt ist der sogenannte **Tail Value at Risk.** Hierbei handelt es sich um den durchschnittlichen Verlust, wenn der Value at Risk unterschritten wird. Formal wird für eine Zufallsvariable X und für ein gegebenes Quantil α der Tail Value at Risk durch

$$\mathrm{TVaR}_\alpha(X) = E[-X\,|\,X \le -VaR_\alpha(X)]$$

definiert, wobei es sich um eine bedingte Erwartung handelt, die in Definition 7.18 beziehungsweise Definition 6.10 mathematisch präzise eingeführt wird. Praktischerweise kann man für den Tail Value at Risk oft auch eine explizite Formel angeben und muss nicht den relativ komplizierten Weg über die bedingte Erwartung gehen. Es gilt beispielsweise für stetige Zufallsvariablen mit Dichte $f(x)$ die Gleichheit

$$\mathrm{TVaR}_\alpha(X) = -\frac{1}{\alpha}\int_{-\infty}^{F^{-1}(\alpha)} x\cdot f(x)\mathrm{d}x.$$

Unter anderem kann für normalverteilte Zufallsvariablen $X \sim \mathcal{N}(\mu, \sigma^2)$ der Tail Value at Risk explizit berechnet werden. Er ist in diesem Fall durch den Zusammenhang

$$\mathrm{TVaR}_\alpha(X) = -\mu + \sigma\,\frac{\phi_{0,1}(\Phi_{0,1}^{-1}(\alpha))}{\alpha}$$

gegeben, wobei $\Phi_{0,1}$ wie üblich die Verteilungsfunktion der Standardnormalverteilung bezeichnet und $\phi_{0,1}$ die zugehörige Dichte ist. $\square$

An Beispiel 7.19 sehen wir, dass die bedingte Erwartung also eine echte Verallgemeinerung des gewöhnlichen Erwartungswerts ist, denn für $\mathcal{G} = \{\emptyset, \Omega\}$ entspricht die bedingte Erwartung genau dem Erwartungswert. Für eine beliebige σ-Algebra $\mathcal{G}$ ist es lediglich wesentlich diffiziler die bedingte Erwartung explizit zu berechnen. Für unsere Anwendung ist es essentiell, dass auch auf Zufallsvariablen bedingt werden kann.

Definition 7.21: Bedingter Erwartungswert bezüglich Zufallsvariable

Es sei $(\Omega, \mathcal{M}, P)$ ein Wahrscheinlichkeitsraum und $X : \Omega \to \mathbb{R}$ eine Zufallsvariable, deren Erwartungswert existiert. Für eine weitere Zufallsvariable $Y : \Omega \to \mathbb{R}$ definieren wir die **Erwartung von X bedingt auf Y** durch

$$E[X|Y] := E[X|\sigma(Y)],$$

wobei $\sigma(Y)$ die kleinste σ-Algebra ist, die alle Mengen der Form $Y^{-1}(B)$ für $B \in \mathcal{B}(\mathbb{R})$ enthält.

Wir wollen nun die bedingte Erwartung für diskrete Zufallsvariable X, Y berechnen und nachweisen, dass diese mit Definition 6.10 übereinstimmt.

Beispiel 7.22 Es seien X, Y diskrete Zufallsvariablen. Die σ-Algebra $\sigma(Y)$ wird dann von den Mengen $Y^{-1}(y_i) = \{Y = y_i\}$ für alle Realisierungsmöglichkeiten y_i von Y erzeugt. Andererseits ist $E[X|Y]$ wie in Definition 6.10 eine messbare Zufallsvariable und es gilt

$$\int_{Y=y_i} X \, dP \overset{\text{Def. 6.10}}{=} E[X|Y = y_i] = E[X|Y = y_i] \cdot 1 = \int_{Y=y_i} E[X|Y = y_i] dP.$$

Ganz ähnlich lässt sich nun eine auf eine σ-Algebra bedingte Wahrscheinlichkeit definieren.

Definition 7.23: Bedingte Erwartungswert bezüglich σ-Algebra

Es sei $(\Omega, \mathcal{M}, P)$ ein Wahrscheinlichkeitsraum. Die bedingte Wahrscheinlichkeit eines Ereignisses $A \in \mathcal{M}$ gegeben eine σ-Algebra $\mathcal{G} \subseteq \mathcal{F}$ ist gegeben durch

$$P(A|\mathcal{G}) := E[\mathbb{1}_A|\mathcal{G}],$$

wobei $\mathbb{1}_A$ die Funktion

$$\mathbb{1}_A(x) = \begin{cases} 1 & \text{für } x \in A \\ 0 & \text{für } x \notin A \end{cases}$$

ist.

Wie in Beispiel 7.19 stimmt für die triviale σ-Algebra $\mathcal{G} = \{\emptyset, \Omega\}$ die auf $\mathcal{G}$ bedingte Wahrscheinlichkeit mit der gewöhnlichen Wahrscheinlichkeit überein.

Beim nochmaligen genauen Durcharbeiten von Kap. 6 kann festgestellt werden, dass die eigentliche Lücke in unserer Darstellung der Black-Scholes-Formel nicht die fehlende bedingte Erwartung ist, sondern, dass Martingale für stetige Zufallsvariablen zwar benutzt, jedoch gar nicht präzise erklärt wurden, was darunter zu verstehen ist. Dies wollen wir hier nachholen und damit Definition 6.13 vervollständigen.

Definition 7.24: Martingal

(i) **(Diskreter Fall)** Es seien $Y_1, Y_2, Y_3 \ldots$ sowie $X_1, X_2, X_3, \ldots$ zwei Folgen von (beliebigen) Zufallsvariablen. Die Folge X_i heißt dann Martingal bezüglich der Folge Y_j, falls $E[|X_n|] < \infty$ für alle $n \in \mathbb{N}$ ist und zusätzlich

$$E[X_{n+1}|Y_1, \ldots, Y_n] = X_n$$

gilt.

(ii) **(Stetiger Fall)** Ebenso heißt die Familie $(X_t)_{t \in \mathbb{R}_0^+}$ **Martingal bezüglich der Familie** $(Y_t)_{t \in \mathbb{R}_0^+}$, falls $E[|X_t|] < \infty$ für alle $t \in \mathbb{R}_0^+$ ist und

$$E[X_s|\{Y_\tau, \tau \leq s\}] = X_t$$

für alle $s > t$ gilt.

Bei der Bedingung auf mehrere Zufallsvariablen wird die Vereinigung der zugehörigen σ-Algebren verwendet. Die Idee hinter der verallgemeinerten Definition 7.24 eines Martingals bleibt dieselbe wie bisher: Der beste Tipp für die zukünftige Entwicklung eines zufälligen Prozesses, zum Beispiel des Kurses einer Aktie, ist der momentane Wert. Mit diesen Überlegungen sind die fehlenden Details in Abschn. 6.3 zur Brownschen Bewegung nunmehr vervollständigt.

7.3   Tabellierte Standardnormalverteilung

Diese Tabelle enthält die Werte der Verteilungsfunktion $\Phi_{0,1}(x)$ der Standardnormalverteilung. Zum Beispiel liest man ab $\Phi_{0,1}(-1,1077) = 0,134$.

Wkt	0,000	0,001	0,002	0,003	0,004	0,005	0,006	0,007	0,008	0,009
0,00	—	-3,0902	-2,8782	-2,7478	-2,6521	-2,5758	-2,5121	-2,4573	-2,4089	-2,3656
0,01	-2,3263	-2,2904	-2,2571	-2,2262	-2,1973	-2,1701	-2,1444	-2,1201	-2,0969	-2,0749
0,02	-2,0537	-2,0335	-2,0141	-1,9954	-1,9774	-1,9600	-1,9431	-1,9268	-1,9110	-1,8957
0,03	-1,8808	-1,8663	-1,8522	-1,8384	-1,8250	-1,8119	-1,7991	-1,7866	-1,7744	-1,7624
0,04	-1,7507	-1,7392	-1,7279	-1,7169	-1,7060	-1,6954	-1,6849	-1,6747	-1,6646	-1,6546
0,05	-1,6449	-1,6352	-1,6258	-1,6164	-1,6072	-1,5982	-1,5893	-1,5805	-1,5718	-1,5632
0,06	-1,5548	-1,5464	-1,5382	-1,5301	-1,5220	-1,5141	-1,5063	-1,4985	-1,4909	-1,4833
0,07	-1,4758	-1,4684	-1,4611	-1,4538	-1,4466	-1,4395	-1,4325	-1,4255	-1,4187	-1,4118
0,08	-1,4051	-1,3984	-1,3917	-1,3852	-1,3787	-1,3722	-1,3658	-1,3595	-1,3532	-1,3469
0,09	-1,3408	-1,3346	-1,3285	-1,3225	-1,3165	-1,3106	-1,3047	-1,2988	-1,2930	-1,2873
0,1	-1,2816	-1,2759	-1,2702	-1,2646	-1,2591	-1,2536	-1,2481	-1,2426	-1,2372	-1,2319

	0,000	0,001	0,002	0,003	0,004	0,005	0,006	0,007	0,008	0,009
0,11	-1,2265	-1,2212	-1,2160	-1,2107	-1,2055	-1,2004	-1,1952	-1,1901	-1,1850	-1,1800
0,12	-1,1750	-1,1700	-1,1650	-1,1601	-1,1552	-1,1503	-1,1455	-1,1407	-1,1359	-1,1311
0,13	-1,1264	-1,1217	-1,1170	-1,1123	-1,1077	-1,1031	-1,0985	-1,0939	-1,0893	-1,0848
0,14	-1,0803	-1,0758	-1,0714	-1,0669	-1,0625	-1,0581	-1,0537	-1,0494	-1,0450	-1,0407
0,15	-1,0364	-1,0322	-1,0279	-1,0237	-1,0194	-1,0152	-1,0110	-1,0069	-1,0027	-0,9986
0,16	-0,9945	-0,9904	-0,9863	-0,9822	-0,9782	-0,9741	-0,9701	-0,9661	-0,9621	-0,9581
0,17	-0,9542	-0,9502	-0,9463	-0,9424	-0,9385	-0,9346	-0,9307	-0,9269	-0,9230	-0,9192
0,18	-0,9154	-0,9116	-0,9078	-0,9040	-0,9002	-0,8965	-0,8927	-0,8890	-0,8853	-0,8816
0,19	-0,8779	-0,8742	-0,8705	-0,8669	-0,8633	-0,8596	-0,8560	-0,8524	-0,8488	-0,8452
0,2	-0,8416	-0,8381	-0,8345	-0,8310	-0,8274	-0,8239	-0,8204	-0,8169	-0,8134	-0,8099

	0,000	0,001	0,002	0,003	0,004	0,005	0,006	0,007	0,008	0,009
0,21	-0,8064	-0,8030	-0,7995	-0,7961	-0,7926	-0,7892	-0,7858	-0,7824	-0,7790	-0,7756
0,22	-0,7722	-0,7688	-0,7655	-0,7621	-0,7588	-0,7554	-0,7521	-0,7488	-0,7454	-0,7421
0,23	-0,7388	-0,7356	-0,7323	-0,7290	-0,7257	-0,7225	-0,7192	-0,7160	-0,7128	-0,7095
0,24	-0,7063	-0,7031	-0,6999	-0,6967	-0,6935	-0,6903	-0,6871	-0,6840	-0,6808	-0,6776
0,25	-0,6745	-0,6713	-0,6682	-0,6651	-0,6620	-0,6588	-0,6557	-0,6526	-0,6495	-0,6464
0,26	-0,6433	-0,6403	-0,6372	-0,6341	-0,6311	-0,6280	-0,6250	-0,6219	-0,6189	-0,6158
0,27	-0,6128	-0,6098	-0,6068	-0,6038	-0,6008	-0,5978	-0,5948	-0,5918	-0,5888	-0,5858
0,28	-0,5828	-0,5799	-0,5769	-0,5740	-0,5710	-0,5681	-0,5651	-0,5622	-0,5592	-0,5563
0,29	-0,5534	-0,5505	-0,5476	-0,5446	-0,5417	-0,5388	-0,5359	-0,5330	-0,5302	-0,5273
0,3	-0,5244	-0,5215	-0,5187	-0,5158	-0,5129	-0,5101	-0,5072	-0,5044	-0,5015	-0,4987

Wkt	0,000	0,001	0,002	0,003	0,004	0,005	0,006	0,007	0,008	0,009
0,31	-0,4959	-0,4930	-0,4902	-0,4874	-0,4845	-0,4817	-0,4789	-0,4761	-0,4733	-0,4705
0,32	-0,4677	-0,4649	-0,4621	-0,4593	-0,4565	-0,4538	-0,4510	-0,4482	-0,4454	-0,4427
0,33	-0,4399	-0,4372	-0,4344	-0,4316	-0,4289	-0,4261	-0,4234	-0,4207	-0,4179	-0,4152
0,34	-0,4125	-0,4097	-0,4070	-0,4043	-0,4016	-0,3989	-0,3961	-0,3934	-0,3907	-0,3880
0,35	-0,3853	-0,3826	-0,3799	-0,3772	-0,3745	-0,3719	-0,3692	-0,3665	-0,3638	-0,3611
0,36	-0,3585	-0,3558	-0,3531	-0,3505	-0,3478	-0,3451	-0,3425	-0,3398	-0,3372	-0,3345
0,37	-0,3319	-0,3292	-0,3266	-0,3239	-0,3213	-0,3186	-0,3160	-0,3134	-0,3107	-0,3081
0,38	-0,3055	-0,3029	-0,3002	-0,2976	-0,2950	-0,2924	-0,2898	-0,2871	-0,2845	-0,2819
0,39	-0,2793	-0,2767	-0,2741	-0,2715	-0,2689	-0,2663	-0,2637	-0,2611	-0,2585	-0,2559
0,4	-0,2533	-0,2508	-0,2482	-0,2456	-0,2430	-0,2404	-0,2378	-0,2353	-0,2327	-0,2301

	0,000	0,001	0,002	0,003	0,004	0,005	0,006	0,007	0,008	0,009
0,41	-0,2275	-0,2250	-0,2224	-0,2198	-0,2173	-0,2147	-0,2121	-0,2096	-0,2070	-0,2045
0,42	-0,2019	-0,1993	-0,1968	-0,1942	-0,1917	-0,1891	-0,1866	-0,1840	-0,1815	-0,1789
0,43	-0,1764	-0,1738	-0,1713	-0,1687	-0,1662	-0,1637	-0,1611	-0,1586	-0,1560	-0,1535
0,44	-0,1510	-0,1484	-0,1459	-0,1434	-0,1408	-0,1383	-0,1358	-0,1332	-0,1307	-0,1282
0,45	-0,1257	-0,1231	-0,1206	-0,1181	-0,1156	-0,1130	-0,1105	-0,1080	-0,1055	-0,1030
0,46	-0,1004	-0,0979	-0,0954	-0,0929	-0,0904	-0,0878	-0,0853	-0,0828	-0,0803	-0,0778
0,47	-0,0753	-0,0728	-0,0702	-0,0677	-0,0652	-0,0627	-0,0602	-0,0577	-0,0552	-0,0527
0,48	-0,0502	-0,0476	-0,0451	-0,0426	-0,0401	-0,0376	-0,0351	-0,0326	-0,0301	-0,0276
0,49	-0,0251	-0,0226	-0,0201	-0,0175	-0,0150	-0,0125	-0,0100	-0,0075	-0,0050	-0,0025
0,5	0,0000	0,0025	0,0050	0,0075	0,0100	0,0125	0,0150	0,0175	0,0201	0,0226

	0,000	0,001	0,002	0,003	0,004	0,005	0,006	0,007	0,008	0,009
0,51	0,0251	0,0276	0,0301	0,0326	0,0351	0,0376	0,0401	0,0426	0,0451	0,0476
0,52	0,0502	0,0527	0,0552	0,0577	0,0602	0,0627	0,0652	0,0677	0,0702	0,0728
0,53	0,0753	0,0778	0,0803	0,0828	0,0853	0,0878	0,0904	0,0929	0,0954	0,0979
0,54	0,1004	0,1030	0,1055	0,1080	0,1105	0,1130	0,1156	0,1181	0,1206	0,1231
0,55	0,1257	0,1282	0,1307	0,1332	0,1358	0,1383	0,1408	0,1434	0,1459	0,1484
0,56	0,1510	0,1535	0,1560	0,1586	0,1611	0,1637	0,1662	0,1687	0,1713	0,1738
0,57	0,1764	0,1789	0,1815	0,1840	0,1866	0,1891	0,1917	0,1942	0,1968	0,1993
0,58	0,2019	0,2045	0,2070	0,2096	0,2121	0,2147	0,2173	0,2198	0,2224	0,2250
0,59	0,2275	0,2301	0,2327	0,2353	0,2378	0,2404	0,2430	0,2456	0,2482	0,2508
0,6	0,2533	0,2559	0,2585	0,2611	0,2637	0,2663	0,2689	0,2715	0,2741	0,2767

	0,000	0,001	0,002	0,003	0,004	0,005	0,006	0,007	0,008	0,009
0,61	0,2793	0,2819	0,2845	0,2871	0,2898	0,2924	0,2950	0,2976	0,3002	0,3029
0,62	0,3055	0,3081	0,3107	0,3134	0,3160	0,3186	0,3213	0,3239	0,3266	0,3292
0,63	0,3319	0,3345	0,3372	0,3398	0,3425	0,3451	0,3478	0,3505	0,3531	0,3558
0,64	0,3585	0,3611	0,3638	0,3665	0,3692	0,3719	0,3745	0,3772	0,3799	0,3826
0,65	0,3853	0,3880	0,3907	0,3934	0,3961	0,3989	0,4016	0,4043	0,4070	0,4097
0,66	0,4125	0,4152	0,4179	0,4207	0,4234	0,4261	0,4289	0,4316	0,4344	0,4372
0,67	0,4399	0,4427	0,4454	0,4482	0,4510	0,4538	0,4565	0,4593	0,4621	0,4649
0,68	0,4677	0,4705	0,4733	0,4761	0,4789	0,4817	0,4845	0,4874	0,4902	0,4930
0,69	0,4959	0,4987	0,5015	0,5044	0,5072	0,5101	0,5129	0,5158	0,5187	0,5215
0,7	0,5244	0,5273	0,5302	0,5330	0,5359	0,5388	0,5417	0,5446	0,5476	0,5505

Wkt	0,000	0,001	0,002	0,003	0,004	0,005	0,006	0,007	0,008	0,009
0,71	0,5534	0,5563	0,5592	0,5622	0,5651	0,5681	0,5710	0,5740	0,5769	0,5799
0,72	0,5828	0,5858	0,5888	0,5918	0,5948	0,5978	0,6008	0,6038	0,6068	0,6098
0,73	0,6128	0,6158	0,6189	0,6219	0,6250	0,6280	0,6311	0,6341	0,6372	0,6403
0,74	0,6433	0,6464	0,6495	0,6526	0,6557	0,6588	0,6620	0,6651	0,6682	0,6713
0,75	0,6745	0,6776	0,6808	0,6840	0,6871	0,6903	0,6935	0,6967	0,6999	0,7031
0,76	0,7063	0,7095	0,7128	0,7160	0,7192	0,7225	0,7257	0,7290	0,7323	0,7356
0,77	0,7388	0,7421	0,7454	0,7488	0,7521	0,7554	0,7588	0,7621	0,7655	0,7688
0,78	0,7722	0,7756	0,7790	0,7824	0,7858	0,7892	0,7926	0,7961	0,7995	0,8030
0,79	0,8064	0,8099	0,8134	0,8169	0,8204	0,8239	0,8274	0,8310	0,8345	0,8381
0,8	0,8416	0,8452	0,8488	0,8524	0,8560	0,8596	0,8633	0,8669	0,8705	0,8742

	0,000	0,001	0,002	0,003	0,004	0,005	0,006	0,007	0,008	0,009
0,81	0,8779	0,8816	0,8853	0,8890	0,8927	0,8965	0,9002	0,9040	0,9078	0,9116
0,82	0,9154	0,9192	0,9230	0,9269	0,9307	0,9346	0,9385	0,9424	0,9463	0,9502
0,83	0,9542	0,9581	0,9621	0,9661	0,9701	0,9741	0,9782	0,9822	0,9863	0,9904
0,84	0,9945	0,9986	1,0027	1,0069	1,0110	1,0152	1,0194	1,0237	1,0279	1,0322
0,85	1,0364	1,0407	1,0450	1,0494	1,0537	1,0581	1,0625	1,0669	1,0714	1,0758
0,86	1,0803	1,0848	1,0893	1,0939	1,0985	1,1031	1,1077	1,1123	1,1170	1,1217
0,87	1,1264	1,1311	1,1359	1,1407	1,1455	1,1503	1,1552	1,1601	1,1650	1,1700
0,88	1,1750	1,1800	1,1850	1,1901	1,1952	1,2004	1,2055	1,2107	1,2160	1,2212
0,89	1,2265	1,2319	1,2372	1,2426	1,2481	1,2536	1,2591	1,2646	1,2702	1,2759
0,9	1,2816	1,2873	1,2930	1,2988	1,3047	1,3106	1,3165	1,3225	1,3285	1,3346

	0,000	0,001	0,002	0,003	0,004	0,005	0,006	0,007	0,008	0,009
0,91	1,3408	1,3469	1,3532	1,3595	1,3658	1,3722	1,3787	1,3852	1,3917	1,3984
0,92	1,4051	1,4118	1,4187	1,4255	1,4325	1,4395	1,4466	1,4538	1,4611	1,4684
0,93	1,4758	1,4833	1,4909	1,4985	1,5063	1,5141	1,5220	1,5301	1,5382	1,5464
0,94	1,5548	1,5632	1,5718	1,5805	1,5893	1,5982	1,6072	1,6164	1,6258	1,6352
0,95	1,6449	1,6546	1,6646	1,6747	1,6849	1,6954	1,7060	1,7169	1,7279	1,7392
0,96	1,7507	1,7624	1,7744	1,7866	1,7991	1,8119	1,8250	1,8384	1,8522	1,8663
0,97	1,8808	1,8957	1,9110	1,9268	1,9431	1,9600	1,9774	1,9954	2,0141	2,0335
0,98	2,0537	2,0749	2,0969	2,1201	2,1444	2,1701	2,1973	2,2262	2,2571	2,2904
0,99	2,3263	2,3656	2,4089	2,4573	2,5121	2,5758	2,6521	2,7478	2,8782	3,0902

7.4   Grundlagen der Differentialrechnung

Zum Abschluss des Anhangs wollen wir noch die Grundlagen der Differentialrechnung bis
hin zum Satz von Taylor und der mehrdimensionalen Optimierung unter Nebenbedingungen nach Lagrange entwickeln. Als weiterführende Referenzen empfehlen wir [SH16] und
für eine mathematisch sehr präzise Darstellung wiederum [HW17]. Einige der hier präsentierten Beispiel stammen außerdem aus [WB19]. Zunächst erinnern wir an den Begriff der
Ableitung.

Definition 7.25: Ableitung
Gegeben sei eine Funktion $f : \mathbb{R} \to \mathbb{R}$. Die Ableitung dieser Funktion an der Stelle
x_0 wird mit $f'(x_0)$ bezeichnet und ist gegeben durch

$$f'(x_0) = \lim_{h \to 0} \frac{f(x_0 + h) - f(x_0)}{h},$$

sofern der Grenzwert existiert. Eine Funktion heiß **differenzierbar,** falls ihre Ableitung existiert.

Geometrisch interpretiert, gibt die Ableitung $f'(x_0)$ einer (differenzierbaren) Funktion $f :$
$\mathbb{R} \to \mathbb{R}$ die Steigung der Tangente an die Funktion im Punkt x_0 an.

Beispiel 7.26 Die Ableitung einer linearen Funktion $f(x) = m \cdot x + t$ kann direkt mithilfe
von Definition 7.25 berechnet werden. Es gilt

$$\lim_{h \to 0} \frac{f(x_0 + h) - f(x_0)}{h} = \lim_{h \to 0} \frac{m \cdot (x_0 + h) + t - (m \cdot x_0 + t)}{h}$$

$$= \lim_{h \to 0} \frac{m \cdot h}{h} = \lim_{h \to 0} m = m.$$

Immer die Definition der Ableitung nachzurechnen, wäre sehr mühsam, weshalb umfassende
Tabellen existieren, in denen für große Klassen von Funktionen die Ableitungen verzeichnet
sind, siehe zum Beispiel [Bro08]. Damit auch wir diese benutzen können, halten wir Beispiele fest. Für einige der uns bekannten elementaren Funktionen ergeben sich die folgenden
Ableitungen:
    Die Ableitungsregel $(x^n)' = n \cdot x^{n-1}$ ist auch als **Potenzregel** bekannt. Um darüber hin-
aus auch die Ableitungen komplizierterer beziehungsweise zusammengesetzter Funktionen
berechnen zu können, sind einige weitere Rechenregeln nötig, die wir hier gesammelt zusammenstellen.

$f(x)$	$f'(x)$
$c \in \mathbb{R}$	0
$x^n, n \in \mathbb{R} \setminus \{0\}$	$n \cdot x^{n-1}$
e^x	e^x
$a^x, a > 0$	$a^x \cdot \ln(a)$
$\ln(x), x > 0$	$\frac{1}{x}$

Satz 7.27: Ableitungsregeln

Es gelten beim Ableiten die folgenden Regeln für $g(x) \neq 0$:

	$f(x)$	$f'(x)$
Summenregel	$f(x) \pm g(x)$	$f'(x) \pm g'(x)$
Produktregel	$f(x) \cdot g(x)$	$f'(x) \cdot g(x) + f(x) \cdot g'(x)$
Quotientenregel	$\frac{f(x)}{g(x)}$	$\frac{f'(x) \cdot g(x) - f(x) \cdot g'(x)}{g(x)^2}$

Beispiel 7.28 (Ableitungen)

(i) Für $f(x) = x^3 + 3x^2 + 5$ ergibt die Summenregel

$$f'(x) = 3x^2 + 6x.$$

(ii) Es sei $f(x) = x \cdot \ln(x)$ für $x > 0$. Dann ist laut der Produktregel

$$f'(x) = \underbrace{1}_{f'(x)} \cdot \underbrace{\ln(x)}_{g(x)} + \underbrace{x}_{f(x)} \cdot \underbrace{\frac{1}{x}}_{g'(x)} = \ln(x) + 1.$$

(iii) Es sei $f(x) = \frac{x^2 + 2x + 4}{x + 5}$. Wir berechnen mit der Quotientenregel

$$f'(x) = \frac{(2x + 2)(x + 5) - (x^2 + 2x + 4)}{(x + 5)^2} = \frac{2x^2 + 10x + 2x + 10 - x^2 - 2x - 4}{(x + 5)^2}$$

$$= \frac{x^2 + 10x + 6}{(x + 5)^2}.$$

Eine besondere Rolle unter den Ableitungsregeln spielt schließlich die sogenannte Kettenregel. Sie kommt bei verketteten Funktionen zum Einsatz. Einerseits vereinfacht sie Rechnungen oft erheblich, wie zum Beispiel bei der Funktion $h(x) = (x^2 - 1)^3$, deren Ableitung wir auch durch Auflösen der Klammer berechnen könnten. Andererseits ist ohne die Kettenregel eine einfache Berechnung der Ableitung häufig nahezu unmöglich, wie das Beispiel $h(x) = e^{x^3}$, das unter Verwendung der Kettenregel nicht mehr sonderlich kompliziert ist.

> **Satz 7.29: Kettenregel**
>
> Es seien U und V offene Intervalle und die Funktionen $f : U \to \mathbb{R}$ und $g : V \to \mathbb{R}$ mit $g(V) \subset U$ gegeben. Ferner sei g in $x \in V$ differenzierbar und f sei in $z = g(x) \in U$ differenzierbar. Dann ist $h = f \circ g : V \to \mathbb{R}$ in x differenzierbar und es gilt
>
> $$h'(x) = (f \circ g)'(x) = f'(g(x)) \cdot g'(x).$$

Beispiel 7.30 (Kettenregel)

(i) Bei der praktischen Berechnung der Funktion $h(x) = (x^2 - 1)^3$ würden wir als erstes $x^2 - 1$ rechnen und dann das Ergebnis hoch 3 nehmen. Dies bedeutet, dass die innere Funktion $g(x) = x^2 - 1$ und die äußere Funktion $f(y) = y^3$ ist. Die Ableitungen sind jeweils $g'(x) = 2x$ und $f'(y) = 3y^2$. Einsetzen in die Kettenregel ergibt dann

$$h'(x) = f'(g(x)) \cdot g'(x) = 3(x^2 - 1)^2 \cdot 2x.$$

(ii) Ganz ähnlich überlegt man sich für die Funktion $h(x) = e^{x^3}$, dass die innere Funktion $g(x) = x^3$ und die äußere Funktion $f(y) = e^y$ ist. Die Ableitungen bestimmen sich als $g'(x) = 3x^2$ und $f'(y) = e^y$. Somit erhalten wir insgesamt

$$h'(x) = f'(g(x)) \cdot g'(x) = e^{x^3} \cdot 3x^2.$$

Taylor-Entwicklung

Kommen wir nun zu der ersten der beiden Anwendungen der Differentialrechnung, die im Verlauf des Buches von besonderer Relevanz ist, nämlich der Taylor-Entwicklung. Aus der Schulmathematik ist der Sinus $\sin(x)$ eines Winkels x (im Bogenmaß) als Verhältnis von Gegenkathete zur Hypotenuse im rechtwinkligen Dreieck bekannt. Für dessen Berechnung wird meist der Taschenrechner eingesetzt, für kleine Winkel wird jedoch – vor allem in der Physik – gelegentlich auch die Näherung $\sin(x) \approx x$ verwendet. Die mathematische Rechtfertigung für dieses Vorgehen liefert der sogenannte Satz von Taylor. In diesem Buch begegnet uns der Satz von Taylor bei der Duration, Abschn. 3.4, sowie der Konvexität,

Abschn. 3.6, wo wir die Preisveränderung eines Bonds aufgrund von Änderung des Zinsniveaus näherungsweise berechnen. Als Erstes formulieren wir jetzt das zugehörige Ergebnis bevor wir in einigen Beispielen dessen Anwendung genauer erklären.

Satz 7.31: Satz von Taylor

Es sei U ein offenes Intervall $f : U \to \mathbb{R}$ eine in $x_0 \in U$ definierte Funktion, die an der Stelle x_0 mindestens n-mal differenzierbar ist. Dann heißt

$$T_{x_0}^n f(t) = \sum_{t=0}^{n} \frac{f^{(k)}(x_0)}{k!} t^k$$

das n-te **Taylor-Polynom** von f an der Stelle x_0. Falls f eine $(n+1)$-mal differenzierbare Funktion ist und $x, x_0 \in U$ sind, dann gilt

$$f(x) = T_{x_0}^n f(x - x_0) + R_n(x)$$

mit $R_n(x) = \frac{1}{n!} \int_{x_0}^{x} (x - t)^n \cdot f^{(n+1)}(t) \mathrm{d}t.$

Der Satz besagt also, dass jede n mal differenzierbare Funktion durch das Taylor-Polynom genähert werden kann. Das Restglied wiederum ermöglicht eine explizite Abschätzung der Differenz der Funktion $f(x)$ und ihrem Taylor-Polynom, das heißt des Fehlers, der durch die Approximation entsteht. Die Bedeutung liegt nun darin, dass bei Kenntnis von Funktionswerten und Ableitungsfunktionswerten an einer Stelle die Funktion bis auf ein Restglied durch das Taylor-Polynom approximiert werden kann. In der finanzmathematischen Anwendung kann beispielsweise die Preis-Absatz-Funktion durch das Taylor-Polynom approximiert werden, wenn der Preis für eine Ausbringungsmenge x_0 und die Grenzkosten bekannt ist. Für weitere mathematische Details zu Taylor-Polynomen verweisen wir abermals auf [HW17]. Kommen wir nun zu zwei Beispielen.

Beispiel 7.32 (Taylor-Polynome)

(i) Wir betrachten als Erstes die Funktion $f(x) = x^2$ und berechnen das nullte, erste und zweite Taylor-Polynom an der Stelle $x_0 = 1$. Bekanntermaßen gilt $f'(x) = 2x$, $f''(x) = 2$ und $f'''(x) = 0$. Hieraus ergeben sich die Werte $f(1) = 1$, $f'(1) = 2$, $f''(1) = 2$ und $f'''(1) = 0$. Somit erhalten wir

$$T_1^0 f(x - 1) = \frac{1}{0!} \cdot (x - 1)^0 = 1$$

$$T_1^1 f(x - 1) = \frac{1}{0!} \cdot (x - 1)^0 + \frac{2}{1!} \cdot (x - 1)^1 = 1 + 2x - 2 = 2x - 1$$

$$T_1^2 f(x - 1) = \frac{1}{0!} \cdot (x - 1)^0 + \frac{2}{1!} \cdot (x - 1)^1 + \frac{2}{2!} \cdot (x - 1)^2$$

$$= 1 + 2x - 2 + x^2 - 2x + 1 = x^2$$

Wir sehen also, dass $f(x)$ mit seinem zweiten Taylor-Polynom übereinstimmt. Dies lässt sich auch anhand des Restglieds verifizieren,[1] weil

$$R_n(x) = \frac{1}{3!} \int_{x_0}^x (x - t)^2 f'''(t) \mathrm{d}t = \frac{1}{3!} \int_{x_0}^x (x - t)^2 \cdot 0 \, \mathrm{d}t = \int_{x_0}^x 0 \mathrm{d}t = 0$$

ist. Allgemein wird jedes Polynom vom Grad n unabhängig vom Entwicklungspunkt x_0 durch sein n-tes Taylor-Polynom dargestellt, weil die $(n+1)$-te Ableitung verschwindet.

(ii) Die eingangs erwähnte Funktion $f(x) = \sin(x)$ besitzt die Ableitung $f'(x) = \cos(x)$ und die zweite Ableitung $f''(x) = -\sin(x)$. Wir berechnen nun das zweite Taylor-Polynom des Sinus an der Stelle $x_0 = 0$. Wegen $\sin(0) = 0$ und $\cos(0) = 1$ erhalten wir

$$f(x) \approx T_0^2 f(x - 0) \frac{0}{0!} \cdot (x - 0)^0 + \frac{1}{1!} \cdot (x - 0) + \frac{0}{2!} \cdot (x - 0)^2 = x,$$

also die in der Physik häufig verwendete Näherung. Das Restglied ist wegen der Integration über den Ausdruck $(x - t)^2$ in $R_n(x)$ von der Größenordnung $\frac{x^3}{3!}$. Dieser Ausdruck ist für kleine x nahe an 0 sehr klein, was uns einen Hinweis auf die hohe Güte der Approximation für kleine Winkel liefert. □

Optimierung unter Nebenbedingungen

Als zweite wichtige Anwendung der Differentialrechnung präsentieren wir hier noch die Maximierung einer unbeschränkten Zielfunktion unter Nebenbedingungen. Hierzu wird die Methode der Lagrange-Multiplikatoren verwendet. Bevor wir diese im Detail erklären, benötigen wir zunächst noch den Begriff der partiellen Ableitung.

---

[1] Die Grundlagen der Integrationsrechnung stellen wir hier nicht da, weil sie im weiteren Verlauf nicht von Bedeutung für uns sind, sondern verweisen auf [SH16].

Definition 7.33: Partielle Ableitung

Es sei $f : \mathbb{R}^n \to \mathbb{R}$ eine stetige Funktion. Dann heißt

$$f_{x_i}(x_1, \ldots, x_n) := \frac{\partial f(x_1, x_2, \ldots, x_n)}{\partial x_i}$$

$$:= \lim_{h \to 0} \frac{f(x_1, x_2, \ldots, x_{i-1}, x_i + h, x_{i+1}, \ldots, x_n) - f(x_1, x_2, \ldots, x_n)}{h}$$

die **partielle Ableitung von f nach x_i**, falls der Grenzwert existiert.

Bei der Bildung der partiellen Ableitung werden also alle außer einer ausgezeichneten Variable als Konstanten angesehen und die Ableitung bezüglich dieser einzigen Variablen wird analog zum eindimensionalen Fall gebildet. Entsprechend übertragen sich alle Ableitungsregeln aus Satz 7.27.

Beispiel 7.34 (Partielle Ableitungen)

(i) Es sei

$$f(x_1, x_2) = x_1^3 \cdot x_2 + x_1^2 \cdot x_2^2 + x_1 + x_2^2.$$

Wenn die beiden partiellen Ableitungen nach x_1 und x_2 an der Stelle (5,5) bestimmt werden sollen, gilt nach der Summenregel

$$\frac{\partial f(x_1, x_2)}{\partial x_1} = 3x_1^2 \cdot x_2 + 2x_1 \cdot x_2^2 + 1 \quad \Rightarrow f_{x_1}(5, 5) = 626,$$

$$\frac{\partial f(x_1, x_2)}{\partial x_2} = x_1^3 + 2x_1^2 \cdot x_2 + 2x_2 \quad \Rightarrow f_{x_2}(5, 5) = 385.$$

(ii) Für

$$f(x_1, x_2) = \frac{x_1 \cdot x_2}{x_1^2 + x_2^2}$$

benutzen wir die Quotientenregel, um

$$\frac{\partial f(x_1, x_2)}{\partial x_1} = \frac{x_2 \cdot (x_1^2 + x_2^2) - x_1 \cdot x_2 \cdot 2x_1}{(x_1^2 + x_2^2)^2} = \frac{x_2^3 - x_1^2 \cdot x_2}{(x_1^2 + x_2^2)^2},$$

$$\frac{\partial f(x_1, x_2)}{\partial x_2} = \frac{x_1 \cdot (x_1^2 + x_2^2) - x_1 \cdot x_2 \cdot 2x_2}{(x_1^2 + x_2^2)^2} = \frac{x_1^3 - x_2^2 \cdot x_1}{(x_1^2 + x_2^2)^2}.$$

zu erschließen. $\square$

Besitzt eine mehrdimensionale, nach allen Variablen partiell differenzierbare Funktion f : $\mathbb{R}^n \to \mathbb{R}$ an einer Stelle x^* ein Minimum beziehungsweise Maximum, so sind alle partiellen Ableitungen an dieser Stelle gleich 0. Sind umgekehrt alle partiellen Ableitungen an der Stelle x^* gleich 0, dann heißt x^* ein kritische Stelle von f. Man beachte, dass eine kritische Stelle noch nicht notwendigerweise ein Minimum beziehungsweise Maximum ist wie das folgende Beispiel zeigt.

Beispiel 7.35 (Kritische Stelle) Die Funktion $f(x_1, x_2) = x_1^2 - x_2^2$ besitzt die partiellen Ableitungen

$$\frac{\partial f}{\partial x_1}(x_1, x_2) = 2x_1,$$
$$\frac{\partial f}{\partial x_2}(x_1, x_2) = 2x_2$$

und somit an der Stelle $(0, 0)$ eine kritische Stelle. Es handelt sich dabei jedoch weder um ein Minimum noch ein Maximum, denn in der unmittelbaren Umgebung von $(0, 0)$ befinden sich sowohl Punkte $(x_1, 0)$ mit $f(x_1, 0) > 0$ als auch Punkte $(0, x_2)$ mit $f(0, x_2) < 0$. □

Damit kommen wir jetzt zur Beschreibung des Problems, das mit dem Lagrange-Ansatz gelöst werden kann. Gegeben sei eine Zielfunktion $f : \mathbb{R}^n \to \mathbb{R}$, die unter m Nebenbedingungen $g_i(x_1, \ldots, x_n) = c_i$ für $i = 1, \ldots, m$ maximiert (beziehungsweise minimiert) werden soll. Als Funktion f kann man sich beispielsweise die Produktionsfunktion eines Unternehmens vorstellen und die Bedingungen $g_i(x_1, \ldots, x_n)$ beschreiben dann Budget-Restriktionen.

Beispiel 7.36 (Optimierung unter Nebenbedingungen) In einem Unternehmen hängt die Produktion nur von den Faktoren Kapital x und Arbeit y ab. Eine Einheit Kapital kostet 2 Geldeinheiten und eine Einheit Arbeit kostet 5 Geldeinheiten. Insgesamt stehen dem Unternehmen 100 Geldeinheiten zur Verfügung. Das Unternehmen produziert Output gemäß der Funktion

$$f(x_1, x_2) = 120x_1 \cdot x_2.$$

Das Unternehmen möchte seinen Output, das heißt die Funktion $f(x, y)$ maximieren. Die Nebenbedingung, die sich als Budgetrestriktion ergibt, lautet in diesem Kontext

$$g(x_1, x_2) = 2x_1 + 5x_2 = 100.$$

In allgemeiner Schreibweise können wir das Optimierungsproblem formulieren als

$$\max\,(\min)\, f(x_1, \ldots, x_n)$$

unter den Bedingungen

$$g_1(x_1, \ldots, x_n) = c_1$$
$$\vdots = \vdots$$
$$g_m(x_1 \ldots, x_n) = c_m$$

Ein wichtiges Hilfsmittel ist nun die sogenannte Lagrange-Funktion.

Definition 7.37: Lagrange-Funktion
Die zum beschriebenen Optimierungsproblem zugehörige Lagrange-Funktion lautet:

$$\mathcal{L}(x_1, \ldots, x_n; \lambda_1, \ldots, \lambda_m) = f(x_1, \ldots, x_n) - \sum_{j=1}^{m} \lambda_i \cdot (g_i(x_1, \ldots, x_n) - c_i).$$

Die Lagrange-Funktion in Definition 7.39 ist eine Funktion in $n + m$ Variablen. Diese Schreibweise wird von Ökonomen genutzt, da auf diese Weise die partiellen Ableitungen bezüglich λ_i die Nebenbedingungen ergeben, die bereits gegeben sind. Für die ökonomische Deutung der Lagrange-Multiplikatoren sei auf [SH16] verwiesen.

Beispiel 7.38 (Fortsetzung von Beispiel 7.36, Lagrange-Funktion) Hier ist die Lagrange-Funktion

$$\mathcal{L}(x_1, x_2; \lambda_1) = 120x_1 \cdot x_2 - \lambda_1 \cdot (2x_1 + 5x_2 - 100).$$

Mithilfe der Lagrange-Funktion können notwendige Bedingungen für die Existenz eines Minimums beziehungsweise Maximums angegeben werden.

Satz 7.39: Methode des Lagrange-Multiplikators- notwendige Bedingungen
Erfüllt der Vektor $(x^*; \lambda^*) = (x_1^*, \ldots, x_n^*; \lambda_1^*, \ldots, \lambda_m^*) \in \mathbb{R}^{n+m}$ die $m + n$ Bedingungen erster Ordnung

$$\frac{\partial \mathcal{L}}{\partial x_i}(x^*; \lambda^*) = 0, \quad i = 1, \ldots, n,$$
$$\frac{\partial \mathcal{L}}{\partial \lambda_j}(x^*; \lambda^*) = 0, \quad j = 1, \ldots, m.$$

so ist $(x^*; \lambda^*) \in \mathbb{R}^{n+m}$ eine kritische Stelle der Lagrange-Funktion und gleichzeitig ist x^* eine kritische Stelle von f unter den gegebenen Nebenbedingungen.

Auch die Anwendung dieses Satzes erläutern wir anhand unseres Beispiels.

Beispiel 7.40 (Fortsetzung von Beispiel 7.36, Lagrange-Optimierung) Wir bestimmen die
partiellen Ableitungen der Lagrange-Funktion $\mathcal{L}$ und setzen diese gleich Null,

$$(I) \quad \frac{\partial \mathcal{L}}{\partial x_1}(x_1, x_2; \lambda_1) = 120x_2 - 2\lambda \overset{!}{=} 0,$$

$$(II) \quad \frac{\partial \mathcal{L}}{\partial x_2}(x_1, x_2; \lambda_1) = 120x_1 - 5\lambda \overset{!}{=} 0,$$

$$(III) \quad \frac{\partial \mathcal{L}}{\partial \lambda_1}(x_1, x_2; \lambda_1) = -(2x_1 + 5x_2 - 100) \overset{!}{=} 0$$

Dieses Gleichungssystem gilt es zu lösen. Als Erstes lösen wir (I) nach λ auf, um $\lambda = 60x_2$
zu erhalten und sehen anschließend mit (II), dass $\lambda = 24x_1$ ist. Mit anderen Worten ist
$24x_1 - 60x_2 = 0$. Zusammen mit (III) ergibt sich ein lineares Gleichungssystem, dessen
Lösung durch $x_1^* = 25$ und $x_2^* = 10$ gegeben ist. Schließlich ergibt sich $\lambda^* = 600$. □

Mindestens genauso anspruchsvoll ist es, für einen gegebenen kritischen Punkt, die hinrei-
chenden Bedingungen zu überprüfen, ob es sich hierbei um ein Minimum oder Maximum
handelt. Um dies zu tun, definieren wir vorab die **geränderte Hesse-Matrix** durch

$$\bar{H}(x; \lambda) = \bar{H}(x_1, \ldots, x_n; \lambda_1, \ldots \lambda_m) = \begin{pmatrix} 0 & \cdots & 0 & \frac{\partial g_1}{\partial x_1} & \cdots & \frac{\partial g_1}{\partial x_n} \\ \vdots & \ddots & \vdots & \vdots & \ddots & \vdots \\ 0 & \cdots & 0 & \frac{\partial g_m}{\partial x_1} & \cdots & \frac{\partial g_m}{\partial x_n} \\ \frac{\partial g_1}{\partial x_1} & \cdots & \frac{\partial g_m}{\partial x_1} & \mathcal{L}_{x_1,x_1} & \cdots & \mathcal{L}_{x_1,x_n} \\ \vdots & \ddots & \vdots & \vdots & \ddots & \vdots \\ \frac{\partial g_1}{\partial x_n} & \cdots & \frac{\partial g_m}{\partial x_n} & \mathcal{L}_{x_n,x_1} & \cdots & \mathcal{L}_{x_n,x_n} \end{pmatrix}.$$

Hierbei bezeichnet ein doppelter Index unten die zweite partielle Ableitung, also beispielsweise wird bei $\mathcal{L}_{x_1,x_n}$ zuerst nach x_1 partiell abgeleitet und anschließend nach x_n. Außerdem
bezeichnen wir mit $B_r(x; \lambda)$ den $(m + r)$-ten führenden **Hauptminor** von $\bar{H}(x; \lambda)$. Wir
erinnern, dass der k-te führende Hauptminor einer $n \times n$-Matrix A die Determinante (siehe
zum Beispiel [Fis13]) der Matrix ist, die durch Streichen der $(k + 1)$-ten bis n-ten Zeilen
und Spalten von A entsteht.

Beispiel 7.41 (Fortsetzung von Beispiel 7.36, Hauptminoren) Die Lagrange-Funktion lautet

$$\mathcal{L}(x_1, x_2; \lambda_1) = 120x_1 \cdot x_2 - \lambda_1 \cdot (2x_1 + 5x_2 - 100).$$

Damit ergibt sich geränderte Hesse-Matrix

$$\bar{H}(x_1, x_2; \lambda_1) = \begin{pmatrix} 0 & 2 & 5 \\ 2 & 0 & 120 \\ 5 & 120 & 0 \end{pmatrix}.$$

Daraus berechnen sich die führenden Hauptminoren A_1, A_2, A_3 als

$$A_1 = \det(0) = 0,$$

$$A_2 = \det \begin{pmatrix} 0 & 2 \\ 2 & 0 \end{pmatrix} = -4,$$

$$A_3 = \det \begin{pmatrix} 0 & 2 & 5 \\ 2 & 0 & 120 \\ 5 & 120 & 0 \end{pmatrix} = 2.400.$$

Mit der gerade eingeführten Notation ergibt sich daraus $B_1(25, 10; 600) = 2.400$. $\quad\square$

Man beachte, dass im Gegensatz zu Beispiel 7.41 die Ausdrücke $B_r(x; \lambda)$ im allgemeinen von x und λ abhängen. Mit dieser umfangreichen Vorarbeit können abschließend auch hinreichende Kriterien für die Existenz eines Minimums beziehungsweise Maximums unter Nebenbedingungen aufgestellt werden, was in [SS15] nachzulesen ist.

Satz 7.42: Methode des Lagrange-Multiplikators – hinreichende Bedingungen
Es sei $(x^*; \lambda^*) \, \mathbb{R}^{n+m}$ eine kritische Stelle der Lagrange-Funktion $\mathcal{L}$.

(i) Falls die letzten $n - m$ Hauptminoren von $\bar{H}$ das Vorzeichen von $(-1)^m$ haben, dann ist $(x^*; \lambda^*) \in \mathbb{R}^{n+m}$ ein lokales Minimum.

(ii) Falls die letzten $n - m$ Hauptminoren von $\bar{H}$ alternierende Vorzeichen haben, beginnend mit dem Vorzeichen von $(-1)^{m+1}$, dann ist $(x^*; \lambda^*) \in \mathbb{R}^{n+m}$ ein lokales Maximum.

Beispiel 7.43 (Fortsetzung von Beispiel 7.36, hinreichende Bedingungen) In unserem Beispiel ist $n = 2$ und $m = 1$, da wir zwei Zielvariablen und eine Nebenbedingung haben. Wir wissen, dass $B_1(25, 10; 600) = 2.400$ ist. Dies ist der einzige führende Hauptminor, der hier von Interesse ist, da die letzten $2 - 1 = 1$ Hauptminoren zu prüfen sind. Damit ist der Ausdruck $B_1(25, 10; 600) = 2.400$ und das Vorzeichen von $(-1)^2$ ist in der Tat positiv und es liegt wie vermutet ein Maximum vor. Das Unternehmen sollte also 25 Einheiten Kapital und 10 Einheiten Arbeit einkaufen, um den größtmöglichen Output zu generieren. $\quad\square$

Lösungen der Aufgaben

8

8.1 Aufgaben zu Kap. 1

Lösung von Aufgabe 1.1

Es bietet sich an, eine Investitionssumme von (beispielsweise) 1.000 € zu unterstellen und das Endkapital zu berechnen. Dieses ist

$$1.000\,\text{€} \cdot 1{,}01 \cdot 1{,}02 \cdot 1{,}03 \cdot 1{,}04 \cdot 1{,}05 = 1.158{,}73\,\text{€}.$$

Folglich gab es eine Gesamtverzinsung von

$$1{,}01 \cdot 1{,}02 \cdot 1{,}03 \cdot 1{,}04 \cdot 1{,}05 - 1 = \frac{1.158{,}73\,\text{€}}{1.000\,\text{€}} - 1 = 0{,}15873.$$

Wenn eine konstante Verzinsung x über 5 Jahre angenommen wird, so muss gelten

$$(1 + x)^5 = 1{,}15873.$$

Hieraus folgt

$$x = 0{,}0299.$$

Somit betrug die durchschnittliche Verzinsung 2,99 %. Wir weisen an dieser Stelle explizit darauf hin, dass es sich nicht um einen Rundungsfehler handelt, weil wir hier das sogenannte **geometrische Mittel** berechnet haben, das sich vom arithmetischen Mittel der Einzelverzinsungen $\frac{1}{5}(1\,\% + 2\,\% + 3\,\% + 4\,\% + 5\,\%) = 3\,\%$ unterscheidet, und die korrekte Lösung darstellt.

Lösung von Aufgabe 1.2

Für die Berechnung des Endkapitals unter a) verwenden wir die Formel für das Endkapital aus Satz 1.8 mit $K_0 = 10.000\,\text{€}$, $t = 20$ sowie $i = 0{,}05$ und erhalten

D. Heitmann et al., *Finanzmathematik*, https://doi.org/10.1007/978-3-662-64652-6_8

$$K_{20} = 10.000\,€ \cdot (1 + 20 \cdot 0,05) = 20.000\,€.$$

Wird hingegen unter b) eine stetige Verzinsung angesetzt, so muss Satz 1.18 herangezogen werden, der zu

$$K_{20} = 10.000\,€ \cdot e^{0,01 \cdot 20} = 12.214,03\,€.$$

Die Kundin sollte sich also für die lineare Verzinsung entscheiden, weil sie damit einen höheren Betrag bekommt.

Lösung von Aufgabe 1.3

Damit sich das Kapital verdoppelt muss gelten $K_t = 2K_0$. Dies setzen wir in die Formel für die Laufzeit in Satz 1.16 ein. Wenn wir außerdem beachten, dass i in Prozentpunkten gegeben ist, führt dies zu

$$t = \frac{\ln\left(\frac{2K_0}{K_0}\right)}{\ln\left(1 + \frac{i}{100}\right)} = \frac{\ln(2)}{\ln\left(1 + \frac{i}{100}\right)}.$$

Laut Taschenrechner ist $\ln(2) = 0,6931....$ Folglich gilt

$$t \approx \frac{0,6931}{\ln\left(1 + \frac{i}{100}\right)}.$$

Mit der Taylor-Entwicklung $\ln(1 + x) \approx x$ ergibt sich schließlich

$$t \approx \frac{0,6931}{\frac{i}{100}} = \frac{69,31}{i} \approx \frac{69}{i}.$$

Lösung von Aufgabe 1.4

Mit der 69er-Regel erschließen wir ganz schnell (ohne einen Taschenrechner zu verwenden)

$$t \approx \frac{69}{3} = 23.$$

Um den exakten Wert von t auszurechnen, gehen wir wie in Aufgabe 1.2 vor und setzen $K_t = 2K_0$ an. Es ergibt sich

$$t = \frac{\ln(2)}{\ln(1 + 0,03)} \approx 23,4497.$$

Die Differenz von gut 5 Monaten ist vor allem der Ungenauigkeit der Taylor-Approximation in der 69er-Regel geschuldet. Dennoch bekommen wir mit der 69er-Regel ein gutes Gefühl für die Größenordnung.

Lösung von Aufgabe 1.5

Bei monatlicher Verzinsung muss die Formel aus Satz 1.14 mit $i = 0,02$, $m = 12$ und $n = 1$ herangezogen werden,

$$\left(1 + \frac{0,02}{12}\right)^{12} = 1,0202.$$

Der Effektivzins ist deshalb

$$i_{\text{eff}} = 1,0202 - 1 = 0,0202 = 2,02\,\%$$

und damit, wie erwartet, höher als bei einer einmaligen jährlichen Verzinsung.

Lösung von Aufgabe 1.6

Die Formel für das Endkapital K_n lautet

$$K_n = K_0 \cdot e^{i \cdot n}, \tag{8.1}$$

wobei K_0 das Anfangskapital, i der Periodenzinssatz und n die Laufzeit ist. Bekanntermaßen sind die Zinsen gegen durch

$$Z_n = K_n - K_0 = K_0 \cdot (e^{i \cdot n} - 1).$$

Um das Anfangskapital auf (8.1) zu bekommen, werden beide Seiten durch $e^{i \cdot n}$ geteilt. Daraus folgt nach den Rechenregeln für die Exponentialfunktion

$$K_0 = K_n \cdot e^{-i \cdot n}.$$

Werden beide Seiten von (8.1) durch K_0, dann ergibt sich

$$\frac{K_n}{K_0} = e^{i \cdot n}.$$

Logarithmieren liefert

$$\ln\left(\frac{K_n}{K_0}\right) = i \cdot n.$$

Daraus können sowohl die Laufzeit

$$n = \frac{1}{i} \ln\left(\frac{K_n}{K_0}\right)$$

als auch der Zinssatz

$$i = \frac{1}{n} \ln\left(\frac{K_n}{K_0}\right)$$

erschlossen werden.

Lösung von Aufgabe 1.7

a) Bei der 30E/360-Methode wird mit 30 monatlichen Tagen gerechnet

$$t_{A,E} = \frac{1 \cdot 360 + (8-4) \cdot 30 + \min(31; 30) - \min(10; 30)}{360} = \frac{500}{360}.$$

b) Im Gegensatz dazu wird bei der 30/360-Methode berücksichtigt, dass der August 31 Tage hat

$$t_{A,E} = \frac{1 \cdot 360 + (8-4) \cdot 30 + 31 - \min(10; 30)}{360} = \frac{501}{360}.$$

c) Bei der ACT/360 müssen wir bemerken, dass Mai, Juli und August jeweils 31 Tage haben und April und Juni jeweils 30 Tage. Damit erhalten wir

$$t_{A,E} = \frac{360 + 20 + 31 + 30 + 31 + 31}{360} = \frac{503}{360}.$$

Lösung von Aufgabe 1.8

a) Herr Schneider muss den Dispokredit für 18 Tage in Anspruch nehmen (wir rechnen mit 30 Tagen pro Monat), das heißt, die Sollzinsen belaufen sich auf

$$Z_{\frac{18}{360}} = 300 \, \text{€} \cdot \frac{18}{360} \cdot 0,1275 = 1,91 \, \text{€}.$$

Es ist also deutlich günstiger, den Dispokredit in Anspruch zu nehmen.

b) Am 31. März endet ein Quartal, also erhöht sich das Dispokredit auf 301,91 €. Wir vermuten, dass er länger als ein Quartal sein Konto überziehen kann und berechnen deswegen zunächst den Zinsbetrag am Ende vom 2. Quartal, also

$$Z_{90} = 301,91 \, \text{€} \cdot \frac{90}{360} \cdot 0,1275 = 9,62 \, \text{€}$$

Die Gesamtzinsen belaufen sich auf 9,62 € + 1,91 € = 11,53 €. Damit rechnen wir nun im 3. Quartal weiter:

$$Z_{90} = 311,53 \, \text{€} \cdot \frac{90}{360} \cdot 0,1275 = 9,93 \, \text{€}$$

Nach dem 3. Quartal belaufen sich die Zinsen insgesamt auf 11,53 € + 9,3 € = 21,46 €. Nun setzen wir $Z_n = 23 \, \text{€} - 21,46 \, \text{€} = 1,54 \, \text{€}$ und $K_0 = 321,46 \, \text{€}$ in die Formel für lineare Verzinsung aus Satz 1.8 ein und lösen nach n auf:

$$1,54 \, \text{€} = 321,46 \, \text{€} \cdot \frac{n}{360} \cdot 0,1275$$
$$\Rightarrow n = 13,5265$$

Jetzt müssen wir nur noch alle Tage zusammenzählen: $t_{gesamt} = 18 + 90 + 90 + 13 = 211$. Herr Schneider kann folglich maximal 211 Tage seinen Dispokredit bestehen lassen.

Lösung von Aufgabe 1.9

Zum 16.03.2021 ergibt sich die Zinszahlung

$$10.000.000\,\text{\euro} \cdot 1{,}60\,\% \cdot \frac{184}{360} = 81.777{,}78\,\text{\euro}$$

und zum 16.09.2021 der Zinsbetrag

$$10.000.000\,\text{\euro} \cdot 1{,}80\,\% \cdot \frac{181}{360} = 90.500{,}00\,\text{\euro}.$$

Lösung von Aufgabe 1.10

a) Weil die following Konvention ausgemacht wurde, erfolgt die Zinszahlung am 2. Juni.
   Die Zinsperiode wird nicht angepasst (unmodified), sodass die Zinszahlung

$$0{,}05 \cdot 100.000\,\text{\euro} = 5.000\,\text{\euro}$$

   beträgt.

b) Wie in a) ist der Zinszahltag der 2. Juni. Die Zinsperiode verlängert sich wegen der
   Verwendung von modified um einen Tag, sodass sich die Zahlung

$$0{,}05 \cdot 100.000\,\text{\euro} \cdot \frac{361}{360} = 5.013{,}89\,\text{\euro}$$

   einstellt.

8.2 Aufgaben zu Kap. 2

Lösung von Aufgabe 2.1

Der Preis des Bonds entspricht seinem Barwert. Weil Zinszahlungen in Höhe von 2% vereinbart sind, ist der Zahlungsstrom gegeben durch

$$z_1 = 20\text{\euro}, z_2 = 20\,\text{\euro}, z_3 = 1.020\,\text{\euro}.$$

Mit dem Zinssatz der Zentralbank berechnen wir den Barwert

$$PV_{20,20,1.020}(0{,}01) = \frac{20\,\text{\euro}}{(1+0{,}01)} + \frac{20\,\text{\euro}}{(1+0{,}01)^2} + \frac{1.020\,\text{\euro}}{(1+0{,}01)^3} = 1.029{,}41\,\text{\euro}.$$

Lösung von Aufgabe 2.2

Für einen Zahlungsstrom $z_0, z_1, \ldots, z_T$ muss bei einem gegebenen Zinssatz i jeweils nur der Nenner modifiziert werden. Für die lineare Verzinsung ergibt sich

$$PV^{\text{lin}}_{(z_k)_{k=0,1,\ldots,T}}(i) := \frac{z_0}{1+i\cdot t_{0,0}} + \frac{z_1}{1+i\cdot t_{0,1}} + \ldots + \frac{z_T}{1+i\cdot t_{0,T}}$$

$$= \sum_{k=0}^{T} z_k \cdot (1+i\cdot t_{0,k})^{-1}.$$

Im Falle zeitstetiger Verzinsung erhalten wir

$$PV^{\text{stet}}_{(z_k)_{k=0,1,\ldots,T}}(i) := \frac{z_0}{e^{i\cdot t_{0,0}}} + \frac{z_1}{e^{i\cdot t_{0,1}}} + \ldots + \frac{z_T}{e^{i\cdot t_{0,T}}}$$

$$= \sum_{k=0}^{T} z_k \cdot e^{-i\cdot t_{0,k}}.$$

Lösung von Aufgabe 2.3

a) Die Diskontfaktoren sind

$$d_{t_0,t_1} = \frac{1}{1+0{,}01} = 0{,}9901,$$

$$d_{t_0,t_2} = \frac{1}{(1+0{,}02)^2} = 0{,}9612,$$

$$d_{t_0,t_3} = \frac{1}{(1+0{,}025)^3} = 0{,}9286,$$

$$d_{t_0,t_4} = \frac{1}{(1+0{,}03)^4} = 0{,}8885.$$

b) Die impliziten Terminzinssätze (forward rates) werden mittels Satz 2.16 berechnet als

$$i_{t_1,t_2} = \left(\frac{(1+0{,}02)^2}{(1+0{,}01)^1}\right)^{\frac{1}{1}} - 1 = 3{,}0099\,\%$$

$$i_{t_1,t_4} = \left(\frac{(1+0{,}03)^4}{(1+0{,}01)^1}\right)^{\frac{1}{3}} - 1 = 3{,}6754\,\%$$

$$i_{t_2,t_4} = \left(\frac{(1+0{,}03)^4}{(1+0{,}02)^2}\right)^{\frac{1}{2}} - 1 = 4{,}0098\,\%$$

$$i_{t_3,t_4} = \left(\frac{(1+0{,}03)^4}{(1+0{,}025)^3}\right)^{\frac{1}{1}} - 1 = 4{,}5147\,\%.$$

c) Mit den Diskontfaktoren aus Aufgabenteil a) ergibt sich

$$PV = 100\,€ + 200\,€ \cdot 0{,}9901 + 0\,€ \cdot 0{,}9612 + 300\,€ \cdot 0{,}9286 - 600\,€ \cdot 0{,}8885 = 43{,}51\,€.$$

Lösung von Aufgabe 2.4

Für die exponentielle Verzinsung erfolgt der Beweis von Satz 2.16 analog zur linearen Verzinsung. Als Erstes unterteilen wir den Zeitraum von t_0 bis t_l zum Zeitpunkt t_k in zwei Abschnitte. Damit erhalten wir

$$K_0 \cdot \left(1 + i_{t_0,t_l}\right)^{t_{0,l}} = K_0 \cdot \left(1 + i_{t_0,t_k}\right)^{t_{0,k}} \cdot \left(1 + i_{t_k,t_l}\right)^{t_{k,l}}$$

Anschließend wird der Faktor K_0 gekürzt und die Gleichung durch den mittleren Faktor der rechten Seite dividiert,

$$\frac{(1 + i_{t_0,t_l})^{t_{0,l}}}{(1 + i_{t_0,t_k})^{t_{0,k}}} = (1 + i_{t_k,t_l})^{t_{k,l}}.$$

Jetzt exponentieren wir beide Seiten mit $1/t_{k,l}$ und subtrahieren 1, um auf die gewünschte Identität

$$i_{t_k,t_l} = \left(\frac{(1 + i_{t_0,t_l})^{t_{0,l}}}{(1 + i_{t_0,t_k})^{t_{0,k}}} \right)^{\frac{1}{t_{k,l}}} - 1$$

zu kommen.

Lösung von Aufgabe 2.5

Damit das Äquivalenzprinzip erfüllt wird, ist die Gleichung

$$100\,€ + \frac{200\,€}{1 + 0{,}02} + \frac{300\,€}{(1 + 0{,}02)^2} = \frac{50\,€}{1 + 0{,}02} + \frac{250\,€}{(1 + 0{,}02)^2} + \frac{x}{(1 + 0{,}02)^3}$$

nach x aufzulösen. Wir erhalten

$$x = 100\,€ \cdot 1{,}02^3 + 150\,€ \cdot 1{,}02^2 + 50\,€ \cdot 1{,}02 = 313{,}18\,€.$$

Lösung von Aufgabe 2.6

Zwei Zahlungsströme z_k mit $k = 0, 1, \ldots, T$ und (z'_l) mit $k = 0, 1, \ldots, T$ und $l = 0, 1, \ldots, T'$, wobei T und T' nicht gleich sein müssen, sind äquivalent, wenn ihre Barwerte bei der gegebenen Zinsrechnung gleich sind. Wir unterstellen jeweils einen konstanten Zins i und erhalten für die lineare Verzinsung die Bedingung

$$\sum_{k=0}^{T} z_k \cdot (1 + i \cdot t_{0,k})^{-1} = \sum_{l=0}^{T'} z'_l \cdot (1 + i \cdot t_{0,l})^{-1}$$

und für die zeitstetige Verzinsung

$$\sum_{k=0}^{T} z_k \cdot e^{-i \cdot t_{0,k}} = \sum_{l=0}^{T'} z'_l \cdot e^{-i \cdot t_{0,l}}.$$

Nur für die zeitstetige Verzinsung wird die Wiederanlageprämisse vorausgesetzt, weil nur dort Zinseszinseffekte berücksichtigt werden müssen.

Lösung von Aufgabe 2.7

a) Bei der Formulierung blieben die zeitliche Struktur der Zahlungen und damit Diskontierungseffekte unberücksichtigt.
b) Im Kontext der Aufgabe kann das Äquivalenzprinzip wie folgt korrekt formuliert werden: Zu jedem beliebigen Zeitpunkt muss die Summe der *diskontierten* Leistungen des Kunden gleich groß sein wie die Summe der *diskontierten* Gegenleistungen der Bank.

Lösung von Aufgabe 2.8

a) Um den Effektivzinssatz zu bestimmen muss die Gleichung

$$PV_{-1.000,500,600}(i) = -1.000 + \frac{500}{1+i} + \frac{600}{(1+i)^2} = 0$$

nach i aufgelöst werden. Als ersten Schritt werden beide Seiten mit $(1+i)^2$ multipliziert

$$-1.000(1+i)^2 + 500(1+i) + 600 = 0.$$

Setzen wir $q = (1+i)$, so folgt

$$-1.000q^2 + 500q + 600 = 0$$

beziehungsweise

$$-q^2 + \frac{1}{2}q + \frac{3}{5} = 0.$$

Die quadratische Lösungsformel liefert dann die Lösungen

$$q_{1/2} = \frac{1}{2} \cdot \left(\frac{1}{2} \pm \sqrt{\frac{1}{4} + \frac{12}{5}} \right),$$

von denen nur $q^* = 1{,}0639$ sinnvoll ist. Dies bedeutet, dass der Effektivzinssatz $6{,}39\,\%$ ist.

b) In der allgemeinen Situation verfolgen wir dieselbe Strategie wie unter a) und setzen zur Bestimmung des Effektivzinses

$$PV_{-A,B,C}(i) = -A + \frac{B}{1+i} + \frac{C}{(1+i)} = 0.$$

Mit $q = (1 + i)$ und nach Multiplikation beider Seiten mit q^2 ergibt sich

$$Aq^2 - Bq - C = 0$$

mit den Lösungen (quadratische Lösungsformel)

$$q_{1/2} = \frac{1}{2A} \left(B \pm \sqrt{B^2 + 4AC} \right).$$

Weil die Lösung mit dem $-$ einen negativen Wert für q impliziert, ist der eindeutige Effektivzins gegeben durch

$$i^* = \frac{1}{2A} \left(B + \sqrt{B^2 + 4AC} \right) - 1.$$

Einsetzen der Zahlenwerte aus a) liefert in der Tat einen Effektivzinssatz von 6,39 %.

c) Die linke Seite der Gleichung

$$-A + \frac{B}{(1+i)} + \frac{C}{(i+i)^2} = 0$$

ist streng monoton fallend in i (überprüfen Sie dies, indem Sie die Ableitung bilden!) und für $i = 0$ steht auf der linken Seite

$$-A + B + C > 0.$$

Damit muss für die Lösung $i^* > 0$ gelten.

Lösung von Aufgabe 2.9

a) Es ist der Zins i zu bestimmen, sodass die Barwerte für $q = 1 + i$ gleich sind, also

$$-30.000 \, € + 18.000 \, € \frac{1}{q} + 20.000 \, € \frac{1}{q^2} = -20.000 \, € + 12.000 \, € \frac{1}{q} + 12.000 \, € \frac{1}{q^2}.$$

Umstellen der Gleichung impliziert

$$-10.000 \, € q^2 + 6.000 \, € q + 8.000 \, € = 0.$$

Wie in Aufgabe 2.8 ausführlich allgemein dargestellt, ist das Ergebnis somit $i = 0,2433$.

b) Es ist z_2^* derart zu berechnen, dass

$$-30.000 \, € + 18.000 \, € \frac{1}{1,04} + z_2^* \frac{1}{1,04^2} = 0$$

ist. Mit anderen Worten gilt

$$z_2^* = 30.000 \, € \cdot 1,04^2 - 18.000 \, € \cdot 1,04 = 13.728 \, €.$$

c) Als Beispiel für eine Kapitalwertfunktion dient hier die Barwertfunktion. Diese ist für eine flache Zinskurve allgemein gegeben durch

$$PV_{(z_k)}(i) = \sum_{k=0}^{T} z_k \cdot (1+i)^{-t_{0,k}}.$$

Bilden wir die Ableitung

$$PV'_{(z_k)}(i) = \sum_{k=0}^{T} -t_{0,k} \cdot z_k \cdot (1+i)^{-t_{0,k}-1}$$

so sehen wir, dass $PV'_{(z_k)}(i)$ monoton fallend in i ist. Dies spiegelt auch Abb. 8.1 wider.

Ökonomisch lässt sich argumentieren, dass ein steigender Zins zukünftige Zahlungen weniger attraktiv macht. Dadurch sinkt der Barwert, wenn i steigt, und strebt für $i \rightarrow \infty$ gegen z_0, weil im Grenzfall zukünftige Zahlungen wertlos sind.

Lösung von Aufgabe 2.10

Die Aufgabe wird durch explizites Berechnen von Gl. (2.4) gelöst. Für die i-te Zeile erhalten wir

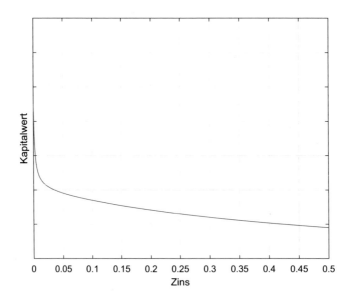

Abb. 8.1 Kapitalwert in Abhängigkeit von Zins

$$d_{t_0,t_i} = -\frac{c_i \cdot P_0^1}{(1+c_1)\dots(1+c_i)} - \dots - \frac{c_i \cdot P_0^{i-1}}{(1+c_{i-1})\cdot(1+c_i)} + \frac{P_0^i}{1+c_i}$$

$$= \frac{1}{1+c_i}\left(P_0^i - c_i \sum_{k=1}^{i-1} \frac{P_0^k}{\prod_{l=1}^k (1-c_l)}\right).$$

Lösung von Aufgabe 2.11

Wir lösen Gl. (2.6) nach T auf. Es ist

$$0 = S_0 \cdot q^T - A\frac{q^T - 1}{q - 1}$$

beziehungsweise

$$0 = S_0 \cdot q^T \cdot (q - 1) - A \cdot (q^T - 1).$$

Durch Ausmultiplizieren und Ausklammern von q^T erhalten wir

$$0 = q^T \cdot (S_0 \cdot (q - 1) - A) + A.$$

Wir addieren auf beiden Seiten $-A$ und teilen durch $S_0 \cdot (q - 1) - A$, was zu

$$q^T = \frac{-A}{S_0 \cdot (q - 1) - a}$$

führt. Anschließend logarithmieren wir unter Beachtung der Rechenregel für den Logarithmus $\ln(a^b) = b \cdot \ln(a)$, woraus

$$\ln(q) \cdot T = \ln\left(\frac{-A}{S_0 \cdot (q - 1) - A}\right)$$

folgt. Danach teilen wir durch $\ln(q)$, das heißt,

$$T = \frac{\ln\left(\frac{-A}{S_0\cdot(q-1)-A}\right)}{\ln(q)},$$

was exakt die Gl. (2.7) ist.

Lösung von Aufgabe 2.12

a) Es ist zu beachten, dass der effektive Jahreszins gegeben ist, also können wir mit Zinsperioden von 1 Jahr rechnen. Die Jahresrate entspricht dann 4.800 €. Mit (2.7) erhalten wir

$$T = \frac{\ln\left(\frac{A}{A-S_0\cdot(q-1)}\right)}{\ln(q)}$$

$$= \frac{\ln\left(\frac{4.800\,€}{4.800\,€-29.500\,€\cdot0,0353}\right)}{\ln(1,0353)}$$

$$= 7,0495$$

Die Laufzeit beträgt also 7 Jahre und 1 Monat. Zur Berechnung der Gesamtzahlung rechnen wir zunächst die vollen Annuitäten $7 \cdot 4.800\,€ = 33.600\,€$. Dann müssen wir noch die Restschuld nach 7 Jahren berechnen

$$S_7 = 29.500\,€ \cdot (1+0,0353)^7 - 4.800\,€\frac{(1+0,0353)^7 - 1)}{0,0353} = 233,33\,€.$$

Also beträgt die Gesamtzahlung $33.833,33\,€$.

b) Die Restschuld nach 3 Jahren ist die aufgezinste Anfangsschuld minus die aufgezinsten geleisteten Zahlungen, das heißt,

$$S_3 = S_0 \cdot q^3 - A\frac{q^3-1}{q-1}$$

$$= 29.500\,€ \cdot 1,0353^3 - 4.800\,€ \cdot \frac{1,0353^3 - 1}{0,0353}$$

$$= 32.735,63\,€ - 14.914,30\,€ = 17.821,32\,€$$

Die Familie hat also nach 3 Jahren $39,5887\,\%$ des Kaufpreises abbezahlt.

c) Wir müssen die in b) verwendete Formel für die Restschuld nach S_0 auflösen und $n = 3$, $S_3 = 14.750\,€$, $q = 1,0353$ und $A = 4.800\,€$ einsetzen, um die zulässige Anfangsschuld S_0 zu erhalten,

$$S_3 = S_0 \cdot q^3 - A\frac{q^3-1}{q-1}.$$

Dies ist gleichbedeutend mit

$$S_0 = \frac{S_3 + A\frac{q^3-1}{q-1}}{q^3} = \frac{14.750\,€ + 4.800\,€\frac{1,0353^3-1}{0,0353}}{1,0353^3} = 26.732,25\,€$$

Die Familie müsste also eine Anzahlung von $29.500\,€ - 26.732,24\,€ = 2.767,75\,€$ Euro leisten.

Lösung von Aufgabe 2.13

a) Die jährliche Höhe der Zahlung ist $a_0 = 220.000.000\,€$. Diese wächst einerseits mit der Inflation $g = 0,02$ und sinkt andererseits mit dem Zinssatz $i = 0,045$. Folglich berechnet sich der Rentenfaktor q als

$$q = \frac{1+g}{1+i} = \frac{1,02}{1,045}.$$

Weil $q < 1$ ist, gilt $\lim_{T \to \infty} q^T = 0$. Damit erhalten wir als Rentenendwertfaktor der ewigen Renten

$$\lim_{T \to \infty} REF_T = \lim_{T \to \infty} \frac{q^T - 1}{q - 1} = \frac{1}{1 - q}.$$

Nun können die Kosten der ewigen Rente und damit das notwendige Volumen der Stiftung bestimmt werden als

$$220.000.000\,€ \cdot \frac{1}{1 - \frac{1,02}{1,045}} = 9.196.000.000,00\,€.$$

b) Unter den Annahmen $g = 0,02$ und $i = 0,0229$ explodieren die Kosten auf

$$220.000.000\,€ \cdot \frac{1}{1 - \frac{1,02}{1,0229}} = 77.599.310.344,83\,€.$$

8.3 Aufgaben zu Kap. 3

Lösung von Aufgabe 3.1

a) Um den Marktpreis zu berechnen stellen wir die Summe der diskontierten Cashflows in einer Tabelle dar.

Zeit t	Zahlung	Diskontierter Cashflow	Gewicht w_t	$t \cdot w_t$
1	40 €	$36,70\,€ = 40 \cdot 1,09^{-1}\,€$	0,0438	0,0438
2	40 €	$33,67\,€ = 40 \cdot 1,09^{-2}\,€$	0,0402	0,0803
3	40 €	$30,89\,€ = 40 \cdot 1,09^{-3}\,€$	0,0369	0,1106
4	1·040 €	$736,76\,€ = 1.040 \cdot 1,09^{-4}\,€$	0,8792	3,5167
	Summe	838,01 €	1	3,7514

Somit lautet der Marktpreis des Bonds $PV(9\,\%) = 838,01\,€$. Man beachte hier, dass der Marktwert unter dem Nennwert liegt, da hier $r > i$ ist.

b) Die absolute und modifizierte Duration sind

$$D_A\,(9\,\%) = 2.884,17\,\text{€},$$

$$D_M\,(9\,\%) = \frac{D_A\,(9\,\%)}{PV\,(9\,\%)} = 3,4417.$$

c) Die Macaulay Duration kann in der Tabelle direkt abgelesen werden und lautet $D\,(9\,\%) =$ 3,7514. Als Übung kann diese auch aus der modifizierten und absoluten Duration mit der bekannten Beziehung errechnet werden und man erhält $D\,(9\,\%) = 1,09 \cdot D_M\,(9\,\%) =$ $1,09 \cdot 3,4417 = 3,7514$ oder $D\,(9\,\%) = \frac{D_A(9\,\%)}{PV(9\,\%)} = 3,4417$. Die Macaulay Duration beschreibt durchschnittliche Kapitalbindungsdauer des Bonds. Weiter ist die Macaulay Duration der gewichtete Mittelwert der Zeitpunkte, zu denen der Anleger Zahlungen aus dieser Anleihe erhält.

d) Um relative Preisänderung exakt zu bestimmen, muss der Preis für $r_{neu} = 10\,\%$ berechnet werden. Wir erhalten $PV\,(r_{neu} = 10\,\%) = 809,81\,\text{€}$ und somit

$$\frac{\Delta PV\,(9\,\%)}{PV\,(9\,\%)} = \frac{PV\,(r_{neu} = 10\,\%) - PV\,(r_{alt} = 9\,\%)}{PV\,(r_{alt} = 9\,\%)} = \frac{-28,21\,\text{€}}{838,01\,\text{€}} = -3,3658\,\%.$$

e) Durch Anwendung von (3.19) kann linear approximiert werden und wir bekommen

$$\frac{\Delta PV\,(9\,\%)}{PV\,(9\,\%)} \approx -\underbrace{\frac{1}{1,09}D\,(9\,\%)}_{D_M(9\,\%)} \cdot 1\,\% = -3,4417\,\%.$$

f) Um diese Teilaufgabe zu lösen, berechnen wir zunächst die absolute Konvexität $C_A\,(9\,\%) = PV''(9\,\%)$, um dann $C\,(9\,\%) = \frac{C_A(9\,\%)}{PV(9\,\%)}$ zu bestimmen. Wir erhalten $C\,(9\,\%) = 15,4486$. Anwendung der Konvexität führt zu

$$\frac{\Delta PV\,(9\,\%)}{PV\,(9\,\%)} \approx -D_M\,(9\,\%) \cdot 1\,\% + \frac{1}{2}C\,(9\,\%) \cdot (1\,\%)^2 = -3,3644\,\%. \qquad (8.2)$$

g) Man erkennt, dass die lineare Approximation durch die Tangente am wenigsten geeignet ist. Die Abschätzung unter Verwendung der Konvexität liefert eine bessere Lösung, die den exakten Wert $-3,3658\%$ bereits sehr gut approximiert. Da bei der linearen Annäherung durch die Tangente die Krümmung der Preisfunktion $PV\,(r)$ nicht berücksichtigt wird, ist es nachvollziehbar, dass diese Approximation am ungeeignetsten ist. Abschließend sei die Anmerkung gegeben, dass eine lineare Abschätzung der relativen Preisänderung besser wird, je geringer die Krümmung von $PV\,(r)$ ist, die durch die Konvexität determiniert wird.

Tab. 8.1 Ermittlung Forward-Kurve des 6 M-EURIBOR

Laufzeit	Spot Rate p. a.	Tageskonvention	Spot Rate ACT/360	Forward-Kurve
6 Monate	3,30 %	ACT/360	3,3000 %	
12 Monate	3,40 %	ACT/360	3,4000 %	3,4432 %
1,5 Jahre	3,55 %	ACT/ACT	3,5014 %	3,6707 %
2 Jahre	3,70 %	ACT/ACT	3,6493 %	4,0533 %
2,5 Jahre	3,90 %	ACT/ACT	3,8466 %	4,5868 %
3 Jahre	4,14 %	ACT/ACT	4,0833 %	5,2072 %
3,5 Jahre	4,36 %	ACT/ACT	4,3003 %	5,5351 %
4 Jahre	4,72 %	ACT/ACT	4,6553 %	7,0506 %
4,5 Jahre	4,95 %	ACT/ACT	4,8822 %	6,6057 %
5 Jahre	5,20 %	ACT/ACT	5,1288 %	7,2430 %
5,5 Jahre	5,47 %	ACT/ACT	5,3951 %	6,4134 %
6 Jahre	5,63 %	ACT/ACT	5,5529 %	5,6209 %

Lösung von Aufgabe 3.2

Zunächst rechnen wir die Spot Rates in ACT/ACT-Tagekonvention in die ACT/360-Tagekonvention durch Multiplikation mit $\frac{360}{365}$ um und ermitteln die impliziten Terminzinssätze für den 6 M-EURIBOR, die in der letzten Spalte als Forward-Kurve stehen. Die Tabelle enthält wegen der Aufgabe 3.3 auch die Zeilen für 5,5 und 6 Jahre. Beispielhaft rechnen wir hier für die Laufzeit von 2 Jahren vor, dass in der ACT/360 der Zinssatz

$$3,70 \% \cdot \frac{360}{365} = 3,6493 \%$$

ist. Außerdem berechnen wir den Forward-Kurs als

$$\left(\frac{1,036493^2}{1,035014^{1,5}} - 1 \right) \cdot \frac{1}{\frac{1}{2}} = 4,0533 \%.$$

Mit dem ersten 6 M-EURIBOR Satz von 3,30 % zuzüglich dem Aufschlag von 0,125 % sowie den Forward-Sätzen zuzüglich dem Aufschlag erhalten wir mit der linearen Zinsberechnung die Zahlungen in Tab. 8.2 bei einem angenommenen Nominal von 1.000 €, die anschließend mit der korrespondierenden Spot Rate (ACT/ACT) diskontiert wird. Dabei müssen wir beachten, dass ab einschließlich einem Jahr exponentiell abgezinst wird. Beispielhaft führen wir hier wieder die Rechnung für 2 Jahre durch. Es ergibt sich die als Zahlung mit Aufschlag

$$1.000 \, € \cdot \frac{1}{2} \, (0,040833 + 0,00125) = 20,89 \, €$$

Tab. 8.2 Zahlungen bei Zinsaufschlag

Laufzeit	Zahlung mit Aufschlag	Diskontierte Zahlung
6 Monate	17,13 €	16,85 €
12 Monate	17,84 €	17,25 €
1,5 Jahre	18,98 €	18,02 €
2 Jahre	20,89 €	19,45 €
2,5 Jahre	23,56 €	21,44 €
3 Jahre	26,66 €	23,64 €
3,5 Jahre	28,30 €	24,42 €
4 Jahre	35,88 €	29,91 €
4,5 Jahre	33,65 €	27,16 €
5 Jahre	1036,84 €	807,43 €
Summe		1.005,57 €

sowie als diskontierte Zahlung

$$20,89\,\text{€} \cdot \frac{1}{1,036493^2} = 19,45\,\text{€}.$$

Zum Ende der Laufzeit (5 Jahre) musste die Zahlung des Nominals berücksichtigt werden. Die Summe der diskontierten Zahlungen ergibt 1.005,57 €, also ist der Kurs 100,56.

Lösung von Aufgabe 3.3

Wir unterstellen ein Nominal von 1.000 €. Für die variable Seite nehmen wir die Spot Rate für 6 Monate und dann die entsprechenden Forward-Sätze aus Tab. 8.1. So erhalten wir die in der folgenden Tab. 8.3 festgehaltenen Zahlungen. Auch hier führen wir diese Rechnung beispielhaft für 2 Jahre durch und erhalten für die variable Seite

$$1.000\,\text{€} \cdot 0,045033 \cdot 0,5 = 20,27\,\text{€}.$$

Für die diskontierten Zahlungen wird auf der Festzinsseite der Satz in ACT/ACT-Tagekonvention und auf der variablen Seite der Satz in ACT/360-Tagekonvention verwendet. Ab einschließlich einem Jahr Laufzeit wird exponentiell diskontiert. Für die Laufzeit von 2 Jahren bedeutet dies für die Festzinsseite eine diskontierte Zahlung in Höhe von

$$50\,\text{€} \cdot \frac{1}{1,037^2} = 46,50\,\text{€}$$

und für die variable Seite von

$$20,27\,\text{€} \cdot \frac{1}{1,036493^2} = 18,86\,\text{€}.$$

Tab. 8.3 (Diskontierte) Zahlungsströme eines Swaps

Laufzeit	Festzinsseite	Diskontiert	Variable Seite	Diskontiert
6 Monate			16,50 €	16,23 €
12 Monate	50 €	48,36 €	17,22 €	16,65 €
1,5 Jahre			18,35 €	17,43 €
2 Jahre	50 €	46,50 €	20,27 €	18,86 €
2,5 Jahre			22,93 €	20,87 €
3 Jahre	50 €	44,27 €	26,04 €	23,09 €
3,5 Jahre			27,68 €	23,88 €
4 Jahre	50 €	41,57 €	35,25 €	29,39 €
4,5 Jahre			33,03 €	26,65 €
5 Jahre	50 €	38,81 €	36,22 €	28,20 €
5,5 Jahre			38,67 €	28,74 €
6 Jahre	50 €	36,00 €	28,71 €	20,57 €
Summe		255,50 €		270,57 €

Somit beträgt der Barwert des Receiver Swaps 255,50 € − 270,57 € = −15,07 €. Dies bedeutet, dass der nominale Festzinssatz kleiner als die Swap Rate ist. Mit einem numerischen Verfahren zur Nullstellenbestimmung (beispielsweise mit der Zielwertsuche im Tabellenkalkulationsprogramm Excel) kann als Swap Rate 5,20 % ermittelt werden.

Lösung von Aufgabe 3.4

a) Wir setzen $q = 1 + r$. Für den Preis formen wir um und nutzen in Schritt 3 der folgenden Umformungen die Formel für die Partialsummen der geometrischen Reihe unter Beachtung, dass der Laufindex bei $t = 1$ und nicht bei $t = 0$ startet

$$PV(r) = \sum_{t=1}^{T} \frac{z_t}{(1+r)^t} = \sum_{t=1}^{T} \frac{c}{q^t} + \frac{N}{q^T}$$

$$= c \sum_{t=1}^{T} \frac{1}{q^t} + \frac{N}{q^T} = c \cdot \left(\frac{q^{-T-1} - 1}{q^{-1} - 1} - 1 \right) + \frac{N}{q^T}$$

$$= c \cdot \left(q^{-T} \frac{1}{1-q} - \frac{q}{1-q} - 1 \right) + \frac{N}{q^T} = c \cdot q^{-T} \frac{1}{-r} - \frac{c}{1-q} + \frac{N}{q^T}$$

$$= -c \cdot r^{-1} \cdot q^{-T} + c \cdot r^{-1} + \frac{N}{q^T} = c \cdot r^{-1} - c \cdot r^{-1} \cdot q^{-T} + N \cdot q^{-T}.$$

$$(8.3)$$

b) Unter Beachtung von $q = 1 + r$ erhalten wir für die absolute Duration

$$D_A(r) = -PV'(r) = c \cdot r^{-2} - \left(r^{-1} + T \cdot q^{-1} \right) c \cdot r^{-1} \cdot q^{-T} + T \cdot N \cdot q^{-T-1}$$

Nun wissen wir aus (3.13) und (3.16), dass

$$D(r) = q \cdot D_M(r) = q \, \frac{D_A(r)}{PV(r)} \tag{8.4}$$

gilt und berechnen zunächst $q \cdot D_A(r)$ als

$$
\begin{aligned}
q \cdot D_A(r) &= q \cdot c \cdot r^{-2} - \left(r^{-1} \cdot q + T\right) \cdot c \cdot r^{-1} \cdot q^{-T} + T \cdot N \cdot q^{-T} \\
&= q \cdot c \cdot r^{-2} - c \cdot r^{-2} \cdot q^{-T+1} - T \cdot c \cdot r^{-1} \cdot q^{-T} + T \cdot N \cdot q^{-T} \\
&= q \cdot r^{-1}\left(c \cdot r^{-1} - c \cdot q^{-T} \cdot r^{-1} - T \cdot c \cdot q^{-T-1}\right) + T \cdot N \cdot q^{-T}. \tag{8.5}
\end{aligned}
$$

Wir formen nun (8.5) geschickt um, damit wir den Preis aus (8.3) nutzen können

$$
\begin{aligned}
q \cdot D_A(r) =\;& q \cdot r^{-1}\left(c \cdot r^{-1} - c \cdot r^{-1} \cdot q^{-T} + N \cdot q^{-T}\right) \\
& - q \cdot r^{-1} N \cdot q^{-T} - q \cdot r^{-1} \cdot T \cdot c \cdot q^{-T-1} + T \cdot N \cdot q^{-T} \\
=\;& q \cdot r^{-1} \cdot PV(r) - q \cdot r^{-1} \cdot N \cdot q^{-T} - T \cdot c \cdot q^{-T} \cdot r^{-1} + T \cdot N \cdot q^{-T}.
\end{aligned}
$$

Somit verwenden wir obige Gleichung, um die Duration zu berechnen

$$
\begin{aligned}
D(r) &= q \, \frac{D_A(r)}{PV(r)} \\
&= q \cdot r^{-1} - \frac{q \cdot r^{-1} \cdot N \cdot q^{-T} + T \cdot c \cdot q^{-T} \cdot r^{-1} - T \cdot N \cdot q^{-T}}{c \cdot r^{-1} - c \cdot r^{-1} \cdot q^{-T} + N \cdot q^{-T}} \\
&= q \cdot r^{-1} - \frac{q \cdot N + T \cdot (c - N \cdot r)}{c \cdot (q^T - 1) + N \cdot r} \\
&= \frac{1+r}{r} - \frac{(1+r) + T \cdot (i - r)}{i \cdot \left((1+r)^T - 1\right) + r}.
\end{aligned}
$$

Dabei haben wir im vorletzten Schritt den Bruch mit $r q^T$ erweitert und im letzten Schritt $c = N \cdot i$ eingesetzt. Es sei an dieser Stelle der wichtige Hinweis gegeben, dass die Duration nicht vom Nennwert der Anleihe abhängt.

Lösung von Aufgabe 3.5

Wir schreiben $t_0 = 0$ und $t_k = k$, weil wir äquidistante Zeitabstände haben.

a) Über das in Abschn. 2.4 beschriebene Bootstrapping-Verfahren berechnen wir nacheinander $d_{0,1}$, $d_{0,2}$ und $d_{0,3}$ aus folgenden drei Gleichungen

$$
\begin{aligned}
990\,\text{€} &= 1.090\,\text{€} \cdot d_{0,1} \\
965\,\text{€} &= 90\,\text{€} \cdot d_{0,1} + 1.090\,\text{€} \cdot d_{0,2} \\
940\,\text{€} &= 90\,\text{€} \cdot d_{0,1} + 90\,\text{€} \cdot d_{0,2} + 1.090\,\text{€} \cdot d_{0,3}
\end{aligned}
$$

und erhalten: $d_{0,1} = 0{,}9083$, $d_{0,2} = 0{,}8103$ und $d_{0,3} = 0{,}7205$.

b) Daraus folgt für die Spot Rates

$$i_{0,1} = d_{0,1}^{-1} - 1 = 0,1010,$$

$$i_{0,2} = d_{0,2}^{-2} - 1 = 0,1109,$$

$$i_{0,3} = d_{0,3}^{-3} - 1 = 0,1155.$$

c) Da $i_{0,1} = 0,1010 < i_{0,2} = 0,1109 < i_{0,3} = 0,1155$ ist, handelt es sich um eine normale Zinsstrukturkurve.

Lösung von Aufgabe 3.6

In der folgenden Tabelle sind in den letzten drei Spalten die Lösungen gezeigt. Wir schreiben auch hier $t_0 = 0$ und $t_k = k$, weil äquidistante Zeitabstände vorliegen. Da es sich hier um Nullcouponanleihen handelt, sind die Diskontraten ohne Bootstrapping-Verfahren, sondern nur mittels Division des Preises durch den Nominalwert $N = 1.000$ € zu bestimmen. Spot Rates folgen daraus wie in Aufgabe 3.5. Beispielhaft für $i_{2,3}$ ergeben sich die Forward Rates mittels des Ansatzes

$$i_{2,3} = \frac{(1 + i_{0,3})^3}{(1 + i_{0,2})^2} = 0,1268.$$

Restlaufzeit k	Preis (€)	Spot Rates $i_{0,k}$	Diskontrates $d_{0,k}$	Forward Rates $i_{k,k+1}$
1	910	0,0989	0,91	0,0989
2	800	0,118	0,8	0,1375
3	710	0,1209	0,71	0,1268
4	630	0,1224	0,63	0,1270

Folglich liegt eine normale Zinsstrukturkurve vor.

Lösung von Aufgabe 3.7

Der faire Preis dieses Bonds lautet: $PV = \frac{40\,€}{1,042} + \frac{1.040\,€}{1,055^2} = 972,78\,€$. Da $P_0 = 970\,€ < PV = 972,78\,€$ ist der Bond unterbewertet.

Lösung von Aufgabe 3.8

Differenzieren wir die Kapitalwertfunktion $KW_s(r) = \sum_{t=1}^{T} z_t \cdot (1 + r)^{s-t}$ nach r und erhalten

$$KW_s'(r) = (1 + r)^{s-1} \sum_{t=1}^{T} (s - t) \cdot z_t \cdot (1 + r)^{-t}. \tag{8.6}$$

Aus der Bedingung erster Ordnung $KW'_s(r_0) = 0$ folgt durch Umschreiben der Summe in (8.6) die Gleichheit

$$0 = s \cdot (1+r_0)^{s-1} \sum_{t=1}^{T} z_t \cdot (1+r_0)^{-t} - (1+r_0)^{s-1} \sum_{t=1}^{T} t \cdot z_t \cdot (1+r_0)^{-t}$$

$$= s \cdot (1+r_0)^{s-1} PV(r_0) - (1+r_0)^{s-1} \sum_{t=1}^{T} t \cdot z_t \cdot (1+r_0)^{-t}.$$

Wir können jetzt durch den Faktor $(1+r)^{s-1}$ teilen ohne die Gleichheit zu verändern. Umformen nach s führt dann zu

$$s = \frac{\sum_{t=1}^{T} t \cdot z_t \cdot (1+r_0)^{-t}}{PV(r_0)},$$

was der Duration entspricht. Es kann leicht geprüft werden, dass $KW''_s(r) > 0$ gilt, worauf wir an dieser Stelle verzichten. Somit ist gezeigt, dass die Funktion $KW_s(r)$ in $s = D(r)$ ihr globales Minimum annimmt.

Lösung von Aufgabe 3.9

a) Der faire Wert der Stufenzinsanleihe lautet

$$PV(3\%) = \frac{2\,\text{€}}{1{,}03} + \frac{3\,\text{€}}{1{,}03^2} + \frac{4\,\text{€}}{1{,}03^3} + \frac{105\,\text{€}}{1{,}03^4} = 101{,}72\,\text{€}$$

b) Wir berechnen zunächst die Macaulay Duration

$$D(3\%) = \frac{1}{101{,}72\,\text{€}} \left(\frac{1 \cdot 2\,\text{€}}{1{,}03} + \frac{2 \cdot 3\,\text{€}}{1{,}03^2} + \frac{3 \cdot 4\,\text{€}}{1{,}03^3} + \frac{4 \cdot 105\,\text{€}}{1{,}03^4} \right) = 3{,}8511$$

um dann unter Anwendung von (3.19) für die relative Preisänderung

$$\frac{\Delta PV(3\%)}{PV(3\%)} \approx - \underbrace{\frac{1}{1{,}03} D(3\%)}_{D_M(3\%)} \cdot (-1\%) = 3{,}739\%$$

zu erhalten.

c) Berechnen wir zunächst die Konvexität

$$C(3\%) = \frac{1}{1{,}03^2} \cdot \frac{1}{101{,}72\,\text{€}} \left(\frac{1 \cdot 2 \cdot 2\,\text{€}}{1{,}03} + \frac{2 \cdot 3 \cdot 3\,\text{€}}{1{,}03^2} + \frac{3 \cdot 4 \cdot 4\,\text{€}}{1{,}03^3} + \frac{4 \cdot 5 \cdot 105\,\text{€}}{1{,}03^4} \right)$$

$$= 17{,}8898.$$

und erhalten dann unter Verwendung der Konvexität in (3.25)

$$\frac{\Delta PV\,(3\,\%)}{PV\,(3\,\%)} \approx 3{,}739\,\% + \frac{1}{2}C\,(3\,\%) \cdot (1\,\%)^2$$

$$= 3{,}739\,\% + \frac{1}{2}17{,}8898 \cdot (1\,\%)^2 = 3{,}8284\,\%.$$

Lösung von Aufgabe 3.10

Wir leiten

$$PV_k\,(r) = (1+r)^k \cdot PV\,(r)$$

mit der Produktregel ab und erhalten

$$PV_k'\,(r) = k \cdot (1+r)^{k-1} \cdot PV\,(r) + (1+r)^k \cdot PV'\,(r)\,.$$

Hieraus folgt

$$\begin{aligned}
D_k\,(r) &= -\frac{(1+r) \cdot PV_k'\,(r)}{PV_k\,(r)} \\
&= \frac{-k \cdot (1+r)^k \cdot PV\,(r) - (1+r)^{k+1} \cdot PV'\,(r)}{(1+r)^k \cdot PV\,(r)} \\
&= -k - (1+r)\frac{PV'\,(r)}{PV\,(r)} \\
&= D\,(r) - k.
\end{aligned}$$

Lösung von Aufgabe 3.11

a) Aus $D_Y = \frac{\sum_{t=1}^{T} t \cdot y_t \cdot (1+r)^{-t}}{P_Y}$ beziehungsweise $D_Z = \frac{\sum_{t=1}^{T} t \cdot z_t \cdot (1+r)^{-t}}{P_Z}$ folgen die Gleichungen

$$D_Y \cdot P_Y = \sum_{t=1}^{T} t \cdot y_t \cdot (1+r)^{-t}$$

und

$$D_Z \cdot P_Z = \sum_{t=1}^{T} t \cdot z_t \cdot (1+r)^{-t}\,.$$

Diese werden im letzten Schritt der folgenden Berechnung der Portfolioduration zur Substitution benutzt

$$D_W = \frac{\sum_{t=1}^{T} t \cdot (x_1 \cdot y_t + x_2 \cdot z_t) \cdot (1+r)^{-t}}{\sum_{t=1}^{T} (x_1 \cdot y_t + x_2 \cdot z_t)(1+r)^{-t}}$$

$$= \frac{x_1 \sum_{t=1}^{T} t \cdot y_t \cdot (1+r)^{-t} + x_2 \sum_{t=1}^{T} t \cdot z_t \cdot (1+r)^{-t}}{x_1 \sum_{t=1}^{T} y_t \cdot (1+r)^{-t} + x_2 \sum_{t=1}^{T} z_t \cdot (1+r)^{-t}}$$

$$= \frac{x_1 \cdot D_Y \cdot P_Y + x_2 \cdot D_Z \cdot P_Z}{x_1 \cdot P_Y + x_2 \cdot P_Z}.$$

b) Die Zielduration ist $D_W = 3$ und es gilt die Restriktion

$$K_0 = x_1 \cdot P_Y + x_2 \cdot P_Z$$

mit Preisen $P_Y = 1{,}05^{-1}$ und $P_Z = 1{,}05^{-6}$. Umformen führt zu

$$x_2 \cdot P_Z = K_0 - x_1 \cdot P_Y. \tag{8.7}$$

Gl. (3.26) kann geschrieben werden als

$$D_W \cdot (x_1 \cdot P_Y + x_2 \cdot P_Z) = x_1 \cdot P_Y \cdot D_Y + x_2 \cdot P_Z \cdot D_Z,$$

woraus wir

$$3K_0 = x_1 \cdot P_Y \cdot D_Y + x_2 \cdot P_Z \cdot D_Z \tag{8.8}$$

erhalten. Durch Einsetzen von (8.7) in (8.8) und Umformen erhalten wir

$$x_1 \cdot P_Y = K_0 \frac{D_Z - 3}{D_Z - D_Y}. \tag{8.9}$$

Laut Aufgabenstellung gilt $D_Y = 1$ und $D_Z = 6$ und (8.9) liefert

$$100.000\,\text{€}\,\frac{6-3}{6-1} = 100.000\,\text{€}\,\frac{3}{5} = 60.000\,\text{€}.$$

Die absolute Stückzahl an Bonds Y ist somit

$$x_1 = \frac{60.000\,\text{€}}{1{,}05^{-1}\,\text{€}} = 60.000 \cdot 1{,}05 = 63.000.$$

Schließlich ergibt sich für die absolute Stückzahl an Bonds Z der Wert

$$x_2 = \frac{40.000\,\text{€}}{1{,}05^{-6}\,\text{€}} = 40.000 \cdot 1{,}05^6 = 53.608{,}83$$

c) In diesem Fall lautet Gl. (8.9)

$$100.000\,\text{€}\,\frac{4-3}{4-2} = 50.000\,\text{€}.$$

Somit erfolgt hälftige Aufteilung des Kapitals und die Stückzahlen der Bonds Y und Z lauten

$$x_1 = 50.000 \cdot 1{,}05^2 = 55.125 \quad \text{und} \quad x_2 = 50.000 \cdot 1{,}05^4 = 60.775{,}31.$$

Lösung von Aufgabe 3.12

a) Die Yield to Maturity ist die Verzinsung, die die Investorin erhält, wenn sie den Bond bis zur Endfälligkeit hält und alle zwischenzeitlichen Couponzahlungen ebenfalls bis zum Ende der Laufzeit des Bonds mit derselben Verzinsung anlegt. Somit berechnen wir den Effektivzinssatz, wie in Aufgabe 2.8. Wir bezeichnen die Yield to Maturity mit i_k, wobei k die Restlaufzeit des Bonds ist. Ist $i_{0,k}$ die Spot Rate mit Restlaufzeit k, so gilt $i_1 = i_{0,1}$ und wird mit Hilfe von Bond 1 berechnet. Aus

$$107\,\text{€} = \frac{109\,\text{€}}{1 + i_1}$$

folgt $i_1 = 1{,}87\,\%$. Die Yield to Maturity i_2 wird unter Verwendung von Bond 2 errechnet. Wir nutzen $q = 1 + i_2$ und lösen

$$106\,\text{€} = \frac{5\,\text{€}}{q} + \frac{105\,\text{€}}{q^2}, \tag{8.10}$$

wobei wir (8.10) umformen zu $106q^2 - 5q - 105 = 0$. Unter Verwendung der quadratischen Lösungsformel erhalten wir zwei Lösungen, wobei nur die positive Lösung von

$$q_{1,2} = \frac{5}{212} \pm \sqrt{\frac{5^2}{212^2} + \frac{105}{106}}$$

für q relevant ist. Somit ist $q^* = 1{,}0194$ beziehungsweise $i_2 = 1\,94\,\%$. Da der Bond 3 zu pari notiert folgt direkt für die YTM $i_3 = 3\,\%$. Die Sport Rates für $k = 2$ und $k = 3$ bestimmen wir aus den beiden Preisen von Bond 1 und 2. Aus

$$106\,\text{€} = \frac{5\,\text{€}}{1{,}0187} + \frac{105\,\text{€}}{(1 + i_{0,2})^2}$$

folgt $i_{0,2} = 1{,}91\,\%$ und aus

$$100\,\text{€} = \frac{3\,\text{€}}{1{,}0187} + \frac{3\,\text{€}}{1{,}0191^2} + \frac{103\,\text{€}}{(1 + i_{0,3})^3}$$

erhalten wir $i_{0,3} = 3{,}03\,\%$.

b) Weil $i_{0,1} < i_{0,2} < i_{0,3}$ gilt, handelt es sich um eine normale Zinsstrukturkurve.

c) Da in drei Jahren Verpflichtungen in Höhe von 80 Mio. € gezahlt werden müssen, kann das nur durch Verkauf von x_3 Einheiten von Bond 3 realisiert werden. Somit gilt

$$103\,€ \cdot x_3 = 80\,\text{Mio.}\,€,$$

womit $x_3 = 776.699{,}03$ Einheiten von Bond 3 gekauft werden sollten. Weiter müssen 50 Mio. € durch geeignete Stückzahlen von Bond 2 und Bond 3 finanziert werden und wir erhalten die Bedingung

$$105\,€ \cdot x_2 + 3\,€ \cdot x_3 = 50\,\text{Mio.}\,€,$$

woraus $x_2 = 453.999{,}08$ folgt. Die Stückzahlen x_1 errechnen sich aus

$$109\,€ \cdot x_1 + 5\,€ \cdot x_2 + 3\,€ \cdot x_3 = 40\,\text{Mio.}\,€$$

als $x_1 = 324.769{,}79$ Einheiten von Bond 1.

d) Der Wert des Portfolios ist

$$107\,€ \cdot x_1 + 106\,€ \cdot x_2 + 100\,€ \cdot x_3 = 160{,}54\,\text{Mio.}\,€.$$

Lösung von Aufgabe 3.13

Wir benutzen Definition 3.34 und erhalten

$$D_{Gap}(r) = D_A(r) - \frac{PV_L(r)}{PV_A(r)} D_L(r) = 7 - \frac{180\,€}{200\,€}13 = -4{,}7.$$

Für den zweiten Teil der Aufgabe nutzen wir (3.35) und erhalten

$$\frac{\triangle EM}{PV_A(0{,}03)} = \frac{EM\,(0{,}03 + \triangle r) - EM\,(r)}{PV_A(0{,}03)} \approx -D_{Gap}(0{,}03)\frac{\triangle r}{1{,}03}$$

$$= 4{,}7\frac{0{,}01}{1{,}03} = 0{,}0456 = 4{,}56\,\%.$$

8.4 Aufgaben zu Kap. 4

Lösung von Aufgabe 4.1

a) Die Renditen sind

Periode	-2	-1	0
Rendite Asset 1	0,4458	$-0,1667$	$-0,1$
Rendite Asset 2	0,1538	$-0,3333$	0,2125

Daraus folgt $\mu_1 = 0,0597$, $\mu_2 = 0,011$, $\sigma_1^2 = 0,1129$ und $\sigma_2^2 = 0,0898$.

b) Wir erhalten hiermit für die erwartete Rendite und Varianz des Portfolios mit $x_1 = \frac{1}{4}$ und $x_2 = \frac{3}{4}$ die Werte

$$\mu_p = E[R_p] = \frac{1}{4}\mu_1 + \frac{3}{4}\mu_2 = 0,0232$$

$$\sigma_p^2 = \text{Var}[R_p] = \left(\frac{1}{4}\right)^2 \sigma_1^2 + \left(\frac{3}{4}\right)^2 \sigma_2^2 = 0,0576.$$

c) Aus $\text{Cov}(R_1, R_2) = 0,0505$ folgt für den Korrelationskoeffizienten $\rho_{12} = \frac{\text{Cov}(R_1, R_2)}{\sigma_1 \cdot \sigma_2} = 0,5012$ und somit

$$\sigma_p^2 = \text{Var}[R_p] = \left(\frac{1}{4}\right)^2 \sigma_1^2 + \left(\frac{3}{4}\right)^2 \sigma_2^2 + 2\frac{3}{16}\sigma_1 \cdot \sigma_2 \cdot \rho_{12} = 0,0765.$$

Wir sehen, dass ein positiver Korrelationskoeffizient eine höhere Portfoliovarianz zur Folge hat. Ökonomisch lässt sich dieser Effekt dadurch erklären, dass bei positiver Korrelation die Entwicklungen der beiden Anlagen voneinander abhängen und sich deswegen das Risiko, gemessen anhand der Varianz oder Standardabweichung, verstärkt.

d) Für $\rho_{12} = -0,5$ folgt $\sigma_p^2 = 0,0387$. In diesem Fall ist zu beobachten, dass sich das Risiko im Vergleich zum unkorrelierten Fall in Aufgabenteil b) verringert. Hier gleichen sich gewissermaßen die Ausschläge der Kurse nach oben und unten aus, was zu einer Minderung des Risikos führt. An dieser Stelle sei angemerkt, dass dieser Aufgabenteil nur zu Übungszwecken dient, da die Korrelation immer aus den Daten berechnet wird, wie dieses in Aufgabenteil c) der Fall ist. Auf Grundlage der hier vorliegenden historischen Daten wäre eine Approximation der Korrelation durch $-0,5$ kaum zu rechtfertigen.

Lösung von Aufgabe 4.2

a) Die Renditen lauten

Periode	-2	-1	0
Rendite Asset 1	0,25	0,2	0,25
Rendite Asset 2	$-0,0556$	$-0,0588$	0,25

Daraus folgt $\mu_1 = 0,2333$, $\mu_2 = 0,0452$, $\sigma_1^2 = 0,0008$ und $\sigma_2^2 = 0,0315$. Wir erhalten hiermit für die erwartete Rendite und Varianz des Portfolios für die Investmentanteile x_1 und $x_2 = 1 - x_1$ als

$$\mu_p(x_1) = x_1 \cdot \mu_1 + (1 - x_1) \cdot \mu_2 = 0,2333 x_1 + 0,0452 (1 - x_1) \tag{8.11}$$

$$\sigma_p^2(x_1) = 0,0008 x_1^2 + 0,0315 (1 - x_1)^2. \tag{8.12}$$

b) Für die Bedingung erster Ordnung

$$\frac{d\sigma_p^2}{dx_1} = 2 \cdot 0,0008 x_1 - 2 \cdot 0,0315 (1 - x_1) = 0$$

schließen wir $x_1^* = 0,9752$ aus (8.12).

c) Es folgt $\sigma_{MVP}^2 = \sigma_p^2\left(x_1^*\right) = \sigma_p^2(0,9752) = 0,0008$. Wir erhalten schließlich

$$\sigma_{MVP} := \sqrt{\sigma_p^2\left(x_1^*\right)} = 0,0285$$
$$\mu_{MVP} := \mu_p\left(x_1^*\right) = 0,2285.$$

d) Anwendung von Satz 4.12 führt zu

$$\mu_p = 0,2285 + \sqrt{1,096\sigma_p^2 - 0,0009}.$$

Zusatzaufgabe: Verifizieren Sie diesen effizienten Rand durch händische Umformung des Gleichungssystems bestehend aus (8.11) und (8.12) und Substituierung von x_1. Dieses Vorgehen haben wir auch genutzt, um (4.10) zu berechnen.

e) Die Shortfallrestriktion im (σ, μ)-Diagramm lautet

$$\mu = N_{0,911} \cdot \sigma_p.$$

Aus der Tabelle der Standardnormalverteilung in Abschn. 7.3 des Anhangs erhalten wir auf vier Nachkommastellen gerundet $N_{0,911} = 1,3469$. Somit ist die Gleichung

$$0,045 + \sqrt{0,6\sigma_p^2 - 0,0009} = 1,3469\sigma_p$$

nach σ_p aufzulösen. Anwendung der quadratischen Lösungsformel führt zu den beiden Lösungen $\sigma_1^* = 0,0408$ und $\sigma_2^* = 0,059$. Der EV-Investor wählt $\sigma^* = \sigma_2^* = 0,0590$ und kann deshalb die Rendite

$$\mu^* = 1,3469\sigma^* = 0,0795$$

erreichen. Es wird folglich die Kombination

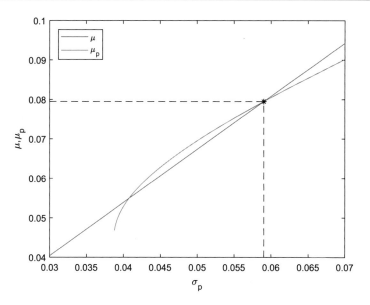

Abb. 8.2 Shortfallgerade und effizienter Rand

$$\left(\sigma^*; \mu^*\right) = (0{,}059; 0{,}0795)$$

gewählt, die in Abb. 8.2 den Schnittpunkt rechts darstellt.

f) Wir bestimmen die Tangente an den bisherigen effizienten Rand. Für die Steigung erhalten wir

$$\frac{\mathrm{d}\mu}{\mathrm{d}\sigma_p} = 0{,}6\sigma_p \cdot \left(0{,}6\sigma_p^2 - 0{,}0009\right)^{-\frac{1}{2}}$$

Wir werten die Steigung an der Stelle $\sigma^* = 0{,}059$ aus und bekommen

$$\frac{\mathrm{d}\mu}{\mathrm{d}\sigma_p}\,(0{,}059) = 1{,}0264.$$

Diese Steigung muss nun der Steigung m der Effizienzgeraden $\mu = r_0 + m\sigma$ entsprechen, die die Menge aller erreichbaren $(\sigma; \mu)$-Kombinationen bei Existenz der risikofreie Anlage darstellt. Laut Aufgabenstellung soll weiterhin $(\sigma^*; \mu^*) = (0{,}059; 0{,}0795)$ optimal sein, woraus insgesamt folgt

$$0{,}0795 = r_0 + 1{,}0264 \cdot 0{,}059.$$

Wir erhalten somit für den sicheren Zins $r_0 = 0{,}0189$.
In Abb. 8.3 ist die Tangente an den alten effizienten Rand im Punkt $(\sigma^*; \mu^*) = (0{,}059; 0{,}0795)$ eingezeichnet.

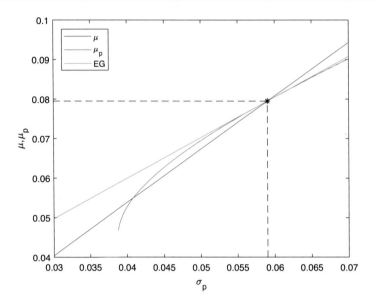

Abb. 8.3 Effizienzgerade (EG) bei sicherer Anlage

Lösung von Aufgabe 4.3

a) Die Rendite ist

$$\tilde{R} = x \cdot R_p + (1 - x) \cdot r_0.$$

Wir wissen, dass ein rationaler Investor die größtmögliche Überrendite erwirtschaften möchte. Daher wird das Tangentialportfolio mit der Rendite R_T für die Portfoliorendite des risikobehafteten Portfolios gewählt, wie in der Herleitung zu (4.25) nachzulesen ist. Somit hat das Portfolio folgende Struktur

$$\tilde{R} = x \cdot R_T + (1 - x) \cdot r_0,$$

wobei x der Anteil des Investments in das Tangentialportfolio und $1 - x$ der Investment anteil in die sichere Anlage darstellt.

b) Die erwartete Rendite lautet

$$\tilde{\mu} = x \cdot \mu_T + (1 - x) \cdot r_0 = r_0 + x \cdot (\mu_T - r_0)$$

und wir erhalten

$$x = \frac{\tilde{\mu} - r_0}{\mu_T - r_0} \quad \text{und} \quad 1 - x = \frac{\mu_T - \tilde{\mu}}{\mu_T - r_0}.$$

Lösung von Aufgabe 4.4

a) Wie bereits in den Gl. (4.6) und (4.7) für den Spezialfall von unkorrelierten Assets gezeigt, stellen wir nun für den allgemeinen Fall korrelierter Assets die Rendite und Varianz des Portfolios in Abhängigkeit des Investmentgewichts x_1 dar. Wir erhalten für die erwarte Rendite

$$\mu_p(x_1) = x_1 \cdot \mu_1 + (1 - x_1) \cdot \mu_2 \tag{8.13}$$

und für die erwartete Varianz

$$\sigma_p^2(x_1) = x_1^2 \cdot \sigma_1^2 + (1 - x_1)^2 \cdot \sigma_2^2 + 2x_1 \cdot (1 - x_1) \cdot \rho_{12} \cdot \sigma_1 \cdot \sigma_2. \tag{8.14}$$

Die varianzminimale Mischung x_1^* ergibt sich aus der Minimierung von (8.14). Somit müssen wir die Lösung von

$$\frac{d\sigma_p^2}{dx_1} = 0$$

bestimmen und erhalten

$$0 = 2x_1 \cdot \sigma_1^2 - 2(1 - x_1) \cdot \sigma_2^2 + 2\rho_{12} \cdot \sigma_1 \cdot \sigma_2 - 4x_1 \cdot \rho_{12} \cdot \sigma_1 \cdot \sigma_2.$$

Hieraus folgt durch Auflösen nach x_1 für die varianzminimale Position

$$x_1^* = \frac{\sigma_2^2 - \rho_{12} \cdot \sigma_1 \cdot \sigma_2}{\sigma_1^2 + \sigma_2^2 - 2\rho_{12} \cdot \sigma_1 \cdot \sigma_2}. \tag{8.15}$$

b) Aufgrund der Eigenschaften und Rechenregeln für Varianzen von zwei korrelierten Zufallsgrößen R_1 und R_2 gilt stets

$$\mathrm{Var}[R_1 - R_2] = \sigma_1^2 + \sigma_2^2 - 2\rho_{12} \cdot \sigma_1 \cdot \sigma_2.$$

Dieser Ausdruck ist der Nenner von (8.15) und somit ist zu prüfen, ob $\mathrm{Var}[R_1 - R_2] > 0$ gilt. Diese Ungleichung ist erfüllt, wenn nicht $R_1 - R_2 = z$ ist, wobei z eine beliebige Konstante ist. Der Ausdruck $R_1 - R_2 = z$ ist äquivalent zu $R_1 = R_2 + z$, was impliziert, dass R_1 und R_2 linear abhängig sind. Dieses ist jedoch nach Voraussetzung der Aufgabe nicht möglich, da $-1 < \rho_{12} < 1$ gefordert ist.

c) Aus der Voraussetzung $x_1^* = \tilde{x}_1$ folgt mit (8.15)

$$\sigma_2^2 - \rho_{12} \cdot \sigma_1 \cdot \sigma_2 = \tilde{x}_1 \cdot \left(\sigma_1^2 + \sigma_2^2 - 2\rho_{12} \cdot \sigma_1 \cdot \sigma_2\right),$$

was vereinfacht werden kann zu

$$\rho_{12} \cdot (2\tilde{x}_1 \cdot \sigma_1 \cdot \sigma_2 - \sigma_1 \cdot \sigma_2 \cdot) = \tilde{x}_1 \cdot \sigma_1^2 + \tilde{x}_1 \cdot \sigma_2^2 - \sigma_2^2.$$

Umformen nach ρ_{12} ergibt

$$\rho_{12} = \frac{\tilde{x}_1 \cdot \sigma_1^2 - (1 - \tilde{x}_1) \cdot \sigma_2^2}{(2\tilde{x}_1 - 1) \cdot \sigma_1 \cdot \sigma_2}. \tag{8.16}$$

d) Der Nenner in (8.16) wird Null, wenn $(2\tilde{x}_1 - 1) \cdot \sigma_1 \cdot \sigma_2 = 0$, was offensichtlich für $\tilde{x}_1 = \frac{1}{2}$ der Fall ist.

e) In Aufgabenteil a) ergibt sich aus (8.15) mit $\rho_{12} \cdot \sigma_1 \cdot \sigma_2 = \mathrm{Cov}\,(R_1, R_2)$

$$x_1^* = \frac{\sigma_2^2 - \mathrm{Cov}\,(R_1, R_2)}{\sigma_1^2 + \sigma_2^2 - 2\mathrm{Cov}\,(R_1, R_2)}. \tag{8.17}$$

Mit $x_1^* = \frac{1}{4}$ folgt aus (8.17)

$$4\sigma_2^2 - 4\mathrm{Cov}\,(R_1, R_2) = \sigma_1^2 + \sigma_2^2 - 2\mathrm{Cov}\,(R_1, R_2)$$

und schließlich

$$\mathrm{Cov}\,(R_1, R_2) = \frac{3}{2}\sigma_2^2 - \frac{1}{2}\sigma_1^2.$$

Lösung von Aufgabe 4.5

a) Die Shortfallrestriktion im (σ, μ)-Raum lautet

$$\mu = z + N_{1-\alpha} \cdot \sigma_p. \tag{8.18}$$

b) Der effizienten Rand $\mu_p = r_0 + \sqrt{h + SR_{MVP}^2} \cdot \sigma_p$ und die Shortfallbedingung aus (8.18) lassen sich durch zwei Geraden im (σ, μ)-Raum darstellen, siehe Abb. 8.4.

c) Ein optimales Portfolio existiert, wenn sich die beiden Geraden aus Aufgabenteil b) schneiden. Da laut Annahme für die Mindestrendite der Shortfallrestriktion $z < r_0$ gilt, muss die Steigung der Shortfallgerade höher als die Steigung des effizienten Randes sein. Darum muss also die Bedingung

$$\sqrt{h + SR_{MVP}^2} < N_{1-\alpha}$$

erfüllt sein.

d) Um den Schnittpunkt der beiden Geraden zu berechnen, setzen wir diese gleich und erhalten

$$z + N_{1-\alpha} \cdot \sigma_p = r_0 + \sqrt{h + SR_{MVP}^2} \cdot \sigma_p.$$

Auflösen dieser Gleichung nach σ_p liefert die Standardabweichung σ^* des optimalen Portfolios

$$\sigma^* = \frac{r_0 - z}{N_{1-\alpha} - \sqrt{h + SR_{MVP}^2}}.$$

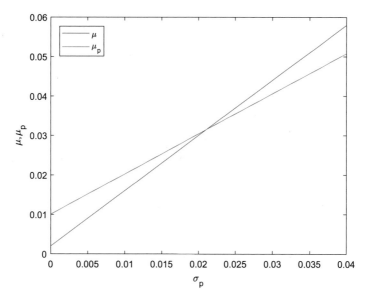

Abb. 8.4 Shortfallgerade und effizienter Rand

Die erwartete Rendite des optimalen Portfolios μ^* kann durch Einsetzen in die Short-fallgerade berechnet werden und wir erhalten

$$\mu^* = z + N_{1-\alpha} \cdot \sigma^* = z + N_{1-\alpha} \frac{r_0 - z}{N_{1-\alpha} - \sqrt{h + SR^2_{MVP}}}$$

Äquivalent kann μ^* durch Einsetzen von σ^* in den effiziente Rand bestimmt werden. Dies führt zu

$$\mu^* = r_0 + \sqrt{h + SR^2_{MVP}} \cdot \sigma^* = r_0 + \sqrt{h + SR^2_{MVP}} \frac{r_0 - z}{N_{1-\alpha} - \sqrt{h + SR^2_{MVP}}}.$$

Lösung von Aufgabe 4.6

a) Die Präferenzfunktion ist eine monoton steigende Funktion in der erwarteten Portfolio-rendite und monoton fallend in der erwarteten Portfoliovarianz. Beides ist ökonomisch intuitiv, da zum einen eine höhere Rendite einen höheren Nutzen stiftet und zum ande-ren ein höheres Risiko, gemessen durch die Varianz, einen negativen Einfluss auf die Bewertung eines Portfolios haben sollte. Die Höhe des Einflusses des Risikos auf die Präferenzfunktion wird durch den subjektiven Risikoaversionsparameter a beschrieben. Je höher dieser Parameter ist, desto risikoscheuer ist auch der Investor.

b) Die Maximierung der Präferenzfunktion und die daraus resultierende Bedingung erster Ordnung

$$\frac{dV(x_1)}{dx_1} = 0$$

führt zu dem optimalen Investmentgewicht von Asset 1

$$x_1^* = \frac{2\alpha \cdot (\sigma_{12} - \sigma_2^2) - (\mu_1 - \mu_2)}{4\alpha \cdot \sigma_{12} - 2\alpha \cdot (\sigma_1^2 + \sigma_2^2)}.$$

c) Das Arrow-Pratt Maß $ARA(x) := -\frac{u''(x)}{u'(x)}$ lautet in diesem Fall

$$ARA(x) = \frac{-2\alpha \cdot (\sigma_1^2 + \sigma_2^2 - 2\sigma_{12})}{\mu_1 - \mu_2 - 2\alpha \cdot (-\sigma_2^2 + \sigma_{12}) + 2\alpha \cdot x_1 \cdot (\sigma_1^2 + \sigma_2^2 - 2\sigma_{12})}.$$

Details zu dieser Übung sind in Beispiel 4.17 zu finden.

Lösung von Aufgabe 4.7

a) Die Tangentialgerade hat die Form

$$\mu = r_0 + m \cdot \sigma = 0{,}1 + m \cdot \sigma$$

Die Schnittpunkte dieser Gerade mit dem effizienten Rand kann durch Gleichsetzen bestimmt werden und wir erhalten

$$0{,}12 + \sqrt{0{,}1\sigma^2 - 0{,}015} = 0{,}1 + m \cdot \sigma.$$

Umformen und Umsortieren nach den Potenzen von σ fürt zu der quadratischen Gleichung

$$(m^2 - 0{,}1) \cdot \sigma^2 - 0{,}04\,m \cdot \sigma + 0{,}0154 = 0$$

Wenn wir dies mit der allgemeinen quadratischen Gleichung

$$A \cdot \sigma^2 + B \cdot \sigma + C = 0$$

lösen und die quadratische Lösungsformel anwenden, erhalten wir mit $\sigma_{1,2} = \frac{-B \pm \sqrt{B^2 - 4AC}}{2A}$ schließlich

$$\sigma_{1,2} = \frac{0{,}04\,m \pm \sqrt{0{,}0016\,m^2 - 4\,(m^2 - 0{,}1) \cdot 0{,}0154}}{2\,(m^2 - 0{,}1)}. \tag{8.19}$$

Da die Tangente bestimmt werden soll, darf es nur eine Lösung geben, das heißt $B^2 = 4A \cdot C$ oder in unserem expliziten Fall

$$0{,}0016\,m^2 = 4\left(m^2 - 0{,}1\right) \cdot 0{,}0154.$$

Daraus folgt $m^2 = \frac{0{,}00616}{0{,}06}$ und letztendlich ergibt sich für die Steigung $m = 0{,}3204$. Somit lautet die Tangentialgerade

$$\mu = 0{,}1 + 0{,}3204 \cdot \sigma$$

b) Aus (8.19) bestimmen wir die Standardabweichung des Tangentialportfolios, die wir mit σ_T bezeichnen. Da die Wurzel mit der Argumentation aus Aufgabenteil b) gleich Null ist, erhalten wir

$$\sigma_T = \frac{0{,}04\,m}{2\left(m^2 - 0{,}1\right)} = \frac{0{,}04 \cdot 0{,}3204}{2\left(0{,}3204^2 - 0{,}1\right)} = 2{,}4031.$$

Durch Einsetzen in (8.4) bekommen wir die Rendite des Tangentialportfolios

$$\mu_T = 0{,}1 + 0{,}3204 \cdot \sigma_T = 0{,}1 + 0{,}3204 \cdot 2{,}4031 = 0{,}87.$$

Wir sehen, dass diese Aufgabe zu Übungszwecken konstruiert ist, weil in der Realität wohl kaum eine Rendite von 87 % zu erwarten ist. Da in unserem Beispiel der sichere Zins bereits 10 % ist, kann sich jedoch ein derartiges Ergebnis einstellen. Abb. 8.5 visualisiert die Aufgabe.

c) Um eine Rendite von $0{,}25$ zu erzielen müssen wir unser Investment anteilig aus dem Tangentialportfolio und der sicheren Anlage zusammenstellen. Bezeichne x den Anteil des Investments in die sichere Anlage, so ist die Gleichung

$$0{,}25 = 0{,}1x + (1 - x) \cdot 0{,}87$$

zu lösen. Daraus folgt $x = 0{,}805$ und $1 - x = 0{,}195$, was bedeutet, dass wir 80,5 % des Investments in die sichere Anlage investieren und 19,5 % in das Tangentialportfolio.

Lösung von Aufgabe 4.8

a) Aufgrund der Annahme $\rho_{12} = 1$ ist die Portfoliovarianz

$$\sigma_p^2(x_1) = x_1^2 \cdot \sigma_1^2 + (1 - x_1)^2 \cdot \sigma_2^2 + 2x_1 \cdot (1 - x_1) \cdot \sigma_1 \cdot \sigma_2. \tag{8.20}$$

Aus der Bedingung erster Ordnung

$$\frac{\mathrm{d}\sigma_p^2}{\mathrm{d}x_1} = 0$$

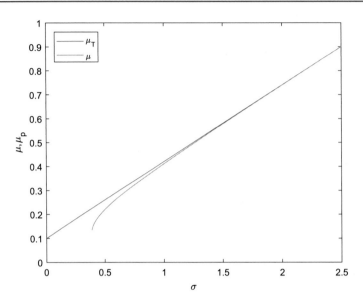

Abb. 8.5 Effiziente Rand (schwarz) und Tangetialgerade (blau)

folgt

$$0 = 2x_1 \cdot \sigma_1^2 - 2(1 - x_1) \cdot \sigma_2^2 + 2\sigma_1 \cdot \sigma_2 - 4x_1 \cdot \sigma_1 \cdot \sigma_2.$$

Durch Auflösen nach x_1 erhalten wir

$$x_1^* = \frac{\sigma_2^2 - \sigma_1 \cdot \sigma_2}{\sigma_1^2 + \sigma_2^2 - 2\sigma_1 \cdot \sigma_2} = \frac{\sigma_2}{\sigma_2 - \sigma_1}.$$

Mit $x_2^* = 1 - x_1^*$ ist der Investmentanteil für die zweite Anleihe

$$x_2^* = 1 - x_1^* = 1 - \frac{\sigma_2}{\sigma_2 - \sigma_1} = -\frac{\sigma_1}{\sigma_2 - \sigma_1}.$$

Wir sehen, dass $x_1^* > 0$ und $x_2^* < 0$ sind. Somit wird Aktie 2 leerverkauft.

b) Wir formen zunächst (8.20) mithilfe der binomischen Formel um und erhalten

$$\sigma_p^2(x_1) = (x_1 \cdot \sigma_1 + (1 - x_1) \cdot \sigma_2)^2.$$

Durch Einsetzen folgt

$$\sigma_p^2\left(x_1^*\right) = \left(x_1^* \cdot \sigma_1 + \left(1 - x_1^*\right) \cdot \sigma_2\right)^2 = \left(\frac{\sigma_2}{\sigma_2 - \sigma_1}\sigma_1 - \frac{\sigma_1}{\sigma_2 - \sigma_1}\sigma_2\right)^2 = 0.$$

Es sei hier die ökonomisch relevante Anmerkung gegeben, dass bei zugelassenen Leerverkäufen und perfekter Korrelation eine Portfoliovarianz in Höhe von Null erreicht wird.

c) Da das in Aufgabenteil b) errechnete varianzminimale Portfolio eine Varianz von Null aufweist, muss die Rendite dieses Portfolios gerade der Rendite der risikofreien Anlage mit Rendite r_0 betragen. Die bindende Annahme ist hier, dass die Arbitrage-Freiheit gilt (siehe dazu auch Abschn. 2.4).

8.5   Aufgaben zu Kap. 5

Lösung von Aufgabe 5.1

a) Zum Zeitpunkt $t = 0$ leiht man sich am Markt $P \cdot 1{,}01^{-4}$, um sich eine Anleihe zu kaufen. In $t = 4$ muss dann $P \cdot 1{,}01^{-4} \cdot 1{,}01^4 = P$ zurückgezahlt werden. Damit keine Arbitrage-Möglichkeit besteht, muss der Nominalwert der Nullcouponanleihe also genau der Preis P sein.

b) Zum Zeitpunkt $t = 0$ wird dieses Mal ein Kredit der Höhe $P \cdot 1{,}01^{-2}$ aufgenommen und in $t = 2$ muss dann P zurückgezahlt werden. In $t = 1$ erhält der Investor einen Coupon von C, welcher für eine Periode verzinst werden kann und in $t = 2$ somit $1{,}01C$ entspricht. Außerdem wird in $t = 2$ ein weiterer Coupon der Höhe C ausbezahlt. Für Arbitrage-Freiheit muss also gelten $P = 2{,}01C$.

Lösung von Aufgabe 5.2

a) Es ergibt sich gerundet auf vier Nachkommastellen die folgende Tabelle:

	€	$	CHF
€	1,0000	1,0976	1,1200
$	0,9111	1,0000	1,0204
CHF	0,8929	0,9800	1,0000

b) Wiederum runden wir auf vier Nachkommastellen außer für den Yen, wo wir (ausnahmsweise) nur zwei Nachkommastellen verwenden:

	€	$	CHF	¥
€	1,0000	1,2048	1,0268	120
$	0,8300	1,0000	1,0526	99,60
CHF	0,7885	0,9500	1,0000	94,62
¥	0,0083	0,0100	0,0106	1,0000

Lösung von Aufgabe 5.3

Es gilt

$$E[X] = \frac{1}{3} \cdot 110\,€ + \frac{2}{3} \cdot 95\,€ = 100\,€.$$

Die Varianz berechnet sich als

$$\text{Var}[X] = \frac{1}{3} \cdot (110\,€ - 100\,€)^2 + \frac{2}{3} \cdot (95\,€ - 100\,€)^2 = 50\,€^2.$$

Der Erwartungswert $E[X]$ gleicht genau dem Marktwert $S(0)$, was auf eine risikoneutrale Sicht der Investoren schließen lässt.

Lösung von Aufgabe 5.4

Wir berechnen

$$E[S(1)] = 0{,}3 \cdot 110\,€ + 0{,}7 \cdot 90\,€ = 96\,€$$

sowie

$$E[S(2)] = 0{,}3 \cdot 0{,}3 \cdot 140\,€ + (0{,}3 \cdot 0{,}7 + 0{,}7 \cdot 0{,}3) \cdot 100\,€ + 0{,}7 \cdot 0{,}7 \cdot 80\,€ = 93{,}80\,€.$$

Falls wir wissen, dass der Aktienkurs in $t = 1$ gestiegen ist, muss die bedingte Erwartung

$$E[S(2)|S(1) = 110\,€] = 0{,}3 \cdot 140\,€ + 0{,}7 \cdot 100\,€ = 112\,€$$

bestimmt werden.

Lösung von Aufgabe 5.5

Weil $x < 28\,€$ ist, muss es dem Fall einer zweimaligen Bewegung $(1 + d)$ entsprechen. Dies führt zum Gleichungssystem

$$32\,€ = S(0) \cdot (1 + u)^2$$
$$28\,€ = S(0) \cdot (1 + u) \cdot (1 + d)$$
$$x = S(0) \cdot (1 + d)^2.$$

Wir berechnen hiermit

$$\frac{32\,€}{28\,€} = \frac{1 + u}{1 + d} = \frac{28\,€}{x}$$

und erschließen $x = 28^2/32 = 24{,}50\,€$. Obwohl x eindeutig bestimmt wurde, ist die Vervollständigung insgesamt jedoch nicht eindeutig, weil für jeden Wert $S(0) > 0$ passende Werte von u und d errechnet werden können.

Lösung von Aufgabe 5.6

Damit das Ergebnis $S(4) = (1 + u)^3 \cdot (1 + d)$ entspricht, muss der Aktienkurs drei Mal gestiegen und ein Mal gefallen sein. Für dieses Szenario gibt es vier verschiedene Kombinationsmöglichkeiten (in $t = 1$ gesunken oder in $t = 2$ gesunken oder ...). Es gibt also vier Pfade durch den Binomialbaum, die jeweils die Wahrscheinlichkeit $p^3 \cdot (1 - p)$ besitzen. Insgesamt ergibt sich folglich die Wahrscheinlichkeit

$$P(S(4)) = (1 + u)^3 \cdot (1 + d) = 4 \cdot p^3 \cdot (1 - p).$$

Allgemein liegt eine Binomialverteilung zugrunde. Daher stammt auch der Name Binomialbaum.

Lösung von Aufgabe 5.7

Die Put Option mit Ausübungspreis 80 € hat in $t = 1$ das Auszahlungsprofil

$$P(1) = \begin{cases} 30 \, \text{€} & \text{falls die Aktie steigt} \\ 10 \, \text{€} & \text{falls die Aktie fällt.} \end{cases}$$

Dieses Auszahlungsprofil soll mit x Anteilen des Bonds und mit y Anteilen der Aktie repliziert werden. Dies führt auf das Gleichungssystem

$$30 \, \text{€} = 105 \, \text{€} \cdot x + 110 \, \text{€} \cdot y$$
$$10 \, \text{€} = 105 \, \text{€} \cdot x + 90 \, \text{€} \cdot y,$$

dessen Lösung $y = 1$, $x = -0{,}7619$ ist. Das Gesetz des einen Preises, Satz 5.5, impliziert

$$P(0) = -0{,}7619 \cdot 100 \, \text{€} + 100 \, \text{€} \cdot 1 = 23{,}81 \, \text{€}$$

als Preis für den Put.

Lösung von Aufgabe 5.8

Analog zu Beispiel 5.15 ergibt sich als Auszahlungsprofil für die Call Option

$$C(1) = \begin{cases} 10 \, \text{€} & \text{falls die Aktie steigt} \\ 0 \, \text{€} & \text{falls die Aktie fällt.} \end{cases}$$

Wiederum soll dieses Auszahlungsprofil mit x Anteilen der Staatsanleihe und mit y Anteilen der Aktie repliziert werden. Wenn der Zins den Wert $r > 0$ besitzt, ist folglich das Gleichungssystem

$$10 \, \text{€} = 100 \, \text{€} \cdot (1 + r) \cdot x + 110 \, \text{€} \, y$$
$$0 \, \text{€} = 100 \, \text{€} \cdot (1 + r) \cdot x + 90 \, \text{€} \, y,$$

zu lösen. Als Lösung erhalten wir $y = \frac{1}{2}$ und $x = -\frac{45}{100(1+r)}$. Mit dem Gesetz des einen Preises, Satz 5.5, berechnen wir den Preis der Call Option als

$$C(0) = -\frac{45\,\text{€}}{100\,\text{€} \cdot (1+r)} \cdot 100\,\text{€} + 100\,\text{€} \cdot \frac{1}{2} = 50\,\text{€} - \frac{45\,\text{€}}{1+r}.$$

Der Graph der Funktion in Abhängigkeit von r ist in Abb. 8.6 zu sehen.

Lösung von Aufgabe 5.9

Die Put-Call-Parität, Satz 5.18, lautet

$$C(0) = S(0) - A(0) + P(0).$$

Wegen $S(0) = 80\,\text{€}$ und $A(0) = 100\,\text{€}$ ergibt sich als Preis des Calls

$$C(0) = 80\,\text{€} - 100\,\text{€} + 25\,\text{€} = 5\,\text{€}$$

beziehungsweise

$$C(0) = 80\,\text{€} - 100\,\text{€} + 35\,\text{€} = 15\,\text{€}.$$

Der risikofreie Zins war für unsere Berechnungen damit unerheblich.

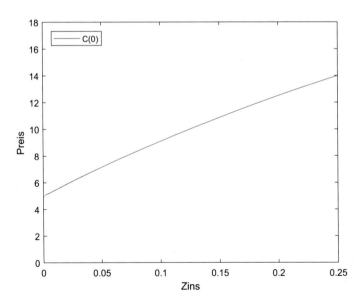

Abb. 8.6 Abhängigkeit Call Preis von Zins r

Lösung von Aufgabe 5.10

a) Bei einem Protective Put wird neben einer Aktie ein Put erworben. Das Ziel dieses Hedges ist es, sich gegen mögliche Kursverluste des Underlyings, also der Aktie, abzusichern, denn es wird sichergestellt, dass die Aktie zu einem Zielkurs verkauft werden kann.

b) Beim Protective Put werden sowohl die Aktie als auch der Put gekauft. Der Gesamtpreis beträgt $85\,€ + 2{,}80\,€ = 87{,}80\,€$. In $T = 1$ ergibt sich die Auszahlung

$$P(1) + S(1) = \max(0\,€, 80\,€ - S(1)) + S(1) = \max(80\,€, S(1)).$$

Hiervon muss laut Aufgabenstellung der (aufgezinste) Kaufpreis $87{,}80\,€ \cdot 1{,}02 = 89{,}56\,€$ abgezogen werden, woraus sich als Gesamt-Auszahlungsfunktion

$$\max(80\,€, S(1)) - 89{,}56\,€ = \max(-9{,}56\,€, S(1) - 89{,}56\,€)$$

herleitet. Diese ist in Abb. 8.7 graphisch dargestellt

Lösung von Aufgabe 5.11

a) Beim Covered Call wird die Short-Position eines Calls durch den Kauf einer Aktie (long) abgesichert. Ein Covered Call schützt einen Call vor einem explodierenden Kursanstieg der Aktie, in welchem Fall die Ausübung der Call Option für den Verkäufer sehr teuer werden würde. Hingegen werden Kursverluste der Aktie voll mitgenommen, worin eine Gefahr dieser Anlagestrategie liegt.

b) Der Händler verkauft einen Call zum Preis von $12{,}60\,€$ und kauft eine Aktie für $100\,€$. Insgesamt werden in $t = 0$ als $100\,€ - 12{,}60\,€ = 87{,}40\,€$ ausgegeben. Dies entspricht

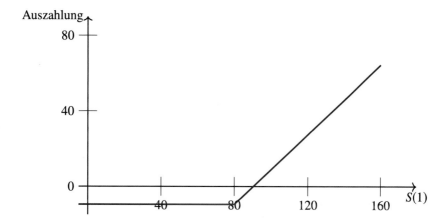

Abb. 8.7 Auszahlungsfunktion des Protective Puts

in $t = 1$ einem Wert von $87{,}40\,€ \cdot 1{,}02 = 89{,}15€$. Das Gesamt-Auszahlungsprofil des Covered Calls inklusive der Investition ist folglich

$$S(1) - C(1) - 89{,}15\,€ = S(1) - \max(0\,€, S(1) - 110\,€) - 89{,}15\,€$$
$$= \min(S(1) - 89{,}15\,€, 20{,}85\,€).$$

Die Situation wird in Abb. 8.8 veranschaulicht.

Lösung von Aufgabe 5.12

Mit der partiellen Ableitung erhalten wir

$$\frac{\partial C}{\partial S} = 2a \cdot S.$$

An der Stelle $S = 1$ gilt folglich $\Delta(C) = 2a$. Für den Ansatz aus Beispiel 5.22 stellen wir als Erstes fest, dass, wenn der Preis der Aktie von $1\,€$ auf $2\,€$ steigt, der Preis des Calls von $a\,€$ auf $4a\,€$ steigt. Damit ergibt sich

$$\Delta(C) = \frac{4a - a}{2 - 1} = 3a.$$

Ein Delta-Hedge (wie bisher) könnte beispielsweise wie folgt funktionieren: Ein Investor verkauft 100 Call Optionen zum Preis von $100 \cdot a \cdot S^2$. Das hiermit einhergehende Risiko federt er dann dadurch ab, dass er $100 \cdot 2a \cdot S = 200a \cdot S$ Aktien kauft. Der Delta-Hedge

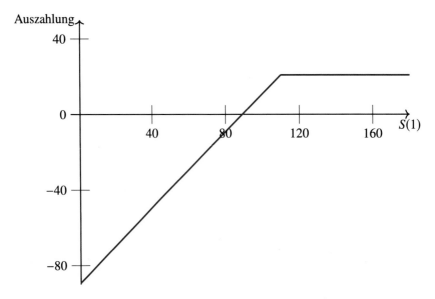

Abb. 8.8 Auszahlungsfunktion des Covered Calls

entspricht in diesem Fall also einem Covered Call. Wird die Näherung über den Differenzenquotienten verwendet, so werden $300\,aS$ Aktien gekauft.

Lösung von Aufgabe 5.13

a) Wir stellen die Put-Call-Parität, Satz 5.18, um, und erhalten

$$P(0) = C(0) + K \cdot e^{-r \cdot T} - S(0).$$

Durch Einsetzen findet man

$$P(0) = 10\,€ + 100\,€ \cdot e^{-0,02 \cdot 0,25} - 100\,€ = 9,50\,€$$

als Preis für den Put.

b) Wenn ein großer Kurssprung erwartet wird, bietet es sich an, jeweils einen Call und einen Put zu kaufen. Der Call wird eingesetzt, falls ein Kurssprung nach oben erfolgt und der Put, falls der Kurs nach unten springt. Der Gesamtpreis hierfür beträgt laut der Angabe und Aufgabenteil a)

$$10\,€ + 9,50\,€ = 19,50\,€.$$

Die Strategie ist also erfolgreich, das heißt bringt einen Gewinn, wenn der Kurssprung – egal in welche Richtung – mindestens 19,50 € beträgt. Wenn zusätzlich berücksichtigt wird, dass die 19,50 € zu 2 % hätten verzinst werden können, so müsste der Kurssprung sogar $19,50\,€ \cdot 1,02^{1/4} = 19,60\,€$ betragen.

8.6 Aufgaben zu Kap. 6

Lösung von Aufgabe 6.1

Die risikoneutrale Wahrscheinlichkeit berechnet sich nach Satz 6.2 als

$$p^* = \frac{0,02 - (-0,005)}{0,04 - (-0,005)} = \frac{5}{9} = 0,5556.$$

Lösung von Aufgabe 6.2

Laut Satz 6.2 gilt für die risikoneutrale Wahrscheinlichkeit im Binomial-Modell die Formel

$$p^* = \frac{r - d}{u - d}.$$

Nehmen wir als Erstes an, dass $d < r < u$ gilt. Dann ist

$$0 = \frac{d - d}{u - d} < \frac{r - d}{u - d} = p^* < \frac{u - d}{u - d} = 1$$

und es gilt die behauptete Ungleichung für p^*.

Ist umgekehrt $0 < p^* < 1$, so gilt

$$0 < \frac{r-d}{u-d} < 1.$$

Damit müssen $r-d$ und $u-d$ dasselbe Vorzeichen besitzen. Dies kann eintreten, falls $r < d$ und $u < d$ sind oder falls $r > d$ und $u > d$. Der erste Fall ist jedoch wegen $u > d$ ausgeschlossen. Im zweiten Fall folgt $r-d < u-d$ beziehungsweise $r < u$ und damit $d < r < u$.

Lösung von Aufgabe 6.3

Um zu überprüfen, ob ein vollständiger Finanzmarkt vorliegt, muss der Rang der Matrizen berechnet werden. Dies geschieht am einfachsten mithilfe der Determinante. Falls diese $\neq 0$ ist, dann hat die Matrix vollen Rang. Es gilt

$$\det(\mathbf{X_1}) = 0, \qquad \det(\mathbf{X_2}) = 1.$$

Also definiert X_1 *keinen* vollständigen Finanzmarkt, aber X_2 tut dies. Wir rechnen jetzt folglich mit X_2 weiter. Wegen $r = 0$ liefert die gegebene Marktpreisbedingung das folgende Gleichungssystem für die risikoneutralen Wahrscheinlichkeiten

$$2\,€ = p_1 \cdot 1\,€ + p_2 \cdot 2\,€ + p_3 \cdot (-1\,€)$$
$$5\,€ = p_1 \cdot 3\,€ + p_2 \cdot 5\,€ + p_3 \cdot 3\,€$$
$$2\,€ = p_1 \cdot 3\,€ + p_2 \cdot 3\,€ + p_3 \cdot 14\,€,$$

welches die Lösung $(p_1; p_2; p_3) = (-11\,€; 7\,€; 1\,€)$ hat. Deswegen existiert *keine* risikoneutrale Wahrscheinlichkeit. Andererseits lässt sich der Zahlungsstrom $(10\,€; 3\,€; 5\,€)$ durch die Lösung des Gleichungssystems

$$10\,€ = x \cdot 1\,€ + y \cdot 3\,€ + z \cdot 3\,€$$
$$3\,€ = x \cdot 2\,€ + y \cdot 5\,€ + z \cdot 3\,€$$
$$5\,€ = x \cdot (-1\,€) + y \cdot 3\,€ + z \cdot 14\,€$$

replizieren. Diese ist $(x; y; z) = (481; -244; 87)$. Man muss also 481 Einheiten des ersten Assets sowie 87 Einheiten des dritten Assets kaufen und mit 244 Einheiten des zweiten Assets short gehen.

Lösung von Aufgabe 6.4

a) Zur Lösung dieser Aufgabe wird Korollar 11 verwendet. Es muss überprüft werden, ob

$$Q \cdot X = (1 + r) \cdot P$$

eine positive Lösung besitzt. Aus der Matrix lesen wir $1 + r = 1,25$ ab und suchen die Lösung des Gleichungssystems

$$1 = \frac{1}{1,25} (q_1 \cdot 1,25 + q_2 \cdot 1,25 + q_3 \cdot 1,25)$$

$$3 = \frac{1}{1,25} (q_1 \cdot 3 + q_2 \cdot 2 + q_3 \cdot 1)$$

$$-2 = \frac{1}{1,25} (q_1 \cdot (-1) + q_2 \cdot 4 + q_3 \cdot 1).$$

Diese ist $(q_1; q_2; q_3) = (1,4688; -0,1875; -0,2813)$ und somit nicht positiv. Der Markt ist damit nicht arbitragefrei.

b) Es kann wie in Aufgabenteil a) mit $1 + r = 1,05$ vorgegangen werden. Wir erhalten den *positiven* Vektor

$$(q_1; q_2; q_3) = \left(\frac{243}{760}; \frac{374}{760}; \frac{143}{760} \right),$$

weshalb der Markt arbitragefrei ist.

Lösung von Aufgabe 6.5

Es ist bekanntermaßen $\frac{S(t)}{S(0)}$ eine log-normalverteilte Zufallsvariable mit Parametern

$$\left(\mu - \frac{\sigma^2}{2} \right) \cdot t = -t.$$

und $\sigma \cdot \sqrt{t} = 2\sqrt{t}$. Der Erwartungswert ist deshalb

$$E[S(t)] = S(0) \cdot \exp \left(-t + \frac{\left(2\sqrt{t} \right)^2}{2} \right) = S(0),$$

was man auch direkt aus (6.9) hätte ablesen können. Für die Varianz ergibt sich

$$\text{Var}[S(t)] = E[S(t)]^2 \cdot \left(\exp \left(\sigma^2 \right) - 1 \right) = S(0)^2 \cdot \left(\exp \left(4t \right) - 1 \right).$$

Lösung von Aufgabe 6.6

a) Wir berechnen als Erstes die Wahrscheinlichkeit, dass der Aktienkurs *höchstens* 120€ ist. Dies geschieht durch die Verteilungsfunktion (6.11), also

$$F_5(120) = \Phi_{0,1}\left(\frac{\ln\left(120/90\right) - (0,03 - 0,02^2/2) \cdot 5}{0,02\sqrt{5}}\right) = \Phi_{0,1}\,(3,1010) = 0,9990.$$

Die Wahrscheinlichkeit, dass der Aktienkurs *mindestens* 120 € beträgt, ist darum 0,1 %.

b) Wenn der unbekannte Kurs mit einer Wahrscheinlichkeit von 90 % mindestens angenommen wird, wird dieser mit einer Wahrscheinlichkeit von nur 10 % unterschritten. Es ist also die Gleichung

$$0,1 = \Phi_{0,1}\left(\frac{\ln(x/S_0) - (\mu - \sigma^2/2) \cdot t}{\sigma \cdot \sqrt{t}}\right)$$

nach x aufzulösen. Analog zu Beispiel 6.25 erhalten wir

$$x = S(0)\exp \cdot \left(\sigma \cdot \sqrt{t} \cdot \Phi_{0,1}^{-1}(0,1) + (\mu - \sigma^2/2) \cdot t\right).$$

Einsetzen liefert

$$x = 90 \,€ \cdot \exp\left(0,02 \cdot \sqrt{5} \cdot (-1,28) + (0,03 - 0,02^2/2) \cdot 5\right) = 98,65 \,€.$$

Mit einer Wahrscheinlichkeit von 90 % wird der Kurs also mindestens 98,65 € sein. Dass dieser Wert höher ist als der momentane Kurs von 90 € erklärt sich dadurch, dass ein positiver Drift $\mu > 0$ vorliegt.

Lösung von Aufgabe 6.7

Wegen $S(0) = 1$ ist $S(t)$ im Zeitpunkt $t = 1$ log-normalverteilt mit Parametern μ und σ^2. Der Erwartungswert ist dann gegeben durch

$$E[S(t)] = \exp\left(\mu + \frac{\sigma^2}{2}\right).$$

Es folgt $\mu + \frac{\sigma^2}{2} = 1$ beziehungsweise $\mu = 1 - \frac{\sigma^2}{2}$. Darüber hinaus ist

$$\mathrm{Var}[S(t)] = E[S(t)]^2 \cdot \left(\exp\left(\sigma^2\right) - 1\right).$$

Dies impliziert

$$\exp\left(\sigma^2\right) - 1 = \exp(-1).$$

Umstellen ergibt

$$\sigma = \sqrt{\log(\exp(-1) + 1)} = 0{,}3688.$$

Schließlich ist $\mu = 1 - \frac{\sigma^2}{2} = 0{,}9320$.

Lösung von Aufgabe 6.8

Es ist

$$E[\xi(n)] = \frac{1}{2} \cdot \sqrt{\tau} + \frac{1}{2} \cdot (-\sqrt{\tau}) = 0$$

und

$$\mathrm{Var}[\xi(n)] = \frac{1}{2} \cdot \left(\sqrt{\tau} - 0\right)^2 + \frac{1}{2} \cdot \left(-\sqrt{\tau} - 0\right) = \tau.$$

Für $w_N(t)$ gilt entsprechend

$$E[w_N(t)] = E[\xi(1) + \ldots + \xi(t)] = E[\xi(1)] + \ldots + E[\xi(t)] = 0$$

sowie

$$\mathrm{Var}[w_N(t)] = \mathrm{Var}[\xi(1) + \ldots + \xi(t)] = \mathrm{Var}[\xi(1)] + \ldots + E[\xi(t)] = n \cdot \tau.$$

Lösung von Aufgabe 6.9

a) Weil $W(t)$ normalverteilt ist mit $\mu = 0$ und $\sigma^2 = t$, besitzt die Zufallsvariable die Dichte

$$f(x) = \frac{1}{\sqrt{2\pi \cdot t}} e^{-\frac{x^2}{2t}}.$$

Damit berechnen wir den Erwartungswert und verwenden im vorletzten Schritt die Substitutionsregel für Integrale

$$E\left[e^{-rt} S(t)\right] = S(0) E\left[e^{\sigma \cdot W(t) + (m-r)\cdot t}\right]$$

$$= S(0) \int_{-\infty}^{+\infty} e^{\sigma \cdot x + (m-r)\cdot t} \frac{1}{\sqrt{2\pi \cdot t}} e^{-\frac{x^2}{2t}} \, \mathrm{d}x$$

$$= S(0) \cdot e^{\left(m - r + \frac{1}{2}\sigma^2\right) \cdot t} \int_{-\infty}^{+\infty} \frac{1}{\sqrt{2\pi \cdot t}} e^{-\frac{(x - \sigma \cdot t)^2}{2t}} \, \mathrm{d}x$$

$$= S(0) \cdot e^{\left(m - r + \frac{1}{2}\sigma^2\right) \cdot t} \int_{-\infty}^{+\infty} \frac{1}{\sqrt{2\pi \cdot t}} e^{-\frac{y^2}{2t}} \, \mathrm{d}y$$

$$= S(0) \cdot e^{\left(m - r + \frac{1}{2}\sigma^2\right) \cdot t}.$$

b) Laut Definition ist

$$V(t) = W(t) + \frac{\left(m - r + \frac{1}{2}\sigma^2\right) \cdot t}{\sigma}.$$

Die Rechnung ist dann ähnlich wie in Teil a), nämlich

$$
\begin{aligned}
E_* \left[\mathrm{e}^{-rt} S(t) \right] &= S(0) \cdot E_* \left[\mathrm{e}^{\sigma \cdot W(t) + (m-r) \cdot t} \right] \\
&= S(0) \cdot E_* \left[\mathrm{e}^{\sigma \cdot V(t) - \frac{1}{2} \sigma^2 \cdot t} \right] \\
&= S(0) \int_{-\infty}^{+\infty} \mathrm{e}^{\sigma \cdot x - \frac{1}{2} \sigma^2 \cdot t} \frac{1}{\sqrt{2\pi \cdot t}} \mathrm{e}^{-\frac{x^2}{2t}} \, \mathrm{d}x \\
&= S(0) \int_{-\infty}^{+\infty} \frac{1}{\sqrt{2\pi \cdot t}} \mathrm{e}^{-\frac{(x - \sigma \cdot t)^2}{2t}} \, \mathrm{d}x \\
&= S(0) \int_{-\infty}^{+\infty} \frac{1}{\sqrt{2\pi \cdot t}} \mathrm{e}^{-\frac{y^2}{2t}} \, \mathrm{d}y \\
&= S(0).
\end{aligned}
$$

Lösung von Aufgabe 6.10

Zur Lösung wir die Black-Scholes-Formel, Satz 6.26, herangezogen. Als Erstes werden die beiden Hilfsgrößen

$$
d_1 = \frac{\ln \left(\frac{60}{80} \right) + \left(0{,}04 + \frac{1}{2} 0{,}4^2 \right) 2}{0{,}4\sqrt{2}} = -0{,}0843,
$$

$$
d_2 = \frac{\ln \left(\frac{60}{80} \right) + \left(0{,}04 - \frac{1}{2} 0{,}4^2 \right) 2}{0{,}4\sqrt{2}} = -0{,}6500
$$

berechnet. Die Verteilungsfunktion der Standardnormalverteilung besitzt an diesen beiden Stellen laut Tab. 7.3 die Werte

$$
\Phi_{0,1}(d_1) = 0{,}4664
$$

$$
\Phi_{0,1}(d_2) = 0{,}2579.
$$

Einsetzen in die Black-Scholes-Formel ergibt den Call-Preis

$$
C(0) = 60 \, \text{€} \cdot 0{,}4664 - 80 \, \text{€} \cdot \mathrm{e}^{-0{,}04 \cdot 2} \cdot 0{,}2579 = 8{,}94 \, \text{€}.
$$

Weil der Aktienkurs niedriger ist und der Zins höher, erscheint es sinnvoll, dass der Call Preis deutlich niedriger ist als in Beispiel 6.27.

Lösung von Aufgabe 6.11

Wiederum wird die Black-Scholes-Formel, Satz 6.26, verwendet, um als Erstes den Preis für einen Call zu bestimmen. Schritt für Schritt ergibt sich

$$d_1 = \frac{\ln\left(\frac{100}{80}\right) + \left(0,03 + \frac{1}{2}0,4^2\right) \cdot 5}{0,4\sqrt{5}} = 0,8644,$$

$$d_2 = \frac{\ln\left(\frac{100}{80}\right) + \left(0,03 - \frac{1}{2}0,4^2\right) \cdot 5}{0,4\sqrt{5}} = -0,0300.$$

Die Verteilungsfunktion der Standardnormalverteilung besitzt an diesen beiden Stellen laut Tab. 7.3 die Werte

$$\Phi_{0,1}(d_1) = 0,8063$$

$$\Phi_{0,1}(d_2) = 0,4880.$$

Einsetzen in die Black-Scholes-Formel ermittelt den Call Preis

$$C(0) = 100 \,€ \cdot 0,8063 - 80 \,€ \cdot e^{-0,03 \cdot 5} \cdot 0,4880 = 47,03 \,€.$$

Der Put Preis wird zu guter Letzt mit der Put-Call-Parität, Satz 5.18, bestimmt

$$P(0) = C(0) - S(0) + 80 \,€ \cdot e^{-0,03 \cdot 5} = 47,03 \,€ - 100 \,€ + 75,34 \,€ = 15,88 \,€.$$

Der Put kostet also 15,88 €.

Literatur

Alb07. P. Albrecht, *Grundprinzipien der Finanz- und Versicherungsmathematik: Grundlagen und Anwendungen der Bewertung von Zahlungsströmen*, Schäffer-Poeschel, 2007.

Alb16. P. Albrecht, R. Maurer, *Investment- und Risikomanagement – Modelle, Methoden, Anwendungen*, Schäffer-Poeschel, 2016.

And07. R. Anderegg, *Grundzüge der Geldtheorie und Geldpolitik*, Oldenbourg, 2007.

Ber09. Berkshire Hathaway, *Berkshire's Corporate Performance vs. S&P 500*, 2009.

BFW14. C. Bettels, J. Fabrega, C. Weiß, *Anwendung von Least Squares Monte Carlo (LSMC) im Solvency-II-Kontext – Teil 1*, Der Aktuar, 85–91, 2014.

Bil99. Billingsley, P, *Convergence of Probability Measures*, Wiley, 1999.

Boe20. Börsen-Zeitung, *Länder-Ratings*, Abgerufen am 09. Oktober 2020 unter https://www.boersen-zeitung.de/index.php?li=312&subm=laender.

BS04. N. Branger, C. Schlag, *Zinsderivate – Modelle und Bewertung*, Springer, 2004.

Bro08. I. Bronstein, K. Semendjajew, G. Musiol, *Taschenbuch der Mathematik*, Verlag Harri Deutsch, 2008.

Cul57. J. M.. Culbertson, *The Term Structure of Interest Rate*, The Quarterly Journal of Economics, 71,4, S. 485–517, 1957.

CZ07. M. Caplinski, T. Zastawniak, *Mathematics for Finance: An Introduction to Financial Engineering*, Springer, 2007.

DB20. Deutsche Bundesbank, *Tägliche Renditen der jeweils jüngsten Bundeswertpapier*, Abgerufen am 23. November 2020 unter https://www.bundesbank.de/de/statistiken/geld-und-kapitalmaerkte/zinssaetze-und-renditen/taegliche-renditen-der-jeweils-juengsten-bundeswertpapiere-772218.

Dur91. R. Durrett, *Probability: Theory and Examples*, Wadsworth & Brooks/Cole, 1991.

Eur09. European Parliament and European Council. Directive 2009/138/EC on the Taking-up and Pursuit of the Business of Insurance and Reinsurance (Solvency II), 2009.

Fil09. D. Filipovic, *Term-Structure Models: A Graduate Course*, Springer, 2009.

Fin06. C. Fine, *A mind on its own: How your Brain Distorts and Deceives*, Icon Books, 2006.

Fis13. G. Fischer, *Lineare Algebra*, Springer Spektrum, 2013.

Fis30. I. Fisher, *The Theory of Interest*, Macmillan, New York, 1930.

For11. O. Forster, *Analysis 1. Differential- und Integralrechnung einer Veränderlichen*, Springer, 2011.

© Der/die Herausgeber bzw. der/die Autor(en), exklusiv lizenziert durch Springer-Verlag GmbH, DE, ein Teil von Springer Nature 2022
D. Heitmann et al., *Finanzmathematik*, https://doi.org/10.1007/978-3-662-64652-6

GHM19. H. Gischer, B. Herz, L. Menkhoff, *Geld, Kredit und Banken*, Springer Gabler, 2019.

Gla03. P. Glasserman, *Monte Carlo Methods in Financial Engineering*, Springer, 2003.

GO98. W. Gruber, L. Overbeck, *Nie mehr Bootstrapping*, Finanzmarkt und Portfolio Management Vol 12 (1), Luzern: Schweizer. Gesellschaft für Finanzmarktforschung, 1998.

Hic39. J. Hicks, *Value and Capital: An Inquiry into Some Fundamental Principles of Economic Theory*, Oxford: Clarendon Press, p. 126–154, 1939.

HW17. A. Hirn, C. Weiß, *Analysis – Grundlagen und Exkurse – Grundprinzipien der Differential- und Integralrechnung*, Springer, 2017.

HW18. A. Hirn, C. Weiß, *Analysis – Grundlagen und Exkurse – Mehrdimensionale Integralrechnung und ihre Anwendungen*, Springer, 2018.

Hul11. J. Hull, *Options, Futures and other Derivatives*, Pearson, 2011.

Iss11. O. Issing, *Einführung in die Geldtheorie*, Vahlen, 2011.

Kah12. D. Kahneman, *Thinking, Fast and Slow*, Penguin, 2012.

Kal17. J. Kallsen, *Mathematical finance: An introduction in discrete time*, Lecture Notes, 2017.

Kan06. G. Kanji, *100 Statistical Tets*, SAGE Publications Ltd., 2006.

Kle13. A. Klenke, *Wahrscheinlichkeitstheorie*, Springer, 2013.

Kor14. R. Korn, *Moderne Finanzmathematik – Theorie und praktische Anwendung*, Springer Spektrum, 2014.

Kre05. U. Krengel, *Einführung in die Wahrscheinlichkeitstheorie und Statistik*, Vieweg, 2005.

LS01. F. Longstaff, E. Schwartz, *Valuing American Options by Simulation: A Simple Least-Squares Approach*, In: The Review of Financial Studies, 14 (1), 113–147, 2001.

Mac38. F.R.. Macaulay, *Some Theoretical Problems Suggested by the Movements of Interest Rates, Bond Yields ans Stock Prices in the United States since 1856*, New York: Columbia University Press, 1938.

Mar52. H. Markowitz, *Portfolio Selection*, In: Journal of Finance, 72, 77–92, 1952.

MWG95. A. Mas-Colell, M.D. Whinston, J. Green, *Microeconomic Theory*, Oxford University Press, 1995.

MS66. F. Modigliani, R. Sutch, R, *Innovations in Interest Rate Policy*, in: American Economic Review, Vol. 56, p. 178–197, 1966.

MNR12. T. Müller-Gronbach, E. Novak, K. Ritter, *Monte Carlo-Algorithmen*, Springer, 2012.

MFE05. A. McNeil, R. Frey, P. Embrechts, *Quantitative Risk Management*, Princeton University Press, 2005.

Nob97. NobelPrize.org, *Press Release Nobel Prize 1997*, abgerufen am 15. Mai 2019 unter https://www.nobelprize.org/prizes/economic-sciences/1997/press-release/.

Øks03. B. Øksendal, *Stochastic Differential Equations*, Springer, 2003.

Pac94. L. Pacioli, *Summa de arithmetica, geometria, proportioni et proportionalita*, Venedig, 1494.

PKB05. M. Precht, R. Kraft, M. Bachmaier, *Angewandte Statistik*, Oldenbourg, 2005.

Red52. F.M.. Redington, *Review of the Principles of Life Office Valuation*, In: Journal of the Institute of Actuaries, 78, p. 286–340, 1952.

Rob17. M. Robe, *Practice Set #5 and Solutions*, am 24.Januar.2018 abgerufen auf https://www1.american.edu/academic.depts/ksb/finance_realestate/mrobe/465/PS/PS_5_04.pdf.

Rüg02. B. Rüger, *Test- und Schätztheorie – Band II: Statistische Tests*, De Gruyter Oldenbourg, 2002.

Sac18. M. Sachs, *Wahrscheinlichkeitsrechnung und Statistik für Ingenieurstudierende an Hochschulen*, Hanser, 2018.

SS15. R. Schwenkert, Y. Stry, *Operations Research kompakt*, Springer 2015

Sen77. A. Sen, *Rational Fools: A Critique of the Behavioural Foundations of Economic Theory*, in: Philosophy and Public Affairs, 317, 1977.

Ste12. I. Stewart, *The mathematical equation that caused the banks to crash*, in: The Guardian, 12.02.2012, abgerufen am 15. Mai 2019 unter https://www.theguardian.com/science/2012/feb/12/black-scholes-equation-credit-crunch.

Ste13. I. Stewart, *Seventeen Equations that Changed the World*, Profile Books, 2013.

SB07.   J. Stoer, R. Bulirsch, *Numerische Mathematik 1*, Springer, 2007.

SH16.   K. Sydsæter, P. Hammond, *Mathematik für Wirtschaftswissenschaftler*, Pearson, 2016.

Tal97. N. Taleb, *Dynamic Hedging: Managing Vanilla and Exotic Options*, Wiley, 1997.

Tal08. N. Taleb, *The Black Swan*, Penguin, 2008.

Wei18. C. Weiß, *Pricing of Financial Products*, Lecture Notes, 2018.

WB19.   C. Weiß, D. Bohnet, *Wirtschaftsmathematik*, Vorlesungsskriptum, Hochschule Ruhr West, 2019.

WW17.   Wirtschaftswoche, *Die Ewigkeitskosten explodieren*, Abgerufen am 29. Dezember 2020 unter https://www.wiwo.de/unternehmen/industrie/steinkohle-ausstieg-die-ewigkeitskosten-explodieren/19868740.html

Stichwortverzeichnis

© Der/die Herausgeber bzw. der/die Autor(en), exklusiv lizenziert durch Springer-Verlag GmbH, DE, ein Teil von Springer Nature 2022
D. Heitmann et al., *Finanzmathematik*, https://doi.org/10.1007/978-3-662-64652-6

Printed in the United States
by Baker & Taylor Publisher Services